Hans Günter Gassen
Das Gehirn

Hans Günter Gassen

# Das Gehirn

Die Herausgabe des Werkes wurde durch die Vereinsmitglieder der
WBG ermöglicht.
Redaktion: Katharina Gerwens, München
Layout und Prepress: schreiberVIS, Seeheim
in Zusammenarbeit mit Elke Göpfert, Mörlenbach-Weiher
Umschlaggestaltung: Peter Lohse, Büttelborn
Umschlagabbildung: © 2007 PHOTOVAULT®
Gedruckt auf säurefreiem und alterungsbeständigem Papier
Gesamtherstellung: Firmengruppe APPL, aprinta druck, Wemding
Printed in Germany

Besuchen Sie uns im Internet: www.wbg-darmstadt.de

# Inhalt

# Vorwort

Wenn es um das Rennen, Schwimmen oder Fliegen geht, sind Tiere zumeist dem Menschen überlegen. Nur Menschen aber können mithilfe ihres Gehirns Informationen speichern und sie auf ihre Werthaltigkeit hin überprüfen. Das Gehirn kommuniziert über die fünf Sinne wie z. B. das Sehen und Hören mit der Umwelt, es koordiniert diese sinnlichen Wahrnehmungen im Sekundentakt und steuert aus der Summe der Entscheidungen unsere anatomischen Bewegungen sowie unser körperliches und emotionales Befinden. Zwar vermuten wir, dass unser Gehirn auch für Kreativität und Fantasie, für moralisches Handeln und für die Fähigkeit zu Mitleid und Nächstenliebe verantwortlich zeichnet, allerdings können wir dies leider mit den Methoden der Naturwissenschaften nicht beweisen. Doch was sonst außer unserem Gehirn sollte uns zu einem Wesen mit einem freien Willen, d. h. mit der Möglichkeit zum guten oder bösen Handeln machen?

Von der Anatomie her betrachtet ist das Gehirn wenig beeindruckend: etwa 1300 Gramm einer grauen, fettigen Masse, die nur auf der Oberfläche Strukturen wie die aufgefaltete Hirnrinde oder die beiden Hemisphären erkennen lässt. Da aber unser Gehirn ganz in den Schädel eingepackt ist, bleibt uns seine unscheinbare Gestalt lebenslang verborgen, oder besser: verbirgt das Gehirn diese seinem Besitzer. Von den stofflichen Umsetzungen innerhalb des Gehirns, etwa der Steuerung unserer Gefühle durch Hormone verstehen die Physiologen so einiges. Auch die Entstehung und Leitung neuronaler Informationen ist im Prinzip bekannt, nur wissen wir bei ca. zehn Milliarden Nervenzellen mit je einigen Tausend Kontakten untereinander nicht, wie komplexe Botschaften im Gehirngefüge entstehen. Wenn es um die molekularen Details von Gedächtnis, Bewusstsein oder dem Willen zum guten Handeln geht, umgibt uns eine – vielleicht von unserem Denkorgan sogar gewollte – seit Jahrtausenden anhaltende und auch fortwährende Unkenntnis.

Welche grandiose Leistung unser Gehirn alltäglich erbringt, wird uns grausam bewusst, wenn einzelne seiner Funktionen kurzzeitig oder dauerhaft ausfallen. Ein wenig Blut, das aus einer Hautverletzung austritt und gerinnt, entfernen wir mit einigen Tropfen Wasser. Falls im Gehirn sich ein ähnliches Gerinnsel bildet, kann aus einem Menschen voller Lebenslust und Tatkraft ein Pflegefall werden. Unser Gehirn ist unser Stolz wie unser Elend zugleich.

Mit dem vorliegenden bebilderten Sachbuch möchten Autor und Verlag einige der zuvor aufgeworfenen Fragen entweder beantworten oder zumindest in die Diskussion bringen. Nicht immer ist alles Niedergeschriebene auch der Weisheit letzter Schluss, aber daran muss man sich in der Neurowissenschaft sowieso gewöhnen, es gibt Fakten und es gibt Meinungen. Schnell kann eine Meinung zu einem Faktum werden, aber eine bisher unbestrittene Erkenntnis auch wieder zur Ansichtssache. Spannend sind die Erkenntnisse allemal.

Reinheim, im Dezember 2007
Hans Günter Gassen

# Fünf Millionen Jahre Evolution: Wie unser Gehirn zu dem wurde, was es heute ist

## Worin unterscheidet sich der Mensch von anderen Primaten?

Der Mensch unterscheidet sich von den großen Menschenaffen, etwa den Schimpansen, vor allem durch seinen aufrechten Gang und durch die einzigartigen Leistungen seines Gehirns (Abb. 1.1). Die restlichen körperlichen Leistungen, vergleicht man sie mit den Fähigkeiten anderer Säugetiere, können nicht beeindrucken. Der Mensch kann bis zu 20 km pro Stunde laufen, bis zu 8 m weit springen und 8 km/h schnell schwimmen. Seine Arme und Hände dienen zum Greifen und haben sich zu Universalgeräten für die Werkzeugproduktion, zum Schreiben und zum Gestikulieren als einer Art der Informationsvermittlung entwickelt.

Das Gehirn des Menschen ist mit ca. 1400 g in Relation zu seiner Körpermasse ungewöhnlich schwer. Besonders auffällig ist die starke Auffaltung des Großhirns, was zur Vergrößerung seiner Oberfläche führt. Die nur 5 Millimeter dicke Hirnrinde weist eine Dichte an Nervenzellen auf, die kein anderes Lebewesen auf dieser Erde erreicht. Allein der Mensch verfügt über die Fähigkeit, seine Handlungen zu reflektieren. Warum sich das Gehirn der Gattung Mensch in nur fünf Millionen Jahren so stark vergrößert und Fähigkeiten wie Bewusstsein und Abstraktionsvermögen entwickelt hat, kann man wissenschaftlich nicht begründen. Man kann auch die Evolution des menschlichen Gehirns nicht separat betrachten, sondern muss sie als Teilaspekt der Evolution sehen. Wenn man die Größe des Gehirns als Beweis für die intelligente Leistungsfähigkeit unserer Vorfahren sieht, so können wir nur indirekt aus dem Volumen des Hirnschädels, manchmal auch nur aus einigen Schädelknochen, auf Größe und Gewicht des Gehirns schließen. Deshalb werden zur Bewertung der Gehirnleistung auch die handwerklichen und kulturellen Leistungen der jeweiligen humanen Entwicklungsstufen herangezogen. Dabei dürfte die Nutzung des Feuers, auch zu dieser Leistung ist kein anderes Lebewesen fähig, die kulturelle Entwicklung des Menschen sehr positiv beeinflusst haben.

Die Frage nach seiner Herkunft beschäftigt den Menschen seit tausenden von Jahren, wie Mythen, Sagen und Märchen bezeugen. Zwei Auffassungen zur Entstehungsgeschichte des Menschen stehen sich fast diametral gegenüber. Für die einen ist der Mensch ein Geschöpf Gottes und für die anderen ist er das Zufallsprodukt einer Millionen Jahre andauernden Evolution. Seit Renaissance und Humanismus, seit der Dominanz der Naturwissenschaften und der Zeit danach akzeptieren die meisten Zeitgenossen, dass der Homo sapiens sich über einen langen Zeitraum aus der Familie der Primaten entwickelt hat.

**1.1** Zu den Gesichtern von Menschenaffen, besonders zu denen von Schimpansen als unseren nächsten Verwandten, haben wir eine besondere Beziehung. Wir erkennen in ihren Gesichtern Gefühle wie etwa Resignation oder Zorn, d. h. Regungen, die wir als Menschen-spezifisch betrachten.
Quelle: Africa Geographic, March 2005: Balfour D and Balfour S, Mahale Mountains: 28–36

Der Naturwissenschaftler Julian Huxley sieht die Menschen als eigenen Stamm, die Psychozoa (Seelentiere), während sein Kollege Jared Diamond ihn als eine dritte Schimpansenart betrachtet. Auf der Gegenseite stehen die Kreationisten, eine in den USA sehr starke Bewegung, die davon ausgehen, dass die Entstehung der Menschheit genau so abgelaufen ist, wie es in der Bibel beschrieben wird. Daher ist die Evolutionslehre an den

1.2 Der Mensch als Mittelpunkt der Evolution. Der Mensch schaut und nimmt die Vielfalt des Lebes bewusst wahr. Die Bewahrung der Schöpfung ist eine Forderung der Bibel an den Menschen. Farbiger Druck „Magie der Zelle" 1984 von H. Uhlig

1.3 Menschen, Affen und Menschenaffen werden zu der Gruppe der Hominoidea zusammengefasst. a) Gibbon, b) Orang-Utan, c) Gorilla, d) Schimpanse, e) Bonobo und f) Mensch. Quelle: Storch/Welk/Wink (2007): Evolutionsbiologie 2. Auflage, Springer Verlag Heidelberg

staatlichen Schulen einiger US-Bundesstaaten wie z.B. in Kansas verboten, und Ernst Haeckel und Charles Darwin gelten als Häretiker, deren Schriften man am liebsten öffentlich verbrennen würde.

Der erste wissenschaftliche Beweis für die evolutionäre Entwicklung des Menschen kam 1856, als man im Neandertal bei Düsseldorf Skelettreste eines fossilen Menschen fand. Danach folgten 1891 Funde auf Java, wo der Militärarzt Eugène Dubois auf Fossilien einer menschenähnlichen Gestalt stieß. Er glaubte, den gemeinsamen Vorfahren zwischen Affe und Mensch gefunden zu haben, und nannte ihn Pithecanthropus erectus, der aufrecht gehende Affenmensch. Der Name „Affenmensch" (Pithecanthropus) geht auf den Biologen Ernst Haeckel zurück, der lebenslang nach dem Bindeglied zwischen Affe und Mensch suchte. Ab 1900 folgten die Funde in immer dichterer zeitlicher Folge und an vielen Orten, besonders in Afrika, Asien und Europa. Der letzte Fund im Jahr 2004 stammt aus der Kalksteinhöhle Liang Bua auf der indonesischen Insel Flores. Man entdeckte die Skelette einer nur etwa einen Meter großen Menschenart, die vor ca. 30 000 Jahren gelebt hat – den Homo floresiensis. Dabei soll es sich nach jetzigem Stand der Erkenntnis um den Typus Homo erectus handeln, der vor 2,5 Millionen Jahren in Afrika lebte.

## Die Evolution der Herrentiere – aus wissenschaftlicher Sicht

Aus naturwissenschaftlicher Sicht zählt der Mensch zur Säugetierordnung der Herrentiere – der Primaten. Je nach Gewichtung anatomischer oder biochemischer Merkmale umfassen die Primaten 10 – 12 Familien, 60 Gattungen und ca. 200 Arten. Die auf anatomischen Merkmalen begründete Definition geht auf den englischen Zoologen St. George Mivart (1817 – 1900) zurück und konzentriert sich auf das Vorhandensein einer Plazenta, Nägel an Fingern und Zehen, von Knochenelementen umgebenen Augenhöhlen sowie der Volumenzunahme des Großhirns. Im Laufe der Entwicklung der Primaten perfektionierte sich das binokulare Sehen, das Großhirn erweiterte sich, die Zahl der Zähne wurde von 44 auf ca. 32 reduziert, ein spezialisierter Kehlkopf bildete sich heraus und das Lebensalter erhöhte sich. Den größten Teil ihrer Zeit verbrachten diese Herrentiere noch in den Bäumen, ihre Lebensweise war aberical, d.h. auf Bäumen lebend. Nach und nach änderte sich der Bewegungsapparat, so dass sich die Tiere im Knöchelgang am Boden fortbewegten, wie heute noch die afrikanischen Menschenaffen. Wichtig ist auch die Entwicklung der Hand: von der Greifhand bis zum Universalwerkzeug mit der Sonderstellung des Daumens.

Nach datiertem Fossilmaterial und DNA-Vergleichen haben sich Gorilla und Orang-Utan vor ca. neun Millionen Jahren vom Schimpansen und vom Menschen getrennt. Der Mensch wiederum separierte sich vom

Schimpansen (Pan troglodytes) und dem Bonobo (Pan paniscus) erst vor sechs Millionen Jahren (Abb. 1.3).

Hinsichtlich ihrer DNA weisen Schimpanse und Bonobo eine 98%ige Homologie zum Menschen auf. Über die Frage, warum der Schimpanse ein Affe blieb, der Mensch sich aber zum intelligentesten Wesen auf dieser Erde entwickelte, kann man zwar trefflich spekulieren, aus naturwissenschaftlicher Sicht aber lässt sich keine Antwort finden.

In letzter Zeit werden zwei Auffassungen von der Abstammung des Menschen diskutiert: Die erste Theorie geht von einer linearen Kette vier aufeinanderfolgender Schritte aus: pliozäner Menschenaffe, Australopithecus, Homo erectus und schlussendlich der Homo sapiens. Andere Funde weisen jedoch darauf hin, dass menschenähnliche Wesen, charakterisiert durch den aufrechten Gang und durch ein größeres Gehirn, zeitgleich vor ca. 4–5 Millionen Jahren an mehreren Orten der Erde entstanden sind. Viele dieser Arten existierten nur für ca. eine Million Jahre und starben aus, ohne genetisch zur Entwicklung des heutigen Menschen beigetragen zu haben. Ob diese unterschiedlichen Humanoiden sich begegneten, sich miteinander vermischten und voneinander lernten, wissen wir leider nicht.

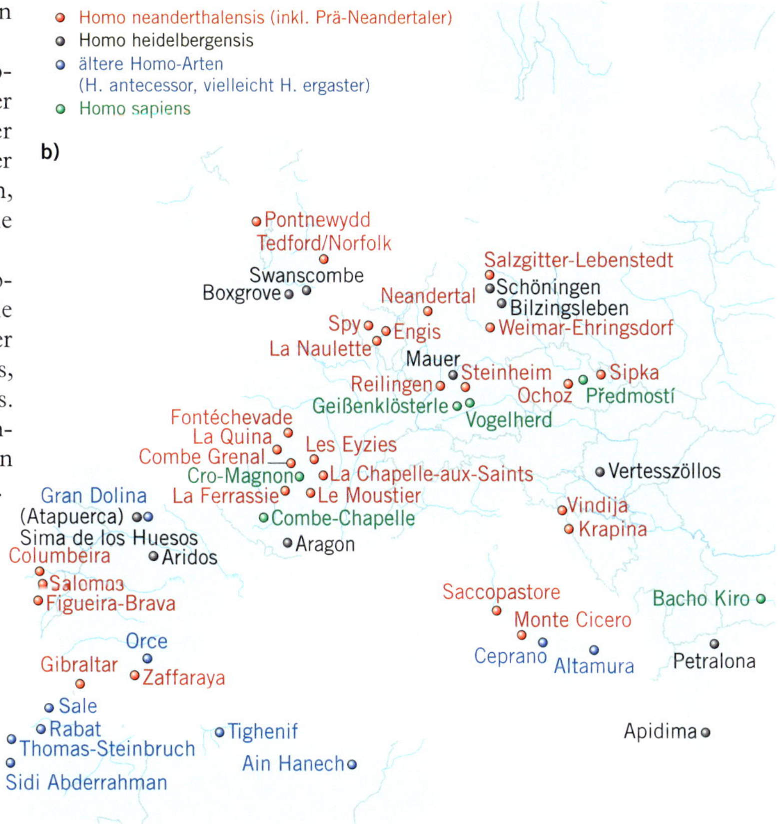

**1.4a+b** Fundstätten von Fossilien in Afrika (a) und in Europa (b) der Gattungen „Australopithecus" und „Homo". Quelle: siehe Abb. 1.3

Die australopithecinen Arten lebten vor ca. vier Millionen Jahren. Sie gingen aufrecht, hatten große Backenzähne und ein Gehirnvolumen von bis zu 500–600 cm³. Man unterteilt die Australopithecinen aufgrund der Knochen- und Schädelstrukturen in die robusten und die grazilen Arten, *Australopithecus robustus* und *A. afarensis*. Ihre ersten Spuren tauchten vor vier Millionen Jahren am Turkana-See in Kenia auf, und sie verschwanden vor einer Million Jahren. Sie nutzten einfache Knochen- und Holzwerkzeuge. Besonders viele Fundstücke gibt es vom *A. afarensis*, der vor ca. drei Millionen Jahren lebte. Populär wurde dieser Menschentyp durch das sogenannte „Lucy"-Skelett und durch fossile Fußspuren eines Paares, was darauf hinwies, dass Lucy nicht nur aufrecht ging, sondern schon lustwandelte.

Der *A. robustus*, der ca. 1,50 m groß wurde und etwa 40 kg wog, fiel durch seine mächtige Kaumuskulatur auf. Sein Gebiss mit den großen Backenzähnen war besonders zum Zerkleinern von pflanzlicher Nahrung und zum Nüsseknacken geeignet, weshalb sein Typus

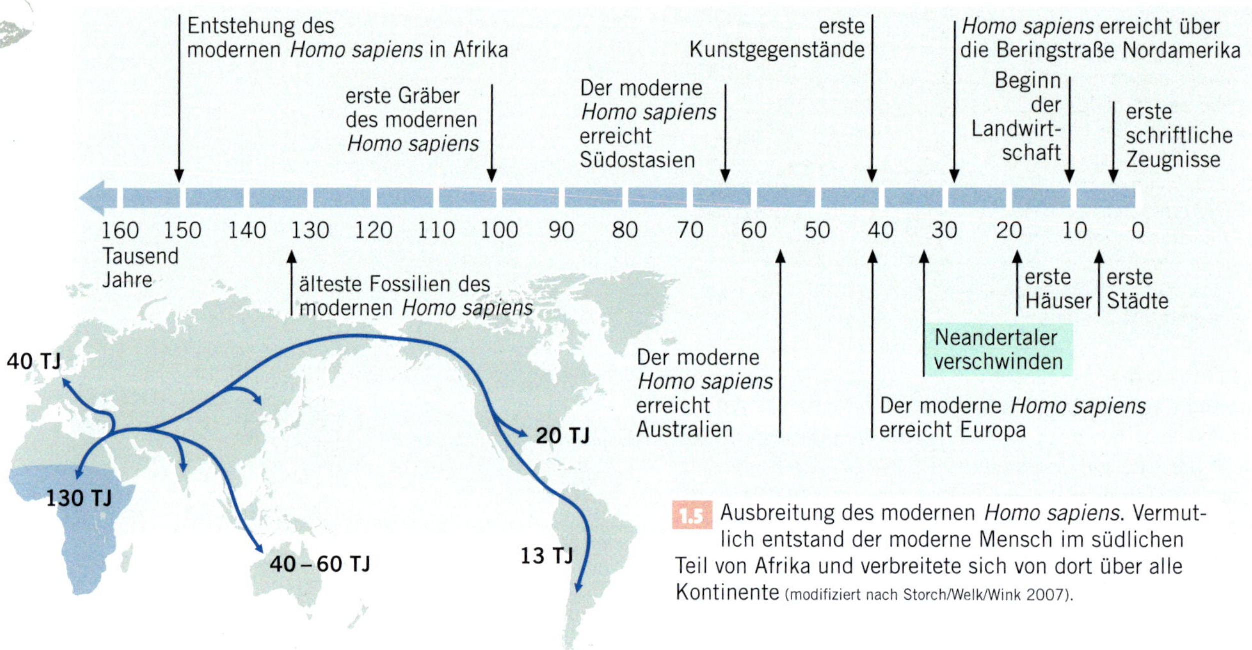


**1.5** Ausbreitung des modernen *Homo sapiens*. Vermutlich entstand der moderne Mensch im südlichen Teil von Afrika und verbreitete sich von dort über alle Kontinente (modifiziert nach Storch/Welk/Wink 2007).

auch häufig als „Nussknacker-Mensch" bezeichnet wird. Er lebte vor 1,8 Millionen Jahren und wurde im Durchschnitt siebzehn Jahre alt.

Die Gattung *Homo* entstand vermutlich vor ca. 2,5 Millionen Jahren in Ostafrika. Paläoanthropologen vermuten, dass die frühen Homo-Formen aus den grazilen Australopithecinen hervorgingen. Allerdings wissen wir gerade über den Übergang vom *Australopithecus* zum *Homo*-Typ sehr wenig, da Lucy, ein *Australopithecus afarensis*, vor ca. 3,5 bis 3 Millionen Jahren lebte, während der nächste Fund, der Turkana- oder Nariokotome-Boy als *Homo erectus* auf eine Zeit um 1,55 Millionen Jahre v. h. (= vor heute) datiert wird. Somit existiert eine zeitliche Lücke von 1,5 bis 2 Millionen Jahren, für die es bisher kaum auswertbare Skelettfunde gibt. Die jüngsten *Homo-erectus*-Funde in Dmanisi, Georgien, die auf 1,8 Millionen Jahre datiert werden, könnten allerdings Auskunft über eine Periode geben, in der sich der *Homo erectus* als Vorläufer des *Homo sapiens* entwickelte.

Der *Homo* war vom Körperbau stattlicher als der Australopithecus, sein Gehirn war größer, der Kiefer und die Zähne kleiner, und Extremitäten und Wirbelsäule waren ähnlich denen des modernen Menschen. Die ältesten gefundenen Steinwerkzeuge in Ostafrika sind ca. 2,5 Millionen Jahre alt. Die Vormenschen – *Homo ergaster* und *Homo erectus* – hatten ein Gehirnvolumen von 800–1000 $cm^3$. Der *Homo ergaster* lebte vor ca. 1,5 Millionen Jahren in Südafrika. Bei seinen Gesichtszügen fallen die noch flache Stirn und die kräftigen Augenwülste auf. Am Turkana-See fanden Wissenschaftler eine Stelle mit gebackener Erde, die als Feuerstelle angesehen wird. Die Werkzeugkultur ging bis zur Anfertigung von Steinbeilen, mit deren Hilfe auch größere Tiere getötet werden konnten. Der *Homo erectus* gelangte bis nach Java und China, was zahllose Fundstellen bezeugen. Er nutzte seit etwa 500 000 Jahren v. h. das Feuer und starb in Asien vor 400 000 Jahren aus. Vor ca. einer Million Jahren erreichte der *Homo erectus* Europa. Über die Stufe des *Homo heidelbergensis* – auch *Homo antecessor* genannt – entwickelten sich der *Homo sapiens* und der *Homo neanderthalensis*. Wie die gefundenen Steinwerkzeuge bezeugen, besitzt der Typus *Homo* im Vergleich zu den Australopithecinen ein höheres kulturelles Niveau. Mit dem *Homo heidelbergensis* wurde ein Gehirnvolumen von bis zu 1200 $cm^3$ erreicht. Das Gesicht wurde von ausgeprägten Überaugenwülsten bestimmt. Lebensbereiche des *Homo heidelbergensis* – so genannt, da die erste Fundstätte (Mauer) bei Heidelberg liegt – sind Europa und Südostasien.

Einen Höhepunkt dieser Entwicklung stellt der Neandertaler dar, dessen Gehirnvolumen mit bis zu 1800 $cm^3$ größer als das des *Homo sapiens* und Jetztmenschen war (Abb. 1.6). Als Nebenlinie des *Homo heidelbergensis* tauchte er vor etwa 300 000 Jahren auf und starb vor ca. 30 000 Jahren aus. Die Neandertaler besaßen eine hohe Werkzeugkultur (Mousterien), eine komplexe Sozialstruktur und betrieben die Großwildjagd. Sie überlebten auch unter kalten, unwirtlichen Bedingungen, z. B. im Hochgebirge und in Gletschernähe und wurden 30–40 Jahre alt. Die Frauen wurden bis 1,35 m und die Männer bis 1,75 m groß. Zwar erhielten die Toten keine wertvollen Grabbeigaben, aber sie sollen mit Blumen bestreut worden sein. Nach Gesichtsanatomie und Gehirngröße könnten die Neandertaler bereits über eine Sprache verfügt haben. Ihr Verschwinden vor ca. 30 000 Jahren ist nach wie vor ein Rätsel. Entweder wurden sie von ihrem intelligenteren Bruder, dem *Homo sapiens*, ausgerottet, vielleicht fielen sie aber auch Krankheitserregern zum Opfer, die dieser Menschentypus aus Asien und Afrika eingeschleppt hatte.

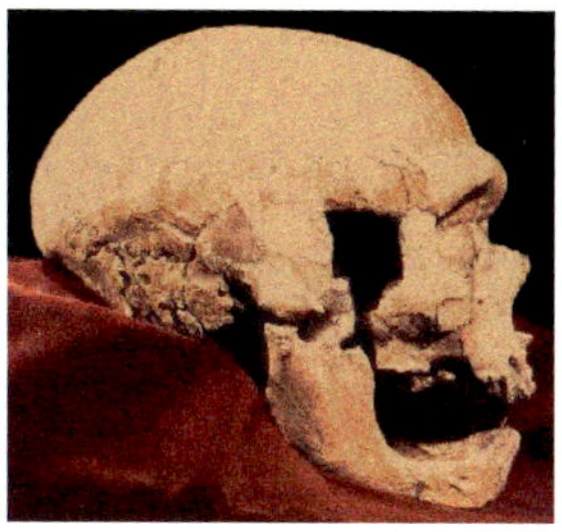

1.6 Der alte Mann, ein *Homo sapiens neanderthalensis*, gefunden 1908 nahe La-Chapelle-aux-Saints, Frankreich. Der Fund ist ca. 50 000 Jahre alt, das Gehirnvolumen betrug 1620 $cm^3$. Der Mann hatte eine verkeilte, gebrochene Rippe und litt an Arthritis. Er war zwischen 30 und 40 Jahre alt, als er starb.

Der moderne Mensch, *Homo sapiens*, entstand vermutlich vor ca. 200 000 bis 150 000 Jahren in Afrika. Analysen seiner mitochondrialen DNA (Mitochondrien sind die Energie produzierenden Organellen in Zellen und besitzen eine eigene DNA, siehe Kap. 10) und von Fossilien weisen auf diesen Entstehungszeitraum hin. Die DNA-Analysen wurden so interpretiert, dass alle Menschen von einer in Afrika lebenden Urmutter, der afrikanischen Eva, abstammen. Erst danach besiedelten deren Nachfahren die Erde und verdrängten alle anderen Hominiden. Diese Theorie wird als „Out-of-Africa"-Hypothese bezeichnet. Svante Pääbo, Direktor des Max-Planck-Instituts für evolutionäre Anthropologie in Leipzig und Begründer der Paläogenetik, hat diese These besonders nett formuliert: „Genetisch gesehen sind wir daher alle Afrikaner. Einige leben auf diesem Kontinent, andere eben im Exil."

Fossile Funde vom Fluss Omo in Südäthiopien zeigen, dass der *Homo sapiens* im Vergleich zum *Homo neanderthalensis* ein feineres Skelett, einen weiten Hirnschädel, lange gewölbte Schädelbeine, eine hohe Stirn, ein flaches Gesicht, ein ausgebildetes Kinn und eine Schädelkapazität von ca. 1435 $cm^3$ hatte, d.h., diese Menschen glichen bezüglich Anatomie und Gehirnvolumen weitgehend dem Jetztzeitmenschen. Seit ca. 100 000 Jahren dürfte der *Homo sapiens* auch in der Lage gewesen sein, sich mittels einer komplexen Sprache zu verständigen. Um vom Grunzen und Schnalzen zum Sprechen zu kommen, musste sich die Anatomie des Kehlkopfes verändern. Dieser verlagerte sich nach unten, so dass im Mundbereich ein größerer Resonanzraum entstand.

Erst vor 40 000 Jahren besiedelte der *Homo sapiens* Europa und trug vermutlich in nur 10 000 Jahren zum Verschwinden des Neandertalers bei. Ab diesem Zeitpunkt setzte beim *Homo sapiens* ein gewaltiger kultureller Entwicklungssprung ein, der bis heute nicht erklärt werden kann. Vielleicht entstand in dieser Zeit das abstrakte Denken, so dass der Mensch Fakten seiner Vergangenheit behielt sowie seine Gegenwart und Zukunft planen konnte. Die Sprachfähigkeit war schon zumindest rudimentär ausgebildet und die nun mögliche Kommunikation führte zur Ausbildung von Hör- und vor allem auch Sprachvermögen. Dass das Sprachvermögen in der dominanten linken Hemisphäre des Gehirns lokalisiert ist, weist darauf hin, dass die Sprachentwicklung die kognitiven Fähigkeiten entscheidend stimuliert hat. Mit der Sprachfähigkeit begann die kulturelle Evolution die vorher ausschließlich biologische Evolution zu dominieren.

Vielleicht erlaubte der verbesserte Versorgungszustand, besonders die jetzt mögliche Vorratshaltung, dass man im Winter auf die Jagd verzichten konnte und damit Zeit für die schönen Dinge des Lebens hatte, wie die Höhlenmalerei und das Anfertigen von Kultgegenständen und Musikinstrumenten.

Der Wandel vom Sammler und Jäger zum Viehhalter und Ackerbauern bedingte, dass Nahrung entweder ge-

1.7 Ein Schädel eines ca. 30 000 Jahre alten *Homo sapiens*, eines Cro-Magnon-Menschen. Die Skelette wurden 1868 in Cro Magnon (Frankreich) gefunden. Als Grabbeigaben fand man Steinwerkzeuge, geschnitzte Hirschgeweihe, Elfenbeinschmuck und Muscheln. Die Cro-Magnon-Menschen malten die Höhlenbilder in Lascaux, Chauvet und Altamira.

nießbar oder haltbar gemacht werden musste. So wurden Grassamen zu Mehl gemahlen und zu Brot verbacken, Milch von domestizierten Tieren wurde in Form von Joghurt oder Käse haltbar gemacht.

Die Techniken der Nahrungsbearbeitung lösten weitere Verfahren zur Besserung der Lebensqualität aus. Neben der Optimierung von Waffen zur Jagd und zum Vertreiben von Angreifern entstand auch der Hausbau zum Schutz vor Kälte und Feinden.

Während der Mensch in klimatisch ungünstigen Perioden, wie etwa den Eiszeiten vor 20 000 Jahren, vorrangig Werkzeuge und Techniken zum Überleben entwickelte, entstanden dagegen um 10 000 v. Chr. in den warmen Ländern des Mittelmeers und im Zweistromland zwischen Euphrat und Tigris in Zeiten des Nahrungsüberflusses Kultur und Kunst.

Durch Tierhaltung und Ackerbau wurde der Mensch sesshaft. Damit verbunden entwickelte sich auch eine Sprachdokumentation – die Schrift.

## Die Nutzung des Feuers war eine Vorausbedingung für die kulturelle Evolution des Menschen

Die ersten noch minderintelligenten Zweifüßler waren eine leichte Beute für Säbelzahntiger und Riesenvögel, da sie weder über Werkzeuge noch Waffen verfügten und vermutlich auch das System der kollektiven Verteidigung nicht kannten. Eine auserwählte Minderheit zu sein, ohne garantierten Schutz vor einer gefräßigen Mehrheit, ist im Alltag immer ein beklagenswerter Zustand.

Der Gebrauch von einfachen Waffen wie Knüppeln oder handlichen Steinen brachte den Hominiden nur wenig Nutzen. Selbst gemeinsames Steinewerfen verscheuchte den Säbelzahntiger nur selten und das Totknüppeln kleinerer Beutetiere klappte nur bei den kranken und siechen Exemplaren. So waren die Prototypen der Zukunftsvision Mensch anfangs weniger Jäger denn Gejagte. Als kohlenhydrat- und eiweißreiche Nahrung, auf die Körper und Hirn dringend angewiesen waren, standen ihnen meistens nur Würmer, Larven, Schnecken und anderes Kriechgetier zur Verfügung. Aufgrund der schlechten Ernährungslage und der beständigen Bedrohung durch konkurrierende Fleischfresser war mit einer rapiden Besserung der Lebensumstände nicht zu rechnen. Überleben war vorerst das Gebot der Stunde. Über einen Zeitraum von zwei Millionen Jahren stagnierte die Entwicklung der Australopithecinen.

Der Gebrauch des Feuers machte den Menschen zuerst satt und wies ihm später den Pfad zur kulturellen Existenz.

Vorerst aber bedeutete das Feuer für den *Homo* Lebensangst und Verderben. Wenn die ausgedehnte Steppe durch einen Blitzschlag in Brand geriet, der Wind die Feuerwalze vor sich her trieb, hatte dies für den rund 20 Stundenkilometer schnellen und wenig ausdauernden Menschen oft den Feuer- und Erstickungstod zur Folge. Die Überlebenden entdeckten aber bald, dass nach überstandenem Risiko das große Fressen angesagt war. Gegrillte Tiere müssen für unsere Vorfahren das gewesen sein, was für uns heutzutage der Genuss von Kaviar ist. Selbst Kinder mit noch nicht vorhandenen Fleischzähnen und die zahnlosen 30-jährigen Alten konnten das Grillfleisch abreißen, verschlingen und in großen Mengen verdauen.

Irgendwann einmal muss es dem mit Eiweiß genährten und damit vergrößerten Gehirn gedämmert sein, dass diese Festmahle nicht dem Zufall überlassen sein sollten, d.h. dem Zusammentreffen von Blitz, Trockenheit und Wind. Die zwar noch ganz behaarten, ansonsten aber schon behänden zweibeinigen *Homos* wurden vom Opfer zum Täter. Sie fraßen nicht nur gegrilltes Aas, sondern sie bewahrten das Feuer, sie wurden zu einer Sippe von Brandstiftern. Vermutlich suchten sie nach einem alten Brandnest, bliesen die Glut auf, entzündeten ein Bündel trockener Zweige und nutzen diese Feuerrute, um Flächenbrände zu legen. Eine solche Form der Treibjagd verlangte natürlich intelligentes Handeln. Man musste ein Areal aussuchen, das dichtes trockenes Buschwerk aufwies und in dem viel Niederwild lebte, es galt die Windrichtung und Stärke zu bestimmen und die Treiber so zu positionieren, dass die Tiere zurück in das Feuer getrieben wurden.

Mit der Erfahrung, dass Feuer von Nutzen sein kann, war einer breiteren Anwendung des Feuers Tür und Tor geöffnet. Man erfand das tragbare Glutnest und schleppte es als prähistorisches Feuerzeug in die Wohnhöhle. Mit dem Feuer als Lichtspender waren auch die Schrecken der Nacht überwunden. Geschützt vor Raubtieren konnte man in der Höhle um das Feuer sitzen. Die Flammen machten die Höhle warm und hell und damit auch kuschelig. Von da an ward der *Homo* zum Menschen. Er lernte die Vorzüge des trauten Heimes kennen, kroch nicht nur nächtens in Naturhöhlen, um zu überleben, sondern richtete sich nach dem Prinzip „My home is my castle" ein; der Zugang zu seinem Zuhause war nur über Leitern möglich und er blockierte die Eingänge mit schweren Steinen. Vermutlich haben die *Homos* das Innere der Höhlen mit den Fellen erlegter Bären etwas wohnlicher gestaltet. Die Arbeitsteiligkeit der Geschlechter ward geboren, die Frauen holten das Holz, hüteten die Kinder und das Feuer, die Männer besorgten den Braten. Nur eine Hirnschale mit Met konnte man noch nicht kreisen lassen, denn diese Innovation blieb den Kulturschaffenden späterer Zeiten vorbehalten. Die Sippenmitglieder mussten nicht mehr unter Bärenfelle kriechen, um die Kälte und Nässe zu mildern, sie konnten die klammen Füße und Hände den Flammen entgegenstrecken, ein Stück Wildschwein grillen und sich anschnalzen. Wahrscheinlich war das Feuer eine Vorbedingung für die Sprachentwicklung als Grundlage einer komplexen Kommunikation. Wärme und Beleuchtung in der Höhle gaben den *Homos* auch mehr Zeit, um an Werkzeugen zu arbeiten und diese weiterzuentwickeln. Die Schatten des Feuers warfen außerdem scheinbar lebende Figuren an die Höhlenwände, vielleicht Anlass und Beginn für das künstlerische Schaffen des Menschen, die Höhlenmalerei.

Erlernen musste der Mensch auch den Umgang mit dem zweiten der vier Elemente, dem Wasser. Die Fähigkeit zu trinken, zuerst die Muttermilch und später das Quellwasser, ist angeboren. Ob sich unsere Ahnen schon der Körperpflege durch ein Bad im Fluss oder See hingaben oder ob sie sich wenigstens nach einem fettigen Mahl die Hände wuschen, wissen wir nicht. Mit dem Gebrauch des Feuers lernten die Menschen, siedendes Wasser zum Suppekochen zu nutzen. Die ersten Suppenbehälter waren mit Wasser gefüllte Löcher im Boden, in die man heiße Steine warf, gefolgt von Fett- und Fleischstücken.

## Die Entwicklung der Werkzeugkultur

Unter den Primaten benutzen nur Menschen und in geringem Umfang Schimpansen Werkzeuge. Der Werkzeuggebrauch ist beim Menschen nicht instinktmäßig angelegt, sondern wird nach der Geburt erlernt. Als Erstes haben die Angehörigen der Gattung *Homo* Steinwerkzeuge hergestellt. Die Bedeutung der Werkzeuge wird für die kulturelle Entwicklung des Menschen so hoch eingestuft, dass man die entsprechenden Zeitabschnitte in Alt-, Mittel- und Neusteinzeit (Paläo-, Meso- und Neolithikum) unterteilt.

Die Werkzeuge der Altsteinzeit sind unter der Bezeichnung Olduwai-Dusina zusammengefasst, benannt

1.8 Prähistorische Tiermalerei aus der Höhle von Pech Merle in Südfrankreich.
Quelle: Wikipedia: GNUFDL

nach der Olduwai-Schlucht in Tansania. Hier wurden die ältesten Steinwerkzeuge von vor 2,4 Millionen bis 1,5 Millionen Jahren gefunden. Bei den Werkzeugen handelt es sich um grob zugeschlagene Schabe- oder andere Haugeräte aus Basalt oder Flint.

Die Werkzeuge des Acheuléen dagegen sind bereits beidseitig sorgfältig bearbeitete, spitze Faustkeile von lanzen- oder pfeilförmiger Gestalt sowie beilförmige Werkzeuge mit gerader Schneide. Die Acheuléen-Werkzeugkultur erschien erstmals vor 1,5 Millionen Jahren in Zentral-Ostafrika und wird mit dem *Homo erectus* und dem *Homo ergaster* in Verbindung gebracht. Vor 500 000 Jahren drang die Technik nach Europa vor und wurde vermutlich vom *Homo heidelbergensis* 200 000 Jahre lang fortgeführt.

Die Mousterien-Werkzeugkultur der mittleren Altsteinzeit begann vor 200 000 Jahren und endete vor 40 000 Jahren. Zu ihren Werkzeugformen gehören auch Speer- und Pfeilspitzen, deren Griffe aus Holz oder Knochen gefertigt waren. In dieser Zeit tauchten auch Schmuckstücke aus Tierzähnen, Perlen und Knochenstücken auf und erste Musikinstrumente wie Flöten, Trommeln und einseitig bespannte Bogen.

Das Mesolithikum liegt in Europa in der Zeit zwischen 10 000 und 6500 Jahren v. Chr. Die Menschen bauten sich nun feste Unterkünfte, um vor der Winterkälte geschützt zu sein. Mit dem Einsetzen der Neusteinzeit wurde der Mensch sesshaft und betrieb Ackerbau und Viehzucht. Dieser Übergang, begünstigt durch Fischfang, erfolgte zuerst in den großen Flusstälern wie z. B. an Euphrat und Tigris in Mesopotamien, am Unterlauf des Nils, am Indus (Indien und Pakistan) und am Jangtsekiang in China. Erstaunlich ist, dass die Entwicklung von Werkzeugen, der Bau von festen Unterkünften sowie Ackerbau und Tierzucht in vielen Regionen der Erde zur ähnlichen Zeit erfolgten.

In der Spätphase des Neolithikums begann bereits das Verarbeiten von Metallen und Legierungen von Kupfer über Bronze bis zum Eisen. Ab ca. 8000 v. Chr. findet man zuerst in Anatolien Gegenstände, besonders aus Kupfer hergestellte Waffen. Um 6000 v. Chr. kannten auch die Ägypter und die Chinesen die Metallverarbeitung. Der *Homo faber* betrat die Weltbühne, und seine Werke, angefangen vom Rad bis hin zur Weltraumfähre, ersetzten die biologische Evolution durch die technische Revolution. Seitdem sind es Kultur und Technik, die die Zukunft der Menschheit gestalteten.

## Ästhetik und Muße als Triebfedern zur kulturellen Entwicklung des Menschen

Die großen Affen als unsere Vorfahren und heutigen Begleiter kannten gewiss Ruhephasen, ob sie aber ein Empfinden für Schönheit hatten, mag dahingestellt sein. Die Entwicklung des Menschen vom Südaffen zum *Homo sapiens* aber ist ohne Muße und ohne Sehnsucht nach Schönheit nicht denkbar.

Muße, d. h. die Zeit für eine Beschäftigung mit nicht zweckgebundenen Tätigkeiten, also weder Nahrungsbeschaffung, Versorgung mit Werkzeugen und Kleidern oder schlicht dem Schlaf, dürften unsere Ahnen zuerst vor etwa 100 000 Jahren erfahren haben. Zuvor waren die Tage mit dem Kampf ums Überleben ausgefüllt. Voraussetzung für die Entstehung von „Freizeit" waren ohne Zweifel das Feuer, die schützende Höhle, Vorräte für unwirtliche Jahreszeiten und ein erhöhtes Lebensalter, für Frauen besonders die Zeit nach der Menopause, für Männer die Befreiung von Jagd und Kampf. Wenn man abends um das wärmende und Licht spendende Feuer saß, sind wohl die Tagesereignisse in Form von Gesprächen verarbeitet worden und in dunklen Winternächten – vermutlich eher in Nordafrika und Europa – wurden dann auch Geschichten erzählt von der Jagd, von Abenteuern in der feindlichen Umwelt und von Liebe und Tod. So dürfte sich die Sprache perfektioniert haben, weil komplexe ideelle Sachverhalte ausgedrückt werden mussten. Mit dem Sprachvermögen wurden auch das Gedächtnis und die Bewertung vergangener Ereignisse geschärft. Vielleicht gaben in diesen Nächten auch die Alten schon den Jüngeren ihre handwerklichen Kenntnisse weiter, z. B. wie man aus Flintstein Speerspitzen herstellt oder aus Fellen Bekleidung macht. Muße ist sicher eine der Grundvoraussetzungen zur Entwicklung eines sowohl technisch begabten wie kulturellen Menschen. Die Eltern unterrichteten ihre Kinder in allen Künsten des Lebens. Dieses gezielte Erwerben von Wissen und Kenntnissen gibt es nur beim Menschen.

Die schönste Dokumentation früher Kunst sind die Höhlenmalereien, beispielsweise in Lascaux, Altamira und Cougnac (Abb. 1.8). Derartige Felszeichnungen tauchen um 30 000 v. h. weltweit auf, von Australien bis Frankreich, und man nimmt an, dass sie einem inneren Anliegen unserer Vorfahren entsprochen haben, nämlich Erlebnisse in Bildern festzuhalten. Ob sie aus reiner Liebe zur Kunst entstanden oder einen Zweck hatten, wissen wir nicht; man könnte vermuten, dass die Bilder die Götter gnädig stimmen sollten oder dazu dienten, den Jagderfolg zu beschwören.

Vor etwa 30 000 Jahren spielte der *Homo sapiens* auch schon auf Musikinstrumenten, besonders auf Flöten, Trommeln und auf Bögen, die mit einer Saite bespannt waren. Auch hier kann die Frage nach dem Warum nicht beantwortet werden. Ahmte man Naturgeräusche nach oder halfen Musikmachen, Tanzen und Singen beim Verdrängen von Angst? Oder wollte der *Homo sapiens* auch mit diesen Tätigkeiten die Götter gnädig stimmen?

Der ganz große Wurf aber gelang vor ca. 100 000 bis 50 000 Jahren; Menschen hatten den Status eines technisch begabten Affen verlassen und erweiterten ihren Alltag um Muße und das Streben nach Schönheit. Voraussetzung dazu war die ständige Steigerung des Lebensalters. Der *Australopithecus afarensis* wurde 15 Jahre alt, der Neandertaler schaffte es auf 40 Jahre, der moderne Mensch dagegen erreicht ca. 80 Jahre.

### Literatur


Brand, M. (1992): Gehirn und Sprache: Fossile Zeugnisse zum Ursprung des Menschen. Pascal, Berlin

Conard, N./Kölbl, S./Schürle, W. (2005): Vom Neandertaler zum modernen Menschen. Thorbeke, Ostfildern

Der Spiegel (2007): Am Anfang war die Kunst. 27: 137–141

Diamond, J. (1999): Der dritte Schimpanse. Fischer, Frankfurt

Henke, W./Rothe, H. (1998): Stammesgeschichte des Menschen. Springer, Heidelberg

Johanson, D. C./Blake, E./Brill, D./Vogel, S. (2006): Lucy und ihre Kinder. Akademischer Verlag, Heidelberg

Köhler, B. (2001): Nachdenken über Evolution. In: www.bertramkoehler.de

Meier, H./Ploog, D. (1997): Der Mensch und sein Gehirn. Piper, München

Paul, A. (1998): Von Affen und Menschen. Wissenschaftliche Buchgesellschaft, Darmstadt

Schrenk, F. (2005): Die Frühzeit des Menschen. Beck'sche Reihe, Beck, München

Storch, V./Welsch, U./Wink, M. (2007): Evolutionsbiologie. 2. Aufl. Springer Verlag, Heidelberg

Tattersall, I. (1999): Neandertaler. Der Streit um unsere Ahnen. Birkhäuser, Basel

# Die Geschichte der Hirnforschung

## Als man den Met noch aus den Hirnschalen trank

Von Anfang an war das Gehirn für Menschen etwas nicht Begreifliches. Während man den Herzschlag fühlen kann, sobald man die Hand auf die linke Seite des Oberkörpers legt, bleibt das Gehirn untastbar, auch weil es in den Knochenschädel eingebettet und für uns unsichtbar ist. Nach einer körperlichen Anstrengung oder nach einem aufregenden Ereignis spüren wir den beschleunigt pochenden Schlag des Herzens. Wenn wir dagegen angestrengt nachdenken, uns z. B. an Namen oder Zahlen erinnern wollen, d. h. unser Gehirn arbeiten lassen, fühlen wir im Kopfbereich nichts. Zwar sagt der Volksmund, wer intensiv nachdenkt, dem brummt der Schädel, aber in Wirklichkeit können wir nicht berichten, ob unser Gehirn intensiv arbeitet oder gerade eine Pause einlegt. Dass aber im Kopf mehr vorhanden sein muss als Augen, Zähne und Zunge, das mussten bereits unsere Vorfahren oft schmerzhaft erfahren.

Wollte man einen Gegner kampfunfähig machen, so schlug man ihm mit dem Faustkeil oder einer Keule bevorzugt auf den Kopf, da man auf diese Weise die beste Wirkung erzielte. Falls es nicht gelang den Schädel des Gegners zu spalten und damit seinen Tod herbeizuführen, fiel er zumindest um und blieb eine Zeitlang bewusstlos liegen, was zum Fesseln oder Ausrauben reichte. Am häufigsten jedoch dürfte bei unseren prähistorischen Vorfahren in den nur schlecht beleuchteten Höhlen der schmerzliche Kontakt zwischen Fels und Kopf gewesen sein, und mancher Neandertaler wird sich gewundert haben, warum er in der dunklen Höhle „die Sterne sah".

Funde von Schädelknochen mit großen Löchern lassen vermuten, dass Gehirne erschlagener Feinde verzehrt wurden, entweder, um die Eigenschaften des Opfers anzunehmen, oder weil sie auch im ungekochten Zustand als eine leicht zu kauende Speise galten. Falls das Öffnen der Schädel mit nachfolgendem Verzehr des Gehirns eine kultische Handlung war, so wussten die Höhlenmenschen bereits um die einzigartigen Eigenschaften des Organs Gehirn. Auch die Trepanation, das operative Öffnen der Schädel, war seit dem dritten Jahrtausend v. Ch. bekannt. Erfolgte sie beim Lebenden, so ist dies am nachfolgenden Knochenwachstum um die Ränder des gewaltsam geschlagenen Lochs zu erkennen.

2.1 Eine Weih- oder Opfergabe aus dem 4. Jahrhundert v. Ch., die in einem Asklepios-Heiligtum aufbewahrt wurde. Bei entferntem Schädeldach zeigen sich deutlich die Gehirnwindungen, die wir heute als Gyri und Sulci bezeichnen.
Quelle: Meyer-Steineg, T. / Sudhoff, K. (1965): Illustrierte Geschichte der Medizin. Gustav Fischer, Stuttgart

Leider wissen wir nicht, ob die Trepanation vorgenommen wurde, um Geisteskrankheiten zu heilen oder ob sie Teil eines Totenkults war, um der Seele nach dem Tod einen Ausgang zu verschaffen. Falls das Letztere zutrifft, so hätten unsere Ahnen bereits die Seele im Kopf vermutet und an die Unsterblichkeit geglaubt.

Germanen und Kelten nutzen die mit Gold verzierten abgesägten oberen Kopfhälften ihrer Feinde als Trinkschalen bei Siegesgelagen oder bei Opferungen.

Später wurden die Gebräuche gesitteter, so sollte z. B. ein Trunk aus der mit Silber ausgekleideten Hirnschale des heiligen Sebastian vor der Pest schützen.

## Die Leib-Seele-Dualität in der Antike

Die älteste schriftliche Überlieferung zur Hirnforschung geht auf die vorchristlichen Ägypter zurück. In dem sogenannten Papyrus Smith, einem medizinischen Traktat, dessen Ursprünge bis in das dritte Jahrtausend v. Ch. zurückreichen, werden nicht nur die Ursachen für Kopfschmerzen und entsprechende Heilmethoden beschrieben, sondern auch Bewegungsstörungen – wie etwa das Hinken – durch Verletzungen in den Gehirnwindungen erklärt. In diesem Papyrus findet sich auch der erste schriftliche Hinweis auf das Gehirn, die in Abbildung 2.2 gezeigte Hieroglyphe.

2.2 Gehirnhieroglyphen aus dem Papyrus Smith – die älteste schriftliche Darstellung des Begriffes Gehirn (17. Jahrhundert v. Ch.). Der Papyrus könnte nach der Art der Darstellung auch viel älter sein und etwa aus dem Jahr 2500 v. Ch. stammen.

Wenn es aber um das Thema Leib-Seele-Dualität geht, dann sind die alten Griechen gefragt, die nicht nur die Demokratie und die Olympischen Spiele erfanden, sondern uns auch die Tradition einer innigen Verbindung von Philosophie und Medizin überlieferten.

Die zeitlich gesehen ersten Gehirnforscher Griechenlands, von denen Aufzeichnungen existieren, waren Alkmaion von Kroton, Diogenes von Apollonia und Demokrit, der auch als Vater der Atomlehre gilt. Alkmaion nahm schon im sechsten Jahrhundert v. Chr. Gehirnsektionen sowohl an Tieren als auch Menschen vor. Er leitete aus seinen Experimenten ab, dass das Gehirn eine zentrale Rolle beim Wahrnehmen und Denken spielt, und formulierte: *„Das Gehirn ist es, das die Wahrnehmung des Sehens, Hörens und Riechens gestattet; aus Wahrnehmungen entstehen Gedächtnis und Vorstellungen, aus beiden aber, wenn sie sich gesetzt haben und zur Ruhe gekommen sind, bildet sich das Gedächtnis.“* Weiterhin definierte er den prinzipiellen Unterschied zwischen Mensch und Tier: *„Der Mensch unterscheidet sich von allen übrigen Lebewesen durch sein Vermögen zum Denken. Alle anderen Wesen verfügen zwar über Sinneswahrnehmungen, denken können sie aber nicht.“*

Ähnliche Vorstellungen entwickelte Diogenes von Appolonia. Als Epigone des Philosophen Anaximenes, der die Luft als „Weltprinzip“ verstand, wandte er dieses Prinzip auf die Physiologie an und sah Luft als eine Verbindung zwischen den Sinnesorganen und dem Gehirn an. Luft ist für ihn nicht nur der Informationsträger beim Hören und Riechen, sie ist der Lebensstoff schlechthin, sie ermöglicht Sinneswahrnehmung, Bewegung und Denken.

Demokrit (460–371) verbindet seine von Leukipp übernommene Lehre des Atomismus mit der Frage nach dem Weiterleiten von Sinneseindrücken. Bei seinen anatomischen Studien untersuchte er den Nervus opticus, der das Auge mit dem hinteren Teil des Gehirns verbindet, und überlegte, wie Sinneseindrücke vom Auge bis in das Innere des Gehirns gelangen können. Er befand, dass die durch die Sinnesorgane strömenden Atome weit in den Körper eindringen und sich tief im Inneren des Körpers mit den Seelenatomen verbinden. Demokrit nahm die Seele als vorhanden an.

Hippokrates (460–370), der Urvater der Heilkunst, konnte im fünften Jahrhundert v. Chr. schon auf das anatomische Wissen seiner Vorgänger aufbauen. Er befasste sich besonders mit der im damaligen Griechenland weit verbreiteten Krankheit der Epilepsie oder Fallsucht. Seine hervorragende Beobachtungsgabe belegt folgendes Zitat (übersetzt von H. Diller 1962): *„Die Kranken, die schon mit ihrer Krankheit vertraut sind, merken vorher, wenn ein Anfall kommt und fliehen aus der Gesellschaft der Menschen, und zwar, wenn ihr Haus in der Nähe ist, nach Hause, und andernfalls an möglichst einsame Stellen, wo recht wenige sehen können, wie sie hinfallen und sie verhüllen sich sofort. Das aber tun sie, weil sie sich ihres Leidens schämen und nicht, wie die verbreitete Meinung ist, aus Angst vor der Gottheit.“*

Leidenschaftlich ging er gegen Wunderheiler und andere Scharlatane vor, die mit Zauberformeln, Entsühnungsriten und Verboten versuchten, die Kranken zu heilen, und zürnte. „Für die Besserung des Zustandes ihrer Patienten kassieren sie Bares, während sie Leid und Tod den Göttern zuschreiben.“

Er beschrieb die Phänomene einer Geisteskrankheit erstaunlich genau und wies darauf hin, dass die Krankheit von den Eltern komme, also erblich sei. Bei der kausalen Zuordnung von geistigen Leistungen zur Gehirnanatomie und Physiologie dagegen irrte er sich. Zwar legte er fest, dass das Gehirn für Sinnesempfindungen und den Verstand zuständig sei, ging aber gleichzeitig davon aus, dass die Luft, sobald der Mensch sie eingeatmet habe, im Gehirn Denkfähigkeit und Einsicht hinterlasse.

Diese sogenannte Pneuma-Theorie prägte das Bild von der Leistungsfähigkeit des Gehirns für viele Jahrhunderte. Die Hohlräume im Gehirn, die man als Ventrikel bezeichnet (siehe Kapitel 3), galten als anatomische Basis dieses Konzeptes. Wie ein roter Faden ziehen sich Fehldeutungen experimenteller Befunde durch mehr als zweitausend Jahre Hirnforschung.

Auch die beiden großen Philosophen des Altertums, Platon und Aristoteles, erweisen sich als meisterliche Beobachter, jedoch mit einem Hang zu falschen Schlüssen (Abb. 2.3). Eine ihrer zentralen Fragen lautete: „Wo wohnen Gedächtnis, Vernunft und Verstand in unserem Körper?“ Platon plädierte für das Gehirn – die zephalozentrische These, und Aristoteles für das Herz – die kardiozentrische These, und beide versuchten, das Phänomen „Geist“ aus einem Wechselspiel dieser Organe zu erklären. Dieser Hirn-Herz-Dualismus wirkt bis heute fort. Vom Verstand her wissen wir, dass Emotionen im Kopf entstehen und dort auch verarbeitet werden, gefühlsmä-

2.3 Darstellungen von Platon und Aristoteles. Büsten von Platon (links) und Aristoteles (rechts). Platon lebte von 427 bis 347 v. Ch. Aristoteles von 384 bis 322 v. Ch. Aristoteles war Schüler von Platon, setzte sich aber in einer späten Schaffensperiode kritisch mit den Lehren von Platon auseinander. Quelle: Die Welt der Antike. Kulturgeschichte Griechenlands und Roms (1969). Knaur, München

ßig ist es aber immer noch das Herz, dem Liebe und Leid zugeschrieben werden.

Platon versuchte mit seiner „Drei-Seelen-Lehre" die Gegensätze zwischen Gut und Böse, zwischen Vergänglichem und Ewigem zu erklären. Seiner Ansicht nach wird die Seele in einen erkennenden, einen mutigen und einen gierigen Teil untergliedert und die einzelnen Teile sind in Kopf, Herz und Bauch platziert (Abb. 2.4). Die Seele im Herzen bewahrt durch ihre besondere Position die Kopfseele vor Verschmutzung durch die gierige Seele. Die unsterbliche Seele im Kopf herrscht über die sterblichen Teile in Herz und Bauch. Anweisungen von der Seele im Kopf zu den unteren Seelenteilen werden über das Blut vermittelt. Blut ist auch der Bote für alle Sinne – außer für das Sehen –, dem nach Platon eine besondere Qualität zukommt. Das Herz ist der Knotenpunkt aller Adern und die *„Quelle des alle Glieder mächtig durchströmenden Blutes"*.

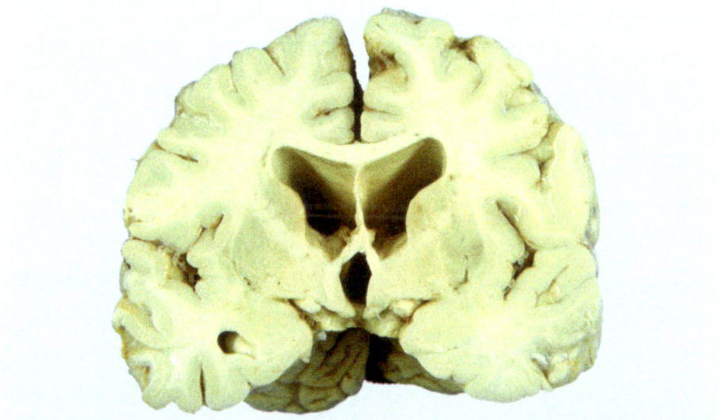

2.5 Die Ventrikel als Hohlräume im Gehirn. Ein Querschnitt durch das Gehirn, das deutlich zwei der vier Ventrikel als Hohlräume zeigt. Die Darstellung lässt erahnen, warum man in der Antike in den Ventrikeln die Seele vermutet. Quelle: Prof. Dr. med. W. Schlote, Neurologisches Institut der Universität Frankfurt a. M.

Die mutige Seele im Herzen hat die Aufgabe, die begierige Seele im Bauch zu kontrollieren. Die im Kopf lokalisierte Seele ist nicht nur unsterblich, sondern auch präexistent, d.h. von Anfang an vorhanden. Zur wahren Erkenntnis ist die Kopfseele nur in ihrer reinsten Form, also in einem vom Körper gelösten Zustand, fähig. Mit dem Tod des Körpers löst sich die Seele von den Fesseln des Leibes und tritt in das lichte Reich der Ideen ein. Diese Todesmetaphysik hat Platon vermutlich von einer im asiatischen Raum ausgeprägten Geisteshaltung übernommen. Die Körper-Seele-Dualität, d.h. die Vergänglichkeit des Körpers verbunden mit der Unsterblichkeit der Seele, beeinflusst viele Religionen bis hin zur Gegenwart. Während die Seelenlehre des jungen Aristoteles noch stark von seinem Lehrer Platon beeinflusst war,

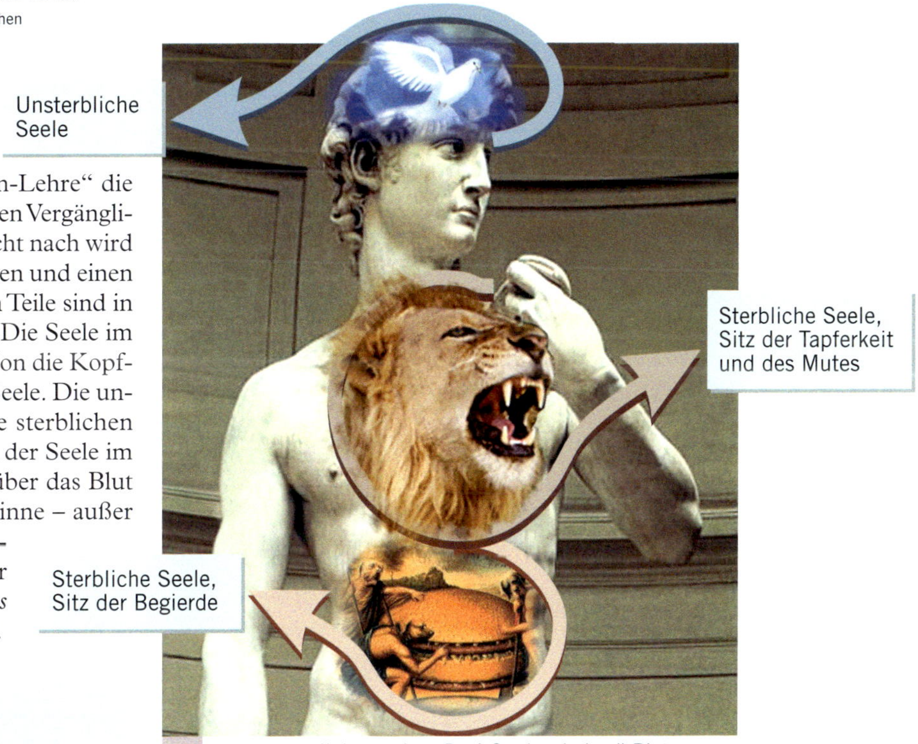


2.4 Veranschaulichung der „Drei-Seelen-Lehre" Platons. Die unsterbliche Seele sitzt im Kopf und gewinnt mit dem Tod des Menschen ihre Freiheit zurück. Nur sie ist zum sittlichen Handeln fähig. Die sterblichen Seelen finden als tapfere Seele ihren Platz im Herzen und als begierige Seele in den Eingeweiden. Quelle: Diplomarbeit Verena Weimer, TU Darmstadt

entwickelte er später in der Schrift „De Anima" eigene Ansichten über das Bewusstsein, welche die Hirnforschung bis in die Neuzeit hinein befruchtet haben.

Aristoteles verlegte den Sitz der Seele ins Herz, da das freigelegte Gehirn nicht reagiert, wenn man es mit dem Finger berührt. Da zahlreiche Blutgefäße auf der Kopfoberfläche liegen, nahm er an, die Funktion des Gehirns sei, mit Nahrung beladenes Blut zu kühlen. Das Gehirn aber bleibt für ihn das Organ der Ernährungs- und Wahr-

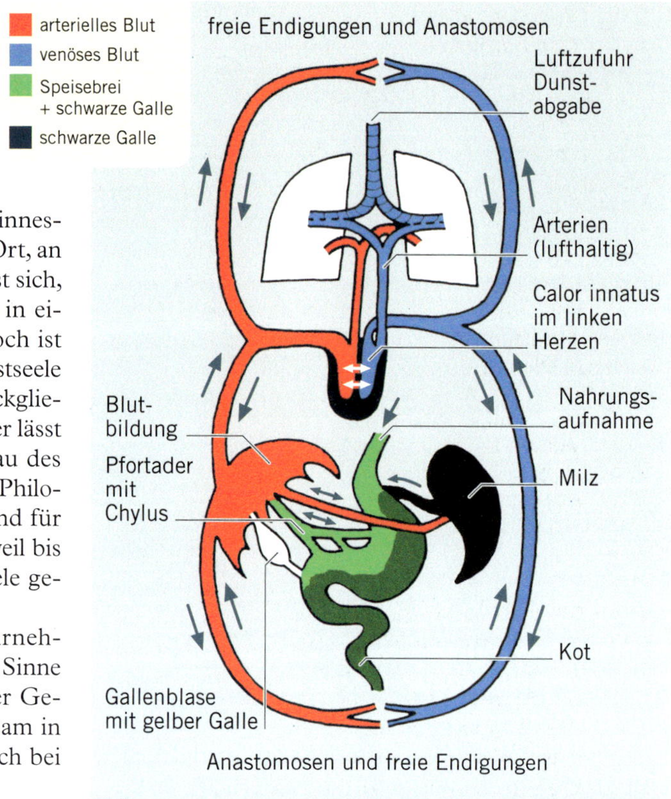


**2.6** Die anatomische Korrelation zu Galens Lehre von den vier Säften. Das Pneuma gelangt vom linken Herzen über die luftgefüllten Arterien in die Gehirnkammern und wird dort zum Seelen-Pneuma. Die Milz produziert die schwarze Galle. Quelle: Meyer-Steineg, T./Sudhoff, K. (1965): Illustrierte Geschichte der Medizin. Gustav Fischer, Stuttgart

nehmungsseele. Diese Form der Seele kennt keine Präexistenz und stirbt mit dem Leib. Aristoteles betrachtet das Denken als die höchste Form der aktiven Vernunft. Er unterscheidet zwischen Wahrnehmen und Denken. Zum Denken gehören Gemeinsinn, koordinierender Sinn, die Einbildungskraft und das Gedächtnis. Während Wahrnehmungen an die Funktion der Sinnesorgane gebunden sind, ist die denkende Seele der Ort, an dem neue Ideen entstehen. Die denkende Seele lässt sich, im Gegensatz zur wahrnehmenden Seele, weder in einem bestimmten Teil des Körpers lokalisieren, noch ist sie sterblich. Ob jedoch bei dieser denkfähigen Geistseele die individuelle Unsterblichkeit oder nur eine Rückgliederung in die göttliche Vernunft gemeint ist, darüber lässt sich streiten. Die von Aristoteles begonnene Schau des Geistes aus der gemeinsamen Sicht von Medizin, Philosophie und Metaphysik ist immer noch wegweisend für die moderne Hirnforschung, wohl auch deshalb, weil bis heute noch kein strukturelles Korrelat für die Seele gefunden wurde.

Aristoteles fordert, um die gleichzeitige Wahrnehmung eines Gegenstandes durch unterschiedliche Sinne erklären zu können, einen Sensus communis oder Gemeinsinn. Die fünf Sinneskanäle müssen gemeinsam in ein Organ des Bewusstseins einmünden, das jedoch bei ihm nicht im Kopf lokalisiert ist.

Wenn er von Fantasia (Einbildungskraft) spricht, so differenziert er zwischen der schöpferischen – das Sehen mit geschlossenen Augen – und der reproduzierenden Einbildungskraft – die Vorstellung eines Gegenstandes in seiner Abwesenheit. Je mehr die Wahrnehmung zurücktritt, umso mehr Raum wird für die Einbildungskraft frei, allerdings mit der Gefahr eines verfälschten Bildes. So erkennt man Erinnerungen nicht mehr als solche, sondern hält Einbildungen für Erinnerungen an reale Ereignisse. Aristoteles ordnet die reproduzierende Einbildungskraft der Wahrnehmung zu, die schöpferische Einbildungskraft, die aus mehreren Bildern ein neues Objekt machen kann, dagegen dem Denken. Weiterhin unterscheidet er zwischen einem passiven Verstand, der auf Bilder aus den Wahrnehmungen angewiesen ist, und dem aktiven Verstand, der an kein körperliches Organ gebunden ist und deshalb auch nicht mit dem Körper stirbt.

In seinen Schriften setzt sich Aristoteles mit dem Kenntnisstand seiner Zeit im Bereich der Anatomie und Physiologie auseinander. So befasst er sich u. a. mit der Frage, wie die Empfindungen der Sinnesorgane das Herz erreichen. Er akzeptiert, dass das Blut der Träger der Nahrungsstoffe und der Wärme ist, seiner Meinung nach kann es jedoch nicht Übermittler von Empfindungen sein. So definiert er Pneuma, die in den Körper einströmende Luft, als Überträger von Sinneseindrücken. Die Pneuma-Theorie, dann „Spiritus animalis" genannt, beeinflusst die Hirnforschung bis ins 18. Jahrhundert. Für Aristoteles ist Pneuma nicht einfach Luft, wie die Übersetzung aus dem Griechischen vermuten lässt, sondern eine luftähnliche Substanz, ein Veränderungs- und Bewegungsprinzip, das alle Abläufe in der Natur zu steuern vermag.

Zwei in Alexandrien, dem damaligen Wissenschaftszentrum der mediterranen Welt, lebende Gelehrte, Herophilos und Erasistratos, suchten mithilfe zahlloser Vivisektionen an Mensch und Tier die Transportkanäle für Pneuma. Als Ergebnis ihrer Untersuchungen identifizierten sie sowohl die Nervenstränge als auch die Sehnen als Transportwege für das Pneuma und bezeichneten beides als Neura. Herophilos nannte speziell die Fasern, die vom Auge zum Gehirn führen, Paroi oder auch die Nerven der Empfindung. Weiterhin beschrieb er im Detail die Struktur des Groß- und die des Kleinhirns sowie die Hirnhäute und die Lage der Ventrikel. Er definierte auch die vierte Hirnkammer oder die Höhle des Kleinhirns als den Sitz des Hegemonikons, der Führungskraft. Das Blut dagegen diente nach seiner Auffassung hauptsächlich dem Nahrungstransport.

Beide, Herophilos und Erasistratos, verfügten zwar über genaue Kenntnisse der großflächigen Hirnanatomie, betrachteten die Nerven allerdings als hohle Fasern, die mit Pneuma gefüllt sind.

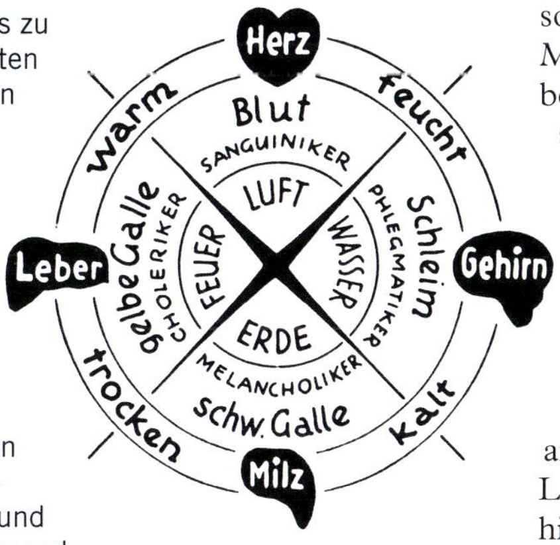


2.7 Die Lehre Galens zu den vier Kardinalsäften in einer allegorischen Darstellung. Sie zeigt den Zusammenhang zwischen den vier Flüssigkeiten und den zugehörigen Organen. Diese stehen in Beziehung zum Kosmos und den sogenannten Grundqualitäten trocken, warm, feucht und kalt. Dieses allumfassende Konzept wurde von Galen in seinem „Corpus Hippocraticum“ publiziert.
Quelle: Meyer-Steineg, T./Sudhoff, K. (1965): Illustrierte Geschichte der Medizin. Gustav Fischer, Stuttgart

Erasistratos stellte auch eine Beziehung zwischen der Dichte der Gehirnwindungen und der Intelligenz des Menschen her. *„So hat beim Menschen, der in der Kraft des Denkens die anderen Lebewesen übertrifft, das Gehirn viel mehr Windungen.“* Dieser Schlussfolgerung widersprach später Galen, als er feststellte, ein Esel habe ähnlich viele Gehirnwindungen wie ein Mensch.

Galen oder Galenos wurde 129 nach Christus in Pergamon geboren. Als Arzt behauptete er von sich, *„die Bahn, die Hippokrates angelegt habe, erst gangbar gemacht zu haben“*. In seinen über 400 medizinisch und philosophisch ausgerichteten Schriften entwirft er ein Gesamtbild der Medizin, das – richtig oder falsch – die Anatomie und Physiologie bis in die Neuzeit beeinflusste. Seine experimentellen Forschungen folgten dem Grundsatz: *„Die Natur tut nichts ohne Zweck.“* Für ihn ist der Körper eine Institution, die der Seele eine Heimat gibt. Der Körper wiederum hat die Fähigkeit, Pneuma als Medium zu nutzen. Dieser über die Atmung aufgenommene – später auch oft als Odem bezeichnete – Stoff wird in drei Segmente untergliedert: in das Lebenspneuma, das seinen Sitz im Herzen hat, in das psychische Pneuma des Gehirns und in das physische Pneuma der Leber. Nach Galen wird das Blut in der Leber gebildet und dient hauptsächlich dem Nahrungstransport. Dabei entsteht als Überschuss die gelbe Galle. Nährstoffe werden mit dem Blut in die rechte Herzkammer geleitet und von dort über die Arterien in das Gewebe und an die Organe verteilt (Abb. 2.6).

Nach Galen sollten sich die vier Säfte Blut, Schleim sowie die gelbe und schwarze Galle immer im Gleichgewicht befinden. Andernfalls würde der Mensch krank. Die vier Flüssigkeiten wiederum werden den vier Zentralorganen – Herz, Gehirn, Leber und Milz – zugeordnet sowie in einen kosmischen Zusammenhang gestellt, also mit Erde, Feuer, Wasser und Luft in Beziehung gesetzt (Abb. 2.7). Mit Galen erreichte die antike Medizin sowohl ihren Höhepunkt als auch ihren Endpunkt. Das Mittelalter trägt nicht zu medizinischen Erkenntnissen bei, erst in der Renaissance lebten auch die Naturwissenschaften wieder auf.

Die Hirnforschung des Mittelalters legte die Ventrikel als Wohnorte geistiger Fähigkeiten fest. In der ersten Kammer, also den beiden seitlichen Ventrikeln, werden der Sensus communis und die Einbildungskraft angesiedelt, im zweiten Hohlraum der Verstand und im dritten das Gedächtnis. Selbst der Universalgelehrte Leonardo da Vinci bestätigte anhand seiner anatomischen Studien die auf Aristoteles zurückgehende Lehre vom Sitz der Seele in den Hohlräumen des Gehirns.

Erstaunlicherweise haben sich die Anatomen und Philosophen von der Antike bis hin zur Neuzeit besonders intensiv mit den Hohlräumen im Gehirn befasst (Abb. 2.8). Nach dem heutigen Stand des Wissens wird dort die Cerebrospinalflüssigkeit produziert, die das Gehirn umspült, nährt und gegen Erschütterungen schützt. Chirurgen fanden diese Gehirnbereiche – je nach der Zeit, die sie zur Schädelöffnung benötigten – als noch nasse oder schon trockene Hohlräume vor. Da das Pneuma zwar als Stoffliches, aber zugleich Unsichtbares postuliert wurde, lag es nahe, das Seelenpneuma in den Ventrikeln zu lokalisieren.

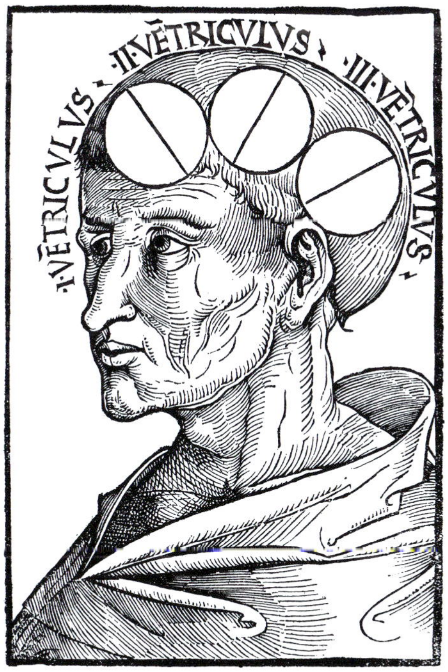


2.8 Die Lokalisation von Wahrnehmung, Denken und Gedächtnis in den Ventrikeln des Gehirns. Holzschnitt aus „Albertus Magnus: Philosophia naturalis“ von 1506 in der Ausgabe von M. Furler. Geistige Fähigkeiten sind in den drei Ventrikeln lokalisiert. Im Spätmittelalter postulierte man bis zu zehn Fakultäten im Kopf.
Quelle: Bildagentur Corbis Ing. (2003)

## Die Gehirnanatomie in der Renaissance

Andreas Vesalius (1515–1564), mit 24 Jahren schon Ordinarius für Anatomie in Padua, wird gegen Ende der Renaissance zum Begründer einer detailgetreuen und wahrheitsgemäßen anatomischen Beschreibung des menschlichen Körpers. Er beschreibt korrekt die Lage und die Struktur der Ventrikel im Gehirn, zeigt, dass sie mit Flüssigkeit gefüllt sind, und stellt klar, dass sie nicht der Sitz der Seele seien. Wie Luther durch seine Bibelübersetzung enorm zu deren Verbreitung beitrug, gelang es Vesalius mit seinem berühmten und mit Holzschnitten illustrierten Anatomiebuch „de libri septem“, praktisch jedermann die Humananatomie zugänglich zu machen. Auch die Entdeckung des Blutkreislaufs durch Harvey und die Charakterisierung des Herzens als Blutpumpe wirkten sich auf die Hirnforschung aus. Das Herz konnte von nun an nicht mehr als Sitz des Geistes oder der Seele dienen.

2.9 Descartes' theoretische Versuchsanordnung zur Veranschaulichung des mechanischen Modells zur Nervenleitung. Durch die Hitze des Feuers dehnt sich der Spiritus animalis aus und transportiert über hohle Nervenfasern Informationen zur Zirbeldrüse. Die so bedingte Auslenkung der Zirbeldrüse lenkt den Spiritus animalis wieder zurück zum Fuß. Als Folge zieht der Knabe seinen Fuß vom Feuer zurück.

Die detaillierte anatomische Beschreibung des Gehirns durch Vesalius förderte leider nicht das Verständnis der Gehirnfunktionen. Jean Ternel, der den Begriff Physiologie kreierte, benutzte in seinem 1542 verfassten Lehrbuch immer noch den Begriff Spiritus animalis und glaubte, dass dieser Stoff vom Gehirn ausgehend über die hohlen Nerven im ganzen Körper verteilt würde. Nach Ternel hat jedes Sinnesorgan seien speziellen Spiritus, so hört das Ohr mit dem Spiritus vivendi.

Der französische Philosoph und Mathematiker René Descartes ging davon aus, dass alle Funktionen des menschlichen Körpers durch ein Modell zu erklären sind, das ausschließlich den Gesetzen der Mechanik gehorcht, vergleichbar einer Uhr oder einem Automaten. Für den Betrieb dieser Mensch-Maschine ist weder eine vegetative noch eine sensitive Seele erforderlich (Abb. 2.9).

Der Spiritus animalis hat bei Descartes keine okkulte Qualität mehr, sondern ist eine Flüssigkeit, die sich beim Erwärmen ausdehnt, in Nervenröhren zu den Gliedern strömt und dort die Muskeln bewegt. In Descartes' mechanischem Modell der Hirnfunktionen spielt die Zirbeldrüse eine besondere Rolle. Sie beherbergt Vorstellungsvermögen und Sensus communis und wird durch den Fluss des Spiritus animalis gesteuert. In der Zirbeldrüse werden alle Bewegungen des Körpers koordiniert. Obwohl Descartes die Gehirnfunktionen in seinem Modell falsch beschrieb, hat sein Ansatz, die denkende Seele (res cognitans) von der Materie des Körpers zu trennen, die spätere Gehirnphysiologie geprägt.

In seiner Abhandlung „L'Homme Machine“ beschreibt der französische Arzt und Philosoph Julien Offray de La Mettrie den Menschen als eine nach rein mechanischen Prinzipien funktionierende Maschine, die keiner vernunftbegabten Seele bedarf. Für ihn sind Menschen nur zweibeinige Automaten oder senkrecht stehende Tiere. Für eine im Körper agierende Seele fand La Mettrie keinen Beweis. Seine Schrift „Zur Naturgeschichte der Seele“ rief einen Sturm der Entrüstung hervor und wurde 1746 auf Anordnung des französischen Parlaments öffentlich verbrannt.

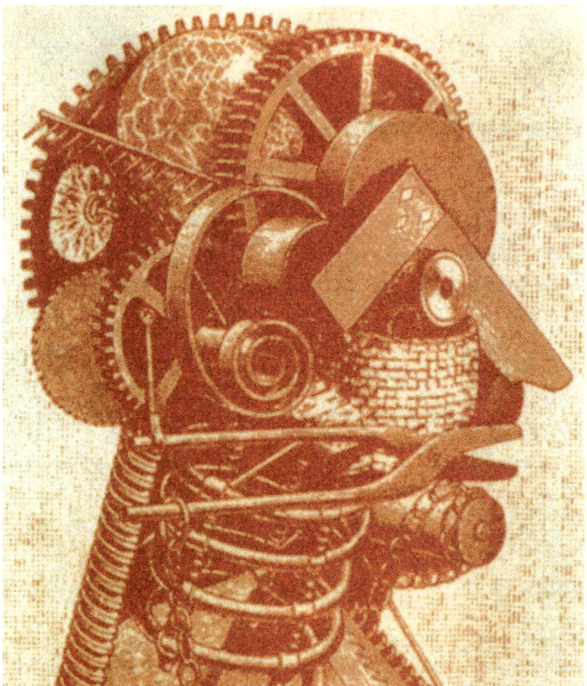

2.10 Das Bild „Räderwerk der Ideen“ (1880) von dem Künstler A. Poyet symbolisiert die mechanische Auffassung vom körperlichen und geistigen Leben des Menschen. Der Kopf wird mit einem Uhrwerk verglichen, das von einer Feder betrieben wird; Anfang und Ende – das Aufziehen und Ablaufen der Feder – sind festgelegt.
Quelle: La Nature (1890) 1, 176

## Gehirnforschung vom 17. Jahrhundert bis zur Gegenwart

Bedingt durch die nach der Renaissance nicht mehr strafbaren Leichensektionen kann die Anatomie des Humangehirns immer genauer beschrieben werden. Auch ermöglichte die Erfindung des Mikroskops durch Antonie van Leeuwenhoek (1632–1723) die Erforschung der Gewebestruktur des Gehirns. Allerdings bestätigte van Leeuwenhoek, vermutlich bedingt durch die schlechte Auflösung seines Mikroskops, dass es hohle Nervenfasern gebe – und damit war man wieder bei der Auffassung der alten Griechen angelangt.

Die Präparation von Hirngeweben für mikroskopische Untersuchungen bereitete anfänglich große Schwierigkeiten. Sogenannte Quetschpräparate, also zwischen zwei Objektträger gepresste Proben, zeigten oft mehr Artefakte als reale zelluläre Strukturen. Erst die neuen Methoden von Otto Deiters und Joseph von Gerlach zur Anfärbung des Gewebes machten den Zellkörper und die Ausläufer von Nervenzellen erkennbar.

Durch die vergleichende Wirbeltierforschung, welche die Gehirnanatomie der Tiere als stete Entwicklung zum Humangehirn hin deutet, gelang es – allerdings mit zahllosen und oft grausamen Tierversuchen –, die Struktur einzelner Gehirnareale mit ihrer physiologischen Funktion zu verbinden.

Als Vater der vergleichenden Gehirnanatomie gilt Thomas Willis (1621–1675), der in seinem Werk „De Anima brutorum" (Oxford 1672) darlegt, dass die Kenntnis der Gehirnstrukturen nicht nur über das Vermögen und den Gebrauch der einzelnen Organe Auskunft gibt, sondern auch über die Wege der sensitiven Seele. Für Willis ist der Mensch ein doppelt beseeltes Wesen; wie die Tiere besitzt er eine Körperseele, darüber hinaus aber auch eine Vernunftseele. Diese ist, wie Aristoteles schon forderte, immateriell und unsterblich. Allerdings widerspricht sich Willis' Argumentation, denn eine immaterielle Seele kann nicht lokalisierbar sein.

Der dänische Anatom Niels Stensen bezeichnete das Gehirn als das schönste Meisterwerk der Natur und kommentierte die nebulöse Vorstellung seiner Zeitgenossen von den Übertragungswegen für Sinneseindrücke: *„Animalische Geister, als feinste Teile oder als Dunst des Blutes und der Nervensäfte, dies alles sind Bezeichnungen, die von vielen verwendet werden, aber nicht mehr als Worte sind, die nichts meinen."* Ohne es zu wollen, förderte er zwei unterschiedliche Richtungen der Hirnforschung: einerseits als experimentelle Wissenschaft, in der die Beziehungen von Gehirnbereichen zu Körperarealen erforscht werden, und andererseits als philosophische Richtung, die sich ausschließlich mit dem Geist befasst.

Eine Sonderrolle in der Erforschung der Architektur und Funktionsweise des Gehirns nimmt im 18. Jahrhundert der Wiener Anatom Franz Joseph Gall ein (Abb. 2.11). Er gilt als Vater der Kranioskopie oder Phrenologie – von ihm selbst zunächst als Organologie bezeichnet. Gall, ein ausgezeichneter Kenner der Gehirnanatomie, war der Auffassung, dass das Gehirn aus 27 voneinander unabhängigen Einzelorganen bestehe, die in der Großhirnrinde verankert seien. Jedes dieser Zentren sei so ausgeprägt, dass man es von außen durch Ansehen oder Betasten des Schädels erkennen könne. So weise die äußere Form des Schädels auf die Psyche einer Person hin. Die 27 das Gehirn bildenden Organe sollten ebenso vielen Sinnen entsprechen, wie z. B. dem Freundschaftssinn, dem Fortpflanzungssinn, dem Kunstsinn etc. Galls Theorie fand in Europa eine begeisterte Anhängerschaft, und die Deutung der Schädelform wurde zur Mode. Gall bewährte sich als einer der ersten wissenschaftlichen Entertainer in den europäischen Salons. Galls Mitstreiter, Johann Kaspar Spurzheim, erhöhte die Anzahl der Grundkräfte von 27 auf 37 und benannte sie zum Teil neu; so fasste er z. B. die Bezeichnungen Würge- und Mordsinn unter dem neuen Begriff Zerstörungssinn zusammen. Die Epigonen von Gall und Spurzheimer trieben die Analyse der Schädelform schließlich bis ins Absurde. Über diese „Blicke in die Schusterkugel" könnte man lächeln, hätte nicht Galls Phrenologie besonders in

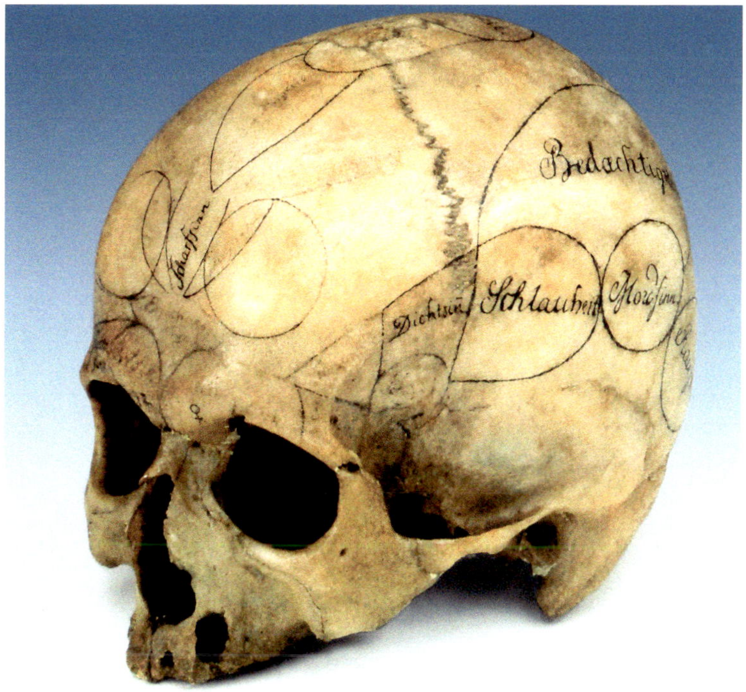

2.11 Der Schädel von Franz Joseph Gall als Anschauungsmaterial für seine Theorie der Phrenologie. Gall ging von folgender Theorie aus: „Bei den vermuteten Merkmalen gewisser Talente war es mir nie beigefallen, dass der Grund der Geisteskraft in gewissen Stellen der Schädelknochen enthalten sein könnte; ich ahnte vielmehr, was ich bald zur Gewissheit brachte, dass die Verschiedenheiten der Schädelformen von den Verschiedenheiten der Gehirnformen verursacht werden." Gall verfügte in seinem Testament, dass seine Lehre von der Phrenologie auf seinem Schädel eingraviert werden und damit der Verbreitung seiner Lehre dienen solle. Der Schädel ist im naturwissenschaftlichen Museum in Wien zu besichtigen.
Quelle: Anatomische Sammlung der Universität Halle

den Vereinigten Staaten pseudowissenschaftliche Argumente zur Unterdrückung der afroamerikanischen Bevölkerung geliefert.

Auch das Hirngewicht und die Anzahl der Windungen im Großhirn wurden benutzt, um Aussagen über die Intelligenz eines Menschen zu machen. So untersuchte der berühmte Göttinger Anatom Rudolph Wagner bei Verstorbenen das Verhältnis von Gehirnmasse zu ihrer zuvor beobachteten Intelligenz. Allerdings konnte er keine statistisch signifikanten Zusammenhänge finden. Trotzdem wandte er sich einem weiteren Lehrsatz der Phrenologie zu, der besagte: *„Bei sehr intelligenten Männern zeichnet sich die Oberfläche der Hemisphären des großen Gehirns durch zahlreiche Windungen (Gyri) und tiefere Furchen (Sulci) zwischen denselben vor anderen gewöhnlichen Gehirnen aus.“* Diese These wollte er experimentell anhand eines Vergleichs des Gehirns des berühmten Mathematikers Carl Friedrich Gauß mit dem Gehirn eines Labordieners erbringen. Er stellte fest, dass bei dem Genie besonders im Stirnlappen „die Gehirnwindungen dünner und geschlängelter seien als bei einem Manne aus dem Volke“. Letztlich musste er aber zugeben, dass sich weder aus dem Gehirngewicht noch aus anderen anatomischen Merkmalen Schlüsse hinsichtlich der Intelligenz des Gehirninhabers ziehen lassen. Trotz aller wissenschaftlichen Befunde sind wir auch heute noch nicht frei davon, eine niedere Stirn oder angewachsene Ohrläppchen mit verminderter Intelligenz oder Gewalttätigkeit zu verbinden. In gewissen Sinne ist aber die Gall'sche Hypothese, dass es Regionen im Gehirn gibt, in denen bestimmte mentale Fähigkeiten lokalisiert sind, durch die Lokalisation der Sprachzentren anhand von Fehlfunktionen bestätigt worden (siehe Kap. 12 ). Aphasien nennt man Sprachstörungen, die durch Verletzungen oder Erkrankungen definierter Hirnbereiche auftreten. So zeigte sich bei Kriegsverletzten, dass es bei Traumen des linken vorderen Gehirnlappens zu bleibenden Sprachstörungen kommt.

Die eigentliche Entdeckung des Sprachzentrums wird dem französischen Chirurgen Paul Broca (1824–1880) zugeschrieben. Da einige seiner Patienten zwar an Sprachstörungen litten, sich aber mithilfe von Gesten verständigen konnten, nahm er an, dass es sich bei den Störungen des Sprachvermögens um eine fehlende Artikulation handelte, d.h. um eine Störung der Sprechmotorik. Er lokalisierte das motorische Sprachzentrum, das später nach ihm benannt wurde, in der dritten vorderen Hirnwindung der linken Hemisphäre. Diese Zuordnung hat bis heute Bestand.

Während sich bis zum Beginn des 18. Jahrhunderts die Kenntnisse in Anatomie und Physiologie des Gehirns nur graduell verbesserten und immer wieder durch mythologische Deutungen verwässert wurden, explodierte die molekulare Hirnforschung im 19. Jahrhundert geradezu. Es war die aufkommende Elektrizitätslehre, die ein neues Verständnis der Nervenleitung und der Informationsprozessierung ermöglichte. Ab etwa 1750 interessierten sich Physiker für die Ursachen der natürlichen Elektrizität, wie man sie z. B. bei Blitzeinschlägen oder beim Reiben von Bernstein findet. Der italienische Arzt und Physiker Luigi Aloisius Galvani (1737–1798) entdeckte an Fröschen, dass lebende Muskeln erregbar sind und Elektrizität produzieren. Diese Entdeckung war – wie viele andere auch – vom Zufall bestimmt. Es wird berichtet, dass Galvani für seine kranke Frau aus Froschschenkeln eine stärkende Suppe kochen wollte. Während er die Froschschenkel vorbereitete, erzeugten seine Assistenten am anderen Ende des Tisches mit einer Galvanisiermaschine elektrische Funken. Diese sprangen auf sein Messer über, mit denen er die Schenkel präparierte. Bedingt durch den Funken zogen sich die Muskeln zusammen, als seien sie von einem heftigen Krampf befallen. Galvani nahm an, dass die Muskelkontraktion etwas mit der Elektrizität zu tun haben müsse, und begann, mit den Froschbeinen zu experimentieren. So hängte er sie an den Fenstern seines Labors auf, um zu sehen, ob auch ein Blitzeinschlag zu einer Kontraktion des Muskels führe. Des Weiteren fand er heraus, dass sich der Froschmuskel auch zusammenzieht, wenn Nerv und Muskel mit zwei unterschiedlichen Metallen verbunden werden. Er nannte seine Entdeckung „tierische Elektrizität“, denn er glaubte, dass alle Elektrizität im lebenden Gewebe liege und Muskeln die Behälter für die Elektrizität und Nerven die Leiter seien. Erst der italienische Physiker Alessandro Volta (1745–1827) erkannte, das der elektrische Stromfluss durch den Kontakt unterschiedlicher Metalle (z.B. Kupfer und Zink) mit der salzhaltigen Flüssigkeit (Elektrolyt) des Gewebes erzeugt wurde. Allerdings hatte Galvani in einer Sache recht: Biologische Gewebe wie Nerven und Muskeln erzeugen elektrische Ströme, wenn auch geringe.

Die großen Errungenschaften in der Elektrotechnik inspirierten auch die Physiologen. Als um 1840 elektrische Telegraphenkabel verlegt worden waren, kamen Emil du Bois-Reymond und Hermann von Helmholtz auf die Idee, dass auch Nerven elektrisch leitende Kabel sind, also eine Art Telegraphen. Sie entdeckten, dass die Aktivität der einen Nervenzelle die der anderen Nervenzelle in vorhersagbarer Weise beeinflusst. Anhand dieser Messung mit dem neu entwickelten Galvanometer, das auch sehr kleine Ströme erfasste, konnten sie zeigen, dass in Nerven tatsächlich Strom fließt. Im 19. Jahrhundert begründeten drei deutsche Physiologen – Emil du Bois-Reymond, Johannes Müller und Hermann von Helmholtz – eine neue wissenschaftliche Disziplin, die sie „Elektrophysiologie der Nerven“ nannten. Heute wird dieses Gebiet als Elektrophysiologie bezeichnet.

Ein weiterer Beitrag zum molekularen Verständnis neuronaler Strukturen kam von den Chemikern, die mit Farbreaktionen Nachweise für Nervenzellstrukturen entwickelten.

Bei einer noch heute gebräuchlichen und von Camillo Golgi eingeführten Methode, der sogenannten schwarzen Reaktion, wird das Gewebe mit metallischem Silber

2.12 Der Kupferstich „The Reward of Cruelty" aus dem Zyklus von W. Hogarth „The Four Stages of Cruelty", der 1751 publiziert wurde, zeigt eine öffentliche Anatomie am Leichnam eines Gehenkten im 18. Jahrhundert. Sensationslust, Neugierde und auch Grausamkeit liegen in der Wissenschaft oft dicht beieinander. Besonders die Hirnforschung hat bei Tieren und Menschen viel und manchmal unnötiges Leid verursacht.
Quelle: British Museum London, UK

gefärbt, wodurch die Nervenzellen in ihren feinsten Verästelungen sichtbar werden.

Golgis Zeitgenosse Santiago Ramón y Cajal (1852–1934) benutzte die Silberfärbung, um herauszufinden, ob Nervenzellen ein kontinuierliches Netzwerk, ein Synzytium, darstellen oder als Einzelzellen zu betrachten sind. Seine Darstellungen einzelner Nervenzellen mit Verdickungen an den Enden der Axone – später als Synapsen bezeichnet – widerlegten die Auffassung der Retikularisten, die das Nervengeflecht als ein kontinuierliches Netzwerk ansahen. Mit dem Nachweis, dass jede Zelle ein Individuum ist, stellte sich naturgemäß die Frage, wie Informationen in Form von elektrischen Impulsen von der einen Nervenzelle auf die andere übertragen werden.

Die Arbeiten von Otto Loewe (1873–1961) ließen bereits eine chemische Form der Informationsübertragung an den Synapsen erkennen. Der Name „Synapse" für die Kontaktstelle stammt von Charles Sherrington (1857–1952). Sichtbar wurde die Kontaktstelle erstmals durch die von Ernst Ruska 1931 entwickelte Elektronenmikroskopie.

#### Literatur

Breidbach, O. (1997): Die Materialisierung des Ichs. Suhrkamp, Frankfurt
Changeux, J. P. (1984): Der neuronale Mensch. Wie die Seele funktioniert. Die Entdeckung der neuen Gehirnforschung. Rowohlt, Reinbek
Düweke, P. (2001): Kleine Geschichte der Hirnforschung. Von Descartes bis Eccles. Beck'sche Reihe, Beck, München
Eccles, J. (1975): Das Gehirn des Menschen. Piper, München
Hagner, M. (2000): Homo cerebralis. Insel, Frankfurt a. M.
Hippokrates: Schriften. Die Anfänge der abendländischen Medizin. Hippokrates, hrsg. von Hans Diller. Rowohlt, Reinbek
Meyer-Steineg, T./Sudhoff, K. (1965): Illustrierte Geschichte der Medizin (Hrsg. Herrlinger, R./Kudlien F.). 5. Aufl. Gustav Fischer, Stuttgart
Oeser, E. (2002): Geschichte der Hirnforschung. Von der Antike bis zur Gegenwart. Wissenschaftliche Buchgesellschaft, Darmstadt
Pauen, M. (2007): Was ist der Mensch? Die Entdeckung der Natur des Geistes. Deutsche Verlagsanstalt, München
Schmuhl, H. W. (2001): Medizin in der NS-Zeit. Hirnforschung und Krankenmord. Deutsches Ärzteblatt 98: 1240–1245
Singer, W. (2003): Ein neues Menschenbild. Gespräche über Hirnforschung. 4. Aufl. Suhrkamp, Frankfurt

# Unsichtbar, aber fantastisch: Unser Gehirn

Unser Gehirn steuert und koordiniert unsere Bewegungen; es holt ständig mithilfe der fünf Sinne Informationen über die Umwelt ein, es ermöglicht uns über das Medium Sprache mit anderen zu kommunizieren, es vermittelt uns Gefühle und Wahrnehmungen und es räumt uns die Freiheit des Denkens ein. Circa 1500 g grauer, unansehnlicher Gehirnmasse enthalten etwa 50 Milliarden Nervenzellen und die zehnfache Menge an Versorgungs- und Stützzellen. Jede einzelne Nervenzelle kommuniziert mit bis zu 20 000 anderen Nervenzellen. Als Individuen sind Nervenzellen einfach gebaut und können im Prinzip nur mit ja oder nein reagieren. Es ist jedoch die „ungeheure" Komplexität des Nervengeflechts, dieses ‚Jeder-mit-jedem-Systems', die es bisher unmöglich macht, Gehirnfunktionen im Sinne von Ursache und Wirkung zu erklären.

Unter allen Organen hat das Gehirn eine einzigartige Rolle. Wenn es seine Tätigkeit eingestellt hat, also keine Gehirnströme mehr zu registrieren sind, werden wir für tot erklärt, selbst wenn andere Organe, wie beispielsweise Leber und Herz noch weiter funktionieren. Während wir das Herz – lange Zeit als Sitz des Menschseins und insbesondere der Gefühle verstanden – anhand seines Schlages fühlen können, bleibt das Gehirn für uns im wahrsten Sinne des Wortes unbegreiflich.

Die Gehirnanatomie ist spannend und langweilig zugleich. Spannend, weil wir bestimmte mentale Fähigkeiten anatomischen Bereichen zuordnen wollen, langweilig, weil wir diese Zuordnung nicht beweisen können. Bekannt dagegen sind einzelne Zentren, die für bestimmte Funktionen wie Sehen und Hören intakt sein müssen. Der Vorgang an sich, beispielsweise das Sehen und Verstehen von Bildern, ist aber eine Aufgabe des ganzen Gehirns. Die penible Nachfrage, wo genau welche Teilleistung zum Sehvorgang entsteht, kann noch nicht oder nie beantwortet werden. Um diese Enttäuschung des Forschers zu verdeutlichen, soll wiederum das Organ Herz als Vergleich herangezogen werden. Wenn man ein Herz durchschneidet, kann man aus dem anatomischen Aufbau sofort seine Funktion als Blutpumpe ableiten, so etwa die Rolle der Herzkammern oder der Ventilklappen. Derart einfache Zuordnungen sind bei dem Gehirn noch nicht möglich (Abb. 3.1).

Unser Menschsein wird vom Überlebenswillen und vom Drang nach Reproduktion bestimmt. In der Zusammenschau von Lebenswille und dem Wunsch nach Kindern als Kopien unseres Selbst könnte sich unsere Sehnsucht nach der Unsterblichkeit verbergen. Beides, leben zu wollen und sich reproduzieren zu müssen, ordnen wir dem Organ Gehirn zu.

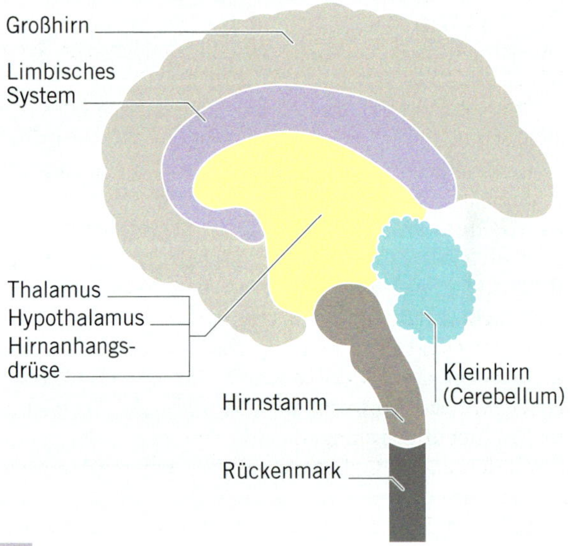


3.1 Die wichtigsten Bereiche des Gehirns im Überblick. Die einfache Handskizze soll quasi als Inhaltsverzeichnis für die einzelnen Gehirnsegmente dienen, da das Verständnis der nachfolgend beschriebenen Hirnanatomie ziemlich schwierig ist. Eine genauere Darstellung findet sich in Abb. 3.4.

Wir könnten unser Gehirn auch als eigenständiges Wesen betrachten, das den restlichen Körper nur als Versorgungseinheit nutzt. Diese Diskussion wird zurzeit intensiv unter der Überschrift „Haben wir einen freien Willen?" geführt. Bevor wir jedoch in diese philosophischen Themen einsteigen, sollten wir uns mit der Anatomie und der Physiologie des Humangehirns vertraut machen. Ohne Grundkenntnisse in der Anatomie kann man wiederum die Physiologie, d. h. die stofflichen Abläufe nicht verstehen. Für die meisten Leser genügt es, sich anhand der nächsten beiden Abschnitte einen Überblick zu verschaffen. Erschwert wird das Verständnis der Gehirnanatomie durch die Vielfalt unterschiedlicher Ausdrücke, die teils aus dem Griechischen, teils aus dem Lateinischen und teils aus dem Deutschen kommen. Wir wollen uns, wo immer möglich, an die Regel halten, den deutschen Ausdruck zu benutzen und die griechische/lateinische Bezeichnung in Klammer dahinterzusetzen.

## Die Einbettung des Gehirns in den Knochenschädel

Das Gehirn ist im Oberteil unseres Kopfes lokalisiert. Stirn, Schädeldach und Hinterkopf bilden einen Hohlraum, in dem das Gehirn eingelagert ist. Es ist völlig von Knochen umgeben; nur der Hirnstamm, der in das Rückenmark übergeht, verlässt den Hohlraum durch das sogenannte Hinterhauptsloch im unteren Teil des Schädels (Abb. 3.2 u. 4.2).

Der Schädel wird unterteilt in den Hirn- und den Gesichtsschädel. Der Hirnschädel besteht aus acht Knochen, die das Gehirn umgeben und schützen. Die drei größten sind das Stirn-, Scheitel- und das Hinterhauptsbein. Weitere 14 Knochen bilden den Gesichtsschädel. Über die Hirnoberfläche schlängeln sich starre Verbindungen, die Schädelnähte, die bei sehr jungen Kindern noch nicht miteinander verwachsen sind. Vor und nach der Geburt sind die Schädelknochen auch noch in Grenzen verformbar, da der Knochenknorpel noch nicht gehärtet ist. Diese Verformbarkeit des Schädels ist wichtig für den Geburtsvorgang, da ein schon großer Kopf sich durch den engen Geburtskanal der Gebärenden quetschen muss.

Während der Chirurg oder der Pathologe mit einem Schnitt durch die Bauchdecke mithilfe eines Skalpells Organe wie etwa die Leber freilegen kann, bedarf es bei der Entnahme eines Gehirns drastischerer Werkzeuge, wie z. B. einer Knochensäge. Der Arzt sägt den Schädel auf, durchtrennt dabei gleichzeitig die harte Knochenhaut, die Dura Mater, und kann dann die Schädelkappe vom restlichen Schädel abnehmen. Um das Gehirn aus dem Knochenschädel herausheben zu können – dies ist natürlich dem Pathologen vorbehalten –, muss zuvor oberhalb des Hinterhauptslochs die Verbindung zum Rückenmark durchtrennt werden.

Bei abgenommener Schädelkappe sieht man von oben auf das intakte Großhirn (Telencephalon). Will man einer topographisch unterscheidbaren Region im Gehirn eine Funktion zuordnen, so helfen sichtbare Verletzungen, die mit einem erkennbaren Funktionsausfall verbunden sind. Ähnliches gilt für Post-mortem-Schädelöffnungen, in denen pathologische Befunde in Beziehung zur Krankengeschichte gesetzt werden. Auch aus Tierversuchen, besonders mit Primaten, lassen sich Schlüsse auf die Funktionen von Gehirnarealen beim Menschen ziehen. Zuordnungen im Bereich des Kortex sind leichter als im Inneren des Gehirns, da man hier von einer sichtbaren, noch unverletzten Struktur ausgehen kann.

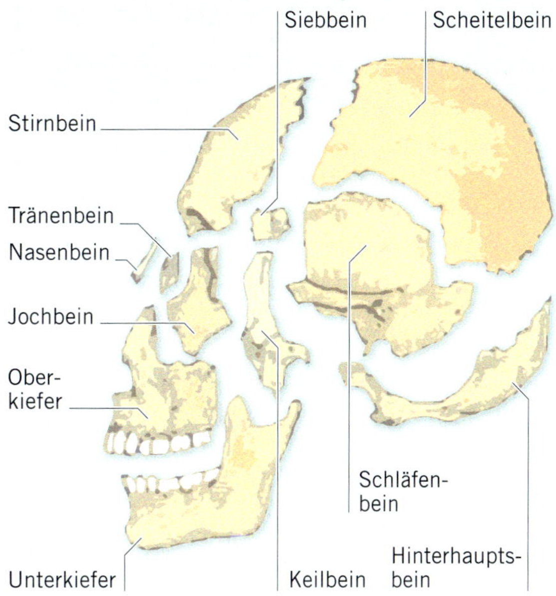


3.2 Das Knochen-Puzzle von Hirn- und Gesichtsschädel. Nur 8 Knochen formen den Hirnschädel, während für den Gesichtsschädel 14 Knochen benötigt werden. Quelle: Smith, T. (2004): Der menschliche Körper, ein Bildatlas. Karl Müller Verlag, Köln

So gibt es auch präzise Struktur-Funktions-Zuordnungen besonders im Bereich der Hirnrinde (Cortex).

Um uns in der weiteren Anatomie des Gehirns zurechtzufinden, müssen wir die aus dem Griechischen und Lateinischen abgeleiteten Fachausdrücke für Richtungen und Ebenen verstehen (Abb. 3.3).

Betrachten wir zuerst den Schädel in einem Sagittalschnitt (von Sagitta für Pfeil, von vorne nach hinten), da diese Sicht uns die Positionierung des Gehirns im Kopf und die Anordnung der einzelnen Teile des Gehirns am besten vermittelt.

Auffällig bei erster Betrachtung sind das dominante Großhirn (Telencephalon), das etwa 60–70 % des Schädelvolumens ausfüllt, der Balken (Corpus callosum), ein Nervenfasergeflecht, das wie eine Datenautobahn die linke mit der rechten Hemisphäre verbindet, und das Kleinhirn (Cerebellum) im unteren hinteren Gehirnteil. Unter dem Balken liegen das Zwischenhirn (Diencephalon) mit den Teilen Thalamus, Epiphyse, Epithalamus und etwas abseits gelegen die pilzförmige Hypophyse (Abb. 3.1 u. 3.4). In diesem alten Teil des Gehirns entstehen unsere Gefühle. Weiter abwärts kommt man zum Mittelhirn (Mesencephalon), zu der Brücke (Pons) und dem verlängerten Mark (Medulla oblongata). Dieser Nervenstrang verlässt dann den Kopf durch das Hinterhauptsloch (Foramen magnum) und geht in das Rückenmark über. Besonders das Mittelhirn enthält eine große Zahl sogenannter Kerne, wie den roten Kern oder die Substantia nigra, Bereiche mit einer großen Dichte an Nervenzellen und spezialisierten Funktionen.

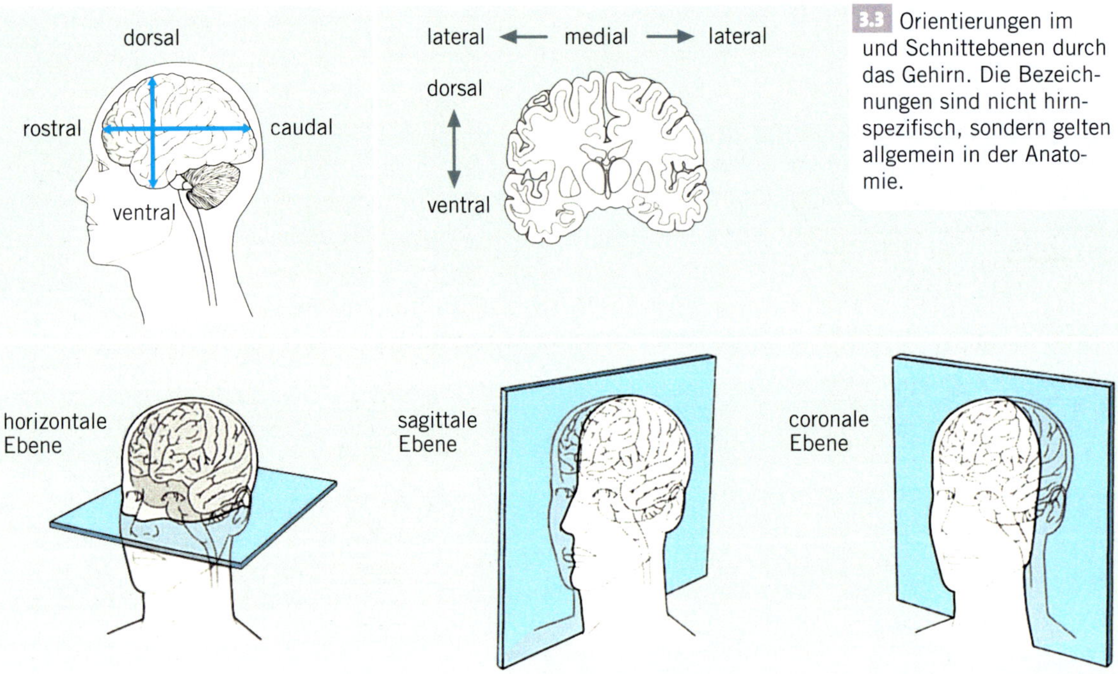


**3.3** Orientierungen im und Schnittebenen durch das Gehirn. Die Bezeichnungen sind nicht hirnspezifisch, sondern gelten allgemein in der Anatomie.

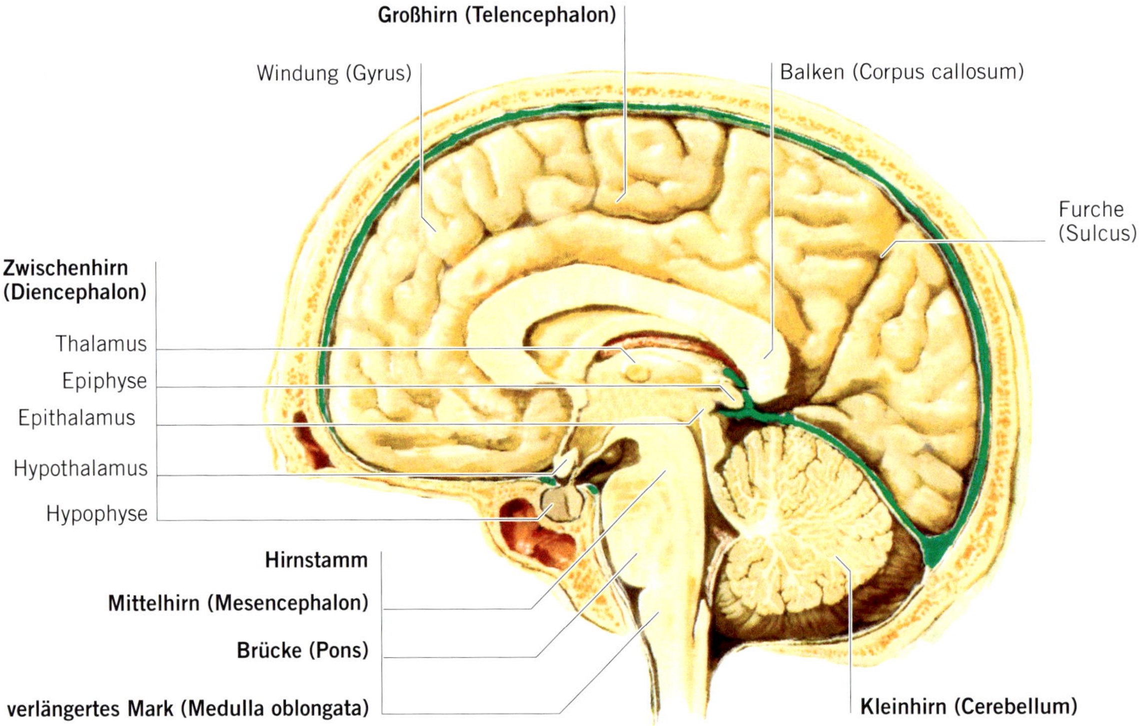


**3.4** Sagittalschnitt durch das in den Hirnschädel eingebettete Hirn. Die Cerebrospinalflüssigkeit, die das Gehirn umspült, ist grün gezeichnet. Der Gehirnbalken (Corpus callosum), ein Faserngeflecht, welches die rechte mit der linken Hemisphäre verbindet, scheint das Großhirn von dem Hirninneren zu trennen. Leicht zu erkennen ist das Kleinhirn (Cerebellum), das durch seine baumartige Struktur auffällt. Unter dem Balken liegt die Gefühlswelt des Gehirns, realisiert z. B. im Hippocampus. Daran schließt sich der Hirnstamm mit Mittelhirn, Brücke und Medulla oblongata an. Der Hirnstamm geht dann über ins Rückenmark, das durch das Hinterhauptsloch in den Körper geführt wird.

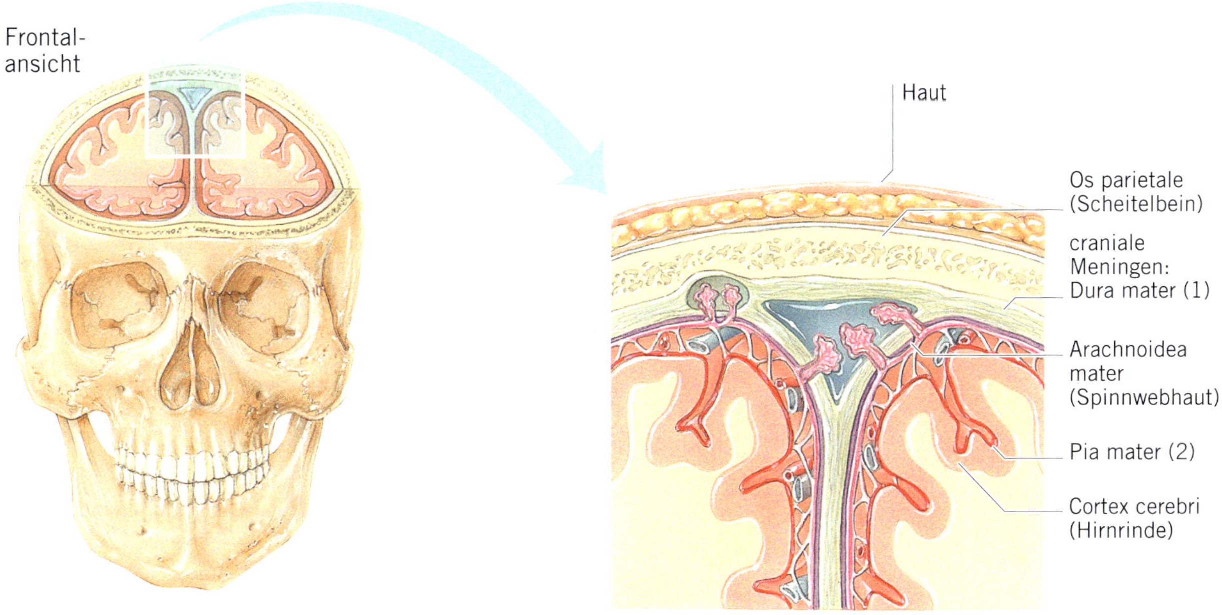


Frontalschnitt durch den Schädel
mit cranialen Meningen: (1) = harte Hirn- und Rückenmarkshaut
(2) = weiche Hirn- und Rückenmarkshaut

**3.5** Schutzschichten um das Gehirn. Hier grün gezeichnet (linke Abbildung) ist die Cerebrospinalflüssigkeit, die das Gehirn umfließt. An der blauen Farbe erkennt man ein Ventrikel. Vom Knochenschädel her gesehen folgen die drei Hirnhäute Dura mater, Arachnoidea und Pia mater. Quelle: Tortora, G. J./Derrickson, B. H. (2006): Anatomie und Physiologie. Wiley-VCH, Weinheim

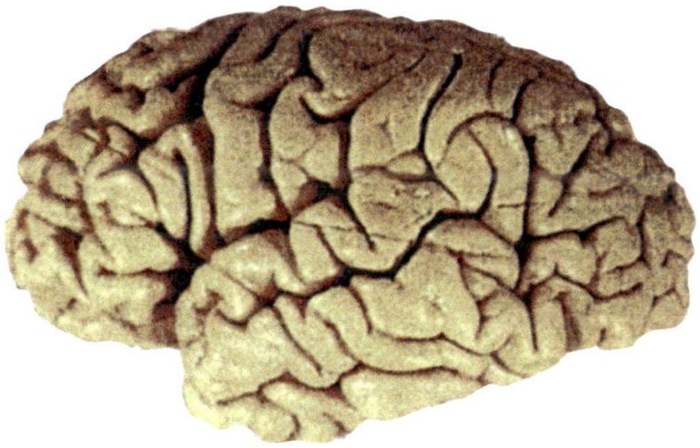

**3.6** Ein menschliches Gehirn nach der Entnahme aus dem Hirnschädel. Die bräunliche Farbe entspricht nicht der Realität, die Gehirnmasse in natura sieht eher fahlgrau aus. Auffällig ist eine tiefe Rinne im vorderen Teil des Großhirns, die Seiten- oder Sylvius-Furche, die den Schläfenlappen von dem Stirnlappen trennt. Quelle: Wikipedia

## Vom Cortex bis zur Medulla oblongata, eine Darstellung der Hirnanatomie vom Schädeldach zum Hinterhauptsloch

Nach Entfernen des Stirn- und Scheitelbeines kann man von oben auf das Großhirn, den Cortex cerebri, genauer nur auf die Großhirnrinde sehen. Zwei Dinge sind auffällig: Eine tiefe, von vorn nach hinten verlaufende Furche teilt das Gehirn in zwei etwa gleich große Bezirke, die man als die beiden Hemisphären bezeichnet. Die Oberfläche des Gehirns ist stark aufgewulstet, so dass Höhen und Tiefen sichtbar sind, die Gyri (Erhebungen) und Sulci (Furchen) genannt werden. Bei genauerer Betrachtung erkennt man auch tiefere Furchen, wie etwa die Zentralfurche (Sulcus centralis) im vorderen Teil des Hirns. Diese Furchen erlauben es, topographisch den Cortex in vier Regionen, die Lappen (Lobi), zu unterteilen. Die Lappen werden nach ihrer Lage als Stirn- (Fron-

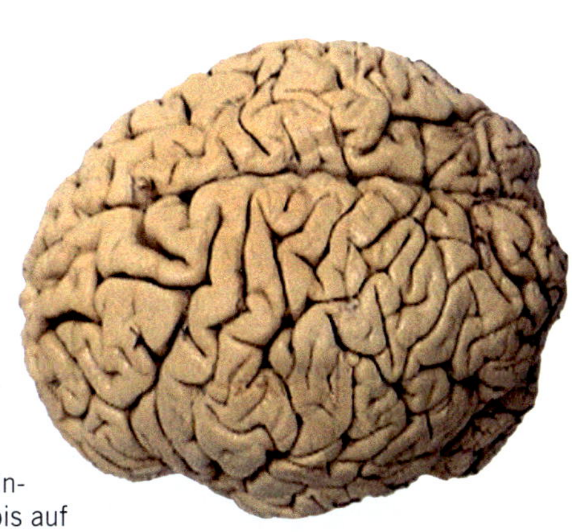

**3.7** Blick von oben, d. h. vom Schädeldach, auf das Großhirn. Eine tiefe Furche teilt das Großhirn in zwei Hemisphären. Auffällig ist auch die starke Furchung, welche die Hirnrinde, den Cortex cerebri, bis auf 2500 cm² vergrößert. Die Höhen der Einfaltungen nennt man Gyri, die Tiefen, die nicht sichtbaren Teile, Sulci. Da Großhirn und Cortex erst im Laufe der Evolution so dominierend geworden sind und die übrigen Gehirnteile überlagern, werden sie auch als neuer Gehirnmantel, als Neopallium, bezeichnet.

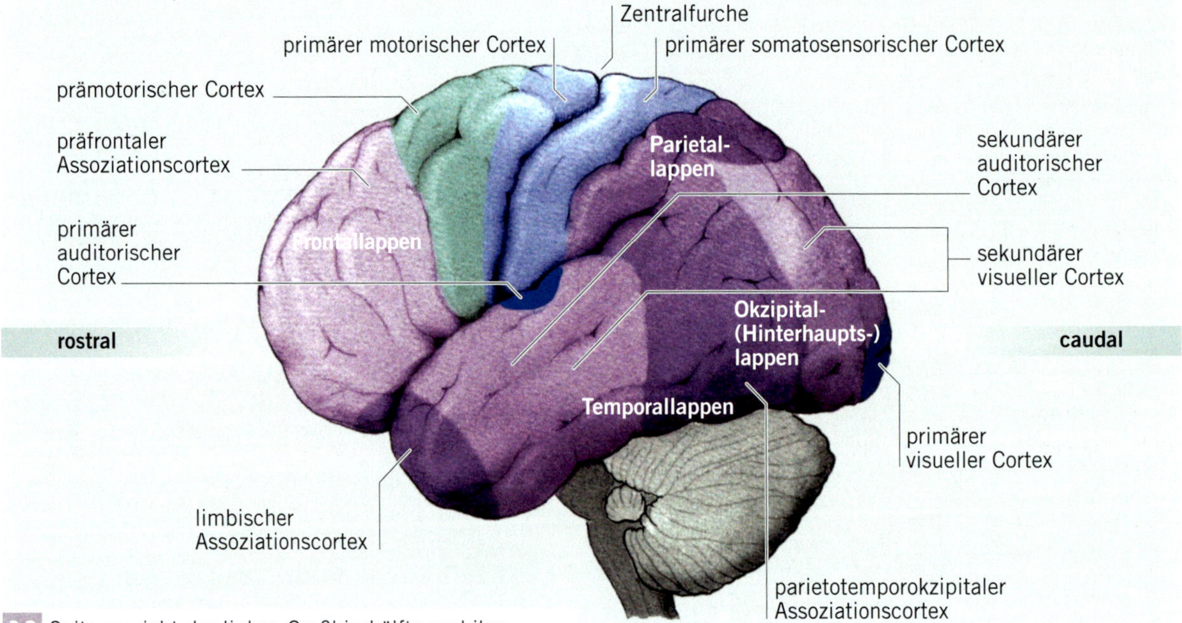


3.8 Seitenansicht der linken Großhirnhälfte und ihre funktionelle Gliederung in verschiedene Lobi. Die Grenzen zwischen den Lappen erfolgt etwas willkürlich entlang den Verlaufswegen der Hauptfurchen. Der Stirnlappen dient hauptsächlich der Planung künftiger Aktionen und der Bewegungskontrolle, der Scheitellappen kontrolliert das Tastgefühl und die Körperwahrnehmung, der Hinterhauptslappen das Sehen und der Schläfenlappen das Hören sowie Aspekte von Gedächtnis, Lernen und Emotionen.

tal-), Schläfen- (Temporal-), Scheitel- (Parietal-) und als Hinterhaupts-(Okzipital-)lappen bezeichnet. In jedem einzelnen dieser Lappen sind spezielle Funktionen, beispielsweise das Sprachvermögen, lokalisiert (Abb. 3.8).

Daneben gibt es einen in der Tiefe versenkten Großhirnlappen – die Insel – aus grauer Substanz, der von außen nicht sichtbar ist. Innerhalb der angeführten Lobi lassen sich wiederum Gebiete mit spezischen Aufgaben definieren, die als Rindenfelder bezeichnet werden und entsprechend ihrer Funktionen in Assoziations-, motorische und sensorische Felder unterteilt werden.

Das Gehirn von unten gesehen lässt zwei Funktionsteile, nämlich das optische System und Teile des Riechsystems, erkennen (Abb. 3.10).

Führt man eine frontal-vertikale Schnittebene, die lateral von rechts nach links geht, durch das Gehirn, so fallen zum einen hell und dunkel gefärbte Bereiche innerhalb des Cortex auf, wie auch im Gesamthirn genau abgegrenzte Hohlräume, die man als Ventrikel bezeichnet. Dunkel gefärbt sind die Bereiche mit einer hohen Dichte an Nervenzellkörpern (siehe Kap. 5), helle Bereiche dagegen enthalten vorwiegend Nervenfasern. Schon die Intensität der Färbung lässt erkennen, dass die Hirnrinde innerhalb des Gehirns der Bereich mit der größten Zelldichte ist. In den vier Ventrikeln wird von Drüsenzel-

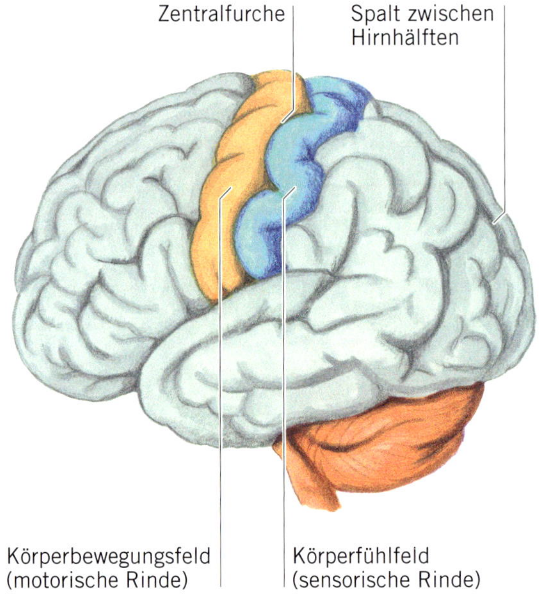


3.9 Der Rindenbereich im Stirnlappen wird vom Rest des Gehirns durch eine tiefe Furche, die Zentralfurche (Sulcus centralis), getrennt. Der Gyrus vor dieser Furche wird primäres motorisches Zentrum (Motorcortex) genannt. Er steuert die willkürlichen Bewegungen des gesamten Körpers. Hinter der Zentralfurche, in den vorderen Windungen des Scheitellappens (Gyrus postcentralis), liegt das somatosensorische Zentrum, in dem alle Empfindungen wie Berührung, Wärme, Schmerz und Körperhaltung registriert werden. Hier enden auch die sensorischen Nerven, welche die Nachrichten von den Sinnesorganen übermitteln.

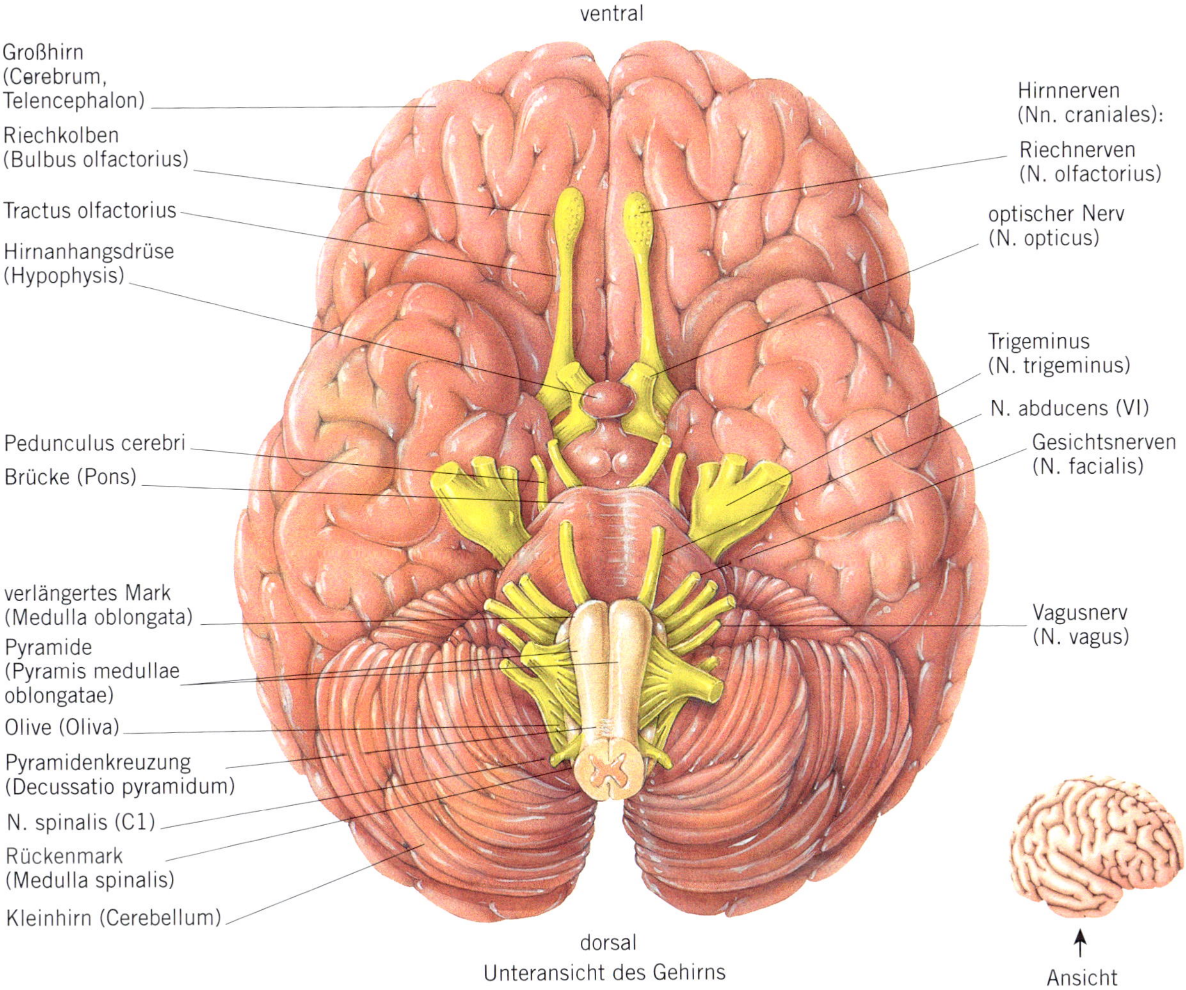


**3.10** Das Gehirn von unten gesehen. Man erkennt Teile des Riechsystems – das olfaktorische System – und neben vielen Kernen auch die Nervenfaserbündel, die dem Hirnstamm entspringen. Quelle: Tortora, G. J./Derrickson, B. H. (2006): Anatomie und Physiologie. Wiley-VCH, Weinheim

len die Cerebrospinalflüssigkeit produziert, welche Gehirn und Rückenmark umfließt, das Gehirn vor Erschütterungen schützt und mit einem Teil der Nährstoffe versorgt.

Detailschnitte etwa durch Bereiche des Mittelhirns (Abb. 3.16) lassen die strukturelle Komplexizität des Gehirns erkennen, die aber für den Nicht-Anatomen nur von Interesse sind, wenn sich den Strukturen auch Funktionen zuordnen lassen.

## Das Großhirn als oberste Kommandozentrale

Das Großhirn, beim Menschen besonders stark ausgeprägt, liegt unmittelbar unterhalb des Schädeldachs und ist der entwicklungsgeschichtlich jüngste Teil des Gehirns. Es besteht aus zwei Hemisphären, die vorwiegend sensorische und motorische Prozesse der gegenüberliegenden Körperseite kontrollieren. Informationen der Sinnesorgane, die von der linken Körperseite in das Rückenmark eintreten, wechseln innerhalb des Gehirns zur rechten Seite, bevor sie zur Großhirnrinde weitergeleitet werden.

Betrachtet man den Schnitt durch das Großhirn (Abb. 3.11), so fällt eine äußere etwa 1,5 mm starke graue Schicht auf, die als Großhirnrinde (Cortex cerebri) bezeichnet wird und durch zahlreiche Furchen gekennzeichnet ist, welche die Oberfläche der Rinde auf 2500 cm² vergrößern. Diese besondere Form der Oberflächenvergrößerung entstand im Zuge der evolutionären Entwicklung des Primatengehirns, da das Volumen der Großhirnrinde schnell zunahm, die Größe des Kopfes aber wegen der Enge des Geburtskanals konstant bleiben musste. Nur 30 % der Großhirnrinde sind von außen sichtbar, der Rest ist in den Furchen verborgen. Die Großhirnrinde verfügt speziell beim Menschen über eine immense Dichte an Nervenzellen. Ihre Struktur könnte das Einzigartige des Menschseins aus anatomischer Sicht begründen.

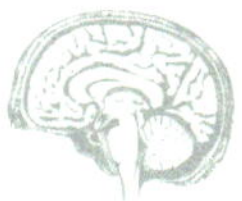

Die Großhirnrinde repräsentiert die oberste Ebene der Informationsverarbeitung. Sie steuert den motorischen, den sensorischen und den assoziativen Bereich, d.h., sie veranlasst willentliche Bewegungen, macht Sinnesreize bewusst und ist für komplexe kognitive Prozesse wie beispielsweise Sprechen oder Denken zuständig. Differenziertes persönliches Verhalten ist an eine intakte Cortexrinde gebunden. Geht eine große Zahl von Cortexzellen im Rindenbereich – etwa durch Sauerstoffmangel – zugrunde, so verringert sich die intellektuelle Leistung des Betroffenen bis hin zur völligen Apathie.

Die verschiedenen Regionen unseres Körpers sind auf dem motorischen und dem somatosensorischen Cortex in einer Weise repräsentiert, die bei allen Menschen identisch zu sein scheint. Das Muster im Motorcortex, des Bereiches, der Bewegungen steuert, kann man anschaulich als einen Homunculus (Menschlein) darstellen.

Das Lesezentrum des Gehirns, in dem die optische Verarbeitung von Zeichen stattfindet, ist ebenfalls im Scheitellappen, im Bereich des Gyrus angularis, lokalisiert.

Im Rindenbereich des Hinterhauptslappens (Okzipitallappens) enden die Sehbahnen im primären Sehzentrum. Die Impulse von der Netzhaut werden über Fasern des Sehnervs zum Hirnstamm geleitet, die Hälfte davon wechselt an der Sehnervkreuzung auf die entgegengesetzte Seite und trifft dann mit einer Geschwindigkeit von bis zu 120 m pro Sekunde im Sehzentrum ein. Der Schläfenlappen, unterhalb von Stirn- und Scheitellappen, enthält das primäre Hörzentrum.

Die Rindenbereiche der einzelnen Lappen (Lobi) werden als primär bezeichnet, weil sie Neuronen enthalten, deren Nervenfasern direkt ins Rückenmark ziehen. Die primären Areale wiederum sind von motorischen und sensorischen Feldern höherer Ordnung (sekundäre und tertiäre) umgeben. Sie verarbeiten komplexe Aspekte eines einzelnen Sinns, etwa des Hörens oder von Informationen, die mit motorischen Steuerungsaufgaben zusammenhängen. So integrieren die höheren sensorischen Zentren Informationen, die aus den primären sensorischen Gebieten ankommen. Im Gegensatz dazu senden höhere motorische Zentren komplexe Informationen, die für Bewegungen benötigt werden, an den primären Motorcortex.

Drei andere großflächige Gebiete des Cortex, die sogenannten Assoziationsfelder, umgeben die primären, sekundären und tertiären Areale. Beim Menschen und anderen Primaten nehmen die Assoziationsfelder den weitaus größten Raum der Großhirnrinde ein. Bei der Katze dagegen wird der größte Teil für den Riechsinn benötigt. Die Aufgabe der Assoziationsfelder besteht vor allem darin, verschiedene Informationen zu einer sinnvollen Handlung zu führen. Zudem sind sie in unterschiedlichem Maße an der Kontrolle von kognitiven Funktionen wie Wahrnehmung, Bewegung und Motivation beteiligt. Unter diesen Funktionen versteht man nicht nur intellektuelle Leistungen, sondern auch die Fähigkeit, soziale Normen zu erkennen und diese in Handlungen zu integrieren.

Der parieto-temporo-okzipitale Assoziationscortex liegt an der Schnittstelle der drei den Namen gebenden Hirnlappen und ist mit der Verarbeitung höherer Wahrnehmungsfunktionen betraut, die im Zusammenhang mit logisch-abstraktem Denken (Rechnen, Sprache, räumliche Vorstellung etc.) stehen. Die in angrenzende Hirnbereiche einlaufenden Informationen, beispielsweise Hören und Sehen, werden dort zur Bildung komplexer

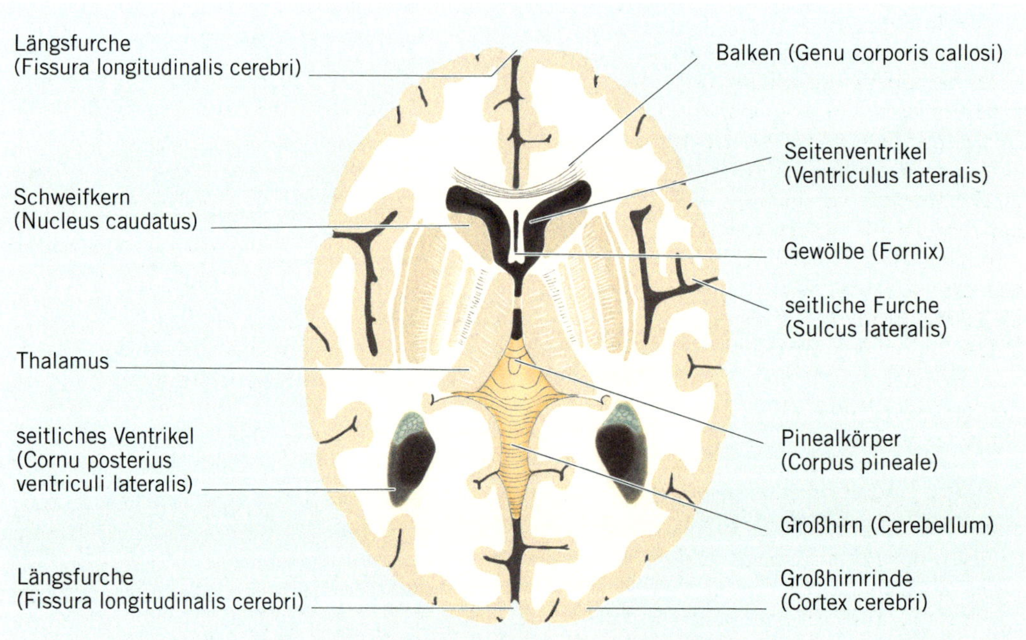


3.11 Ein Horizontalschnitt durch das Gehirn auf der Ebene der Epiphyse. Der Schnitt zeigt die Lage der beiden lateralen Ventrikel (Ventriculus lateralis) und besonders das Verhältnis der Hirnrinde (braun) zu dem restlichen Hirngewebe. Durch die Fissuren (z.B. Fissura longitudinalis cerebri) und die Sulci (z.B. Sulcus lateralis) wurde die Hirnrinde nochmals vergrößert, ohne das Gehirnvolumen zu erhöhen.
Quelle: Moll, K.J./Moll, M. (2004): Atlas Anatomie. 4. Aufl. Elsevier, München

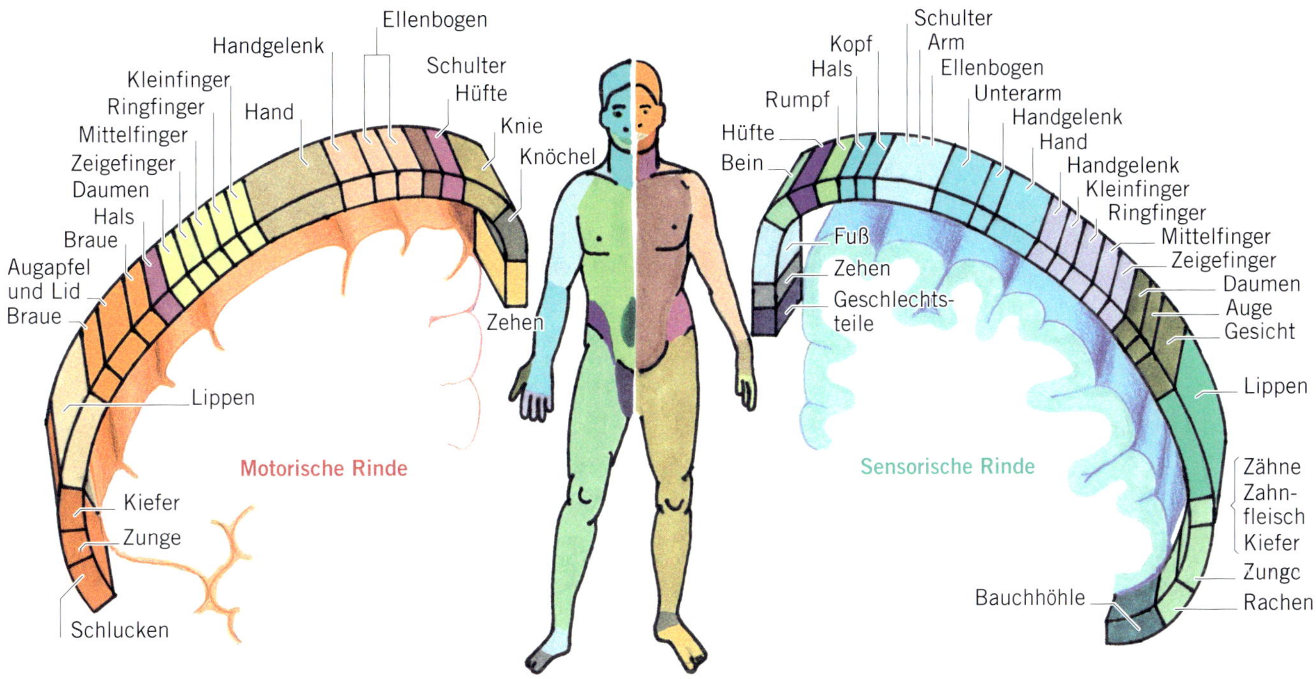


3.12 Die sensorischen und motorischen Projektionen von und zur Körperoberfläche sind auf der Großhirnrinde linear geordnet angelegt. Teile des Körpers, wie Zungenspitze, Finger oder Hand, die besonders komplexe Funktionen ausführen müssen, sind proportional größer repräsentiert.

Quelle: Bloom, F. E./Lazerson, A./Nelson, C. A. (2001): Brain, Mind and Behaviour. 4. Aufl. Freeman, San Francisco

Wahrnehmungen, wie etwa dem Verständnis von Sprache, zusammengefasst. Der präfrontale Assoziationscortex steht mit Denkantrieb und kognitiven Leistungen, Arbeits- und Zeitgedächtnis, Verhaltensentwurf und -kontrolle einschließlich der Risikoabschätzung in Zusammenhang. Der für die Motivation von Handlungen, die emotionale Bewertung von Situationen sowie die Gedächtnisfunktion zuständige limbische Assoziationscortex befindet sich in Teilen des Parietal-, Frontal- und Temporallappens. Diese Bereiche empfangen via Neuronen Informationen von übergeordneten sensorischen Arealen und schicken ihrerseits Fasern zu anderen Cortexbereichen. So beeinflussen beispielsweise emotionale Aspekte über die Verbindung zum präfrontalen Assoziationscortex die Bewegungsplanung.

In der Tiefe der seitlichen Furche befindet sich, völlig verdeckt von Stirn-, Seiten- und Schläfenlappen, die Insel (Lobus insularis, Insula), die gelegentlich auch als fünfter Lappen bezeichnet wird. Sie hat das gleiche gefurchte Relief wie die äußeren Lappen und ist ebenso wie diese von Rinde überzogen. Die Insel ist für Geschmacksempfindungen und Teile des Sprechens zuständig.

Weitere in der Tiefe des Großhirns liegende Ansammlungen von Zellkörpern der Nervenzellen sind die Basalganglien, der Hippocampus und die Amygdala, diese werden auch als subcorticale Kerne bezeichnet.

Die Basalganglien liegen in jeder Hemisphäre unter der Inselrinde und sind an der motorischen sowie emotionalen Kontrolle beteiligt. Zusammen mit ihren Nervenfasersystemen bilden sie ein äußerst kompliziertes Netz von Verbindungen aus, sind somit vergleichbar mit zentralen Schaltstationen. Die drei wichtigsten Basalganglien sind der Nucleus caudatus (Schweifkern), das Putamen und der Globus pallidus. Nucleus caudatus und Putamen fasst man auch als Streifenkörper (Corpus striatum) zusammen. In den Basalkörpern werden Informationen aus allen Teilen der Hirnrinde integriert, sie selbst senden jedoch nur Signale über das Zwischenhirn an den zentralen Cortex. Dieser Typus der Informationsverarbeitung dient der Koordination und Schnelligkeit bei der Ausführung von Bewegungsabläufen.

Der Hippocampus und die Amygdala sind Teile des limbischen Systems (Limbus, dt. Saum) und zahlen zu dem Teil des Gehirns, das sich mit emotionalen Reaktionen befasst, die aus Sinneseinwirkungen entstehen (Abb. 3.14). Der Hippocampus,

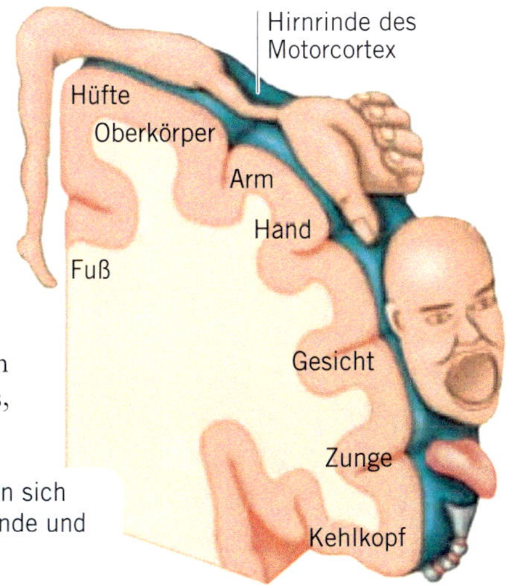


3.13 Ähnliche Beziehungen finden sich zwischen der motorischen Hirnrinde und dem Bewegungsapparat.

dessen Form an ein Seepferdchen erinnert, ist der Organisator des bewussten, deklarativen Gedächtnisses (siehe Kap. 6). Die Amygdala (Corpus amygdaloideum oder Mandelkern) nimmt eine zentrale Rolle bei der Entstehung und Steuerung von Emotionen ein. Sie beeinflusst über den Hypothalamus das gesamte hormonelle und vegetative System (siehe Kap. 13), was bei Stresssituationen zu einer Aktivierung von Kreislauf und Atmung, zur Erhöhung des Wachzustandes, der Gesichtsmimik, der Verteidigungs- und Fluchtreaktion und der Ausschüttung von Hormonen führt.

Zwischen den Zentren der Hirnrinde und weiter entfernt liegenden Gehirnteilen spannen sich mikroskopisch kleine Nervenfaserbündel, die mit dem bloßen Auge als weiße Substanz wahrgenommen werden (Abb. 3.15). Sie werden in drei unterschiedliche Fasergruppen eingeteilt: Die meisten Verbindungen bestehen zwischen verschiedenen Bezirken der gleichen Hirnhälften. Sie passen die Aktivitäten der Hirnrindenareale einander an und sorgen für einen schnellen Informationsaustausch. Gleiche Hirnrindenareale, die aber in unterschiedlichen Hemisphären liegen, werden durch die Kommissurfasern miteinander verknüpft, wobei der Balken (Corpus callosum) die mächtigste Kommissurenbahn ist. Er ermöglicht eine rasche Kommunikation zwischen den jeweiligen Zentren der beiden Hirnhälften.

Die Projektionsbahnen verbinden höher und tiefer gelegene Hirnzentren miteinander. Von allen Rindenbezirken kommend enden diese Fasern gemeinsam im Hirnstamm (Corona radiata, Strahlenkranz) und werden in der inneren Kapsel (Capsula interna) zusammengefasst. In diese Kapsel münden die wichtigsten Faserbündel des Gehirns, ein kleiner Schaden in diesem Bereich – etwa ein Schlaganfall – kann entsprechend große Beeinträchtigungen nach sich ziehen.

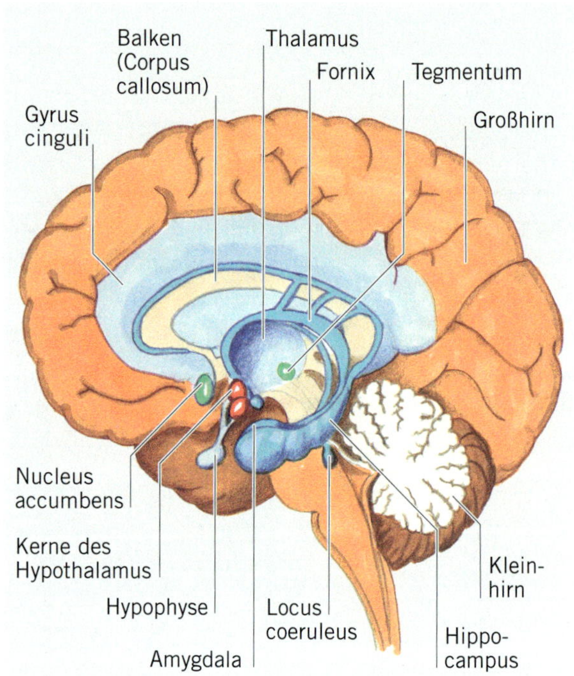


3.14 Die wichtigsten Zentren des limbischen Systems (blau) sind Bereiche des Mittel-, Zwischen- und Großhirns. Dies sind die Regionen, in denen Emotionen, Gedächtnis und Bewusstsein entstehen.

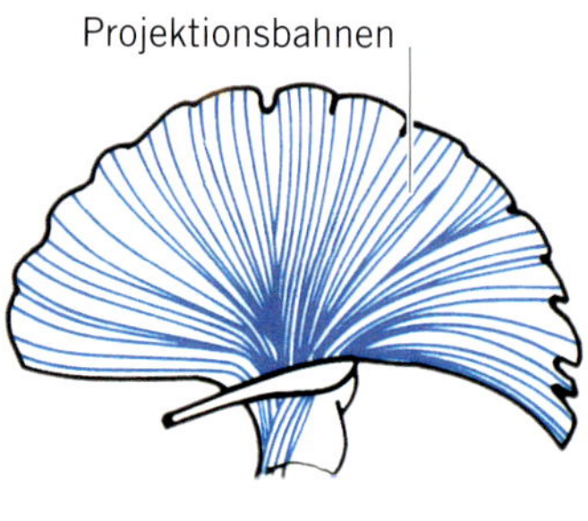


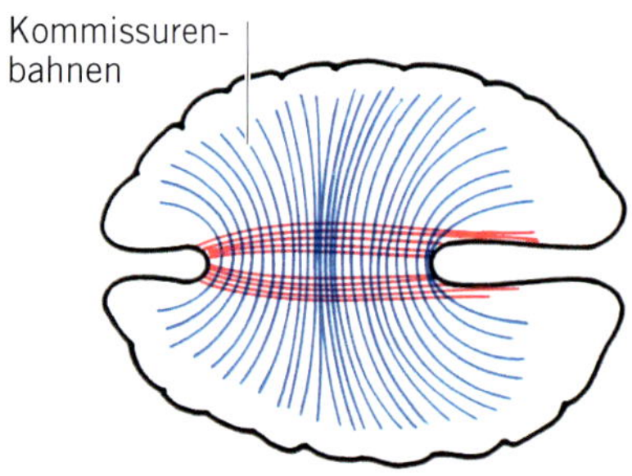


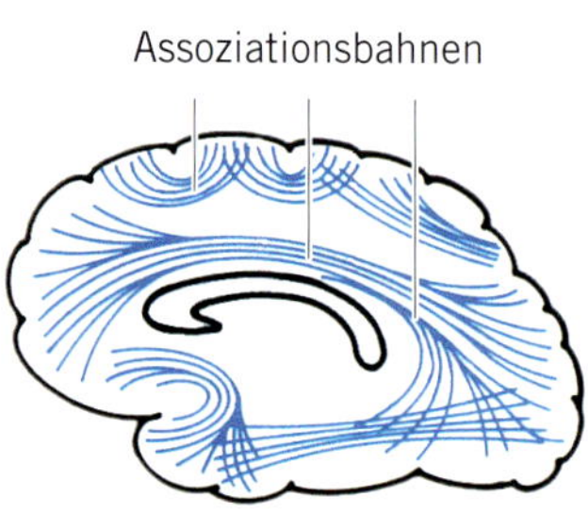


3.15 Die Projektionsfasern breiten sich fächerförmig vom Hirnstamm zum Großhirn aus und bilden die Strahlenkrone (Corona radiata). Sie übertragen Erregungen von und zum Gehirn. Die Assoziationsfasern, schleifenförmige Bündel, verbinden verschiedene Abschnitte innerhalb einer Hemisphäre. Sie passen die gleichseitigen Hirnbezirke einander an. Die Kommissurfasern, die mächtigsten in Form des Balkenkörpers, verknüpfen die beiden Hirnhälften zur gegenseitigen Abstimmung.

## Das Zwischenhirn – zentrale Schaltstation und Regulator hormonaler Funktionen

Das Zwischenhirn (Diencephalon) liegt beim Menschen tief im Inneren des Gehirns zwischen dem Mittelhirn und den beiden Großhirnhälften, unterhalb des Balkens. Es ist aus drei untereinander liegenden Schichten aufgebaut, dem Epithalamus, dem Thalamus und dem Hypothalamus. Der Epithalamus setzt sich aus der Zirbeldrüse (Epiphyse), einem Organ, das die Biorhythmik wie den Wach-Schlaf-Zyklus beeinflusst, und der Habenula, einer Schaltstelle zwischen den Riechzentren (Olfaktorik) und dem Hirnstamm, zusammen.

Der Thalamus stellt einen Zusammenschluss aus funktional sehr unterschiedlichen Kerngebieten dar und ist eine Art Relaisstation, die mit unendlich vielen Informationskanälen verbunden ist, beispielsweise mit der Hirnrinde, den großen Sinnesorganen, dem Kleinhirn und dem Hirnstamm. Die im Thalamus zusammenlaufenden Kerngebiete haben teils sensorische und motorische Funktionen, teils kognitive und emotionale Aufgaben und spielen bei der Regulation von Wachheits-,

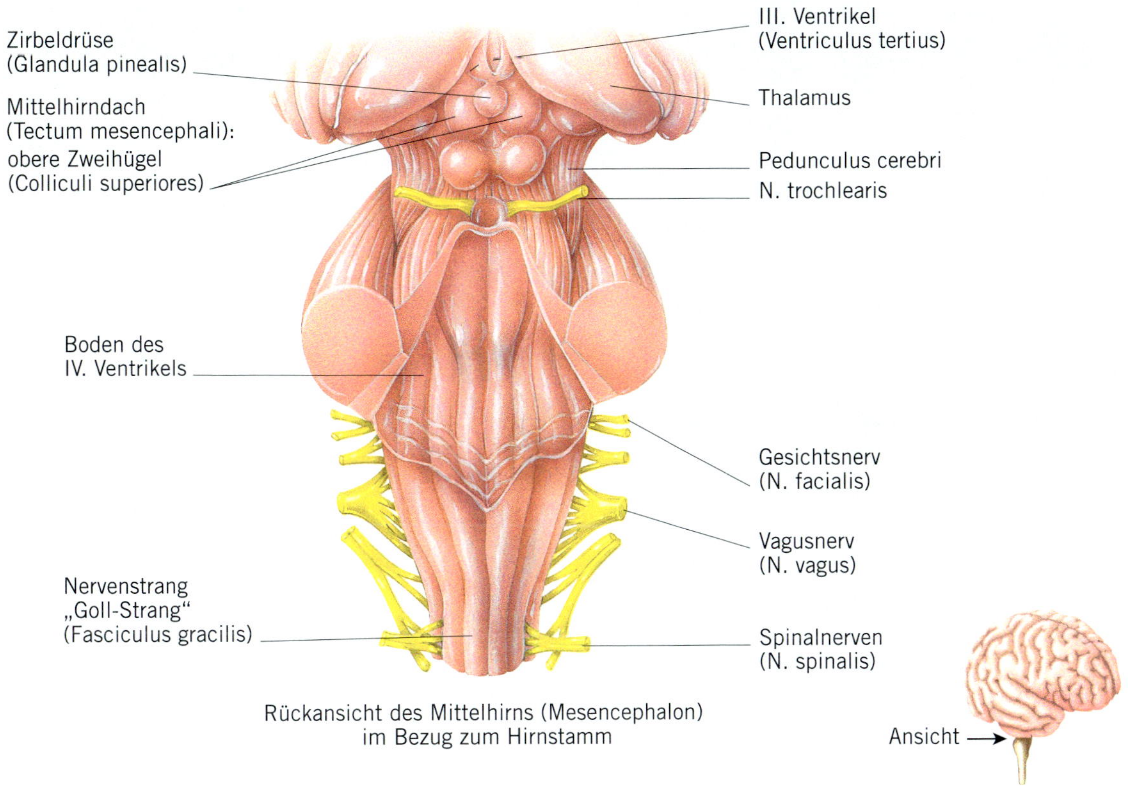


3.16 Das Mittelhirn (Mesencephalon) erstreckt sich von der Brücke (Pons) bis zum Zwischenhirn (Diencephalon). Seine Länge beträgt ungefähr 2,5 cm.
Quelle: Tortora, G. J./Derrickson, B. H. (2006): Anatomie und Physiologie. Wiley-VCH Weinheim

Bewusstseins- und Aufmerksamkeitszuständen sowie bei der Verhaltensbereitschaft eine Rolle. Als zentrale Schaltstation sensorischer Nervenbahnen, die zur Großhirnrinde führen, dient der Thalamus zur Umschaltung und Kontrolle aller Empfindungen und wird deshalb auch als „Tor zum Bewusstsein“ bezeichnet.

Der Hypothalamus ist das übergeordnete Zentrum des vegetativen Nervensystems, hier werden die lebenserhaltenden Funktionen unseres Körpers gesteuert. In diesem Areal werden beispielsweise Atmung, Kreislauf, Nahrungs- und Flüssigkeitshaushalt, Wärmehaushalt, Biorhythmen und immunologische Reaktionen reguliert. Er beeinflusst zum Überleben wichtige Reflexe wie Flucht und Abwehr, aber auch Fortpflanzung und Nahrungsaufnahme. Entsprechend seiner Funktionen ist der Hypothalamus mit nahezu allen anderen Teilen des Gehirns vernetzt.

Der Hypothalamus ist auch indirekt an der Steuerung der Hormonausschüttung (endokrines System) beteiligt, da er über die Hypophyse, der obersten Drüse in der Hormonkaskade (siehe Kapitel 13), mit dem Zwischenhirn verbunden ist.

## Der Hirnstamm – Garant fürs Überleben

Ebenfalls unter dem Großhirn verborgen findet man die Strukturen des Hirnstamms. Dazu zählen das verlängerte Mark (Medulla oblongata), die Brücke (Pons) und das Mittelhirn. Dies sind entwicklungsgeschichtlich ältere, bei Tieren häufig stärker ausgebildete Gehirnteile, die das Großhirn mit dem Kleinhirn und dem Rückenmark verbinden. Der Hirnstamm empfängt sensorische Impulse aus der Haut, von den Gelenken, von den Hals- und Gesichtspartien und enthält Neuronen, welche die Motorik der Kopf- und Halsmuskeln kontrollieren. Im Hirnstamm überwacht ein Netz von Neuronen (Formatio recticularis) lebenswichtige Körperfunktionen wie Schlafen und Wachen, Blutkreislauf und Atmung sowie Aufmerksamkeit und Bewusstseinszustände. Als Ordnungszentrum unseres Bewusstseins werden hier unzählige Nervenimpulse, die pausenlos auf das Gehirn einprasseln, sortiert und nach wichtig und belanglos getrennt. So werden nur wenige Impulse pro Sekunde anerkannt und der Region oberhalb des Gehirnstammes, dem Cortex gemeldet und noch weniger Daten gelangen in unser Bewusstsein.

Vom Hirnstamm gehen die zwölf Hirnnervenpaare ab. Hierzu gehören u.a. der Nervus vagus, der auch die Herztätigkeit kontrolliert, oder der Nervus facialis, der die Gesichtsmuskulatur steuert. Zu den weiteren Aufgaben der Hirnnerven gehören die Registrierung von sen-

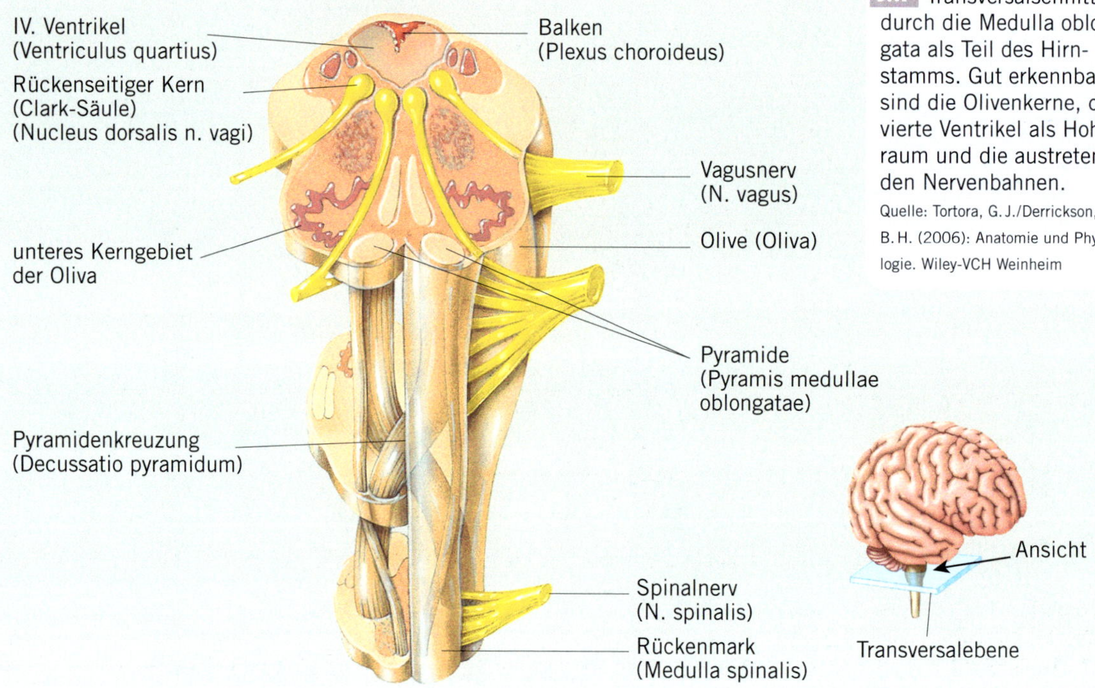


Transversalschnitt und Vorderfläche der Medulla oblongata

**3.17** Transversalschnitt durch die Medulla oblongata als Teil des Hirnstamms. Gut erkennbar sind die Olivenkerne, das vierte Ventrikel als Hohlraum und die austretenden Nervenbahnen.
Quelle: Tortora, G. J./Derrickson, B. H. (2006): Anatomie und Physiologie. Wiley-VCH Weinheim

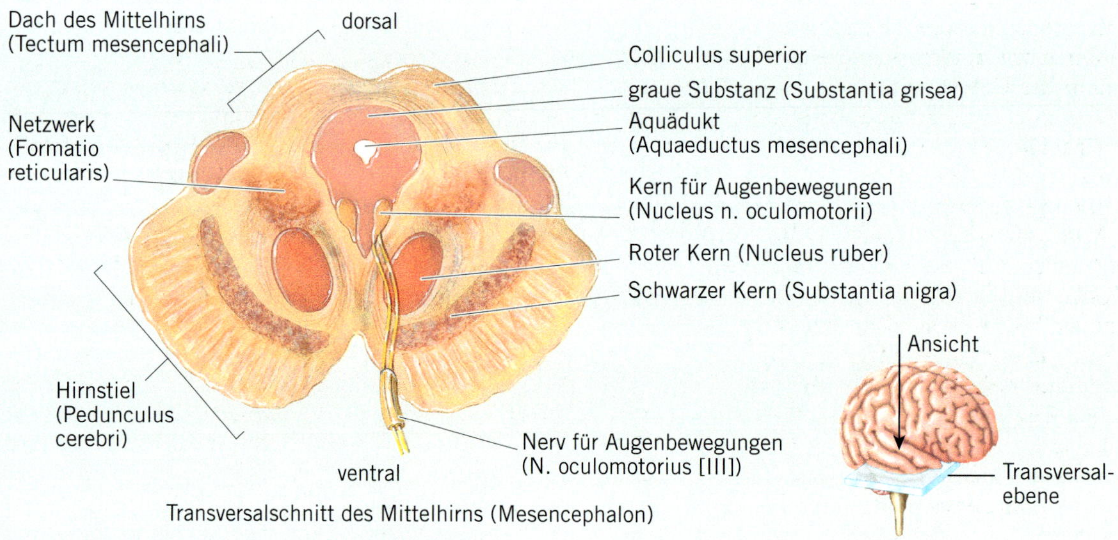


Transversalschnitt des Mittelhirns (Mesencephalon)

**3.18** Die Abbildung zeigt einen transversalen Schnitt durch das Mittelhirn (Mesencephalon). Anhand der Färbung, der Dichte der Zellkörper und der Faserstrukturen lassen sich nach dem Erscheinungsbild Bereiche unterscheiden, die Kerne (Nuclei), Fasern und Stiel (Pedunculus) genannt werden. Bei Formen des Gedächtnisverlustes, etwa der Alzheimer-Erkrankung, spielt die Substantia nigra eine wichtige Rolle. Aus Kernen wie dem okulomotorischen Nucleus entspringen Nervenfaserbündel, die ins Rückenmark weitergeleitet werden.
Quelle: Tortora, G. J./Derrickson, B. H. (2006): Anatomie und Physiologie. Wiley-VCH Weinheim

sorischen Impulsen aus den niederen Sinnesorganen des Kopfbereiches, die Versorgung der Kopf- und Hals-, Brust- und Bauchmuskulatur mit motorischen Impulsen sowie die Informationsweiterleitung sensorischer Impulse höherer Sinnesorgane zu übergeordneten Gehirnarealen. Intakte Stammhirnfunktionen sind lebenswichtig, Schädigungen in diesem Bereich haben immer katastrophale Folgen.

Das verlängerte Mark (Medulla oblongata) bildet die direkte Fortsetzung des Rückenmarks und enthält alle

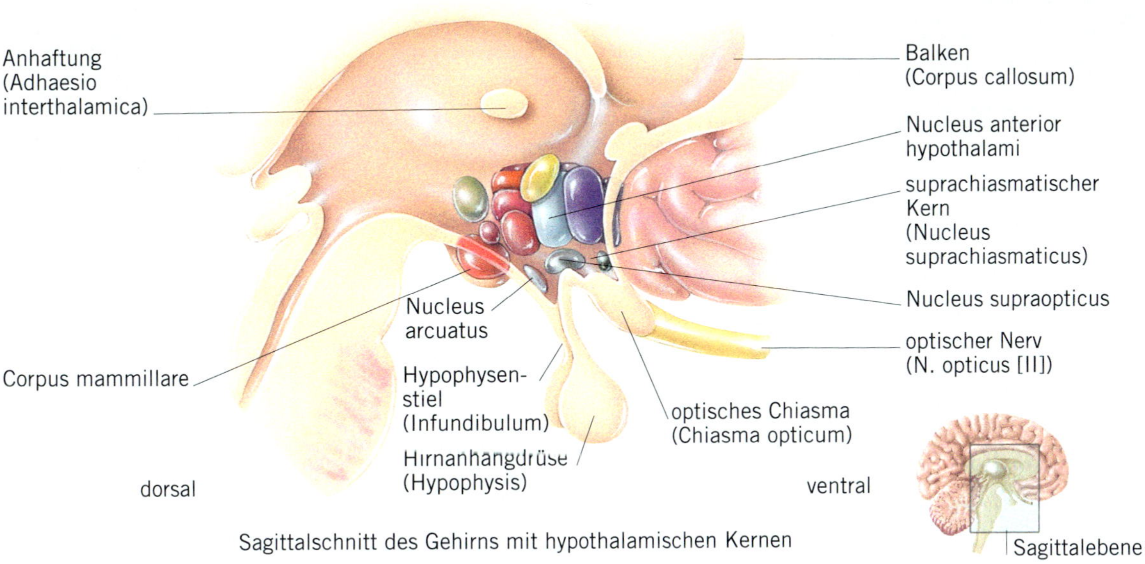


3.19 Sagittalschnitt des Gehirns unterhalb des Thalamus mit den hypothalamischen Kernen und der Hirnanhangdrüse (Hypophyse).

Quelle: Tortora, G. J./Derrickson, B.H. (2006): Anatomie und Physiologie. Wiley-VCH Weinheim

auf- und absteigenden Nervenbahnen, die höheren Gehirnregionen sensorische und motorische Informationen zuführen bzw. zur Peripherie leiten. Der erste fasrige Abschnitt des Gehirnstammes ist das Reflexzentrum des Körpers, der evolutionäre Kern und Sitz des Überlebenswillens. Hier liegen jene Bereiche der grauen Hirnsubstanz, welche die Atmung, den Herzschlag, den Blutdruck und die Magenperistaltik steuern.

Vom verlängerten Rückenmark gehen auch die unwillkürlichen Befehle für das Schlucken, Niesen und Husten aus. Es ist der Ort des Ein- und Austritts des neunten bis zwölften Hirnnervs und enthält die sensorischen und motorischen Kerngebiete dieser Nerven. Zudem fungiert das verlängerte Mark als wichtiger Knotenpunkt. Zwei dicke Nervenfaserbündel, die Pyramidenbahnen, durchziehen das Mark und verbinden das Gehirn mit den Steuerelementen der Körpermuskulatur. An der Pyramidenkreuzung wechseln die meisten Fasern ihre Seite, so dass die linke Gehirnhälfte die rechte Körpermotorik steuert und umgekehrt.

In der Brücke (Pons) befinden sich neben vielen Hirnnervenkernen große auf- und absteigende Nervenfaserbündel, welche das Großhirn mit dem Kleinhirn sowie Großhirn und Rückenmark verbinden. Dies sind zum einen die Kleinhirnschenkel, quer verlaufende Groß- und Kleinhirn verbindende Fasern, und zum anderen die längs nach unten ziehenden Fasern der Pyramidenbahn, die Großhirn und Rückenmark verbinden. Generell meldet die Brücke Informationen über Bewegungsabläufe von der Großhirnrinde an das Kleinhirn.

## Das Mittelhirn – Erbe aus der Vergangenheit

Das ca. 1,5 cm lange Mittelhirn (Mesencephalon) ist die kleinste Komponente des Hirnstammes und liegt zwischen der Brücke und dem Zwischenhirn (Abb. 3.16). Es gliedert sich in einen oberen Teil, das Mittelhirndach (Vierhügelplatte, Tectum), und einen unteren Teil, das Tegmentum. Vor der Entwicklung des Vorderhirns war das Mittelhirn für höhere Gehirnfunktionen, wie beispielsweise die Verarbeitung von optischen und akustischen Eindrücken, zuständig. Diese Aufgaben übernimmt nun der Cortex. Die Vierhügelplatte besteht aus zwei vorderen und zwei hinteren Hügeln. Über die zwei Kernpaare Culliculi superiores und inferiores werden in den vorderen und hinteren Hügeln jene Bewegungen koordiniert, die im Zusammenhang mit Seh- und Hörreizen stehen. So stimmen die vorderen Hügel (Colliculus superiores) die optisch und akustisch ausgelösten Blick- und Kopfbewegungen sowie die normale Körperstellung und -haltung ab. Im Tegmentum befinden sich die Kerne des motorischen Systems, die für Bewegung, Handlungssteuerung und vegetative Funktionen zuständig sind. Hierzu gehören Teile der Formatio reticularis sowie der rote Kern (Nucleus ruber) und die schwarze Substanz (Substantia nigra). Die Bezeichnung „roter Kern“ hängt mit der rötlichen Farbe zusammen, die durch den hohen Eisengehalt des Gewebes verursacht wird. Im roten Kern werden vor allem Signale aus dem motorischen Cortex und dem Rückenmark verarbeitet. Die Substantia nigra ist im Mittelhirn in jedem der zwei Großhirnschenkel lokalisiert, die die Hemisphären mit dem Hirnstamm verbinden. Ihre schwärzliche Färbung wird durch das Pigment Melanin verursacht. Melanin fällt in der Substantia nigra als Nebenprodukt bei der Synthese des Botenstoffs Dopamin an.

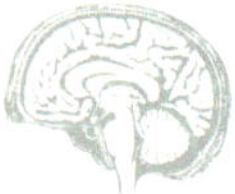

## Das Kleinhirn – Koordinator von Bewegungen und vielem mehr

Das Kleinhirn (Cerebellum) wölbt sich an der Hinterseite von der Brücke und dem verlängerten Mark hervor und hüllt den Hirnstamm ein (Abb. 3.18). Die Brücke, das Kleinhirn und das verlängerte Mark werden zusammengefasst auch als das Rautenhirn bezeichnet. Wie das Großhirn ist auch das Kleinhirn in zwei Hemisphären unterteilt, deren einen mm dicke Rinde aus grauer Substanz ebenfalls durch Gyri und Sulci stark vergrößert ist. Auch hier sind 85 % der Oberfläche in den zahlreichen tiefen Furchen verborgen. Die Hemisphären sind durch einen länglichen Wurm (Vermis cerebelli) miteinander verbunden. Das Kleinhirn ist über je drei paarige Arme, den Kleinhirnstielen mit dem Rautenhirn verknüpft. Unterer und mittlerer Stiel transportieren ankommende Reize zum Kleinhirn. Der obere Stiel leitet abgehende Impulse zu dem roten Kern des Mittelhirns und von da aus über den Thalamus weiter ins Großhirn.

So empfängt das Kleinhirn sensorische Informationen aus dem Rückenmark, motorische Informationen aus der Großhirnrinde und Daten aus den Gleichgewichtsorganen des Innenohrs. Das Zusammenspiel aller dieser Impulse ermöglicht dem Kleinhirn, die Planung und den zeitlichen Verlauf einer Bewegung sowie das Aktivitätsmuster der Skelettmuskeln zu koordinieren. Es spielt ferner eine Rolle bei der Kontrolle der Körperhaltung sowie der Koordination von Kopf- und Augenbewegungen. Das Kleinhirn reguliert Kraft und Ausmaß von Bewegungen und ist am Erlernen motorischer Fähigkeiten beteiligt. So koordiniert es nicht nur Bewegungen, die ein hohes Maß an Präzision und Geschicklichkeit verlangen, wie beispielsweise die Fingerbewegungen eines Pianisten, sondern auch so einfach erscheinende Handbewegungen, wie das Ergreifen eines Glases. Beides verlangt einen flexiblen, an die Situation anpassungsfähigen Zeitplan der Muskelbewegungen.

Erlernen wir neue Bewegungsabläufe wie etwa Rad fahren oder schwimmen, so braucht es Zeit und Mühe. Haben wir sie aber gelernt, tritt das Kleinhirn in Aktion und sorgt dafür, dass die Bewegungsabläufe im Unterbewusstsein ablaufen. Unabhängig davon hat das Cerebellum auch einen erheblichen Anteil an unbewussten kognitiven Leistungen.

## Das limbische System – unser emotionales Gehirn

Eine funktionell verknüpfte Gruppe von stammesgeschichtlich älteren Kernen und Rindenbereichen, die das gesamte Gehirn im Bereich des Groß-, Zwischen- und Mittelhirns durchziehen, wird als limbisches System bezeichnet (Abb. 3.14). Es liegt wie ein Saum (lat. Limbus) um den Hirnstamm und steht im Zusammenhang mit Affekten und Emotionen. Das limbische System verleiht unseren Wahrnehmungen und Gedanken eine emotionale Färbung und lenkt unser Interesse auf das, was die meiste Aufmerksamkeit verdient. Die wichtigsten limbischen Zentren sind Bereiche des Tegmentums im Mittelhirn, der Hypothalamus und der Thalamus im Zwischenhirn, verschiedene Strukturen des Cortex sowie der Hippocampus und die Amygdala im Großhirn. An diesen Orten entstehen positive und negative Gefühle, hier wird das Gedächtnis organisiert und werden die Aufmerksamkeit und das Bewusstsein gesteuert. Das limbische System unterhält eine enge Beziehung zum vege-

**3.20** Mittlerer Sagittalschnitt, der das Kleinhirn und den Hirnstamm zeigt. Die beiden Teile sind durch den vierten Ventrikel getrennt, der seinen Fortgang im Zentralkanal des Rückenmarks findet. Quelle: Tortora, G. J./Derrickson, B. H. (2006): Anatomie und Physiologie. Wiley-VCH, Weinheim

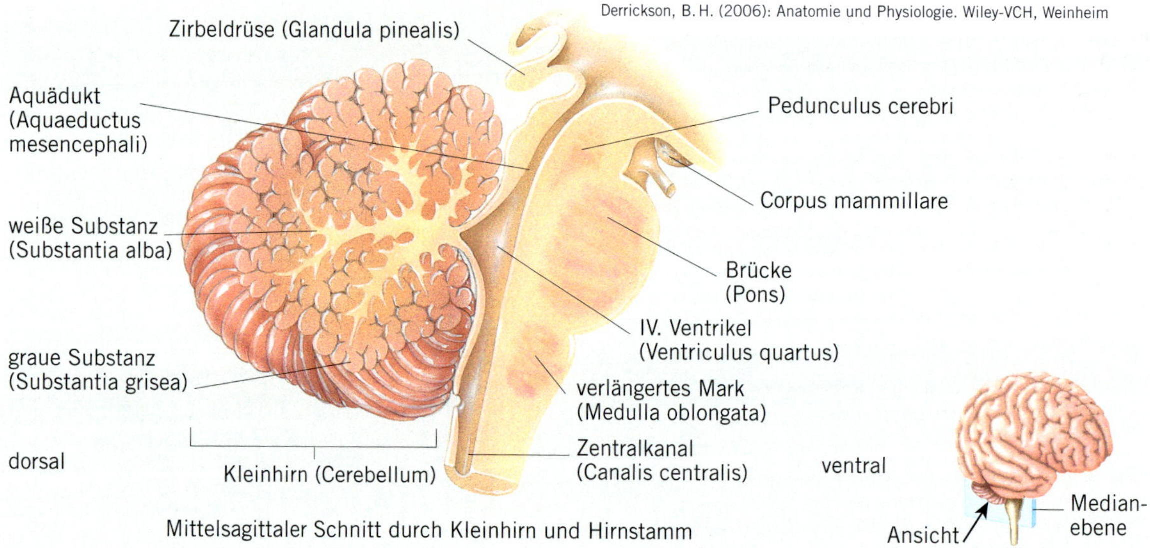

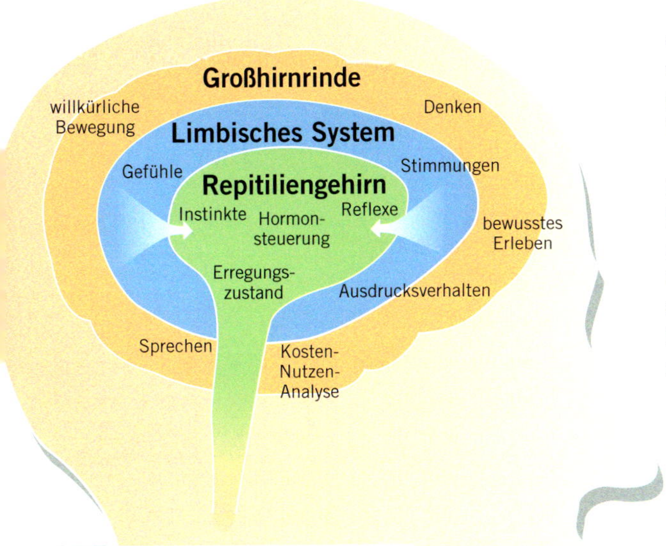


3.21 Das stark vereinfachte Gehirnmodell von Paul D. McLean. Außen liegen die rationalen Fähigkeiten, in der Mitte die Gefühle und innen die Reflexe und Instinkte. Der gelbe Teil ist das, was den Menschen ausmacht, d. h. in vielen Aspekten vom Tier unterscheidet.

tativen Nervensystem, das unsere körperbezogenen affektiven und emotionalen Zustände auslöst.

Das vegetative Nervensystem – auch autonomes Nervensystem genannt – ist für jene Körperfunktionen zuständig, die nicht der bewussten Steuerung unterliegen. So regt es die Funktion der Eingeweide, der glatten Muskulatur des Körpers und der Drüsen an. Alle starken Veränderungen der Ruheaktivität des vegetativen Nervensystems führen zu Alarmsituationen, die wir als körperliche Empfindungen erleben. Das vegetative Nervensystem besteht aus Nervenzellknoten, sogenannten Ganglien, und den damit verbundenen Nervengeflechten, die sich im Brust-, Bauch- und Beckenbereich befinden. Der Solarplexus (Sonnengeflecht) in der Magengegend ist eines dieser Geflechte und vermittelt das berühmte Magendrücken bei Angstzuständen. Über Schaltstellen im Rückenmark bzw. im Hirnstamm ist das vegetative Nervensystem aufs Engste mit dem Gehirn verbunden, vor allem mit Hypothalamus und der Amygdala. Hierdurch erfolgt – in Grenzen – eine cerebrale Kontrolle vegetativer Funktionen wie Kreislauf, Atmung, Nahrungsaufnahme, Verdauungsvorgänge, Fortpflanzung, Flucht, Verteidigung und Angriff.

Ein vereinfachtes Modell des Gehirns, das der amerikanische Hirnforscher Paul D. McLean entwickelte, erklärt sehr anschaulich die Beziehungen und Funktionen der Gehirnregionen. Danach besitzt der Mensch drei miteinander verbundene Einzel-Gehirne von unterschiedlichem Aufbau und eigener Funktionszuständigkeit, die aus den verschiedenen Epochen seiner evolutionären Vergangenheit stammen.

McLeans Gehirndarstellung soll genutzt werden, um die Informationen aus den vorangegangenen Kapiteln kurz zusammenzufassen (Abb. 3.21).

Das „Reptiliengehirn" umfasst das Stammhirn und Teile des Zwischenhirns. Es ist Sitz der Reflexe und Instinkte und somit die triebhafte Basis, auf der unsere Gefühle aufbauen. Weiterhin sind hier alle Erregungszustände verankert.

Im limbischen System erleben wir Emotionen als unbewusste Stimmungen, die unser Verhalten stark beeinflussen. Das limbische System sendet auch Signale zum Reptiliengehirn, besonders zum Hypothalamus. Dieser steht in Verbindung mit der Hypophyse – der obersten Hormondrüse – und kontrolliert damit unseren Hormonhaushalt. So werden Emotionen in Körpergefühle umgewandelt. Auf diese Weise sorgt das limbische System dafür, dass unser Ausdrucksverhalten dem emotionalen Erleben entspricht. Die höchste Ebene in diesem Modell ist die Großhirnrinde. Allgemein steuert dieser Bereich die willkürlichen Bewegungen, verarbeitet bewusst Sinnesreize und ist für komplexe kognitive Leistungen wie Denken und Sprechen zuständig. Emotionen werden hauptsächlich im Frontallappen reflektiert. Dadurch können wir unsere Aufmerksamkeit auf Empfindungen richten, sie analysieren und benennen. Emotionale Reaktionen werden über das Großhirn gesteuert und gemäßigt. In der Großhirnrinde wird eine Art Kosten-Nutzen-Analyse durchgeführt und festgelegt, wie wir mit den aktuellen Gefühlen umgehen. Auf diese Weise hat jeder Gehirnteil wesentliche Aufgaben.

Ohne Stammhirnfunktion würde der Mensch nicht überleben, ohne das limbische System wäre er antriebslos und handlungsschwach und ohne Großhirnfunktion würde er ziel- und planlos handeln.

### Literatur


Gassen, G./Minol, S. (2004): Unbekanntes Wesen Gehirn. Media Team, Darmstadt

Krstić, R. V. (1984): Die Gewebe des Menschen und der Säugetiere. Springer, Heidelberg

Lippert, H. (2003): Lehrbuch Anatomie. Urban & Fischer, München

Moll, K. J./Moll, M. (2004): Atlas Anatomie. 4. Aufl. Urban & Fischer, München

Nicholls, J. G./Martin, A. R./Wallace, B. G. (1995): Vom Neuron zum Gehirn. Zum Verständnis der zellulären und molekularen Funktion des Nervensystems. Gustav Fischer, Stuttgart

Pschyrembel (2002): Klinisches Wörterbuch. De Gruyter, Berlin

Roth, G. (2003): Aus Sicht des Gehirns. Suhrkamp, Frankfurt a. M.

Schade, J. P. (1983): Anatomischer Atlas des Menschen. Gustav Fischer, Stuttgart

Smith, T. (2003): Der menschliche Körper. Aufbau, Funktion, Störungen. Ein Bildatlas. Karl Müller, Köln

Thews, G./Mutschler, E./Vaupel, P. (1991): Anatomie, Physiologie und Pathophysiologie des Menschen. 4. Aufl. Wissenschaftl. Verlagsges., Stuttgart

Thompson, R. F. (1994): Das Gehirn. Von der Nervenzelle zur Verhaltenssteuerung. Spektrum Akad. Verlag, Heidelberg

Tortora, G. J./Derrickson, B. H. (2006): Anatomie und Physiologie. Wiley-VCH, Weinheim

# 4 Der Kopf – mehr als ein Gehäuse für das Gehirn

**4.1** Das Frauenbild entstammt einer Computersimulation und ist eine Komposition aus den Gesichtszügen unterschiedlicher Rassen. Quelle: Sonderausgabe des Time-Magazins 1993 mit dem Untertitel: Wie Einwanderer die erste multikulturelle Gesellschaft der Welt gestalten.

Der Ausdruck „Kopf" wird in der deutschen Sprache sehr vieldeutig gebraucht. Er bezeichnet den obersten oder vordersten Teil eines Lebewesens, Wuchsformen von Gemüsepflanzen, den runden Teil einer Musiknote, den oberen Teil des Hammers und das oberste Mitglied einer Organisation. Auch im Dialekt gibt es eine Vielzahl von Ausdrücken für den Kopf; sie reichen von dem schwäbischen Grind, über den sächsischen Nüschel bis zum westdeutschen Dez und dem Schweizer Chopf. Zahllose Redewendungen nutzen den Begriff Kopf, um ein Verhalten zu beschreiben, dessen Ursachen eigentlich im Gehirn liegen. Da das Gehirn für seinen Besitzer unsichtbar ist und sich auch nicht ertasten lässt, muss der Kopf die Stellvertreterrolle für das Gehirn übernehmen.

Die Ausbildung unserer Kopfform hat u.a. ihre Ursache im aufrechten Gang des Menschen. Durch das Freiwerden der vorderen Gliedmaßen für Greifbewegungen und besonders für das Halten der Nahrung wurde die Schnauze zum Mund. Die Steuerung eines Zweifüßlers im Raum erfordert ein Mehr an Gehirnmasse und so formte sich die fliehende Stirn des Affen zur Denkerstirn des Jetztmenschen. Die Augen mussten nicht mehr durch dicke Augenwülste geschützt werden, sondern der Blick in die Ferne ließ ein flaches Gesicht mit in den Vordergrund tretenden, markanten Augen entstehen. Die Nase wird nicht mehr durch große, aufgeworfene Nasenlöcher, die zum Schnuppern dienten, sondern durch den geraden Nasenrücken bestimmt. Unser Unterkiefer brauchte keine Knochen mehr zu zerkleinern und Nüsse zu knacken und verlor deshalb seinen dominanten Charakter. So haben auch der Werkzeuggebrauch, die Nutzung des Feuers zur Nahrungsherstellung und die Entwicklung der Sprache zur Kopfform des Homo sapiens und damit des Jetztzeitmenschen beigetragen.

Bei der Betrachtung des Wunderwerks „Kopf" sollte man sich allerdings nicht auf die Anatomie und Physiologie beschränken, denn unser „Dez" oder „Nüschel" hat auch etwas mit Ästhetik und Kultur zu tun (Abb. 4.1).

## Der Hals als Stiel für den Kopf

Der Hals (anat. Collum) ist der Körperteil eines Lebewesens, der Rumpf und Kopf miteinander verbindet. In der Tierwelt gibt es einen fast unbeschränkten Formenreichtum an Hälsen, vom meterlangen und höchst beweglichen Hals eines Flamingos bis hin zur Kaum-Hals-Konstruktion des Maulwurfs. Unser Hals ist mit seinen vielen Funktionen ein komplexes Gebilde, das zugleich eine gefährdete Engstelle darstellt, da beim Menschen viele Versorgungsstränge, wie Speiseröhre, Luftröhre und Blutbahnen durch den Hals verlaufen.

Die Halswirbelsäule muss zum einen eine möglichst große Flexibilität für den Kopf garantieren, zum anderen aber auch das in der Wirbelsäule liegende Rückenmark

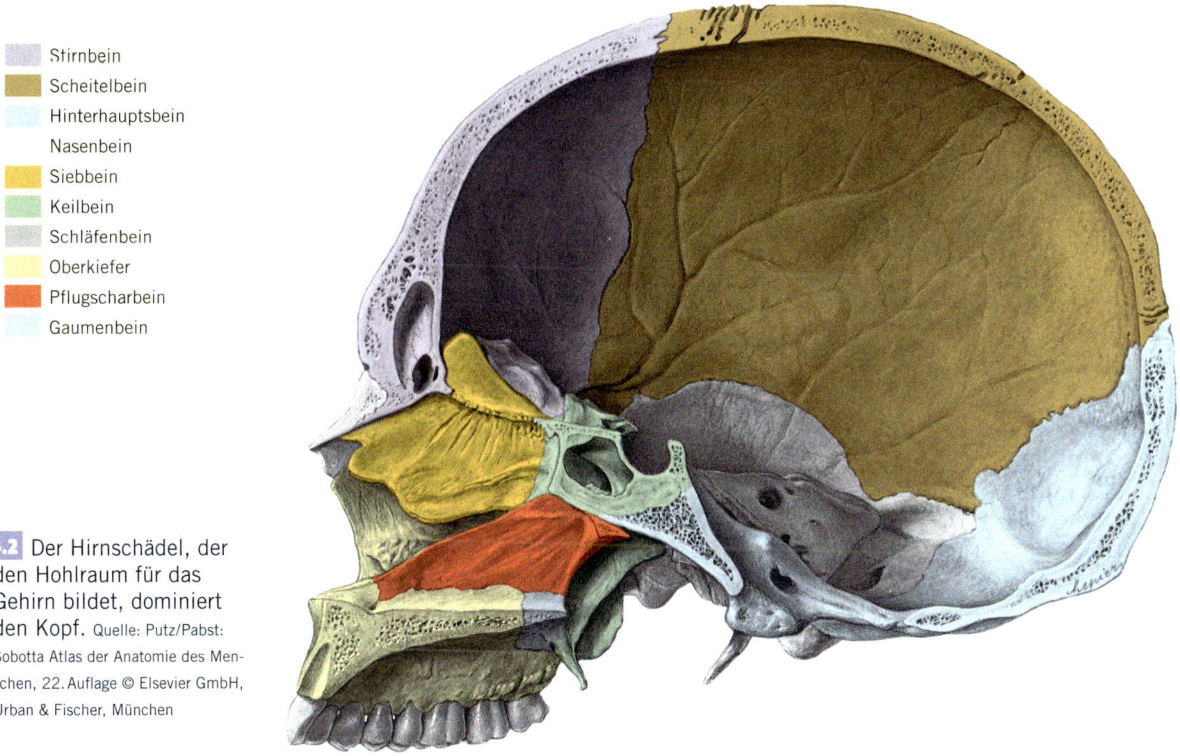


**4.2** Der Hirnschädel, der den Hohlraum für das Gehirn bildet, dominiert den Kopf. Quelle: Putz/Pabst: Sobotta Atlas der Anatomie des Menschen, 22. Auflage © Elsevier GmbH, Urban & Fischer, München

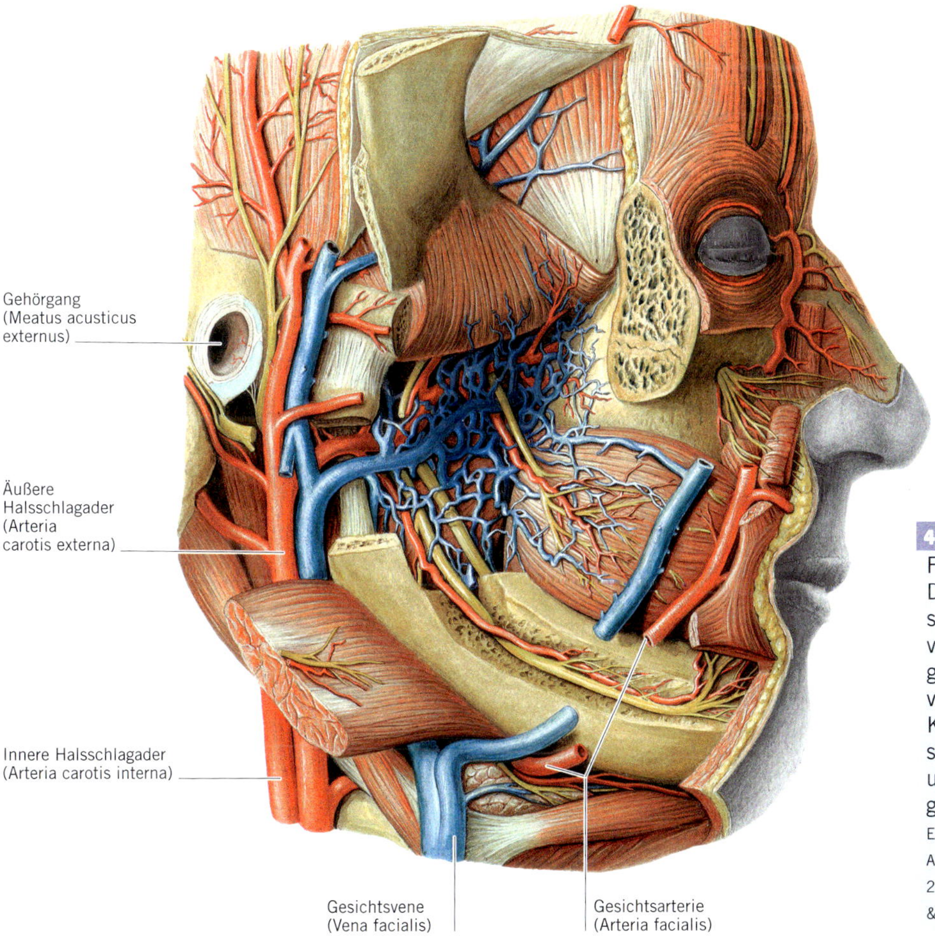


**4.3** Die unglaubliche Fülle in unserem Kopf. Die Abbildung, die hauptsächlich Blutgefäße, Nerven und Muskeln zeigt, gibt einen guten Eindruck von der Fülle in unserem Kopf wieder. Die Arterien sind blau, die Venen rot und die Nervenstränge gelb gezeichnet. Entnommen aus: Putz/Pabst: Sobotta Atlas der Anatomie des Menschen, 22. Auflage © Elsevier GmbH, Urban & Fischer, München

vor Druck und Verletzungen schützen. Die Bedeutung des Halses für Kopfbewegungen wird besonders deutlich bei Entwicklungsstörungen der Halswirbelsäule, wie beispielsweise des Froschhalses beim Klippel-Feil-Syndrom, bei dem der Kopf nahezu direkt auf dem Rumpf sitzt. Der Hals hat für den Kopf eine ähnliche Funktion wie der Ober- und Unterarm für die Beweglichkeit der Hand. Die Mobilität des Kopfes wird durch zwei besonders gestaltete Halswirbel garantiert, den Atlas als Träger und den Axis als Dreher.

Im Vergleich zu anderen Wirbeln fehlt dem Atlas der Wirbelkörper und der Dornfortsatz. Dafür hat er einen vorderen und hinteren Bogen mit Gelenkflächen, auf dem das Hinterhauptbein ruht. Bei dem Axis ragt der Zapfen, auch als Zahn bezeichnet, aus dem Wirbelkörper heraus. Nur bedingt durch die anatomischen Besonderheiten dieser beiden Wirbel können wir durch Nicken bejahen und durch Kopfschütteln verneinen. Wir können den Kopf fast um 180 Grad drehen und eine kleine zusätzliche Schulterbewegung lässt uns auch fast nach hinten sehen. Während die Rückseite des Halses von Muskelsträngen dominiert wird, ist der Kehlkopf an der Halsvorderseite besonders auffällig. Der Kehlkopf, auch Adamsapfel genannt, ist beim Mann dominanter als bei der Frau und verhilft ihm zu einer dunkleren und sonoren Stimme. Der Kehlkopf wirkt auch deshalb so dominant, weil er sich bei jedem Schluckvorgang auf und ab bewegt.

Der Hals dient als zentrale Versorgungsleitung zwischen Kopf und Rumpf. Im Hals sind die Stimmbänder lokalisiert, ohne die wir nicht sprechen könnten. Auch viele Nervenstränge, die nicht im Rückenmark zusammengefasst sind, verlaufen durch den Hals. Im Hals sitzen zudem zwei wichtige Hormondrüsen, die Schilddrüse und Nebenschilddrüse.

Der Hals ist aber auch insofern eine Schwachstelle, als er zum Töten geradezu einlädt. Beim Tod am Galgen kommt es durch den ein bis zwei Meter freien Fall zur Fraktur des Dens axis, des zweiten Wirbels, wodurch das verlängerte Rückenmark durchtrennt wird. Das obere Ende des Rückenmarks aber reguliert Kreislauf und Atmung, so dass der Tod durch Ersticken eintritt. Bei der

**4.4** Die Blutgefäße in Gesicht und Hals des Menschen. Wachsmodell mit oben liegenden Arterien und Venen des Kopf- und Halsbereichs. Die Hirnschale ist entfernt und zeigt den oberen Teil des Cortex.
Quelle: Florentiner Sammlung „La Specola" 1771–1850

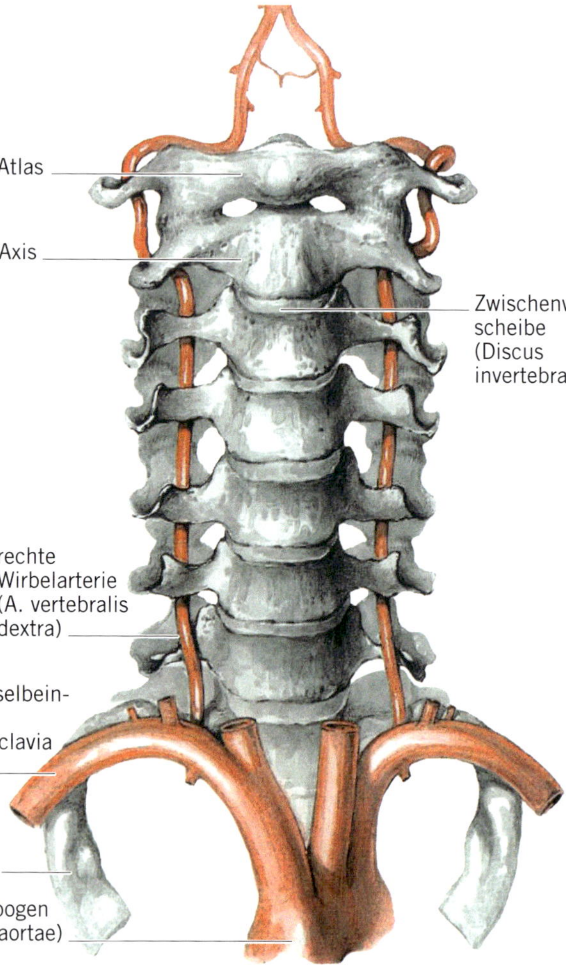


**4.5** Diese anatomische Skizze zeigt den Aufbau der Halswirbel. Die Halswirbel, besonders die beiden kopfnahen, der Atlas und der Axis, verbinden den Kopf beweglich mit den Schultern. Das Bild zeigt auch die innen verlaufende Arteria vertebralis. Quelle: Bertoline/Leutert (1982): Atlas der Anatomie des Menschen, Bd. Kopf und Hals, VEB Georg Thieme, Leipzig

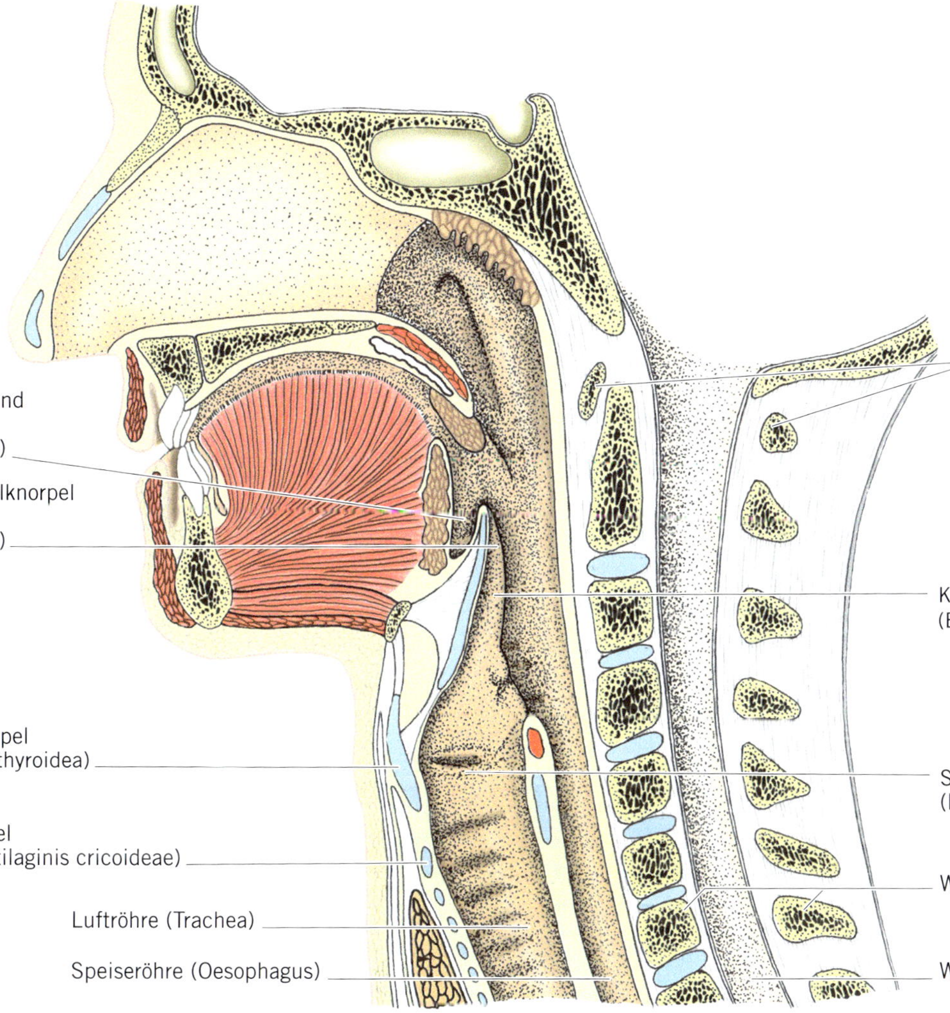


**4.6** Medianer Schnitt durch den vorderen Teil des Kopfes, ohne den Hirnschädel. Der mediane Schnitt zeigt die Kopffunktionen, die nicht direkt mit der Hirnfunktion in Verbindung stehen. Quelle: Moll, K. J./Moll, M. (2004): Atlas Anatomie, 4. Auflage, Urban & Fischer, München

Strangulation stirbt der Delinquent durch Blutleere im Gehirn, verursacht durch die Kompression der Arteriae carotideae (Halsschlagader) und vertebrales (Wirbelarterie). Im Mittelalter wurde beim Tod durch Enthaupten auf Standesunterschiede geachtet: Adlige wurden stehend mit dem Schwert geköpft, während das niedere Volk vor einem Holzblock niederknien musste, auf dem mit dem Beil der Kopf vom Rumpf getrennt wurde.

## Haut und Haare – mehr als ein Ziel der Kosmetikindustrie

Wenn man die Behaarung unseres Kopfes betrachtet, so fällt natürlich zuerst das Kopfhaar auf. Welche biologische Bedeutung kann die intensive Bedeckung des Schädeldaches in der Evolution gehabt haben? Unter dem Schädeldach liegen viele Blutgefäße, so dass der Wärmeverlust über einen kahlen Schädel besonders groß ist. So waren die antiken Griechen auch der Meinung, das Adergeflecht im Kopfbereich diene zur Kühlung des Blutes. Neben der Wärmedämmung und dem Schutz vor einem Sonnenbrand kann dichtes Haar natürlich auch als eine Art natürlicher Schutzhelm für den verletzlichen Schädel und das besonders stoßempfindliche Gehirn dienen. Ausschließen kann man die Funktion des Haupthaares als Sexualsymbol, da Männer und Frauen im Naturzustand keinen Unterschied in der Kopfbehaarung aufweisen. Vorzeitiger Haarausfall kann als Kennzeichen mangelnder körperlicher Leistungsfähigkeit gewertet werden

Ursprünglich hatte der Homo sapiens vermutlich tiefschwarze Haare. Menschen mit blondem oder rötlichem Haarschopf haben sich erst im Zuge der Evolution in nördlichen Ländern herausgebildet. Die Entfärbung des Haares von Schwarz über Grau nach Weiß ist ein Zeichen des Älterwerdens. Die Graufärbung hängt mit einer verringerten Bildung des Farbstoffes Melamin zusammen, während weiße Haare von Luftbläschen im Haarschaft verursacht werden.

In der Moderne hat das Haupthaar seine biologische Funktion im Sinne von Wärmeschutz und Stoßdämmung verloren. Der Helm, der Hut, die Mütze oder die Baseballkappe ersetzten diese Funktionen. Dafür sind das wallende Haupthaar, der Mittelscheitel der preußischen Beamten, die Pilzköpfe der Beatles, der kahl geschorene Schädel oder die Irokesenfrisur kulturelle Symbole geworden. Gepflegte Haare sind das Symbol für ein geordnetes Leben und „Struwwelköpfen" schreibt man einen Hang zur Unordnung zu.

Haare sind zum Kultobjekt geworden.

Deshalb ist es auch schwer zu ertragen, wenn sich unsere Haare im Alter entfärben oder sogar ausfallen. Die Behauptung, ein Zuviel an Wissen führe zum Haarausfall, lässt sich leider nicht beweisen.

Der Haarschaft wächst als totes Gewebe aus der Haarwurzel heraus, die in der unteren Kopfhaut liegt und von kapillaren Blutgefäßen mit Nährstoffen versorgt wird (Abb. 4.7). Vermutlich ist die altersbedingte Haarveränderung auf eine reduzierte Blutversorgung zurückführen.

Die Haut ist das größte Organ des Menschen. Sie hat viele Funktionen, eine der wichtigsten ist der Gas- und Wasseraustausch. Der Gesichtshaut wenden wir eine ganz besondere Aufmerksamkeit zu. Ist sie glatt und geschmeidig, so werden wir als jung und lebensfroh eingestuft, gebräunte Haut weist auf einen sportlichen Typ hin, Falten deuten Alter und Lebenserfahrung an. Sehr oft wird eine unreine Haut, wie sie bei Akne vorliegt, nicht als Krankheit erkannt, sondern auf mangelnde Körperhygiene zurückgeführt.

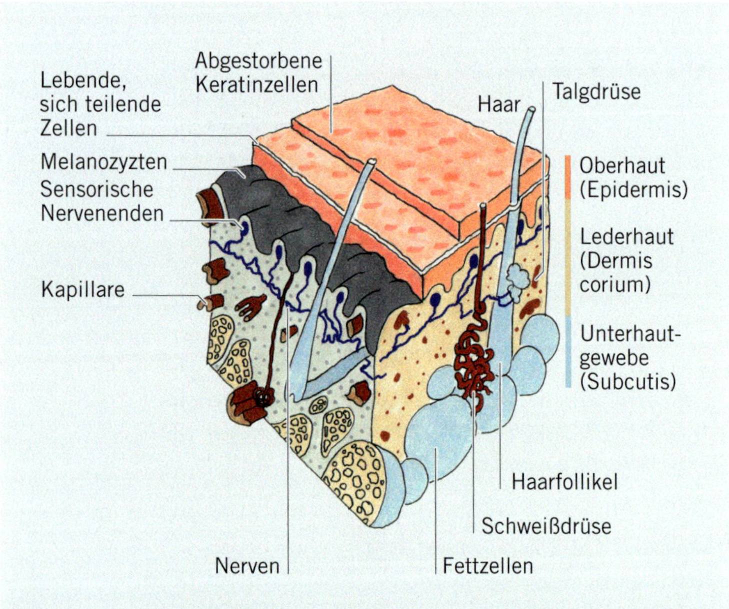


**4.7** Die in der Haut gelegenen spezialisierten Funktionszellen. Dominant sind die Haarwurzelzellen, aus denen der Haarschaft herauswächst, und die vielen spezialisierten Zellen, die mit unserem Tastsinn zu tun haben. Die Haut selbst ist unterteilt in die Epidermis, die Subcutis und die Dermis.

Vergleichen wir bei einem Sechzigjährigen die Haut der Sitzfläche mit der Haut des Gesichts, so ist die erstere glatt und faltenfrei und die letztere von Falten durchzogen. Je mehr Wasser die Haut aufnimmt, umso glatter erscheint sie. Sonnenlicht und Sauerstoff lassen die unbedeckte Haut altern. Verbrennungen der Gesichtshaut können Menschen sehr entstellen und – ebenso wie Hautkrankheiten – zur Diskriminierung führen. An schlimmsten trifft es lepröse Patienten, die aufgrund ihrer vernarbten Gesichter und entstellter Gliedmaßen oft aus der Gesellschaft ausgeschlossen werden, obwohl keine Ansteckungsgefahr besteht. Ähnliches galt früher für Menschen, die eine Pockenepidemie überstanden hatten. Zum Glück sind heutzutage die Pocken oder die schwarzen Blattern fast ausgerottet.

Während das Kopfhaar Männer und Frauen gleichermaßen schmückt, ist der Bart Männersache, wenn man einmal vom Frauenbart, dem Hirsutismus, absieht.

Betrachtet man einen unserer nächsten Verwandten, den Schimpansen, so fällt auf, dass dieser keinen ausgeprägten Bart, zumindest keinen Oberlippenbart hat. Waren also die Homo-sapiens-Typen und ihre Vettern, die Neandertaler, bartlose Gesellen? Skelettfunde können diese Frage nicht beantworten, so dass wir auf Mutmaßungen angewiesen sind. Da unser Gesicht aufgrund der vielen an der Oberfläche liegenden Blutgefäße besonders kälteempfindlich ist, könnte sich die Bartbehaarung auch erst während der Eiszeiten entwickelt haben.

Der Bart als terminaler Resthaarbestand unserer ehemaligen Vollbehaarung stellt evolutionär betrachtet eine spezialisierte Form der Körperbedeckung dar und signalisiert einen klaren Sexualdimorphismus. Jungen sprießt mit Einsetzen der Pubertät das Barthaar und das bisherige Kind gilt damit als junger Mann. Durch sein immerwährendes Wachstum sowie als optisches Zeichen der Fortpflanzungsfähigkeit wurde der Bart zum exponierten Kultsignal instrumentalisiert. In diesem Zusammenhang stehen unter anderem kulturgeschichtliche Bartopfer, Adoptionen und Schwüre beim Barte des Propheten. Um der Männlichkeit gerecht zu werden und um die soziale Stellung zu betonen, wurden Bärte geschnitten, geformt, gedreht, geflochten, gefärbt, gelockt, geölt, parfümiert und mit Goldstaub oder Goldfasern verschönert sowie mit Kunsthaar ergänzt.

Als sich die Menschen zur Zweibeinigkeit aufrichteten, könnte sich der Bartwuchs zurückgebildet haben, um aus den Gesichtern anderer menschenähnlicher Wesen leichter ablesen zu können, ob es sich um Freund oder Feind handelt. Falls man dieser Theorie folgt, wurden Frauen auch schon von weitem anhand der fehlenden Gesichtsbehaarung identifiziert.

Menschen sind auf dieser Erde die einzigen Lebewesen, denen fast von Anfang an die Möglichkeit eines gewaltsamen Todes bewusst ist. Unser Leben ist bewusst und instinktmäßig darauf ausgerichtet, diese Gefahr zu vermeiden. Wie unterscheidet man Freund von Feind? Von weitem zum Teil an der Körperhaltung und der Geschwindigkeit des Herannahens, aus der Nähe aber vor allem an der Gesichtsmimik und am Augenausdruck. Ein Vollbart, der nur Augen und Nasenspitze freilässt, mahnt zur Vorsicht, da unser Warnsystem keine Freund-Feind-Zuordnung vornehmen kann. Das Gesichtserkennungssystem muss sich dann ausschließlich auf die Bewertung des Augenausdrucks verlassen. Eine Verhüllung des Gesichts akzeptieren wir noch bei einer Frau, der wir aufgrund ihrer körperlichen Konstitution weniger Aggression zuordnen. Ein Mann dagegen, der sein Gesicht hinter einer Maske verbirgt, beispielsweise einer schwarzen Strumpfmaske, ist immer ein potenzieller Feind.

Das Vorkommen von Spiegelneuronen könnte erklären, warum wir die Gesichter von Freund und Feind so sorgfältig beobachten.

## Spiegelneuronen als Basis für soziales Verhalten

Spiegelneuronen sind Nervenzellen, die bei sensorischen und motorischen Vorgängen aktiv sind, also sowohl bei der Wahrnehmung als auch bei der Ausführung von Bewegungen. Sie lösen beim Beobachten einer Tätigkeit die gleichen Aktionspotenziale aus, als wenn diese vom Beobachter selbst ausgeführt werden würden. Menschen sind damit in der Lage, Bewegungen auszuführen, die sie lediglich bei anderen beobachtet haben. Deshalb kann ein Dreijähriger, der seinen Eltern eine gewisse Zeit beim Radfahren zugeschaut hat, nach kurzer Zeit selbst diese komplexe Tätigkeit ausführen. Vermutlich können Spiegelneuronen auch menschliche Emotionen wie beispielsweise Ekel imitieren, wenn uns beim Betrachten einer Filmszene, in der eine Vogelspinne über den nackten Oberköper des Helden krabbelt, das schiere Entsetzen packt. Spiegelneuronen scheinen zu erklären, warum wir uns in andere Menschen hineinversetzen können und deren Verhalten zu deuten und zu verstehen wissen.

Entdeckt wurden die Spiegelneuronen von den italienischen Neurologen Vittorio Gallese und Giacomo Rizzolatti. Sie wollten wissen, wie das Gehirn von Affen arbeitet, wenn diese nach einer Erdnuss greifen. Dazu untersuchten sie deren pramotorischen Cortex, der für die Planung und Ausführung zielorientierter Bewegungen zuständig ist. Bei ihren Experimenten stellten sie fest, dass dieser Teil des Affengehirns schon aktiv wurde, sobald der Versuchsleiter nach der Erdnuss griff. Die Versuchstiere konnten also Handlungsziele und Absichten einer fremden Person erahnen. Die spannende Frage war nun, ob es analoge Mechanismen auch beim Menschen gibt. Um dieser Vermutung nachzugehen, untersuchte Marcel Brass die Gehirnaktivitäten von Versuchspersonen beim Ausführen von Fingerbewegungen. Dabei stellte er fest, dass bei nachgeahmten Fingerbewegungen zusätzliche Areale im Broca-Zentrum innerhalb des rechten Schläfenlappens aktiviert wurden.

Marcel Brass folgerte daraus, dass imitative Handlungen in gesonderten Bereichen der Hirnrinde verankert und Spiegelneuronen an Handlungswahrnehmungen und Ausführungen beteiligt sind. Inzwischen hat man auch gezeigt, dass Spiegelneuronen auch in der Insel, wo Gefühle verarbeitet werden, sowie vermutlich in weiteren Bereichen des Cortex zu finden sind. Spiegelneuronen ermöglichen es uns, sich in die Entscheidungsmuster anderer Personen zu versetzen, d.h. fremde Absichten und Gefühle zu erkennen. Das Aktivitätsmuster der Spiegelneuronen verrät, ob das Gegenüber die Hand zum Gruß ausstrecken oder zum Schlag ausholen will. Die Existenz der Spiegelneuronen könnte erklären, wie wir soziale Fähigkeiten wie Sympathie, Einfühlung, Kommunikation und Lernen durch Beobachtung erwerben. Entscheidend für die Kommunikation untereinander wird damit das unbewusste Nachahmen von Verhaltensweisen des Gegenübers. Spiegelneuronen sind also unabdingbar für das Zusammenwirken von genetischer Veranlagung und postnatal erworbenen Erfahrungen.

Allerdings muss es für das hemmungslose Nachahmen des Verhaltens anderer Personen auch Schranken geben, andernfalls kommt es zum Krankheitsbild der Echopraxie und evtl. der Schizophrenie. Patienten, die an Echopraxie leiden, nehmen, ohne es zu wollen, ihre Brille ab, binden sich ihre Schuhe oder putzen sich die Nase, nur weil ihr Gegenüber sich gerade so verhält. Auch das Krankheitsbild Autismus könnte auf eine fehlerhafte Funktionsweise der Spiegelneuronen zurückgehen.

Schlaganfallpatienten, die z.B. ihren Arm nicht mehr heben können, werden als Therapie Videofilme gezeigt, in denen Patienten den Arm heben oder die Faust ballen. Angeregt durch die wiederholte Beobachtung dieser Bewegungsabläufe, scheinen die Spiegelneuronen neue Nervenverbindungen im Gehirn der Patienten zu aktivieren, die nachfolgend deren Motorik positiv beeinflussen. (Siehe auch Bettina Gartner in: Die Zeit 22.04.2004 Nr. 18, „Das mitfühlende Gehirn".) Das Vorhandensein der Spiegelneuronen könnte erklären, warum wir soziale Wesen sind. Da soziales Verhalten nicht aus unseren Genen kommt, sondern nach der Geburt am guten Beispiel erlernt werden muss, hängt unsere moralische Qualität von dem ab, was wir in Elternhaus und Schule erfahren und gelernt haben.

## Der Kopf in Kunst und Literatur

Der Kopf des Menschen ist der Inbegriff eines Schönheitssymbols. Als Menschen die ersten Statuen aus Lehm formten, modellierten sie den Kopf mit besonderer Sorgfalt. In späteren Bildern und Skulpturen herrschen natürlich Ganzkörperdarstellungen vor. Bei Skulpturen wird allerdings eine Büste bevorzugt, d.h. Kopf, Hals

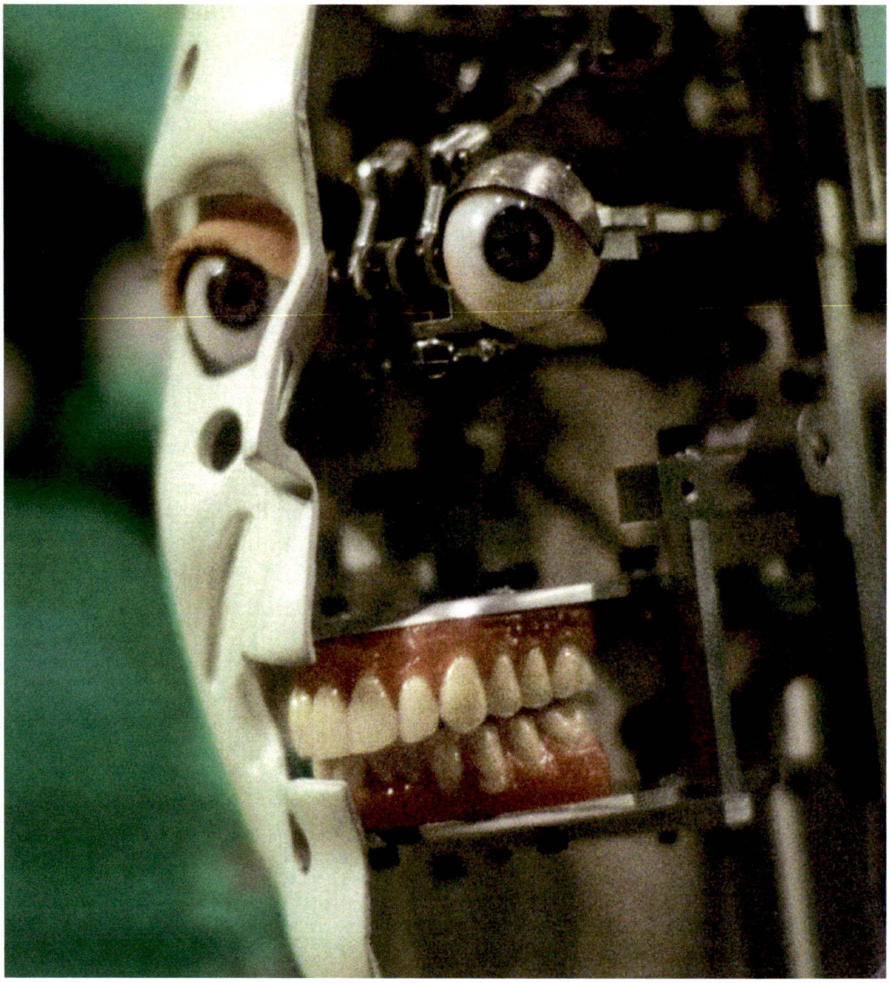

**4.8** Modell eines Roboterkopfs. Rodney Brooks, Massachusetts Institute of Technology: „Forscher implantieren heute Chips in tierisches und manchmal auch menschliches Gewebe und stellen Verbindungen zu Nervenzellen her. Wir beobachten die ersten Anfänge direkter neuronaler Verbindungen zwischen Mensch und Maschine. Gleichzeitig wächst die Akzeptanz aller möglichen Eingriffe in den menschlichen Körper. Angesichts dieses Trends wird es in naher Zukunft zu einer Verschmelzung von menschlichem Körper und Maschine kommen. Wir Menschen werden das Beste haben, was Maschinen bieten können, aber wir werden zugleich über unser biologisches Erbe verfügen, um den jeweiligen Stand der Maschinentechnologie zu steigern. Daher werden wir – die Robotermenschen – ihnen – den reinen Robotern – einen Schritt voraus sein. Wir müssen uns also keine Sorgen machen, dass sie eines Tages die Herrschaft übernehmen könnten."

und Schultern, da der Kopf allein wegen seiner runden Form nur schlecht auf eine flache Unterlage zu stellen ist. Natürlich gibt es auch den Torso als Skulptur-Körper ohne Kopf. Köpfe mit Weltruhm sind beispielsweise Nofretete, Mona Lisa, der Mann mit dem Goldhelm oder die vier amerikanischen Präsidenten im Mount Rushmore.

In der Literatur gibt es zahllose Schriften, die sich mit dem Phänomen Kopf auseinandersetzen. Nachfolgend werden zwei Beispiele zitiert, die sich mit den geistigen Fähigkeiten des Gebildes Kopf befassen.

Gustav Meyrink veröffentlichte 1903 die Erzählung „Das Präparat". Zwei Herren aus gutbürgerlichem Milieu suchen ihren verschollenen Freund Axel und finden ihn schließlich im Labor des Anatomen Mohammed Daresche-Koh. Axels Zustand wird wie folgt beschrieben:

*„Von der Decke einer Wandvertiefung an einem Kupferstab hing ein menschlicher Kopf mit blondem Haar. – Der Stab drang mitten in die Scheitelwölbung. – Der Hals unter dem Kinn war mit einer seidenen Schärpe umwickelt – und darunter mit Luftröhren und Bronchien die zwei rötlichen Lungenflügel. Dazwischen bewegte sich rhythmisch das Herz, mit goldenen Drähten umwunden, die auf den Boden zu einem kleinen elektrischen Apparate führten. Die Adern, straff gefüllt, leiteten Blut aus zwei dünnhalsigen Flaschen empor. […] Das war Axels Kopf, die Lippen rot, mit blühender Gesichtsfarbe, wie lebend. – Die Augen, weit aufgerissen, starrten mit einem grässlichen Ausdruck auf einen Brennspiegel an der gegenüberliegenden Wand. […] Zwei blaue Funken zuckten auf und wurden von dem Brennspiegel gerade auf die Pupillen des Toten reflektiert. Seine Lippen öffneten sich, – schwerfällig streckte sich die Zunge vor – bog sich hinter die Vorderzähne, – und die Stimme röchelte: Ein Vier-rrr-tel. Dann schloss sich der Mund und das Gesicht stierte wieder geradeaus."*

Der persische Arzt Daresche-Koh hatte den Freund Axel zur menschlichen Uhr umfunktioniert.

David Osborn greift in seinem 1985 verfassten Roman „Köpfe" das Thema des vom Körper losgelösten Kopfes wieder auf. Es geht um ein Gehirnforschungsprogramm mit dem Thema „Optimierung der geistigen Leistung".

Ärzte bieten sterbenden Menschen, besonders Krebskranken oder Unfallopfern, einen Vertrag über eine Operationsmethode an, die ihnen ein zwei- bis dreijähriges

Weiterleben zusichert. Wie geschickt der hilflose und noch hoffende Patient von dem Ärzteteam belogen und betrogen wird, merkt er erst, wenn er nach der Operation wieder aufwacht. Zwar lebt er noch in dem Sinne, dass sein Kopf und sein Bewusstsein funktionieren, aber der restliche Körper wurde operativ entfernt. Die Köpfe der Patienten wurden auf Konsolen montiert und über Schläuche künstlich ernährt:

*„Man sah fünf Köpfe, wie John in offenen Kabinen im Halbkreis angeordnet. Matt schimmernde chirurgische Zangen, aufwärts gebogen, um jeden der Köpfe an den Schläfen und an der Basis des Hinterhauptknochens unverrückbar zu fixieren; der lange dünne Schlauch reichte direkt um das Kinn und führte von dort zu einer massiven Konsole hinunter.“*

Die Patienten leben tatsächlich weiter, da sie mit einer Nährlösung und mit Sauerstoff versorgt werden. Die Gesichtssinne und die geistigen Gehirnleistungen funktionieren, aber die Probanden sind ihrer Körper beraubt und damit bewegungs- und handlungsunfähig.

Nach Aussage des Leiters des Forschungsprogramms kann sich ein von Empfindungen, motorischen Steueraufgaben und vom Körper entlastetes Gehirn auf das rein Abstrakte konzentrieren und somit seine intellektuelle Leistung auf das Dreifache steigern. Als „Mitarbeiter“ des Forschungsteams haben die Köpfe gelernt, mit einem Zungen-Kippschalter oder einem Saug-Blas-Röhrchen umzugehen, ein Kommunikationssystem zur Informationsübertragung von den Probanden zum Forscherteam: *„Mit einer kurzen Zungenbewegung konnte John Ultraschallbefehle an eine Steuereinheit senden, die 36 Apparate bediente.“*

**Literatur**

Bauer, J. (2005): Warum ich fühle was Du fühlst. Intuitive Kommunikation und das Geheimnis der Spiegelneurone. Hoffmann und Campe, Hamburg

Bertoline, R./Leutert, G. (1982): Atlas der Anatomie des Menschen nach systematischen und anatomischen Gesichtspunkten. Bd. 3 Kopf und Hals, Gehirn, Rückenmark und Sinnesorgane. VEB Georg Thieme, Leipzig

Bolt, N. (2001): Haare: Eine Kulturgeschichte der wichtigsten Hauptsache der Welt. Bastei-Lübbe, Bergisch Gladbach

Deutschmann, G. (2005): Die Haut und ihre Anhangsgebilde. Springer, Wien

Jedding-Gersterling, M. (1995): Sehnsucht nach Vollkommenheit. Die Sammlung Schwarzkopf in neuem Licht. Hans Schwarzkopf GmbH (Hrsg.). Argon Verlag, Berlin

Osborn, D. (1985): Heads (dt. Köpfe). Paul Zsolnay, Wien

Rizzolatti, G./Forgassi, I./Gallese, V. (2006): Mirrors in the Mind. Scientific American 295: 30–37

Schmidt, R. F./Thews, G./Lang, F. (Hrsg.) (2000): Physiologie des Menschen. Springer, Berlin

Wietig, C. (2005): Der Bart – Zur Kulturgeschichte des Bartes. Von der Antike bis zur Gegenwart. Dissertation, Fachbereich Chemie, Universität Hamburg. In: deposit.ddb.de/cgi-bin/dokserv?idn=976764059

# 5 Die Nervenzelle als die kleinste funktionelle Einheit des Gehirns

Um zu verstehen, wie Nervenzellen Informationen generieren und weiterleiten, benötigen wir einige Grundbegriffe aus der Elektrizitätslehre. Elektrischer Strom ist für uns nicht sichtbar. Wir spüren allerdings sein Vorhandensein, wenn wir einen Metalldraht berühren und dabei einen elektrischen Schlag bekommen. Um das Verständnis für elektrische Vorgänge im Nervensystem zu erleichtern, wird eine Analogie mit dem Wasser genutzt, denn dieses Element können wir sehen und anfassen, und was wir sehen und anfassen können, verstehen wir im Allgemeinen leichter als das für uns Unsichtbare.

Große Mengen an elektrischem Strom können nicht in Form von elektrochemischen Batterien gespeichert werden. Deshalb baut man Speicherkraftwerke, die aus zwei miteinander verbundenen, aber auf unterschiedlichen Höhen liegenden Wasserreservoiren bestehen, etwa mit einem Höhenunterschied von 100 m. Verbunden sind die beiden Speicher durch eine Rohrleitung, an deren unterem Ende sich eine Turbine zur Erzeugung von elektrischem Strom befindet, d. h., das herabschießende Wasser leistet Arbeit. Öffnet man die Schleuse am oberen See, so schießt Wasser durch das Rohr und dreht die Turbine. Diese Drehung wird auf einen Dynamo übertragen, der den benötigten Strom liefert. Wird kein elektrischer Strom gebraucht, so wird das Wasser mit Hilfe des Stroms zurück in den oberen See gepumpt.

Die Höhendifferenz zwischen den beiden Seen wird in der Elektrik Spannung genannt, das fließende Wasser Strom und der Rohrdurchmesser Widerstand. Je größer der Rohrdurchmesser, umso geringer ist der Widerstand, umso mehr Wasser kann fließen und elektrischen Strom erzeugen. Die Strommenge hängt also von der Höhendifferenz der beiden Reservoire – der Spannung – und dem Rohrdurchmesser – dem elektrischen Widerstand – ab. Ist der Schieber am oberen Becken geschlossen, kann kein Wasser fließen und es wird trotz vorhandener Höhendifferenz kein Strom produziert. In der Sprache der Elektrizitätslehre: Bei sehr hohem elektrischem Widerstand fließt trotz vorhandener Spannung kein Strom. Den Stromfluss kann man erhöhen, indem man entweder die Spannung vergrößert oder den Widerstand erniedrigt.

Bleiben wir noch bei dem Wasserbeispiel und stellen uns einen Stausee mit Staumauer und darin eingebauter Schleuse vor. Wird die Schleuse z. B. für die Zeit von einer Minute geöffnet, so fließt eine definierte Menge Wasser von dem Stausee in den darunter liegenden Fluss. Wird dem Stausee eine große Wassermenge entnommen, so wird der Wasserpegel im Stausee gesenkt und die Höhendifferenz zwischen See und Fluss verringert oder die Spannung reduziert. Wir können nun die ausfließende Wassermenge steuern, indem wir entweder die Größe der Schleuse variieren oder die Öffnungszeit. Je größer das Schleusentor und je länger die Öffnungszeit, umso mehr Wasser wird fließen. Nun kann sich der Schleusenwärter einen Spaß machen. Er öffnet die Schleuse für einige Minuten, dann schließt er sie wieder, und dieses Wechselspiel von Öffnen und Schließen betreibt er eine ganze Zeitlang. Es entsteht also ein Wassermuster, dessen Verlauf durch zwei Größen bestimmt wird: die pro Schleusenöffnung ausgetretene Wassermenge und das Zeitintervall zwischen Öffnen und Schließen. In der Elektrik nennen wir das Erstere die Signalstärke und das Zweite die Frequenz. Die Spannung wird in der Elektrik in Volt gemessen und die Frequenz gibt an, wie oft sich ein Vorgang pro Zeiteinheit, meist pro Sekunde, wiederholt.

Der Vergleich zwischen einem Wasserstrom und einem elektrischen Strom hilft uns beim Verstehen der Kommunikation zwischen Nervenzellen. In einer Zelle entsteht eine Spannung durch ungleich verteilte, aber gleichsinnig geladene Ionen auf beiden Seiten der Membran. Strom kann nur fließen, wenn sich der Konzentrationsunterschied durch die Ionenkanäle in der Membran ausgleichen kann. Dabei gleicht sich auch die Spannungsdifferenz aus. Um danach wieder eine Spannung aufzubauen, müssen die Ionen gegen die Konzentration gepumpt werden.

Informationen, die aus einem Signal und einer Frequenz bestehen, sind uns als Bar-Code bekannt.

## Die Nervenzelle

Das Gehirn ist aus zwei Typen von Zellen aufgebaut, den Nervenzellen oder Neuronen und den Stützzellen, den Gliazellen (gr. *glia* = Leim). Die Letzteren übernehmen Ver- und Entsorgungsfunktionen sowie Schutzaufgaben

**5.1** Die meisten Nervensysteme sind Glieder einer Kette von Neuronen, die aber nicht direkt miteinander verbunden sind. An seinen Endauftreibungen, den synaptischen Endknöpfchen, nimmt das Axon Kontakt zur Nachbarzelle auf. Diese Verbindungsstelle wird als Synapse bezeichnet. Sie setzt sich aus zwei Zellanteilen zusammen, der präsynaptischen und der postsynaptischen Membran, sowie dem dazwischenliegenden synaptischen Spalt.

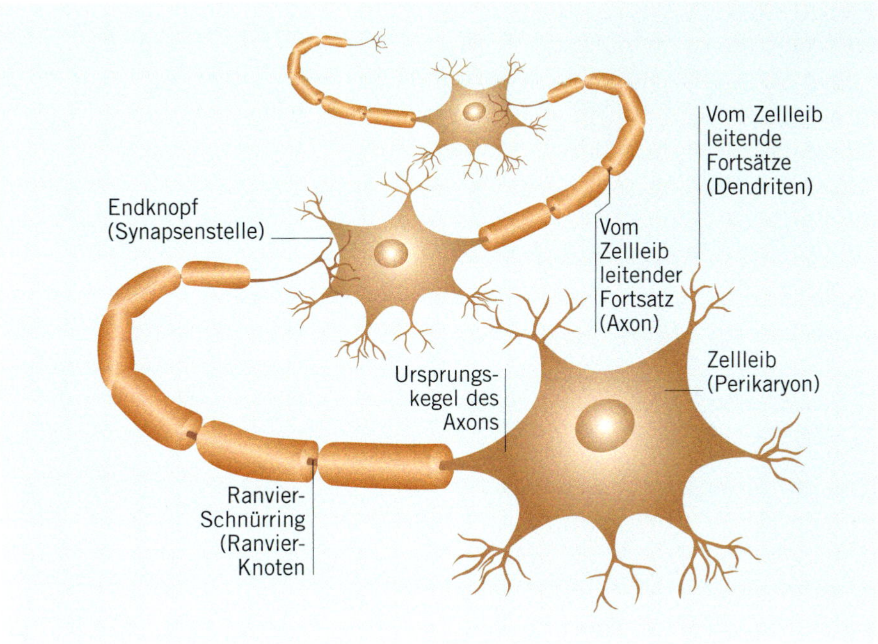


und werden nach ihrer Funktion in Astrocyten, Oligodendrogliazellen und Mikrogliazellen unterteilt. In vielerlei Hinsicht ähneln die Nervenzellen den anderen Zelltypen wie z.B. Leberzellen im Körper des Menschen. In anderer Hinsicht jedoch haben sie sich deutlich spezialisiert: Sie übertragen Informationen auf andere Nervenzellen sowie auf Muskel- und Drüsenzellen. Da die komplexen Funktionen des Gehirns auf dem Zusammenwirken von Milliarden von Nervenzellen in einem komplexen Netzwerk beruhen, muss man auch die Funktionsweise der kleinsten Einheiten, der einzelnen Nervenzelle, verstehen.

Zuerst wollen wir den allen Zellen gemeinsamen Bauplan betrachten, bevor wir auf die Spezialitäten von Nerven- und Gliazellen eingehen.

Die Billiarden an Zellen, aus denen ein Mensch besteht, lassen sich in 210 verschiedene Typen unterteilen, ähneln sich aber trotz der Struktur- und Funktionsunterschiede in ihrem Grundaufbau. Man kann sie mit einer mittelalterlichen Stadt vergleichen. Das Stadtinnere wird durch eine Mauer geschützt und ist nur durch verschließbare und bewachte Tore zu betreten. Allerdings gibt es in der Mauer auch Schlupflöcher für allerlei Getier und jene Gestalten, welche die Obrigkeit scheuen.

Die Kommandozentrale in der Stadt ist das Rathaus und Straßen verbinden Wohnhäuser mit Geschäften. In dieser Stadt ist die Energieversorgung noch dezentral, d.h., ein jeder macht sein eigenes Feuer und Licht. In modernen Zeiten übernimmt ein Kraftwerk diese Funktionen, indem es die Bewohner über das Medium Strom mit Wärme und Licht versorgt.

Auch Zellen sind nach außen durch einen Schutzwall, die Plasmamembran, begrenzt. Sie schottet das Innere der Zelle, das sog. Cytoplasma, gegen die Umgebung ab, erlaubt aber durch Tore, Kanäle oder Poren den Stofftransport von außen nach innen und umgekehrt und ermöglicht so die Versorgung und Entsorgung der Zelle. Dieser Stofftransport wird von der Zelle aktiv gesteuert. Der Zellkern repräsentiert das Rathaus. Er enthält das genetische Material in Form der DNA. Nach diesem Bauplan werden in der Zelle die Funktionsträger, die Proteine, hergestellt. Das Straßennetz wird in der Zelle durch das Cytoskelett dargestellt, das der Zelle Struktur verleiht und innerhalb der Zelle Stoffe transportiert. Die Mitochondrien sind die Kraftwerke in den Zellen. Sie verbrennen z.B. Glukose zu Wasser und Kohlendioxid und produzieren den Strom der Zelle, hier aber Energiepakete in Form einer energiereichen Chemikalie, die man Adenosintriphosphat oder kurz ATP nennt. Derartige spezialisierte Strukturen innerhalb der Zellen bezeichnet man – in Anlehnung an die Organe der Körpers – als Organelle.

## Die Nervenzelle als die Einheit der Kommunikation

Die ca. 50 Milliarden Nervenzellen in unserem Körper weisen ein gemeinsames anatomisches Bauprinzip auf: Dazu gehören der Zellkörper (Soma oder Perikaryon), die Zellfortsätze (Dendriten), die Nervenfaser (Axon) und die synaptischen Endknöpfchen. In anderen Merkmalen unterscheiden sich Nervenzellen durchaus untereinander (Abb. 5.1).

Der kugel- oder pyramidenförmige Zellkörper ist als Stoffwechselzentrum der Nervenzelle eine hoch spezialisierte chemische Fabrik, die alle Stoffe produziert, die für die neuronalen Funktionen gebraucht werden. Außerdem stellt er die nötige Energie zur Verfügung. Der Empfangsteil der Neuronen besteht aus einem baumartigen System sogenannter Dendriten (gr. *dendron* für Baum). Diese fadenförmigen Fortsätze des Zellkörpers empfangen Signale von anderen Nervenzellen und leiten sie in Richtung des Zellkörpers. Die bis zu 12 Millimeter langen Dendriten erlauben es den Nervenzellen, über kurze Distanzen miteinender zu kommunizieren und viele Informationen gleichzeitig zu empfangen. Das Axon, als Sender, verlässt wie ein langes Kabel den Zellkörper und gibt Informationen an andere Neuronen oder an Muskel- oder Drüsenzellen weiter. Die Axone machen als Fasern 90 % der Nervenmasse aus. Neurone haben nur ein Axon, das sich allerdings in die sogenannten Kollateralen verzweigen kann. Der Bereich, in dem das Axon den Zellkörper verlässt, wird Axonhügel genannt. In dieser Region werden die elektrischen Signale erzeugt, die dann am Axon entlanglaufen. Der Durchmesser eines menschlichen Axons liegt zwischen 0,2 und 25 µm (millionstel Meter) und seine Länge reicht von 2 µm bis zu einem Meter. Das Axon des Ischiasnervs, dessen Zellkörper im Rückenmark liegen, erstreckt sich von den Lendenwirbeln bis in die Fußspitzen. Obwohl das Axon in erster Linie der Übertragung elektrischer Impulse dient, transportiert es gleichzeitig im Zellkörper produzierte Substanzen wie Aminosäuren, Neurotransmitter und Proteine zu den Synapsen am Ende des Axons. Auch retrograd, d.h. von der Synapse zum Soma, können Produkte mit einer Geschwindigkeit von 20 bis 40 cm pro Tag transportiert werden.

Besonders große Säugetiere sind auf große Reizleitungsgeschwindigkeiten angewiesen, um beispielsweise in Gefahrensituationen schnell zu reagieren. Da die Leitungsgeschwindigkeit proportional zum Durchmesser ist, leiten dicke Axone (siehe den Vergleich mit dem Wasserrohr) die Signale schneller. Bei Wirbeltieren sind viele Axone mit einer Isolierschicht, dem Myelin, überzogen, welches isolierte Axone weiß erscheinen lässt. So setzt sich die weiße Substanz im Großhirn aus myelinisierten Axonen zusammen Die Isolationsschicht wird Myelin- oder Markscheide genannt und die nicht isolierten Stellen zwischen den Markscheiden nennt man Ranvier'sche Schnürringe. Markhaltige Fasern leiten Impulse etwa hundertmal schneller als Axone ohne Mark. Die langsam leitenden Schmerzfasern sind beim Menschen nicht isoliert, deshalb nehmen wir beim Anfassen einer heißen Herdplatte zuerst die Berührung und erst dann den Schmerz wahr.

Das Axon kann sich am Ende verzweigen und bildet dort knopfartige Verdickungen aus, die man Endknöpfchen nennt und die mit anderen Neuronen in Kontakt stehen. An diesen Endungen werden die Signale mittels chemischer Botenstoffe – der Neurotransmitter – auf die Nachbarzelle übertragen (Abb. 5.2). Ein bisher digitaler Impuls wird in ein analoges Signal umgesetzt. Die Kontaktstellen zwischen den Zellen werden als Synapsen bezeichnet. Nervenzellen stellen somit kein ineinander übergehendes System (Synzytium) wie arterielle und venöse Blutgefäße dar, sondern sind, Zelle für Zelle, Individuen. Die Synapse ist somit der Kontaktbereich, über den ein Neuron mit einem anderen Neuron oder einer Muskel- oder Drüsenzelle kommuniziert.

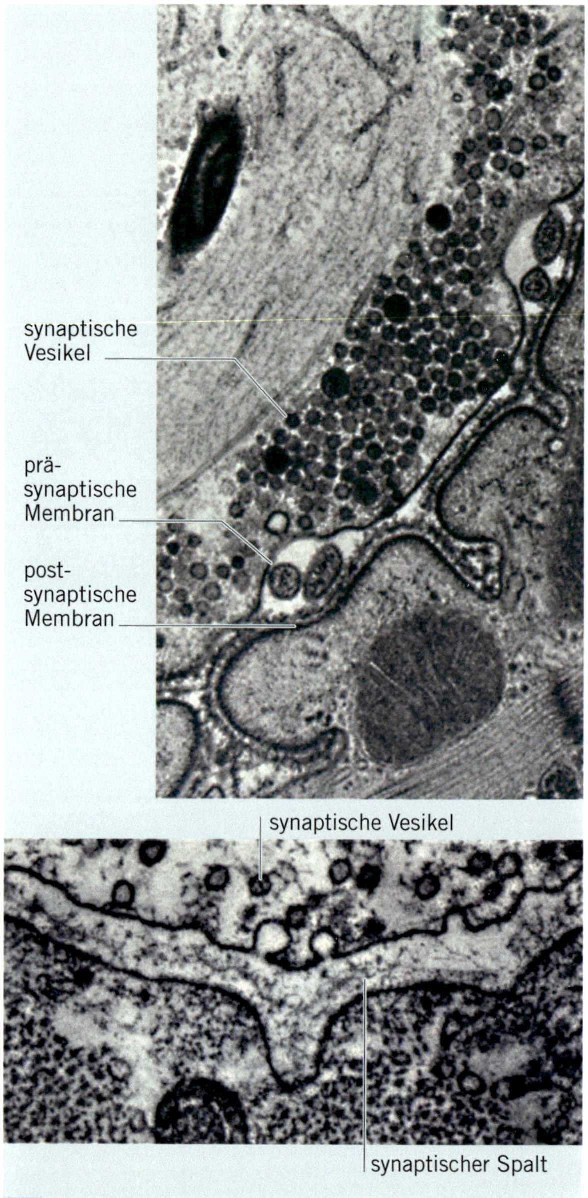


**5.2** Eine elektronenmikroskopische Aufnahme eines Querschnitts durch eine motorische Endplatte, der Verbindung zwischen Nervenzelle und Muskelzelle, beim Frosch. Der synaptische Spalt trennt die Nervenfaser (links) von der Muskelzelle (rechts). Die mit Neurotransmitter gefüllten synaptischen Vesikel häufen sich längs der präsynaptischen Membran. Quelle: Heuser Lab, Washington University School of Medicine, St. Louis, Missouri

Anhand ihrer Funktionen werden Neuronen in drei Hauptgruppen eingeteilt: sensorische Neurone, motorische Neurone und Interneurone. Sensorische Neurone übermitteln dem Nervensystem Informationen von den Sinneszellen, die der Wahrnehmung und der motorischen Koordination dienen. Die motorischen Neuronen senden Informationen an die Muskel- und Drüsenzellen. Die größte Neuronenklasse bilden die Interneurone; dazu gehören alle Zellen des Nervensystems, die nicht spezifisch sensorisch oder motorisch sind. Sie integrieren sensorische Eingänge und motorische Ausgänge. Interneurone, die Informationen über große Entfernungen von einer Gehirnregion in die andere vermitteln, haben lange Axone und werden als Relais- oder Projektionsinterneurone bezeichnet. Interneurone, die in lokalen Schaltkreisen arbeiten, haben nur kurze Axone. Angepasst an ihre Funktionen unterscheiden sich die drei Neuronen-Typen nach der Zahl der Fortsätze, die aus ihrem Zellkörper entspringen. Man unterteilt sie deshalb in unipolare, bipolare und multipolare Neurone. Unipolare Neurone besitzen keine vom Zellkörper ausgehenden Dendriten. Sie kommen bei Wirbeltieren nur in Knoten des autonomen Nervensystems vor. Bipolare Neurone haben zwei Fortsätze, die aus dem Zellkörper entspringen, und zumeist sensorische Funktionen wie z.B. die Neuronen des Seh- und Hörorgans. Sensorische Neuronen, die Informationen über Berührung, Druck oder Schmerz zum Rückenmark leiten, sind eine Unterklasse der bipolaren Zellen, die man als pseudo-unipolare Zellen bezeichnet. Multipolare Neuronen haben ein einzelnes Axon und einen oder mehrere Dendriten, die überall am Zellkörper entspringen. In den meisten dieser Zellen besteht ein Zusammenhang zwischen der Größe und Anzahl der Dendriten mit der Zahl an synaptischen Kontakten, welche die Zelle von anderen Neuronen empfängt. Auf einer motorischen Zelle im Rückenmark liegen rund 10000 Synapsen, 2000 auf dem Zellkörper und 8000 auf den Dendriten. Der Dendritenbaum einer Purkinjezelle im Kleinhirn ist noch viel kontaktfreudiger; dort findet man etwa 150000 Synapsen pro Zelle.

## Die Gliazellen als die Honigwaben des Gehirns

Das Zentralnervensystem der Wirbeltiere enthält neben den Neuronen die zehnfache Menge an Gliazellen, die eine Art Honigwabe bilden, welche die Neuronen schützt und nährt. Da sie jedoch kleiner als Neuronen sind, machen sie trotz ihrer Masse nur die Hälfte des Gewebevolumens eines Gehirns aus.

Astrogliazellen oder Astrocyten sind große sternförmige Zellen mit zahlreichen Zellfortsätzen, die sich wiederum mit Neuronen und Blutkapillaren verbinden. Wie Nervenzellen besitzen auch sie Membrankanäle für Ionen sowie Rezeptoren für Neurotransmitter. Damit kontrollieren sie das Aktivitätsmuster benachbarter Neuronen. Generell sind sie an der Entsorgung überschüssiger Transmitter beteiligt und halten die Konzentration an Ionen im Umfeld der Neuronen konstant. Damit ermöglichen sie wiederholte Übertragungsvorgänge, verhindern Überreaktionen und die Inaktivierung des synaptischen Spaltes. Da sie direkten Kontakt zu den Blutgefäßen haben, garantieren sie die optimale Nährstoffversorgung der Nervenzelle (siehe auch Blut-Hirn-Schranke).

Oligodendrogliazellen umhüllen die Axone des Zentralnervensystems und bilden die Myelinscheiden der Neuronen aus. Im peripheren Nervensystem formen die Schwannzellen die Myelinscheide um die Axone. Diese Isolierung ermöglicht eine Geschwindigkeit der Erregungsleitung von bis zu 120 m/s.

Die Mikrogliazellen haben eine wichtige Funktion bei krankhaften Veränderungen im Gehirn. In ihrer Herkunft und Funktion ähneln sie den weißen Blutkörperchen (Leukocyten) und stellen das zelluläre Abwehrsystem des Zentralnervensystems dar, indem sie Gehirn und Rückenmark vor eindringenden Bakterien und fremden Zellen schützen. Aktiviert werden sie zu Fresszellen und erkennen und entfernen die beschädigten Zellen.

## Die Signalweiterleitung entlang der Nervenzelle

In den Nervenzellen aller Organismen werden Informationen mittels elektrischer Ströme weitergeleitet. Dabei wird zwischen der reinen Weiterleitung entlang von Dendrit oder Axon und der Modulation von Informationen am synaptischen Spalt unterschieden. Die am Zellkörper oder an den Dendriten empfangenen Signale werden als elektrische Impulse entlang des Axons zu den synaptischen Endknöpfchen transportiert. Die entsprechenden elektrischen Signale nennt man Aktionspotenziale; dies sind Nervenimpulse mit einer Amplitude von ca. 100 Millivolt (mV) und einer Dauer von einer Millisekunde (ms). Die Amplitude des Aktionspotenzials bleibt über die gesamte Länge des Axons konstant, da es sich während der Wanderung entlang des Axons ständig neu bildet. So wird das am Axonhügel generierte Aktionspotenzial unverzerrt mit einer Geschwindigkeit von 100 m/s längs des Axons weitergeleitet.

Alle lebenden Zellen sind durch eine unterschiedliche Verteilung der elektrischen Ladung beiderseits ihrer Plasmamembran gekennzeichnet. Dabei ist der Innenraum der Zelle negativer geladen als der Außenraum, d.h. die Umgebung der Zelle. Diese Ladungsunterschiede sind auf verschiedene Arten und Konzentrationen an elektrisch geladenen chemischen Substanzen, sogenannte Ionen, zurückzuführen. Ionen sind in Wasser gelöste Atome oder Moleküle mit einer elektrischen Ladung.

Die unterschiedliche Ladungsverteilung auf beiden Seiten der Membran ruft einen Spannungsunterschied hervor, den man als Potenzialdifferenz bezeichnet. Diese lässt sich mit Mikroelektroden messen. Die Existenz des Membranpotenzials geht auf zwei Gegebenheiten zurück: erstens auf die Unterschiede in der Zusammensetzung an geladenen Teilchen im Außen- und im Innenraum und zweitens auf die selektive Durchlässigkeit

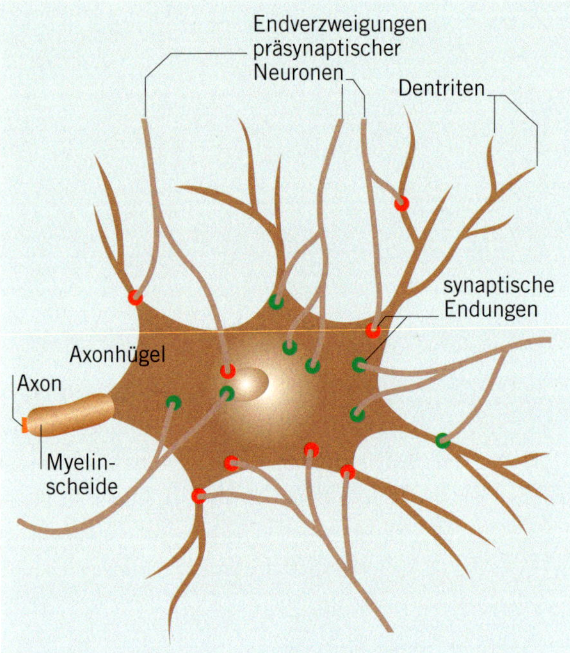


5.3 Jedes Neuron, insbesondere Neuronen des ZNS, empfängt Signale Tausender von Synapsen, von denen einige erregend (grün), andere hemmend (rot) sind. Am Axonhügel wird ein Aktionspotenzial generiert, wenn der Gesamteffekt der durch die erregenden (exzitatorischen) und hemmenden (inhibitorischen) Synapsen induzierten Ionenströme die postsynaptische Membran bis über das Schwellenpotenzial depolarisiert.

(Permeabilität) der Membran als Barriere für bestimmte Ionen. Im Inneren der Zelle sind Kaliumionen im Überschuss und nur wenige Natriumionen, in der extrazellulären Flüssigkeit ist die Situation genau umgekehrt. Innerhalb der Zelle verursachen Proteine und viele kleine Moleküle wie Phosphationen die negative Ladung, während für die Negativität außen die Chloridionen zuständig sind. Da Ionen eine Ladung tragen, können sie die aus einer fettähnlichen Substanz bestehende Membran nicht durchdringen. Um die Membran zu überwinden, brauchen sie entweder die Hilfe von Transportproteinen oder sie nutzen Kanäle in der Membran. Diese Kanäle gleichen Schleusen, d.h., sie können durch Tore verschlossen werden und sie sind selektiv für jeweils einen Ionentyp. Um das Membranpotenzial zu erhalten, muss der Konzentrationsunterschied an geladenen Teilchen über die Membran beibehalten werden. Dafür sorgt eine Ionenpumpe, die ständig Natriumionen aus der Zelle heraus- und Kaliumionen hineinpumpt. Diese Pumpe braucht einen großen Teil der Energie, die für die Abläufe im Gehirn benötigt werden (Abb. 5.4).

Bei Nervenzellen nennt man die durch ungleich verteilte Ionen verursachte Spannungsdifferenz nicht Membran-, sondern Ruhepotenzial. Es liegt zwischen –50 bis –100 mV. Man setzt die Spannung im Außenmedium gleich Null. Wie das Minuszeichen bei dem Wert des Ruhepotenzials anzeigt, ist der Innenraum der Zelle negativ geladen, d.h., es existiert innen ein Überschuss an Anionen. Ein typisches Neuron im Ruhezustand hat ein Ruhepotenzial von –70 mV.

Zwar bilden alle Zellen ein Ruhepotenzial aus, aber nur Muskel- und Nervenzellen können ihr Membranpotenzial aktiv ändern und werden deshalb als erregbare Zellen bezeichnet.

Die Veränderung des Ruhepotenzials führt zu einem elektrischen Impuls, dem Aktionspotenzial, das sich entlang des Axons fortpflanzt. Bei der Bildung eines Aktionspotenzials ändert sich die Spannung schlagartig von –70 mV auf +50 mV, d.h., es resultiert eine Spannungsdifferenz von 120 mV. Die Ursache für die Spannungsänderung ist hauptsächlich der Einstrom der Natriumionen von außen in das Zellinnere durch einen Membrankanal. Dazu muss das Tor, das den Kanal in der Membran verschließt, durch einen Impuls geöffnet werden. Solche Kanäle nennt man spannungsgesteuert. Das Öffnen von Ionenkanälen und das Fließen der Ionen über die Membran ermöglicht es den Nervenzellen, ihr Membranpotenzial als Antwort auf einen Reiz aktiv zu ändern. Bei einem sensorischen Neuron kommt dieser Reiz aus der Umwelt, beispielsweise ist es bei den Fotorezeptoren ein Lichtreiz, bei den Haarzellen im Ohr sind es die Schallwellen der Luft und bei einem Interneuron ist der Reiz die Erregung, welche von einem vorgeschalteten Neuron ausgeht.

Das Aktionspotenzial ist der eigentliche Nervenimpuls. Es ist ein ‚Alles-oder-nichts-Ereignis', d.h., die Größe des Aktionspotenzials wird nicht durch die Stärke des Reizes, durch den es ausgelöst wurde, bestimmt. Das Aktionspotenzial gleicht einem Lichtschalter, der nur die Positionen an oder aus kennt, und als Folge ist es entweder hell oder dunkel.

Das Geheimnis der Plastizität unseres Nervensystems liegt in dem sogenannten Schwellenpotenzial. Warum öffnen sich die Natrium- und Kaliumkanäle überhaupt, wo sie doch normalerweise durch Tore verschlossen sind? Die Antwort auf diese Frage ist einfach, da die Tore über die Spannung kontrolliert werden. Stellen wir uns vor, die Tore besäßen einen elektrisch kontrollierten Schalter und seien mit einem Federmechanismus verschlossen. Eine bestimmte Spannungsänderung ist erforderlich, um den Schalter zu betätigen. Dieser gibt dann das Tor frei, das aufgrund der Federspannung sofort aufspringt. Tatsächlich gibt es ein solches Schwellenpotenzial der Membran, dessen Erreichen den Schalter betätigt und das Tor aufspringen lässt. Es liegt bei etwa –60 mV, d.h., das Ruhepotenzial muss nur durch einen geringen Natriumioneneinstrom um ca. 10 mV positiver werden.

Wird das Potenzial von +50 mV erreicht, dann schließen sich die Natriumkanäle wieder. Es erfolgt die sogenannte Repolarisation, das Membranpotenzial kehrt wieder zu seinem Ruhepotenzial zurück. Diese Zeit der Regeneration, während der ein Neuron nicht auf einen Reiz reagieren kann, nennt man die Refraktärzeit. Sie be-

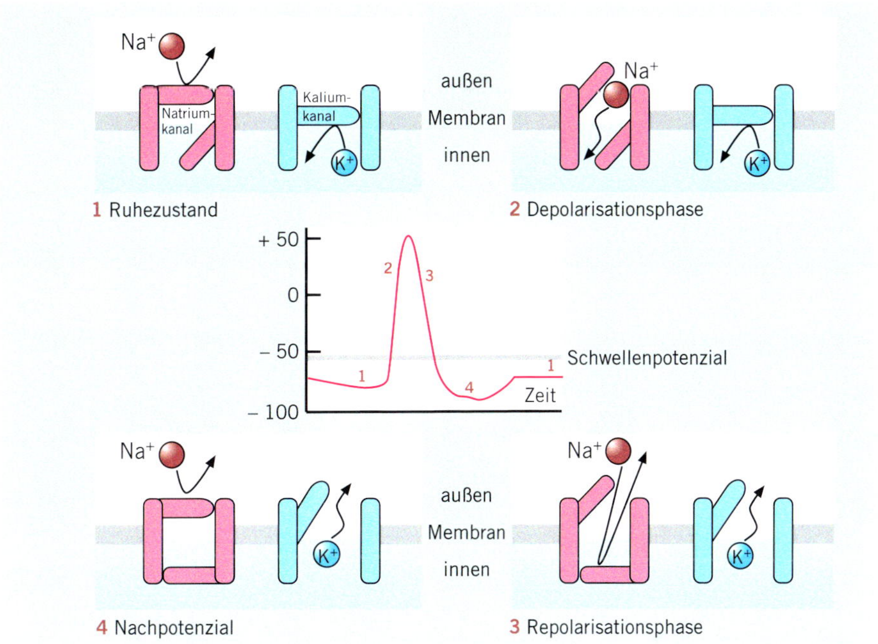


5.4 Entstehung des Aktionspotenzials und die Funktion der spannungsgesteuerten Ionenkanäle. Nachdem ein Reiz ein Aktionspotenzial ausgelöst hat, öffnen und schließen sich die spannungsgesteuerten Kanäle in einer festgelegten zeitlichen Abfolge und führen zu Veränderungen des Membranpotenzials.

stimmt die maximale Feuerrate (Frequenz), mit der ein Neuron Aktionspotenziale generieren kann. Der gesamte Vorgang nimmt etwa 5 Millisekunden in Anspruch.

Die Weiterleitung des Aktionspotenzials vom Dendriten oder vom Zellkörper zur Synapse am Ende des Neurons lässt sich mit einer Reihe Dominosteine vergleichen: Es genügt, nur den ersten Stein umzustoßen, dann wird dessen Fallen bis an das Ende der Reihe weitergeleitet. Dazu müssen aber die Dominosteine auf die schmale Kante gestellt werden, d.h. schon fallsüchtig sein, und der Abstand von einem zum anderen Stein muss stimmen. Im Axon bedeutet dies, das Aktionspotenzial muss schon vorhanden sein und die Natriumkanäle müssen im richtigen Abstand zueinander liegen. Sowohl bei den Dominosteinen wie bei der Weiterleitung des Aktionspotenzials wird Energie zur Vorbereitung benötigt.

Bei mit Myelin isolierten Nerven verläuft die Reizweiterleitung ca. 100-mal schneller als in nicht isolierten Nerven. Bei der sogenannten saltatorischen Leitung springt die Spannungsdifferenz von einer nicht isolierten Stelle – Knoten oder Ranvier'scher Schnürring – zu nächsten Knoten.

## Informationsübertragung an der Synapse: Von der Physik zur Chemie

Neuronen sind Glieder einer Zellkette, die jedoch an den Enden nicht miteinander verbunden, sondern durch einen Spalt getrennt sind. Das am Zellkörper des Neurons produzierte Aktionspotenzial wird entlang des Axons bis zu den Endverzweigungen fortgeleitet und endet an dieser Stelle. Es stellt sich nun die Frage, wie ein Neuron mit der nächsten Zelle in Kontakt tritt und die Information, die bis jetzt als elektrischer Impuls weitergeleitet wurde, an das nächste Neuron weitergibt. Den Bereich, über den eine Nervenzelle mit einer anderen Nervenzelle oder mit einer Muskel- oder Drüsenzelle in Kontakt tritt, bezeichnet man als Synapse, aus dem griechischen *synapsis* für Verbindung. Die Synapse wird aus den Membranregionen der beiden Zellen und dem Spalt zwischen ihnen gebildet. So bezeichnet man die Membran der sendenden Zelle als präsynaptische Membran, die der empfangenden Zelle als postsynaptische Membran und den Zwischenraum als synaptischen Spalt. Im Durchschnitt bildet eine Nervenzelle etwa 1000 synaptische Kontakte aus und empfangt ihrerseits etwa 10 000 Verbindungen.

Im Zentralnervensystem, d.h. im Gehirn und im Rückenmark, kann jeder Teil des Neurons synaptische Kontakte ausbilden und Signale sowohl empfangen als auch senden. Erreicht ein Aktionspotenzial den Endknopf, so kann es nicht als solches über den synaptischen Spalt geleitet werden, sondern wird hier durch eine Reihe von Ereignissen in eine chemische Botschaft umgewandelt. Diese überbrückt den Spalt und wird dann an der postsynaptischen Membran wieder in ein elektrisches Signal umgeformt.

Da die molekularen Vorgänge am synaptischen Spalt schwer zu verstehen sind, sei eine Analogie erlaubt. Zwei Städte – die präsynaptische und die postsynaptische Membran – werden durch einen Strom – den synaptischen Spalt – voneinander getrennt. Waren aus dem Hinterland – etwa im Zellkörper produzierte Aminosäuren – werden durch das Axon bis zur Membran – eben den Hafen der Stadt – transportiert. Dort müssen sie auf Schiffe verladen werden – die Neurotransmitter –, um den Strom zu überqueren. Am anderen Ufer müssen die

Schiffe ihren Landeplatz – den Rezeptor finden. Nach dem Umladen – das chemische Signal wird wieder in ein elektrisches verwandelt – werden die Waren weiter auf dem Landweg transportiert.

Die synaptischen Endknöpfchen der Nervenzellen enthalten zahlreiche Bläschen (Vesikel), die mit mehreren Tausend Molekülen des Neurotransmitters, kurz Transmitter, gefüllt sind (Abb. 5.5). Diese Transmitter ähneln in Struktur und Funktion den Hormonen. Sobald ein Aktionspotenzial in die Endköpfchen einläuft, bewirkt die Spannungsänderung, dass die Vesikel mit der Membran verschmelzen und der Neurotransmitter in den synaptischen Spalt ausgeschüttet wird. Mittler für diesen Vorgang sind Calciumionen. Ein einziges Aktionspotenzial kann zur gleichzeitigen Ausschüttung von Transmittern aus Tausenden von Vesikeln führen. Je mehr Aktionspotenziale am Axonende eintreffen, d.h., je höher die Frequenz der Aktionspotenziale ist, desto mehr Neurotransmitter werden freigesetzt. Auf diese Weise wird das ursprünglich elektrische ‚Ja-Nein-Signal' in ein chemisches Signal umgewandelt, dessen Stärke von der Stoffmenge abhängig ist. Diese Wahlmöglichkeit zwischen zwei Signalsystemen ist die Grundlage für die Plastizität des Nervensystems und ermöglicht ihm komplexe Leistungen wie Lernen und Denken.

An der postsynaptischen Membran wird das chemische Signal wieder in eine elektrische Antwort verwandelt.

Nach dem Überqueren des synaptischen Spalts binden die Transmitter an Proteine in der Membran, die man als Rezeptoren bezeichnet. Die Bindestelle am Rezeptor ist speziell auf die Form des Transmitters zugeschnitten, so dass Rezeptor und Transmitter zusammenpassen wie Schlüssel und Schloss. Die Rezeptoren stehen in Verbindung mit Kanälen, welche die postsynaptische Membran durchspannen und durch Öffnen oder Schließen den Ein- oder Ausstrom bestimmter Ionen durch die Membran steuern. Jeder Rezeptortyp bindet nur einen speziellen Neurotransmitter und diese Bindung öffnet nur einen bestimmten Kanal, durch den nur definierte Ionen strömen können. Die dadurch ausgelösten Ladungsveränderungen führen zu einer Potenzialdifferenz

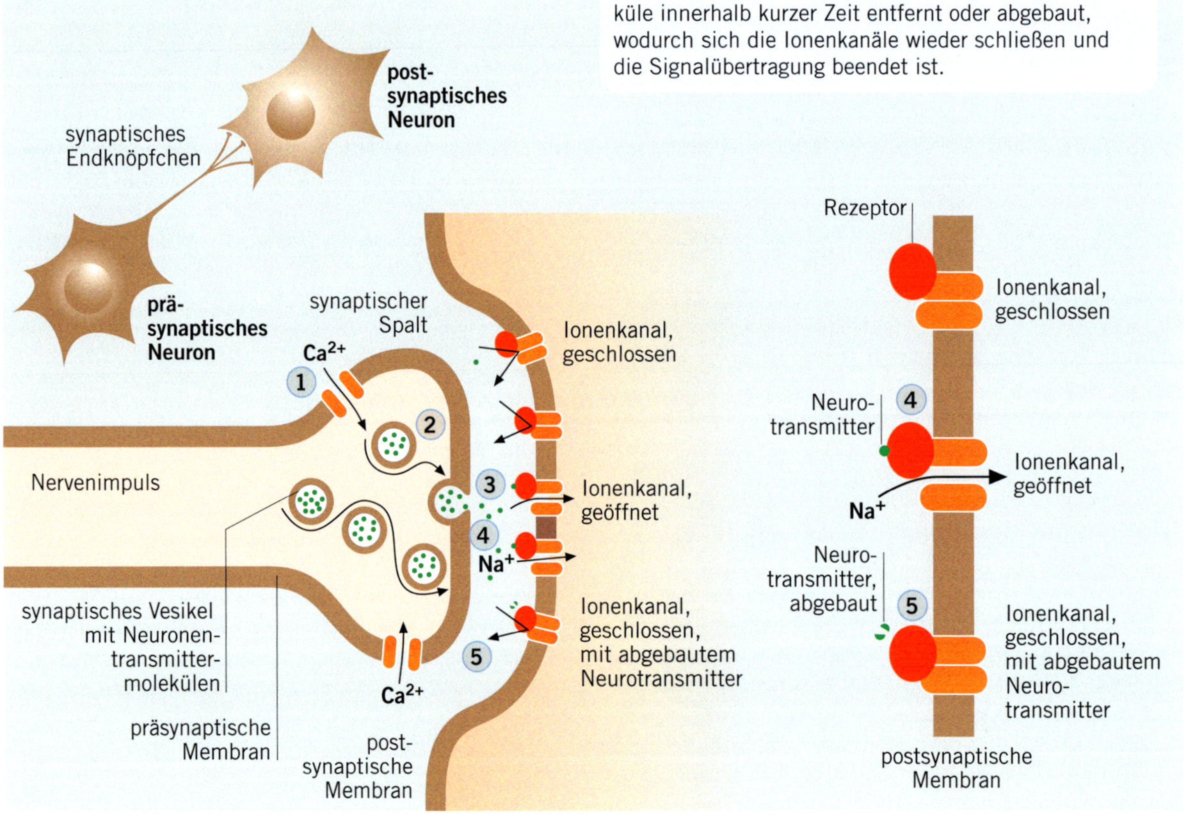


**5.5** Die Signalweiterleitung an der chemischen Synapse. Depolarisiert ein Aktionspotenzial die Membran des synaptischen Endknöpfchens, führt dies zu 1. dem Einstrom von Calciumionen ($Ca^{2+}$), was 2. die Fusion von synaptischen Vesikeln mit der präsynaptischen Membran auslöst. Die Fusion der Vesikel setzt 3. Neurotransmittermoleküle in den synaptischen Spalt frei. Diese diffundieren über den synaptischen Spalt und binden an der postsynaptischen Seite an spezielle Rezeptoren. 4. Die Rezeptoren steuern bestimmte Ionenkanäle, die in der Regel zur Öffnung des Kanals führen. Der resultierende Ionenstrom verändert das Potenzial der postsynaptischen Membran – entweder wird sie für ein Aktionspotenzial depolarisiert (erregende Synapse) oder hyperpolarisiert (hemmende Synapse). 5. In beiden Fällen werden die Transmittermoleküle innerhalb kurzer Zeit entfernt oder abgebaut, wodurch sich die Ionenkanäle wieder schließen und die Signalübertragung beendet ist.

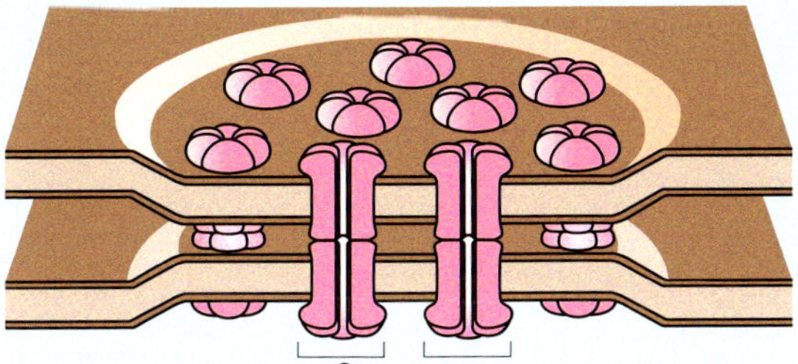


**5.6** Durch die Connexone werden Poren zwischen zwei Nervenzellen gebildet, die eine direkte Weiterleitung des Aktionspotenzials an elektrischen Synapsen erlauben.

in der Zielzelle. Sobald dieses elektrische Signal am Axonhügel ankommt, trägt es in Kooperation mit weiteren einlaufenden Signalen zu einer Nettoveränderung der Spannung in der Zielzelle bei. Wird durch die Summierung das Schwellenpotenzial unterschritten, dann wird durch das spannungsabhängige Öffnen der Natriumkanäle ein Aktionspotenzial generiert, das dann weitergeleitet werden kann.

Bei den Nervenzellen im Gehirn reicht die Aktivierung einer einzelnen Synapse nicht aus, um ein Aktionspotenzial auszubilden. Zum einen müssen mehrere Synapsen zusammenarbeiten, zum anderen muss die Frequenz der Entladungen stimmen. Durch diese Form der Kooperation können viele Nervenzellen, entweder verstärkend oder inhibierend, an der Ausbildung eines Schwellenpotenzials mitwirken (Abb. 5.3). Abhängig vom Rezeptortyp und dem vom Rezeptor gesteuerten Kanal kann die Bindung des Transmitters an seinen Rezeptor nicht nur zu einem erregenden, sondern auch zu einem hemmenden (inhibitorischen) Signal führen. Somit kann zum einen ein Rauschen unterdrückt werden, und zum anderen können viele Nervenzellen gemeinsam an einer Entscheidung mitwirken. Man versteht die Komplexität besser, wenn man realisiert, dass eine ‚Ja-Nein-Entscheidung' positiv wie negativ von ca. 20 000 anderen Nervenzellen beeinflusst werden kann. Nach Ablauf der Reaktion wird der Neurotransmitter rasch aus dem synaptischen Spalt entfernt, so dass der nächste Vorgang ablaufen kann. Da sich die Vesikel nur auf der präsynaptischen und die Rezeptoren ausschließlich auf der postsynaptischen Membran finden, wirkt der synaptische Spalt wie ein Ventil, das den Informationsfluss in nur eine Richtung zulässt. Es gibt neben den chemischen Synapsen auch noch elektrische Synapsen, die aus direkten Zell-Zell-Kontakten bestehen. Sie ermöglichen eine besonders schnelle Reizübertragung.

Diese Wechselwirkung zwischen Neurotransmitter und entsprechendem Rezeptor bildet die Grundlage zur medikamentösen Steuerung neuronaler Vorgänge, z. B. der Linderung von Schmerzen. Entsprechende Forschungsrichtungen sind Neurochemie und Neuropharmakologie. Sie befassen sich mit der Identifizierung von Neurotransmittern, von Rezeptoren und ihren jeweiligen Wechselwirkungen. Die meisten synaptischen Transmitter sind niedermolekulare Moleküle, die mit der Nahrung aufgenommen und zum Teil im Stoffwechsel geringfügig verändert werden. Namen und Eigenschaften von Neurotransmittern sind in Tabelle 5.1 aufgeführt.

Die verschiedenen Transmitter sind nicht wahllos im Gehirn verbreitet; vielmehr liegen Nervenzellen, die mit dem gleichen Transmitter arbeiten, in Gruppen beisammen, und ihre Nervenfasern strahlen nur in begrenzte Hirngebiete aus. Solche chemischen Schaltkreise, in denen nur ein einziger Botenstoff zum Einsatz kommt, können im Gehirn besondere Aufgaben übernehmen.

Es ist nicht einsichtig, warum das Gehirn hauptsächlich mit chemischen, aber nicht mit elektrischen Synapsen arbeitet (Abb. 5.6). Schließlich kostet die Herstellung und Speicherung der Transmitter eine Menge Energie. Überdies führt die Signalübertragung an der Synapse nur dann zu einem eindeutigen Ergebnis, wenn der Transmitter nach Beendigung seiner Arbeit rasch wieder

| Neurotransmitter | Inaktivierung/Abbau |
|---|---|
| **Acetylcholin** | Wird von dem Enzym Acetylcholinesterase (AChE) am postsynaptischen Rezeptor in seine Bestandteile Cholin, Essigsäure und Coenzym A abgebaut. |
| **GABA** (= γ-Aminobuttersäure | Rasche Ablösung von den Rezeptoren und Wiederaufnahme in Neuronen und Gliazellen. Es erfolgt kein enzymatischer Abbau im synaptischen Spalt. |
| **Glutamat** | Wird von einem aktiven Transportsystem (EAAT = Excitatory Amino Acid Transporter) rasch durch Wiederaufnahme der die Synapse umgebenden Astrozyten inaktiviert.<br>In den Gliazellen wird es durch das astrozyteneigene Enzym Glutamin-Synthase in Glutamin umgewandelt und über ein Protein (BNPI) in Nervenzellen gepumpt, wo es erneut zu Glutamat konvertiert wird. |
| **Dopamin und Noradrenalin** | Inaktivierung durch Wiederaufnahme in die präsynaptische Endigung. Enzymatischer Abbau durch die Enzyme Monoaminoxidase (MAO) und Catechol-O-Methyltransferase (COMT). Die Abbauprodukte werden im Stoffwechsel weiter umgewandelt und letztlich aus dem Körper ausgeschieden. |
| **Serotonin** | Inaktivierung durch Wiederaufnahme in die präsynaptische Endigung. Überschüssiges Serotonin wird durch das Enzym Monoaminoxidase (MAO) abgebaut. |

**Tab. 5.1** Substanzen, die am synaptischen Spalt als Neurotransmitter wirken

aus dem synaptischen Spalt verschwindet. Auch die Abfallbeseitigung kostet Energie.

Ein weiteres Problem chemischer Synapsen ist der Zeitfaktor. Der gesamte Prozess dauert immerhin ein paar Millisekunden. Die chemische Übertragung muss daher enorme Vorteile bieten, um ein so energie- und zeitaufwendiges Verfahren zu rechtfertigen. Dies ist in der Tat so. Bis zu hunderttausend neuronaler Fortsätze können mit einer Zielzelle Synapsen ausbilden. Je nach Zahl der Aktionspotenziale, die an den Endigungen eines jeden Eingangs einlaufen, werden unterschiedliche Mengen Transmitter freigesetzt. Da es viele verschiedene chemische Verbindungen gibt, die unterschiedliche Wirkungen entfalten, können unterschiedliche Transmitter die Spannung differenziert beeinflussen. Die chemische Übertragung verleiht dem Gehirn so eine enorme Flexibilität, verschiedene Transmitter üben im Gehirn zu unterschiedlichen Zeiten und im unterschiedlichen Ausmaß verschiedene Wirkungen aus. Nur mit elektrischen Synapsen allein, so ökonomisch und schnell sie auch sein mögen, wäre die Steuerung komplexer Leistungen wie Fühlen und Denken nicht möglich gewesen.

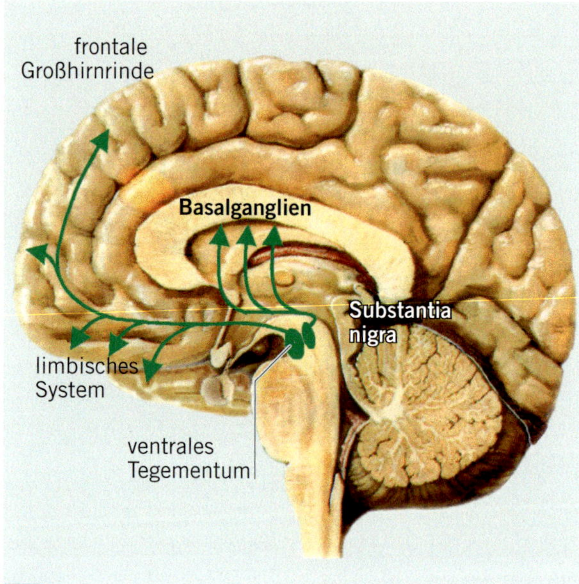


5.7 Einige der dopaminergen Nervenbahnen im Gehirn

## Literatur

Bloom, F. E. (2007): Best of the Brain from Scientific American. Mind, Matter and Tomorrows Brain Research.

Eccles, J. C. (1994): Wie das Selbst sein Gehirn steuert. Piper, München

Kandel, E. R./Schwartz, J. H./Jessell, T. M. (2000): Principles of Neural Science. 4th Edition. McGraw-Hill, New York

Kempermann, G. (2006): Adult Neurogenesis. Stem Cells and Neural Development in the Adult Brain. Oxford University Press, Oxford

Lexikon der Neurowissenschaften in vier Bänden (2000) Spektrum Akad. Verlag, Heidelberg

Squire, L. R./Bloom, F. E./McConnell, S. K./Roberts, J. L./Spitzer, N. C./Zigmond, M. J. (2003): Fundamental Neuroscience. Academic Press, New York

Thompson, R. F. (1994): Das Gehirn. Von der Nervenzelle zur Verhaltenssteuerung. 2. Aufl. Spektrum Akad. Verlag, Heidelberg

# Unser Gedächtnis: Die Grundlage für das humane Sein

Lernen zeigt sich in verändertem Verhalten und Gedächtnis ist die Fähigkeit, individuell erworbene Informationen abrufbar zu speichern.

*„Das Gedächtnis ist der Schatzmeister und Hüter aller Dinge“*, schrieb der römische Philosoph Cicero. Und Luis Buñuel sagte: *„Man muss beginnen, sein Gedächtnis zu verlieren, wenn auch nur in Teilen, um zu begreifen, dass das Gedächtnis alles ist, was unser Leben ausmacht. Unser Gedächtnis ist unser Zusammenhalt, unser Verstand, unser Gefühl, sogar unsere Handlung. Ohne es sind wir nichts.“* Der Neurophysiologe Emmanuel von Brodman stellt die fast moderne Frage: *„Was ist Erinnerung? Wissen wir es? Lebt das, was in uns lebt, von unserem Vergangenen, nur in uns, oder hat es noch eine andere Wirklichkeit?“*

Gedächtnis ist das außergewöhnlichste Phänomen in der Natur. Unser Gedächtnisspeicher umfasst unseren Wortschatz, das Sprachwissen, unser gesamtes Faktenwissen, Erinnerungen an eigene Lebenserfahrungen, an Menschen sowie alle motorischen Fähigkeiten vom Gehen und Sprechen bis hin zum Schwimmen und Tennis spielen. Irgendwie speichert das Gehirn alle diese Informationen in einer solchen Form, dass sie jederzeit zugänglich und leicht abrufbar sind. Die einfachste Annahme wäre, dass das Gehirn genau so viele Bits speichern kann, wie es Nervenzellen besitzt. Dem ist aber nicht so. Das Gehirn verschlüsselt Erinnerungen und speichert sie, indem sich das Muster und die Erregbarkeit unzähliger synaptischer Verbindungen zwischen den Nervenzellen ändern.

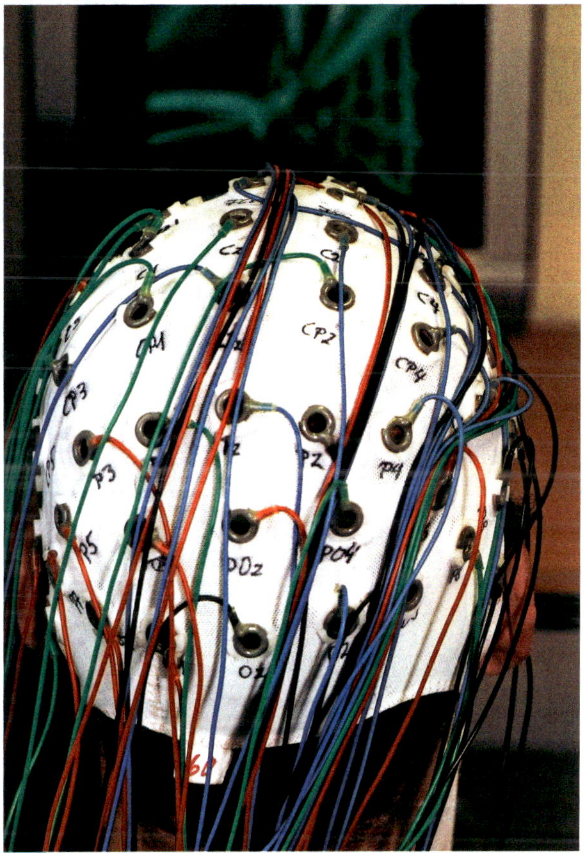

**6.1** Aufschlussreicher Kopfschmuck: die Elektrodenhaube für das Elektroencephalogramm.
Quelle: Impulse für die Wissenschaften (2003) Volkswagenstiftung

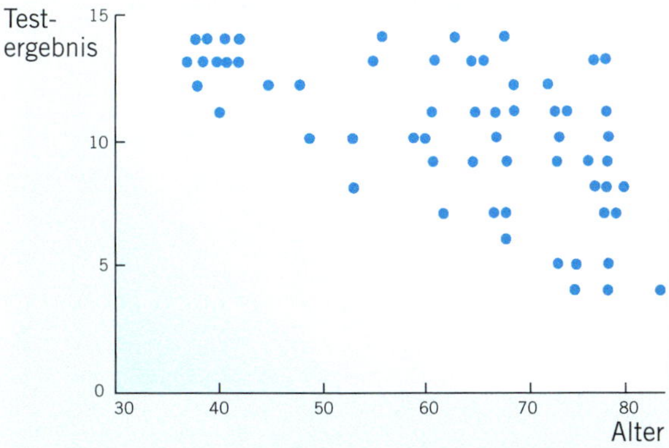


**6.2** Test für den Abruf von Informationen. Der Test wurde mit Personen von unterschiedlichem Alter durchgeführt und untersucht die Funktion des Erinnerungssystems im Lobus temporalis. Zwar nimmt das Erinnerungsvermögen generell mit dem Alter ab, aber individuell gibt es drastische Unterschiede. Quelle: Squire, L. (2003): Fundamental Neuroscience. 2. Aufl. Academic Press, Amsterdam

Erstaunliche Phänomene sind unser ikonisches (gr. *ikon* = Bild) Gedächtnis, nämlich Lernen durch Sehen, oder das fotografische Gedächtnis. Manche Menschen können eine Textseite oder eine Zahlenkolonne einige Sekunden anschauen und anschließend alle Wörter oder

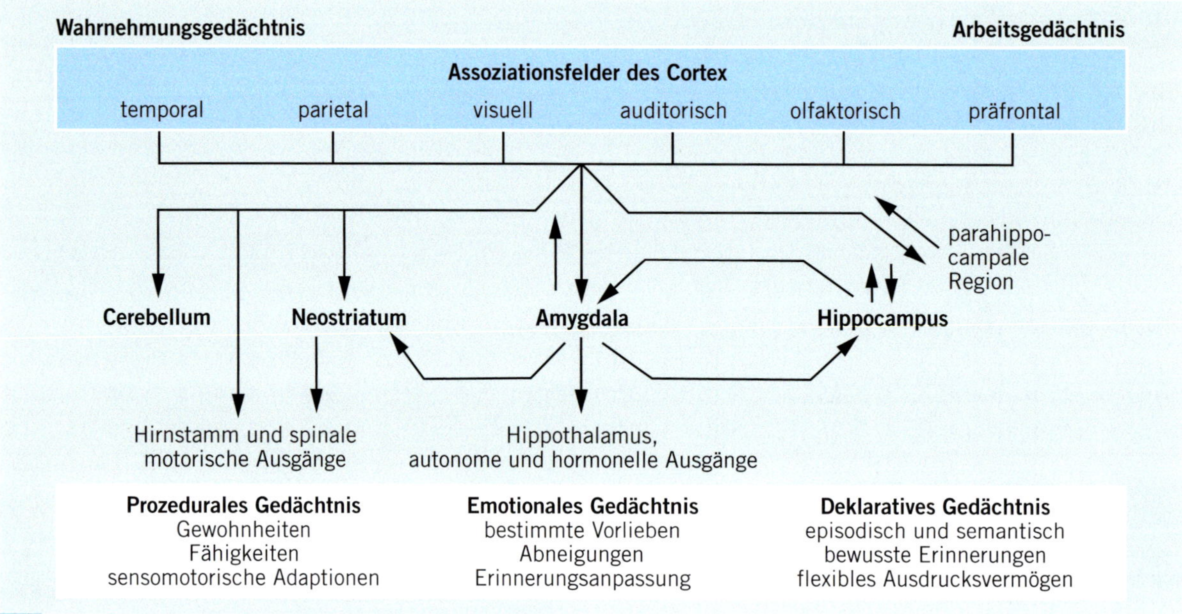


6.3 Gehirnareale, in denen das prozedurale und das Arbeitsgedächtnis lokalisiert sind. Das Schema zeigt, wie die einzelnen Areale miteinander verschaltet sind. Es handelt sich noch um Vermutungen, die in den nächsten Jahren entweder bestätigt oder widerlegt werden. Quelle: Squire, L. (2003): Fundamental Neuroscience. 2. Aufl. Academic Press, Amsterdam

Zahlen reproduzieren. Für solche Gedächtnisakrobaten gibt es heute zahlreiche Wettbewerbe, bei denen die Kandidaten z.B. die Reihenfolge von 64 Spielkarten behalten müssen. Man kennt noch nicht die Orte im Gehirn, in denen sich das ikonische Gedächtnis manifestiert, evtl. ist es sogar die Netzhaut oder Teile des Sehnervs. Man könnte vermuten, dass das Gehirn vor ca. 10000 Jahren den Raum des ikonischen Gedächtnisses frei machte für die Fähigkeiten des Schreibens und Lesens. Einfache Menschen, die nicht über diese Fähigkeiten verfügen, haben noch das fotografische Gedächtnis wie beispielsweise die Spurenleser der Naturvölker.

## Formen des Gedächtnisses

Ein Großteil unseres Lernens besteht darin, Bewegungen, beispielsweise das Greifen, zu lernen. Im ersten Lebensmonat rudert ein Säugling ziellos mit den Armen, wenn er einen Gegenstand haben will. Bereits im fünften Lebensmonat hat er eine zielgerichtete Greifbewegung entwickelt. Ähnliches gilt für das Laufenlernen und für das Sprechen, das eine genau abgestimmte Feinmotorik von Lippen, Zunge und weiteren Elementen im Rachenraum voraussetzt.

Der Philosoph Maine de Biran unterschied drei Formen von Gedächtnis: das repräsentative Gedächtnis, das sich an Ideen und Ereignisse erinnert, das mechanische Gedächtnis, das sich Gewohnheiten und Geschicklichkeiten merkt, und das sensitive Gedächtnis mit der Erinnerung an Gefühle (Abb. 6.3). Als Philosoph versuchte er nicht, seine Kategorien von Gedächtnisformen bestimmten Bereichen im Gehirn zuzuordnen; dennoch haben seine Ideen zur Auffächerung der Gedächtnisleistungen die Neurobiologie stark beeinflusst. Gegen Ende des 19. Jahrhunderts reduzierte der Philosoph und Psychologe William James die Zahl der Gedächtnisformen auf zwei, nämlich auf Gewohnheiten und bewusste Erinnerungen. Zu den Gewohnheiten gehören Laufen, Schreiben, Singen usw., also Routinetätigkeiten, die wir erler-

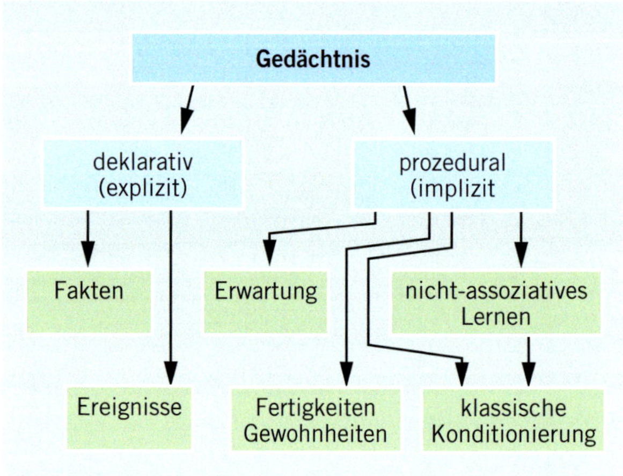


6.4 Die Einteilung des Gedächtnisses. Das prozedurale oder implizite Gedächtnis ist für die bewusste Wiedergabe von Fakten und Ereignissen zuständig. Es besteht kein direkter Zugriff zu diesen Informationen. Das deklarative oder explizite Gedächtnis ist für das Speichern und die bewusste Wiedergabe von Fakten und Ereignissen verantwortlich. Quelle: Schmidt, R.F./Thews, G./Lang, F. (Hrsg.) (2000): Physiologie des Menschen. Springer, Berlin

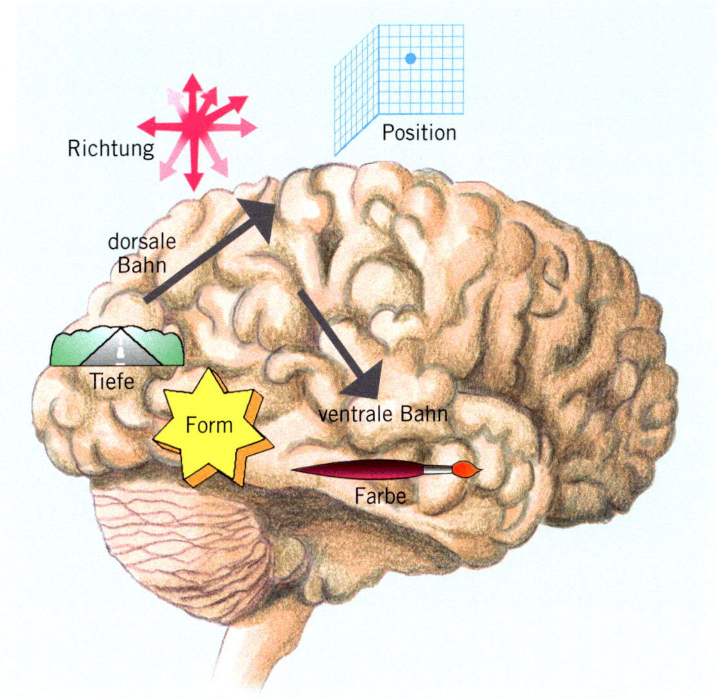


**6.5** Der Sitz des Arbeitsgedächtnisses. Visuelle Informationen werden über die Sehrinde am Hinterkopf geleitet. Die ventrale Bahn dient zur Identifizierung von Formen, die dorsale Bahn für räumliche Merkmale.
Quelle: Spektrum der Wissenschaft (2002): Gedächtnis 1.

nen, ohne darüber nachzudenken. Die bewusste Erinnerung dagegen bedarf seiner Auffassung nach der Bildung von Assoziationen aus einzelnen gespeicherten Teilen. William James war auch der erste Wissenschaftler, der zwischen Kurz- und Langzeitgedächtnis unterschied.

Um 1880 untersuchte der Psychologe Hermann Ebbinghaus (1850–1909) das Sprachgedächtnis und führte systematische Untersuchungen über Lern- und Gedächtnisvorgänge durch. Ihn interessierte auch die Geschwindigkeit des Vergessens. Gelerntes wird anfangs schnell, dann aber immer langsamer vergessen. Das Gesetz der sogenannten Ebbinghauskurven lautet: Bei nur geringer Zunahme des Lernstoffs nimmt die erforderliche Lernzeit schon erheblich zu. Ebbinghaus gilt als Vertreter der sogenannten Behavioristen, einer in den USA entwickelten Schule der objektiven Psychologie.

In den Jahren 1960 bis 1970 häuften sich die experimentellen Beweise dafür, dass es sehr unterschiedliche Formen von Gedächtnis gibt, die zudem an verschiedenen Orten des Gehirns lokalisiert sind. Zu diesen Erkenntnissen trugen besonders Patienten bei, denen Teile des Gehirns operativ entfernt worden waren, um epileptische Anfälle zu lindern. Sowohl Untersuchungen an Patienten mit cerebralen Schädigungen als auch die modernen bildgebenden Verfahren wie die Computertomographie haben zu einem neuen und allgemein akzeptierten Verständnis der Lokalisation von Gedächtnisleistungen geführt. Es gibt unterschiedliche Formen von Gedächtnis, die ihre Schwerpunkte in der Gehirnarchitektur haben, aber das Gedächtnis an sich ist eine Leistung des gesamten Gehirns.

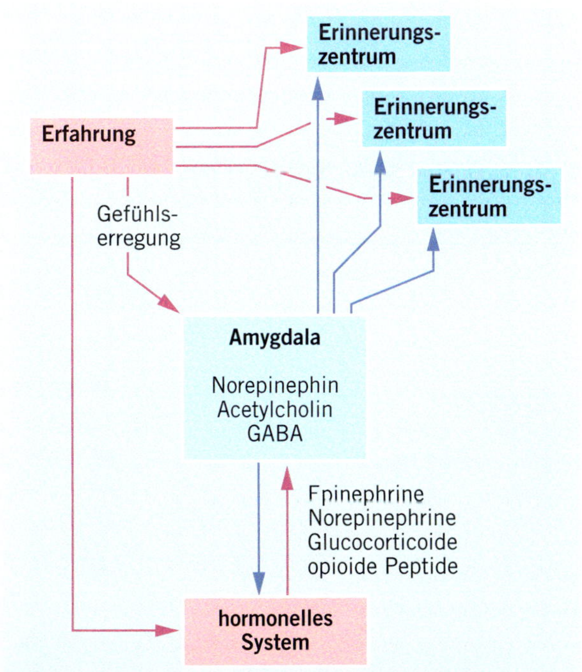


**6.6** Schematisches Diagramm zum Hormoneinfluss auf Gedächtnisleistungen. Hormone beeinflussen über die Amygdala die Erinnerung an emotional bestimmte Ereignisse. Quelle: Squire, L.R. (2003): Fundamental Neuroscience. Academic Press, Amsterdam

## Definition und Charakterisierung von Lernvorgängen

Die Phänomene Lernen und Gedächtnis können in Kategorien unterteilt werden, die prinzipiell sowohl auf Menschen wie auf Tiere anzuwenden sind. Die sensorischen Systeme, etwa auf Sehen spezialisierte Zellen eines primitiven Tieres, z.B. eines Fadenwurms, nehmen Licht wahr, leiten es an die Muskelzellen weiter und das Tier sucht in dunklen Bereichen Schutz. Wiederholt man den Lichtreiz des Öfteren, so gewöhnt sich der Wurm daran und die Fluchtreaktion bleibt aus. Diese einfache Lernform wird als Habituation bezeichnet. Den umgekehrten Vorgang, dass eine Reaktion auf einen bestimmten Reiz zunimmt, nennt man dagegen Sensibilisierung.

Hat eine Person etwas gelernt, so äußert sich dies an einem geänderten Verhalten (Abb. 6.7). Gedächtnis ist die Fähigkeit, individuell erworbene Fertigkeiten abrufbar zu speichern. Die Informationsspeicherung unterscheidet Informationsaufnahme aus der Umwelt mittels der Sinnesorgane, die Bewertung der Information und

6.7 Der Morris-Wasser-Irrgarten-Test. Untrainiert finden die Ratten die Plattform im trüben Wasser durch Zufall. Nach dem Training schwimmen sie direkt darauf zu, obwohl sie die Plattform unter der Wasseroberfläche nicht sehen können.
Quelle: Squire, L.R. (2003): Fundamental Neuroscience. Academic Press, Amsterdam

deren Speicherung (Engramm) sowie die Verknüpfung der Information mit dem Vorhandenen und Reaktivierung (Ekphorie) des neuen Datensatzes. Von den 1–100 Millionen Bit an Informationen, die pro Sekunde unsere Sinnesorgane erreichen, fließen 10–20 Bit in das Kurzzeitgedächtnis, 0,1 Bit in das mittelfristige Gedächtnis, das bereits eine Speicherkapazität von 1000–10 000 Bit hat, und noch weniger Informationen gelangen in das Langzeitgedächtnis, das über eine Speicherkapazität von 10 Milliarden bis 100 Billionen Bit verfügt. Damit werden vom Gehirn ungeheure Datenmengen aufgenommen und bewertet, aber nur weniges davon dauerhaft gespeichert.

## Es gibt unterschiedliche Gedächtnissysteme

Wir unterscheiden zwischen zwei prinzipiell unterschiedlichen Gedächtnissystemen, zwischen dem impliziten oder prozeduralen Gedächtnis und dem expliziten oder deklarativen Gedächtnis (Abb. 6.4). Etwas vereinfacht ausgedrückt gilt das Verhaltensgedächtnis als implizit und das Wissensgedächtnis als explizit. Das Verhaltensgedächtnis wirkt unbewusst und ist nur für die Aktionen nutzbar, in deren Umfeld es erworben wurde. So steuert es motorische Fähigkeiten wie das Radfahren oder das Lenken eines Autos, also Aktivitäten, die wir ausüben, ohne dass sie uns als Gedächtnisleistungen bewusst sind. Die gelernte Motorik unterliegt allerdings der ständigen Konsolidierung, d.h., je öfter wir einen Aufschlag beim Tennis üben, umso mechanischer und oft auch perfekter wird die Ausführung. Wir verlernen diese Fähigkeiten zwar nie als Ganzes, aber wer zwanzig Jahre kein Fahrrad mehr gefahren ist, wirkt beim ersten Radeln nach langer Abstinenz schon etwas unbeholfen. Die Vorformung (Priming) im Verhaltensgedächtnis hilft uns, eine gestellte Aufgabe schneller zu lösen, wenn ein ähnliches Problem schon einmal bewältigt wurde. So findet, wer Kuchen sagt, danach schneller den Begriff Torte. Lokalisiert ist das implizite Gedächtnis im Streifenkörper des Kleinhirns, im Putamen, im Caudatum und in der Amygdala.

Das Wissensgedächtnis speichert Fakten und Wortbedeutungen (semantisches Gedächtnis) sowie Bilder und Töne. Es bewahrt die Erinnerung an Ereignisse (episodisches Gedächtnis), die unsere bewusste Autobiografie bilden. Dazu gehört auch das Quellengedächtnis, d.h. das Wissen darüber, wann und wo Informationen erworben wurden. Inhalte des expliziten Gedächtnisses sind aus sich erklärbar, sie sind uns bewusst und meistens auch abrufbar.

Beim assoziativen Lernen geht es darum, Verknüpfungen zwischen Reizen und den daraus folgenden Reaktionen oder Bewegungsabfolgen zu finden. Der einfachste Reiz für das Erlernen einer Reaktion oder Handlung ist natürlich eine Belohnung, eine Erfahrung, die wir alle als Kinder gemacht haben. Eine einfache Versuchsanordnung zum Messen solcher Reflexe und Verhaltensweisen ist die Konditionierung (lat. conditio = Bedingung). Dabei wird eine bedingte Reaktion durch Lernen erzeugt. Zwei klassische Versuchsanordnungen, die das Verständnis des assoziativen Lernens erleichtern, sollen geschildert werden. Der russische Physiologe Iwan Pawlow stieß zufällig auf die klassische Konditionierung, als er die Verdauungsvorgänge bei Hunden untersuchte. Er beobachtete, dass Hunde bereits zu speicheln beginnen, wenn sie lediglich den Futternapf sehen (Abb. 6.8). Angeregt durch diese Beobachtung wollte er feststellen, ob auch ein Glockenton, der die Fütterungszeit ankündigte, die Hunde zum Speicheln brachte. Dazu läutete er zuerst eine nicht sichtbare Glocke und fütterte die Hunde dann mit Fleischpulver. Anfangs rief die Glocke keine Reaktion bei den Hunden hervor. Der Anblick des Fleisches löste natürlich als Reflex den Speichelfluss aus, die sog. unkonditionierte Reaktion, früher auch als unbedingter Reflex bezeichnet. Nach einigen Wiederholungen begannen die Tiere bereits zu speicheln, wenn sie nur den Glockenton hörten. Dieses Verhalten bezeichnet man als konditionierte Reaktion oder bedingten Reflex. Den Konditionierungstyp nannte man später Belohnungs-

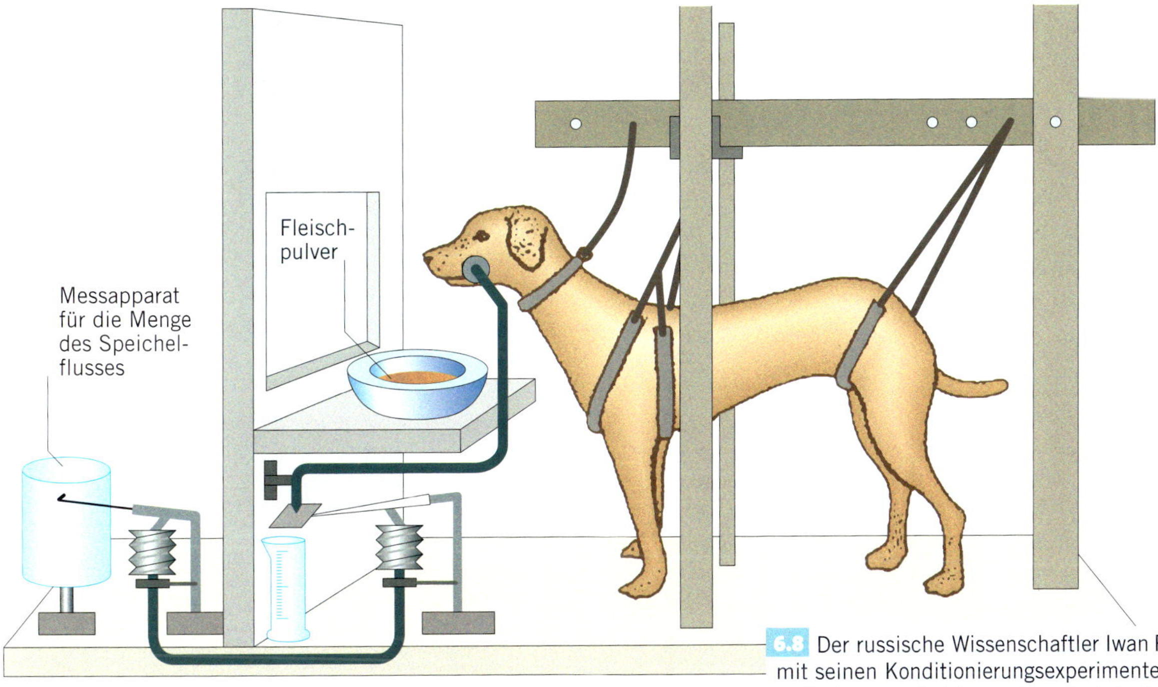


6.8 Der russische Wissenschaftler Iwan Pawlow zeigte mit seinen Konditionierungsexperimenten, dass alles Verhalten vom Gehirn gesteuert wird. Die Versuchsanordnung, die Iwan Pawlow für seine Konditionierungs-Experimente benutzte: Nach einer Trainingsphase begannen die Hunde auch beim Ton der unsichtbaren Glocke bereits zu speicheln.

oder Appetenzkonditionierung. Folgt dem Glockenton ein unangenehmes Ereignis, z.B. ein Stromstoß, so wird dieser Versuchstyp als Furcht- oder Aversionskonditionierung klassifiziert. Ein solches Lernverhalten dient in der natürlichen Umgebung dazu, z.B. anhand von Geräuschen eine herannahende Gefahr zu erkennen.

Eric Kandel wählte für seine Versuche, mit denen er die genetischen und biochemischen Grundlagen des Lernens klären wollte, den Kiemenrückzugreflex bei der Meeresschnecke Aplysia aus (Abb. 6.9).

Aplysia (gr. *aplysis* – Schmutz) ist eine Meeresschnecke aus der zu den Mollusken gehörenden Gattung der Seehasen. Diese Meeresschnecke ist ein ideales Versuchstier für die Neurophysiologie. Ihr Nervensystem enthält

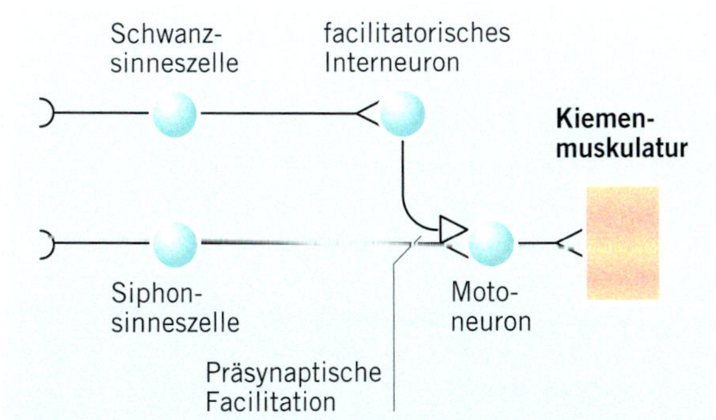


6.9 Das Schaltbild des konditionellen Reflexes bei Aplysia. Das Schaltschema zeigt die einfache Informationsleitung von den beiden Reizstellen über Interneuron und Motoneuron zur Kiemenmuskulatur. Quelle: Kandel, R./ Schwartz, J. H./ Jesell, T. M. (2000): Principles of Neural Sciences. McGraw-Hill Comp., San Francisco

etwa 20000 Nervenzellen, von denen einige im Abdominalganglion Durchmesser von bis zu einem Millimeter erreichen. Anhand des Kiemenrückzugreflexes von Aplysia lassen sich die molekularen Grundlagen des primitiven Lernens wie Kurzzeit- und Langzeitpotenzierung entschlüsseln. Wenn bei Aplysia der Siphon durch einen Nadelstich gereizt wird, werden die Kiemen reflexartig zurückgezogen. Bei wiederholter Reizung wird die Reaktion schwächer, es tritt eine Gewöhnung oder Habituation ein. Wird zusätzlich am Kopf oder Schwanz gereizt, kommt es zur Sensibilisierung. Die Größe der Neuronen erlaubte nun eine biochemische und genetische Untersuchung der Konditionierung. Eric Kandel und seine Kollegen fanden heraus, dass bei Habituation, d.h. bei der Gewöhnung die Transmitterausschüttung von der Siphonsinneszelle auf das Motoneuron erniedrigt, bei Sensibilisierung entsprechend erhöht ist.

Für das Kurzzeitgedächtnis muss ein bereits vorhandenes Repertoire modifiziert werden, d.h., die Transmitterfreisetzung im synaptischen Spalt zwischen Sinneszelle und Motoneuron wird geändert, um anhand der Frequenz der Aktionspotenziale ein neues Muster und damit ein geändertes Kommando an die Erfolgszelle, z.B. die Muskelzelle, abzugeben.

Das Schlüsselenzym für derartige Vorgänge ist die aus dem Zuckerstoffwechsel bekannte Adenylatcyclase. Die Aktivität des Enzyms wird im Stoffwechsel über Hormone, z.B. Adrenalin, reguliert. Bei Lernleistungen über-

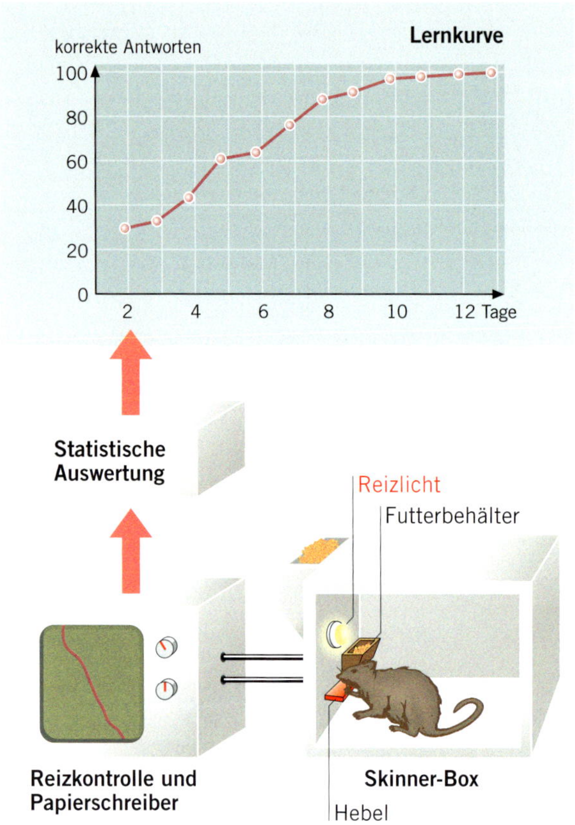


**6.10** Operante Konditionierung in der „Skinner-Box". Die Maus kann auf einen Lichtreiz hin einen Hebel bedienen und wird dann mit Futter belohnt. Die Lernkurve zeigt an, dass das Tier nach etwa 10-tägigem Training gelernt hat, auf den Lichtreiz mit einer gezielten Reaktion zu antworten. Quelle: Schmidt, R.F./Thews, G./Lang, F. (Hrsg.) (2000): Physiologie des Menschen. Springer, Berlin

nimmt das Serotonin die Rolle des Hormons. Das Enzym beschleunigt die Umwandlung des Energiespeichermoleküls ATP in einen chemischen Botenstoff, den man als cAMP bezeichnet. Dieser erhöht den Calzium-Ionen-Einstrom in die Zelle, verändert die Struktur der beteiligten Proteine und steigert die Freisetzung eines Transmitters wie Acetylcholin. Die Strukturveränderung der Proteine verschließt die Kalium-Ionen-Kanäle und führt zur zeitlichen Verlängerung der Aktionspotenziale.

1949 stellte der kanadische Psychologe Donald O. Hebb folgende Überlegung an: Falls eine Nervenzelle in der Lage ist, eine andere Nervenzelle mehrmals in kurzen Zeitintervallen zu aktivieren, könnten sich als Folge der Einfluss der ersten Zelle auf die zweite erhöhen und sich eventuell neue Synapsen ausbilden (Abb. 6.12). 1970 wurde mit Zellen aus dem Hippocampus – dort sollte das Gehirnareal sein, das Informationen in das Langzeitgedächtnis transportiert – das entsprechende Experiment gemacht. Zwei miteinander verbundene Nervenzellen erhielten gleichzeitig einen Stromstoß. Beide antworteten mit einem Aktionspotenzial. Da aber die Zellen nacheinander geschaltet waren, erreichte die zweite Zelle nicht nur der Stromstoß, sondern auch das Aktionspotenzial der ersten Zelle. Bei Wiederholung des Experiments konnte die vorgeschaltete Zelle die nachgeschaltete wesentlich leichter aktivieren. Dieses Phänomen wird als Langzeitpotenzierung (LTP) bezeichnet. Es kann jedoch auch zum umgekehrten Effekt, der Langzeitdepression, kommen. Zur Langzeitpotenzierung fähige synaptische Verbindungen werden als Hebb'sche Synapsen bezeichnet.

Für die Langzeitpotenzierung muss es eine Kommunikation zwischen der präsynaptischen und der postsynaptischen Zelle geben, und zwar in Form eines Rückkopplungsmechanismus. Vor einigen Jahren hat man mit

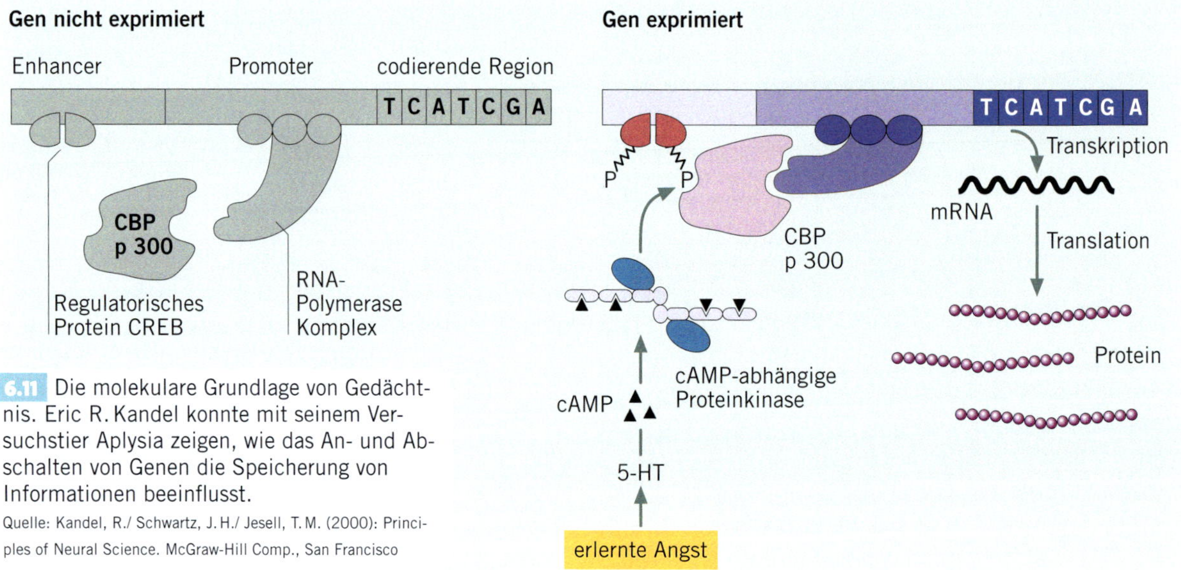


**6.11** Die molekulare Grundlage von Gedächtnis. Eric R. Kandel konnte mit seinem Versuchstier Aplysia zeigen, wie das An- und Abschalten von Genen die Speicherung von Informationen beeinflusst.
Quelle: Kandel, R./ Schwartz, J. H./ Jesell, T. M. (2000): Principles of Neural Science. McGraw-Hill Comp., San Francisco

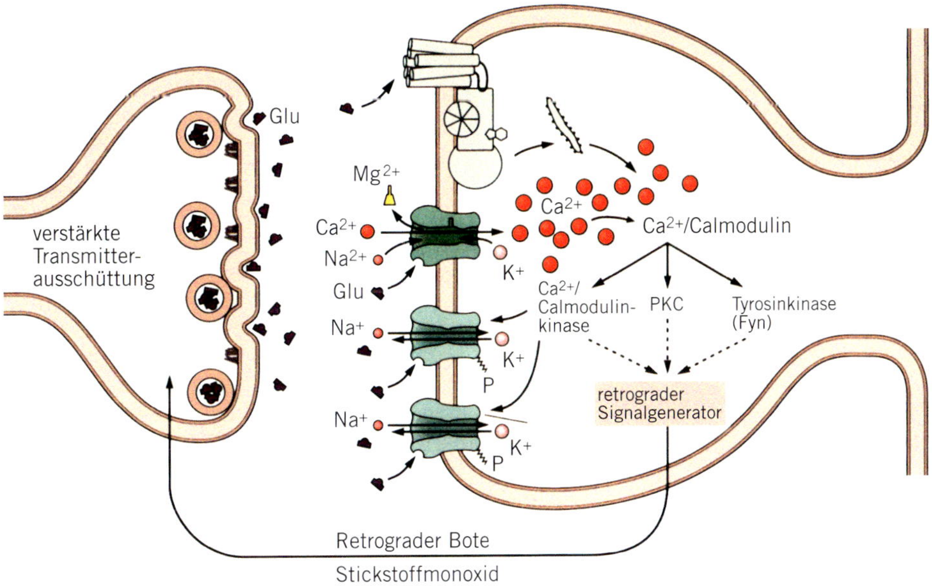


6.12 Die Idee der Langzeitpotenzierung mittels sog. Hebb'scher Synapsen. Als retrograder Bote fungiert dabei das Gas Stickoxid.
Quelle: Kandel, R./Schwartz, J. H./Jessell, T. M. (2000): Principles of Neural Science. McGraw-Hill Comp., San Francisco

dem Gas Stickstoffmonoxid – NO – eine Substanz entdeckt, die genau diese Funktion erfüllen könnte: ein retrograder Bote, der von der Postsynapse zur Präsynapse diffundiert und dort die Entstehung von Aktionspotenzialen reguliert. Auch andere Substanzen wie der Entzündungsmediator Arachidonsäure können diese Rolle übernehmen. Beim Übergang vom Kurzzeit- zum Langzeitgedächtnis müssen dann Gene aktiviert werden, damit neue Proteine hergestellt werden können. Blockiert man die Proteinsynthese durch die Gabe von Antibiotika, wie z. B. von Actinomycin, so kann sich kein Langzeitgedächtnis ausbilden.

## Lernen und das Anschalten von Genen

Eric R. Kandel zeigte mit seinem Versuchstier Aplysia, dass bei Lernvorgängen einzelne Gene aktiviert werden (Abb. 6.11). Da bereits bekannt war, dass das Enzym Adenylatcyclase wichtig für das Erwerben von Informationen ist, konzentrierte sich seine Suche auf jenes Gen, das die Information zur Synthese dieses Proteins enthält. Die Aktivität solcher Gene, d. h. wie viel Proteinkopien pro Zeiteinheit von einem Gen aus synthetisiert werden, wird über sogenannte Transkriptionsfaktoren, Kontrollproteine, reguliert. Dabei bilden die Proteine immer ein Tandem, wobei das eine Protein beschleunigt, während das andere bremst. Ein solches System nennt man eine Repressor-Aktivator-Kopplung. Die sogenannten CREB-Proteine (cAMP responsive element binding proteins) binden selektiv an Gene und schalten sie an und ab. Interessant ist, dass Erbfehler – Mutationen, die im Gehirn zum Krankheitsbild Schizophrenie und zum posttraumatischen Stress-Syndrom führen – sich genau in diesem Bereich finden.

Aus Sicht eines Biochemikers oder Genetikers sind die molekularen Kenntnisse mit Bezug auf Lernen und Gedächtnis noch rudimentär. Aber Ansätze aus der Neurogenetik, der Stoffwechselphysiologie und besonders der bildgebenden Verfahren lassen erahnen, dass wir erfolgreich neues Terrain betreten haben: die Erforschung der molekularen Grundlagen unserer geistigen Existenz.

## Über die Idee einer Gedächtnisspur – das Engramm

Seit die Menschen sesshaft wurden, haben sie sich vermutlich überlegt, ob das Lernen oder der Erwerb von Fähigkeiten anatomische Veränderungen in ihren Organen, dem Blut, dem Herz oder dem Gehirn bewirken. Jeder konnte an sich beobachten, dass körperliches Training die Arm- und Beinmuskeln verstärkt. So war es naheliegend anzunehmen, dass Lernen, verbunden mit der Speicherung der erworbenen Information, in Form von Engrammen (gr. *en* = in und *gramma* = Schrift) im Inneren des Körpers niedergelegt ist. Durch ständiges Üben und Wiederholen sollen primäre Veränderungen im Nervengewebe das Gelernte im Langzeitgedächtnis fixieren. Diese als „Abdrücke" gespeicherten Informationen sollten dann entweder bewusst oder auf einen Reiz hin abrufbar sein. Obwohl der Biologe Karl Lashley sein Leben lang nach diesen Gehirnprogrammen suchte, wurden sie bis heute nicht gefunden. Einige neuere Daten aber, wie die Vermehrung der Synapsen oder die Bildung zusätzlicher Proteine, schließen solche Gedächtnisspuren nicht aus.

Dem Nachweis eines Engramms sehr nahe kam die Arbeitsgruppe um George Ungar mit der Isolierung eines Dunkel-Furcht-Proteins, dem Scotophobin. Der Wissenschaftler nutzte für seine Experimente das angebore-

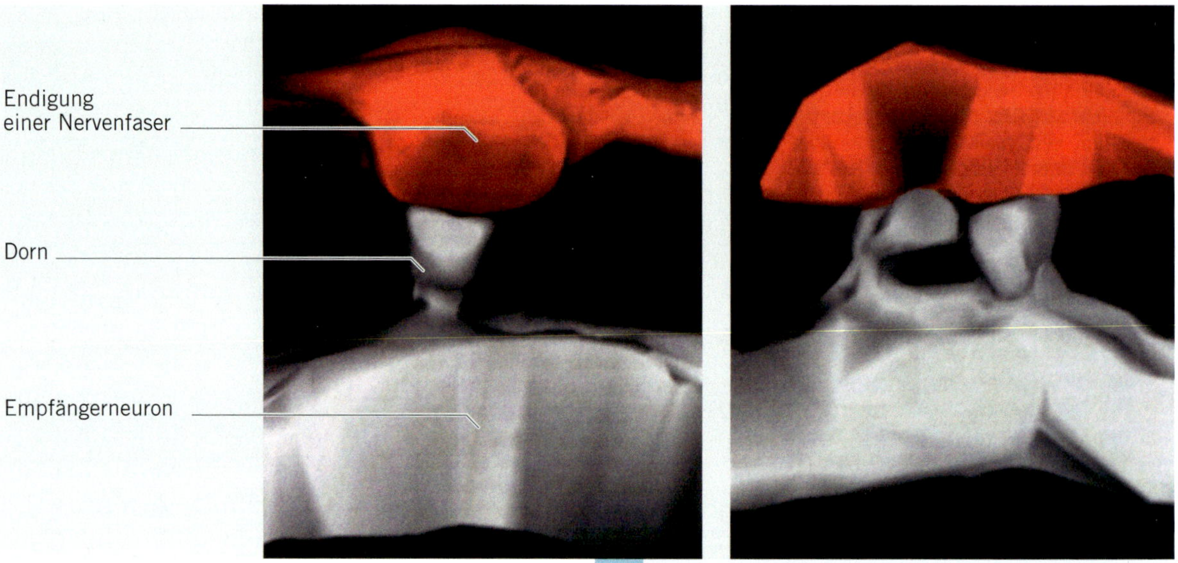


6.13 Bildung neuer Synapsen. Nach Lernvorgängen können sich neue Synapsen ausbilden. Dies geschieht besonders an den Dornen der Dendriten: Quelle. Gehirn und Geist. Spektrum, Heidelberg

ne Verhalten von Mäusen, bei einer Wahlmöglichkeit zwischen einem hellen und einem dunklen Käfig den dunklen Käfig zu bevorzugen. Seine Mäuse konnten zwar zwischen beiden Käfigen wählen, bekamen aber im dunklen Käfig immer einen schwachen, schmerzhaften Stromstoß. So lernten sie, sich entgegen ihrer Veranlagung im hellen Käfig aufzuhalten, sie hatten etwas gelernt. Aus den Hirnen von 3000 so trainierten Mäusen isolierten seine Mitarbeiter ein Protein mit siebzehn Aminosäuren, das die Forscher wie gesagt Scotophobin nannten. Dieses Peptid wurde in das Gehirn von untrainierten Mäusen gespritzt und danach wurde die Hell-Dunkel-Wahl der ‚geimpften' Tiere untersucht. Als Ergebnis berichtete George Ungar in der Zeitschrift *Nature*, dass die behandelten Mäuse gegen ihre Natur den hellen Käfig bevorzugten, obwohl sie im dunklen Käfig keinen Stromstoß mehr erhielten. Das in das Gehirn gespritzte Peptid diente als Information, um eine komplexe Verhaltensänderung bei den Mäusen zu veranlassen. Die von Ungar vorgelegten Daten waren von Anfang an umstritten und nach Ungars Tod hörte die Suche nach chemischen Engrammen auf – vielleicht aber werden sie auch wieder aufgenommen.

## Gedächtniskrankheiten – Aphasien

Fehlfunktionen des Gehirns sind als Krankheitsbild sehr häufig. Niemand bleibt davon verschont, und es ist nur eine Frage des Alters, wann ein jeder davon betroffen wird. Unser Gehirn ist unser Glück wie unser Elend zugleich. Es ist ein Hochleistungsorgan, sowohl im Energieverbrauch wie in der permanenten Anspannung, so dass es zu Verschleißerscheinungen kommen muss. Nur im tiefen Schlaf kann das Gehirn partiell ausspannen, indem es seinem Besitzer autonom, aber nicht individuell dient. Fehlleistungen des Gehirns werden von der Gesellschaft ganz unterschiedlich bewertet. Während eine Störung bei der Bewegungskoordination bei einem älteren Menschen als quasi normal akzeptiert wird, werden Menschen, die unter Schizophrenie leiden, in psychiatrischen Anstalten verwahrt. Die Zahl mentaler Fehlfunktionen ist unbeschreibbar vielfältig und reicht von der speziellen Begabung bis zu aggressiven, fremd- und selbstzerstörenden Wahnvorstellungen.

Dass wir uns momentan an einen Namen, ein Gesicht oder ein Ereignis nicht mehr erinnern können, ist besonders im fortgeschrittenen Alter eine alltägliche Erfahrung. Mit dem Altern nimmt die Vergesslichkeit zu. So geht beim Krankheitsbild Alzheimer das Vergessen so weit, dass Menschen neben der Erinnerung Teile ihrer Persönlichkeit verlieren. Wenn durch Verletzungen oder Krankheiten Gehirnareale geschädigt werden, kann dies spezifische Gedächtnisstörungen zur Folge haben. Entweder ist der Datenspeicher direkt betroffen oder der Zugriff auf den Speicherort – d.h. der Erinnerungsvorgang. Die wichtigste Gruppe von Gedächtnisstörungen bezeichnet man als Aphasien. Geschädigt sind zumeist der mediale Schläfenlappen, das mittlere Zwischenhirn und das basale Vorderhirn. Bei vielen Personen bleibt das Kurzzeitgedächtnis intakt, so dass nur die Langzeitspeicherung ausfällt. Bei der anterograden Amnesie können Fakten und Ereignisse nach der Verletzung nicht mehr abgespeichert werden. Bei der retrograden Amnesie dagegen gehen die Ereignisse vor der Verletzung verloren, d.h., der Betroffene verliert seine personale Identität. Eine besondere Form der Aphasie ist die Quellenamnesie, wo man sich noch an die Fakten an sich erinnert, aber nicht mehr an Ort und Zeit des Geschehens.

Die exakte Zuordnung von anatomischer Veränderung zu mentalem Defizit ist schwierig, da unser Gedächtnis ein dynamisches Gefüge aus vielen Bausteinen ist, die entweder zeitweise oder permanent Hirnregionen zugeordnet werden. Bei komplexen Assoziationen spielt z. B. der Hippocampus eine besondere Rolle. Viele Bereiche, wie beispielsweise Zwischenhirn und Hippocampus stellen nur eine Art Tor zum Langzeitgedächtnis dar, indem sie bei der Neuorganisation von Gedächtnisinhalten im Cortex mitwirken.

Die Versuche, Gedächtnisverluste im Gehirn zu lokalisieren, haben zu einem schon historisch zu nennenden Streit zwischen den sogenannten Atomisten und Globalisten geführt. Die Atomisten waren der Ansicht, dass selbst komplexe Gedächtnisleistungen, wie etwa das Erkennen eines Gesichts, auf eine Nervenzelle oder eine Gruppe von Nervenzellen zurückgeführt werden können. Die Globalisten dagegen glauben, dass der Cortex einem Hologramm gleicht, d. h., die gesamte corticale Rinde wird benutzt, um eine komplexe Information zu speichern. Für beide Ansichten gibt es gute Gründe. So kann eine minimale Verletzung etwa zum Verlust der Gesichtserkennung führen, zur Prosopagnosie. Umgekehrt kann ein Hydrocephalus-Patient, dem große Teile des Cortex fehlen, ein fast normales Leben führen. Wie so oft scheint auch hier die Wahrheit in der Mitte zu liegen.

Bei einer besonderen Gedächtnisstörung wird die Gegenwart als etwas bereits Vergangenes wahrgenommen, als ein „Déjà-vu", d. h. als ein Geschehen, das sich schon früher einmal ereignet hat. Dieses Gefühl, z. B. bei objektiver Betrachtung an einem neuen Ort zu sein, den man aber glaubt schon einmal gesehen zu haben, ist den meisten Menschen nicht fremd. Déjà-vu-Erlebnisse, d. h., alles schon einmal erlebt zu haben, weisen aber auch auf ein Grundproblem der Gedächtnisleistung hin, nämlich auf die Frage, wie das Gehirn zwischen Erinnerung und Einbildung unterscheiden kann.

Es gibt Patienten, bei denen ist das Déjà-vu-Gefühl nicht das seltene Ereignis, sondern die Regel. Philosophen beschäftigen sich mit dem „Gaukelspiel der Erinnerungen" schon seit Jahrhunderten und sprechen von „falsae memoriae".

Es könnte sein, dass das Erinnerungsgefühl, die kognitiven Gefühle, aus einem zweiten Schaltkreis kommt, der im Schläfenlappen lokalisiert und nicht mit dem Gedächtnisspeicher verknüpft ist. Wenn das Erinnerungsgefühl sich verselbständigt, kommt dem Bewusstsein jedwede Fiktion als real vor.

**Literatur**

Bredenkamp, J. (1998): Lernen, Erinnern, Vergessen. C. H. Beck, München

Carter, R. (2002): Exploring Conciousness. University of California Press, Berkeley

Draaisma, D. (2004): Warum das Leben schneller vergeht, wenn man älter wird. Von den Rätseln unserer Erinnerung. Eichborn Verlag, Göttingen

Ebbinghaus, H. (1885/1992): Über das Gedächtnis. Untersuchungen zur experimentellen Psychologie. WBG, Darmstadt

Engelkamp, J. (1991): Das menschliche Gedächtnis. Das Erinnern von Sprache, Bildern und Handlungen. 2. Aufl. Hogrefe, Göttingen

Kandel, R./Schwartz, J. H./Jessell, T. M. (2000): Principles of Neural Science. McGraw-Hill Comp., San Francisco

Kandel, E. R. (2006): Auf der Suche nach dem Gedächtnis. Die Entstehung einer neuen Wissenschaft des Geistes. Siedler, München

Markowitsch, H. J. (2002): Dem Gedächtnis auf der Spur. Primus Verlag, Darmstadt

Spitzer, M. (2002): Lernen. Gehirnforschung und die Schule des Lebens. Spektrum Akad. Verlag, Heidelberg

Tulving, E./Craig, F. I. M. (2000): The Oxford Handbook of Memory. Oxford University Press, New York

Vaas, R. (1994): Neurobiologische Grundlagen des Gedächtnisses. Futura 9: 196–209

Welzer, H. (2002): Das kommunikative Gedächtnis. Eine Theorie der Erinnerung. C. H. Beck, München

Spektrum der Wissenschaft (2002): Sonderheft Gedächtnis, Heidelberg

7

# Informationen für die Zentrale: Die Sinne

Höhere Lebewesen wie Menschen und Tiere, die sich in einer sich wandelnden Umwelt behaupten müssen, sind ständig auf Informationen aus eben dieser Umwelt angewiesen. Wir müssen wissen, ob es kalt oder warm, hell oder dunkel ist, ob ein Angreifer naht und wie die Höhle als Schutz zu erreichen ist. So ergibt sich die Frage, ob nur unser Körper diese Daten benötigt oder auch wir als bewusste Person, was bedeutet, dass wir die Informationen bewusst wahrnehmen, mit bereits gespeicherten Informationen vergleichen und dann handeln. Wenn die Temperatur steigt, schwitzen wir, fällt sie, bekommen wir eine Gänsehaut und zittern. Dies sind „autonome“ Reaktionen, die wir kaum beeinflussen können. Naht jedoch ein Feind mit einer Keule, so nehmen wir ihn nicht nur optisch wahr, sondern unser Gehirn analysiert den gesamten Datensatz, erkennt das Holz als ein Schlagwerkzeug und die Gestalt als eine Person in feindlicher Absicht. Das Gehirn rät oder befiehlt seinem Körper, entweder zu fliehen oder sich zu verteidigen. Dem Bürger im 21. Jahrhundert bleibt allerdings noch eine dritte Möglichkeit: Er kann den potenziellen Gegner verbal zur Aufgabe seiner feindlichen Absichten bringen. Eine solche Handlung bedingt allerdings, dass der Betroffene zum Verhandeln erzogen wurde und überzeugend reden kann. Letztendlich muss sein Erkennungssystem sogar entscheiden, ob der potenzielle Keulenschwinger überhaupt für beschwichtigende Worte empfänglich ist.

In einer ganz normalen Alltagssituation prasseln in einer Sekunde Millionen von Informationen auf das Wirbeltier Mensch ein. Wir sehen, hören, riechen, schmecken und fühlen ständig alle Gegenstände, die sich in unserem Umkreis befinden. Dabei gibt es sehr wohl auch noch einen sechsten Sinn, jenes scheinbar so unerklärliche Gefühl, das uns vor dem Überqueren einer Straße zurückschrecken lässt, obwohl wir ein Auto weder sehen noch hören. Dieser „Schutzengel“ mag schlicht eine Fehlschaltung aus einer Kombination sinnlicher Wahrnehmungen sein oder ein Relikt aus prähistorischer Zeit, als noch ein winziger Wahrnehmungsfehler, wie das Übersehen eines Höhlenbären, den sicheren Tod bedeutete.

Unser Organismus muss aber auch in der Lage sein, unwichtige Informationen von Wahrnehmungen zu unterscheiden, die verhaltensrelevant sind. So nehmen wir ständig unbewusst Geräusche wahr. Die vollständige Stille könnte für uns sogar ein Gefahrensignal sein. Vor dem Überqueren einer Straße muss man das Knattern eines Auspuffs vom Blätterrauschen der Bäume unterscheiden, d.h., wir müssen dem Gemisch der Töne auch eine Bedeutung beimessen.

Jeder der fünf Sinne hat eine Hauptfunktion – wie z.B. das Sehen die Erkennung von Gegenständen –, aber gleichzeitig auch eine modulierende Wirkung auf die restlichen Sinne. Wenn wir einen gefüllten Teller vor uns haben, isst zwar nach dem Volksmund das Auge mit, aber vorrangig entscheiden Geruchssinn und Geschmack über Verzehren oder Verwerfen. Der Geruchssinn ist der primäre Warner vor z.B. verdorbenem Fleisch, gefolgt von unserem Geschmack, der alles Neuartige erst einmal als kritisch einstuft. Wenn Kinder wegen einer ihnen nicht bewussten Milchzuckerunverträglichkeit die Aufnahme von Kuhmilch verweigern, folgen sie ihren Sinnen: Sie sehen, riechen und schmecken noch, während der gebildete und erlebnishungrige Erwachsene, oft zu seinem körperlichen Nachteil, zum Allesesser wird.

Von den fünf Sinnen wird dem Sehen die größte Bedeutung beigemessen. Ein Mensch ohne Geruchs- oder Geschmackssinn ist für uns mehr eine Kuriosität, ein Tauber findet zwar unser Verständnis, einem blinden Menschen aber gilt unser tiefes Mitgefühl und wir helfen, wo immer wir können. Der von Geburt an Blinde nimmt an der Schönheit dieser Welt nur begrenzt teil, denn als Nichtseher kann er zwar die Form von Gegenständen ertasten, die Bezeichnungen von Farben aber haben für ihn keine Bedeutung.

Das Sehen und das „Schauen“ haben etwas mit der Schönheit dieser Welt zu tun und das Auge gilt als der Spiegel der Seele. Die molekularen Grundlagen bei der Abfolge Wahrnehmen, Registrieren, Speichern und Handeln sind beim Sehvorgang am besten beschrieben.

Deshalb beginnen wir die Beschreibung der fünf realen Sinne mit dem Sehvorgang.

## Der Sehapparat: Zum Sehen geboren, zum Schauen bestellt

In seinem Gedicht „Lynkeus der Türmer“ lobpreist Johann Wolfgang von Goethe die Fähigkeit des Menschen, Gegenstände in seiner Umgebung optisch wahrzunehmen und zu interpretieren:

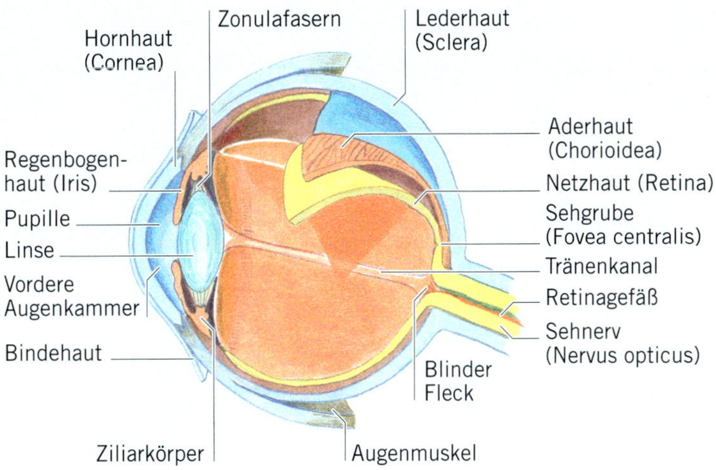


**7.1** Die Anatomie des menschlichen Auges. Der Augapfel enthält den dioptrischen Apparat, ein zusammengesetztes Linsensystem aus Hornhaut (Cornea), Regenbogenhaut (Iris), Linse und Glaskörper. Ausgekleidet wird der Augapfel – von innen nach außen – durch Netzhaut, Aderhaut und Lederhaut. Die Linse fokussiert Bilder auf die Netzhaut auf der Rückseite des Auges. Die Sehgrube (Fovea centralis) ist die Region, auf die der Bildmittelpunkt projiziert wird. Der Sehnerv verlässt den Augapfel am sog. blinden Fleck. Die Ziliarmuskeln verbunden mit den Zonulafasern verändern den Krümmungsradius der Linse (Akkomodation). So entsteht unabhängig von der Entfernung des Objekts ein scharfes Bild auf der Netzhaut.

*„Zum Sehen geboren, zum Schauen bestellt, dem Turme geschworen, gefällt mir die Welt“.* Seine Unterscheidung zwischen Sehen und Schauen lässt sich als Unterscheidung zwischen ererbt und erworben deuten und der Turm bietet sich als Symbol für intellektuelle Weitsicht an.

Das visuelle System des Menschen lässt sich mit einer Kamera vergleichen. Das Auge setzt Lichtimpulse in elektrische Signale um, der Sehnerv leitet sie zum Gehirn, das dann die Signale in ein Bild umsetzt. In Verbindung mit dem Gehirn ist das Auge extrem leistungsfähig. Es nimmt nicht nur den Reiz „Licht“ im Sinn von hell oder dunkel wahr, sondern unterscheidet mehr als eine Million Farben, registriert Bewegungen und misst Entfernungen. Es reagiert so sensibel, dass es selbst noch ein Photon, die kleinste physikalische Lichteinheit, wahrnimmt.

Die Augen (lat. Oculus) liegen beiderseitig der Nase in zwei Schädelgruben (Fossa granii), die hauptsächlich von dem Hirnbein gebildet werden. Der kugelförmige Augapfel (Bulbus oculi) hat einen Durchmesser von mehr als 2 cm und ist in einen Fettkörper (Corpus adiposum) eingebettet, der dem Augapfel eine gleitfähige Gelenkpfanne bietet. Sechs Muskeln steuern die Bewegung des Augapfels, wobei jeder Muskel für eine Bewegungsrichtung zuständig ist. Der anatomische Aufbau des Auges ist in Abbildung 7.1 dargestellt und dort beschrieben.

Die Augenlider schützen das Auge vor Verletzungen. Das blitzschnelle Senken des oberen Augenlids geschieht dabei willkürlich, etwa bei drohender Verletzungsgefahr, oder reflexhaft, etwa beim Niesen. Auch die Augenbrauen schützen das Auge und verhindern, dass Schweiß von der Stirn in Wimpern und in Augen gelangt. Entscheidend für die Reinigung des sichtbaren Augenteils ist jedoch die Tränenflüssigkeit, die von den Tränendrüsen produziert und über die Drüsenausführungsgänge auf die Augenoberfläche gelangt.

**7.2** Der Fokussiermechanismus des Auges. Bilder von Gegenständen werden scharf in reduzierter Größe auf der Netzhaut (Retina) abgebildet. Um Gegenstände unabhängig von ihrer Entfernung stets scharf abzubilden, ändert sich der Krümmungsradius der Linse. Die Formänderung der Linse wird durch den Ziliarmuskel über die Zonulafasern bewirkt.

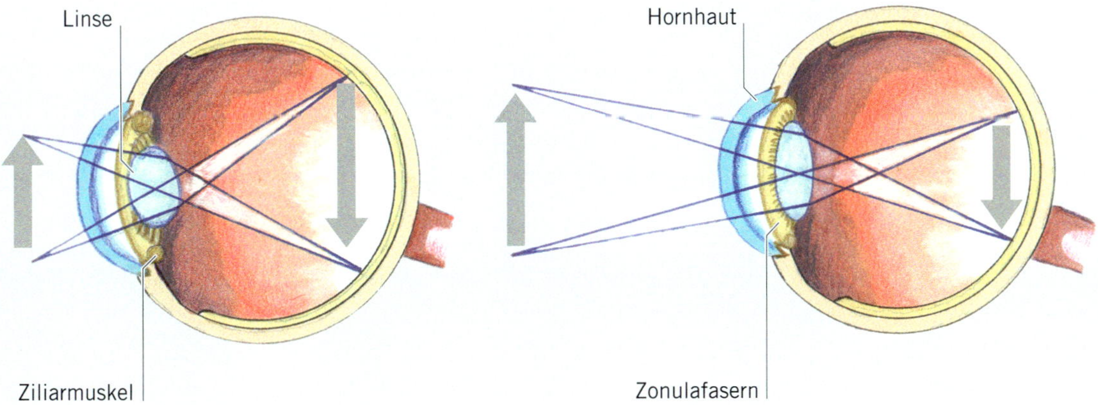

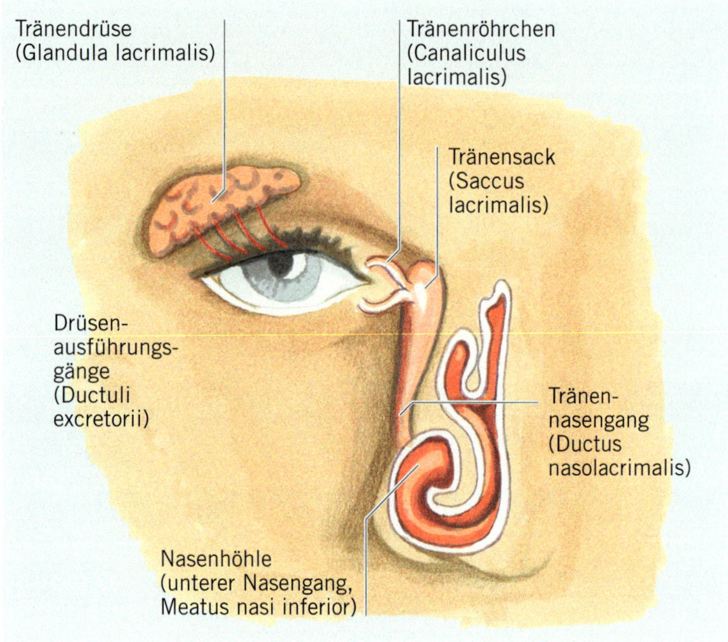


7.3 Der Reinigungsapparat des Auges. Die Tränenflüssigkeit des Auges reinigt die Vorderfläche des Augapfels. Entsorgt wird sie über die Tränenröhrchen in den Tränensack und von dort durch den Tränennasengang in die Nasenhöhle.
Quelle: Klinke, R./Silbernagl, S. (2003): Lehrbuch der Physiologie, 4. Aufl. Thieme, Stuttgart

Wir leben in einer dreidimensionalen Welt, doch die auf der Netzhaut entstehenden Bilder sind nur flächenhaft. Erst im Gehirn werden sie mit einer dritten Dimension versehen. Zur genauen Entfernungsabschätzung nutzen wir stereoskopische Fähigkeiten, die durch das Zwei-Augen-System entstehen. Jedes Auge betrachtet die Umgebung unter einem anderen Blickwinkel, und so entsteht ein räumliches Bild (Abb. 7.4). Einen weit entfernten Gegenstand fixieren wir mit paralleler Augenstellung. Eine genaue Entfernungsmessung ist dabei nicht wichtig. Nähern wir uns dem Objekt, so richten sich die Augen zunehmend zur Nase hin aus. Das Bild des Gegenstandes fällt dann in jedem Auge auf leicht unterschiedliche Netzhautbereiche und wird im visuellen Cortex übereinander projiziert. Das Gehirn nutzt diese Unterschiede, um ein dreidimensionales Bild entstehen zu lassen. Begrenzte räumliche Informationen ermöglicht auch das einäugige Sehen. Überdeckt beispielsweise ein Objekt ein anderes, so nimmt das Gehirn an, dass das überdeckende Objekt näher am Betrachter ist. Auch am Grad der Linsenkrümmung kann das Gehirn Entfernungen abschätzen.

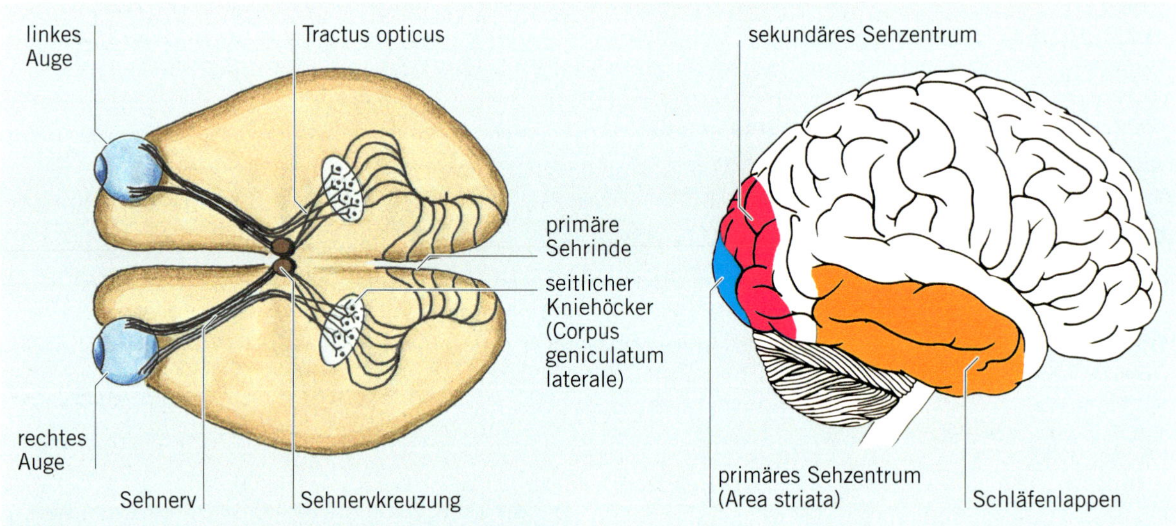


7.4 Die Lokalisation der Sehzentren im Gehirn. Beim Sehen werden die Stäbchen und Zapfen in der Netzhaut gereizt. Über den Sehnerv gelangen die Signale in die primäre Sehrinde im Hinterhauptslappen. Zusammen mit der sekundären Sehrinde wird die Wahrnehmung (das Bild) nach Farben, Kontrasten, Konturen und Texturen analysiert. Die Daten werden auf verschiedenen corticalen Bahnen verarbeitet. Die „Was"-Bahn führt in den Schläfenlappen, hier wird dem Bild eine Bedeutung zugewiesen. Die „Wo"-Bahn führt zum Scheitellappen, wo das Gesehene räumlich in Beziehung gesetzt wird. Im Frontallappen werden Pläne und Absichten erarbeitet. Der Hippocampus macht das Geschehene bewusst, verknüpft es mit Erinnerungen und Assoziationen und entscheidet, ob die Information dauerhaft gespeichert werden soll. Weitere Strukturen im limbischen System, wie die Amygdala, reichern die Wahrnehmung mit Gefühlen an.

Es ist eine alltägliche Erfahrung, dass Gegenstände, die sich bewegen, eher unsere Aufmerksamkeit erregen als ruhende Objekte. Viele Tiere nehmen sogar nur sich bewegende Objekte wahr, etwa als Beutetiere, während ihr Gehirn Unbewegtes gar nicht registriert. Ab einer Winkelgeschwindigkeit von etwa 0,2° pro Sekunde, abhängig vom Hintergrundkontrast, kann ein Mensch Bewegung erkennen.

Das Auge stellt sich uns als periphere, außerhalb des Gehirns gelegene Struktur dar. Aber der entscheidende Teil des Auges, die Netzhaut, ist tatsächlich Teil des Gehirns. Man kann sie sich als ein Miniaturgehirn vorstellen, das dazu konzipiert ist, Sehinformationen zu verarbeiten. Nur die Ganglienzellen senden mittels des Sehnervs Informationen in das Gehirn. Die zwischen die Rezeptorzellen und die Ganglienzellen geschalteten bipolaren Amakrinzellen verrechnen visuelle Informationen und integrieren die Informationen aus mehreren Rezeptorzellen. Nur wenn z. B. bis zu fünf Stäbchen gleichzeitig ein Signal an die Amakrinzelle weiterleiten, gibt diese den Impuls auch an die Ganglienzelle weiter. Aus der Praxis kennen wir dieses Phänomen als Hell-Dunkel-Adaption.

Beim Menschen sieht das Gehirn nur Informationen, die aus den Ganglienzellen kommen. Bei einigen Tieren, beispielsweise dem Frosch, wird die gesamte Information in der Netzhaut verarbeitet. Ein Frosch sieht nur sich bewegende Gegenstände wie etwa zum Fressen geeignete Fliegen und würde inmitten toter Fliegen verhungern. Würde bei uns allein die Netzhaut alle Sehvorgänge verarbeiten, so könnten wir niemals lesen lernen, weil die Ganglienzellen in der Netzhaut keine Felder haben, die auf die Buchstaben des Alphabets reagieren. Wir müssen erst lernen, Buchstaben und Wörter zu sehen.

Das Umwandeln eines Bildes in Nervensignale in der Netzhaut ist nur der Beginn des „Sehens“. Das Gehirn muss die aus der Netzhaut aufgenommenen Signale analysieren, mit gespeicherten Informationen vergleichen und sie wieder zu einem Bild zusammensetzen. Die anatomischen Grundlagen der Leitung der Nervenimpulse vom Auge zur Sehrinde im Hinterkopf sind uns bekannt. Völlig im Dunklen liegt jedoch der Vorgang des Bewusstwerdens von Sehvorgängen. Nur ein kleiner Teil von dem, was wir optisch wahrnehmen, wird uns auch bewusst. Aber was oder wer entscheidet, welche Informationen verarbeitet, welche im Unterbewusstsein abgelegt und welche so wichtig sind, dass sie im Gedächtnis gespeichert werden? Wir wissen es nicht.

Der Verlauf der Nervenfasern vom Auge zum Hinterkopf ist in Abbildung 7.4 gezeigt. In der Sehnervenkreuzung (Chiasma opticum) überkreuzt sich die Hälfte der Fasern, so dass Informationen vom rechten Auge in der linken Gehirnhälfte landen. Die andere Hälfte wechselt jedoch nicht die Richtung. So gelangen Informationen aus jedem Auge über beide Sehnervenstränge zu den beiden Sehzentren des Hinterhauptslappens. Die Fasern zwischen der Retina und der Sehnervenkreuzung werden als Sehnerven (Nervi optici) und die zwischen Sehnervenkreuzung und Hinterhauptslappen als optische Trakte (Tractus optici) bezeichnet. Sie werden über Synapsen auf die Kerngebiete des Corpus geniculatum laterale im Thalamus verschaltet. Von dort gehen die Projektionen zur Sehrinde im Cortex (Abb. 7.4).

Das primäre visuelle Feld der Großhirnrinde, das als Area striata bezeichnet wird, liegt im Hinterhauptslappen in jeder Hirnhälfte. In der Aria striata wird zunächst eine punktweise Wiedergabe der Netzhautbezirke auf die Rinde des Hinterhauptsbereichs projiziert, und die Form von Gegenständen, ihre räumliche Anordnung und ihre Helligkeit werden erkannt. Nahezu die Hälfte der Fläche der Aria striata wird für Informationen in Anspruch genommen, die aus dem gelben Fleck, der Sehgrube in der Netzhaut, kommen. Verbindungen zwischen dem primären Sehfeld und den benachbarten sekundären Sehzentren des Cortex sind für die höheren Sehleistungen verantwortlich. Daten aus der sekundären Sehrinde werden in die Schläfenlappen geleitet, wo visuelle Erkennung und Gedächtnisleistung zusammenkommen. Ein spezieller Bereich im Mittelhirn, die oberen zwei Hügel (Colligo superiores), steuert die Aufmerksamkeit. Ein weiterer Nervenstrang sendet Signale in das Kleinhirn, wo die Bewegungskoordination gesteuert wird. Nur mit den Sinneseindrücken aus dem Sehvorgang können wir komplexe Abläufe wie das Fahrradfahren steuern.

Es ist das Sehvermögen, das es uns ermöglicht, die Welt als zusammenhängend zu erkennen.

## Das Hörsystem

Hören und Sprechen sind die wichtigsten Kommunikationsmittel des Menschen. Ohne Gehör hätte sich im Zuge der Evolution kein Sprachvermögen und damit keine Intelligenz entwickeln können. Hören, besonders im Sinn von Zuhören, ist wichtig für unsere soziale Kompetenz. Lärm und schrille Geräusche sind uns unangenehm. Musik dagegen – die schönste Form des Hörens – erzeugt durch ihren Wohlklang einen Einklang in unserer Seele.

Das Ohr ist das empfindlichste Organ des Menschen. Es ermöglicht uns nicht nur Ton, Schall und Geräusch zu unterscheiden, sondern ist auch die Voraussetzung zum Verstehen von Sprache.

Primär verbinden wir Hören mit dem Funktionieren des Ohrs, von dem zwar die Ohrmuschel sichtbar, der Rest aber als Innenohr im Schädel versteckt ist. Da jedoch Hören ein äußerst facettenreiches und emotionales Ereignis ist, muss der aus der Umgebung aufgenommene Laut im Gehirn moduliert und das Resultat mit gespeicherten Eindrücken verglichen werden, um als bewusste Wahrnehmung empfunden zu werden.

Physikalische Grundlage des Hörens ist der Schall, die Akustik. Im luftleeren Raum ist Hören unmöglich. Die anatomischen, biochemischen und physiologischen Vorgänge des Hörens werden als auditorisch oder auditiv bezeichnet. Schall tritt als Druckschwankung in der Luft auf. Seine Frequenz wird in Hertz (Hz) gemessen. Je höher die Schallfrequenz, umso höher erscheint uns der

Ton. Musikalische Töne sind aus einer Reihe von Tönen zusammengesetzt, die man als Klang bezeichnet (Abb. 7.6).

Schallereignisse des täglichen Lebens umfassen alle Frequenzen des Hörbereichs. Ein Schallereignis wird außer durch die Frequenz auch durch die Amplitude der Druckschwankungen charakterisiert, dem Schalldruck, der in Pascal (Pa) gemessen wird. Der Schalldruck, der vom Ohr erfasst wird, reicht vom eben hörbaren Wert von 0,00003 Pa bis zur Schmerzgrenze von 63 Pa; dies ist eine zweimillionenfache Spreizung. Gewöhnlich spricht man von einem Schalldruckpegel mit Werten zwischen 0 und 120 Dezibel (dB). Die Bezeichnung „Pegel" sagt aus, dass der Schalldruck in einem logarithmischen Verhältnis zum festgelegten Bezugsschalldruck steht. Ein Hörverlust von 80 dB bedeutet, dass der Patient im Vergleich zu einem Gesunden einen 10 000-fach höheren Schalldruck benötigt, um entsprechend zu hören. Die subjektiv empfundene Lautstärke ist frequenzabhängig. Bei gleichem Schalldruck werden Töne zwischen 2000 und 5000 Hz als besonders laut wahrgenommen. Kurven gleicher Lautstärkepegel werden in Phon angegeben.

Der menschliche Hörbereich umfasst Frequenzen von 20 bis 16 000 Hz und Lautstärkepegel zwischen 4 und 130 Phon. Dieser Hörbereich wird als Hörfläche bezeichnet. In der Mitte der Hörfläche befindet sich unser Sprechbereich.

Der Schall wird von der Ohrmuschel aufgefangen und erreicht über den Gehörgang das Trommelfell (Abb. 7.5). Das Trommelfell schließt den äußeren Gehörgang ab und wirkt wie eine Membran. Es bildet die Grenze zu dem mit Luft gefüllten Mittelohr. Durch die drei Gehörknöchelchen des Mittelohrs wird der Schall auf das Innenohr übertragen. In dem mit Lymphflüssigkeit gefüllten Innenohr verläuft die Schallenergie in Form einer „Wanderwelle" weiter (Abb. 7.7 u. 7.8). Diese Wanderwelle stellt die physikalische Grundlage zum Unterscheiden von tiefen und hohen Tönen dar. Aufgabe der Sinneszellen im Innenohr ist es, dieses mechanische Signal in einen elektrischen Impuls oder eine biochemische Reaktion umzuwandeln. Die Sinneszelle gibt mittels eines chemischen Transmitters (siehe Kap. 10) das Signal weiter an den Hörnerv, der das Gehörte über die Hörbahn weiter an die Großhirnrinde leitet.

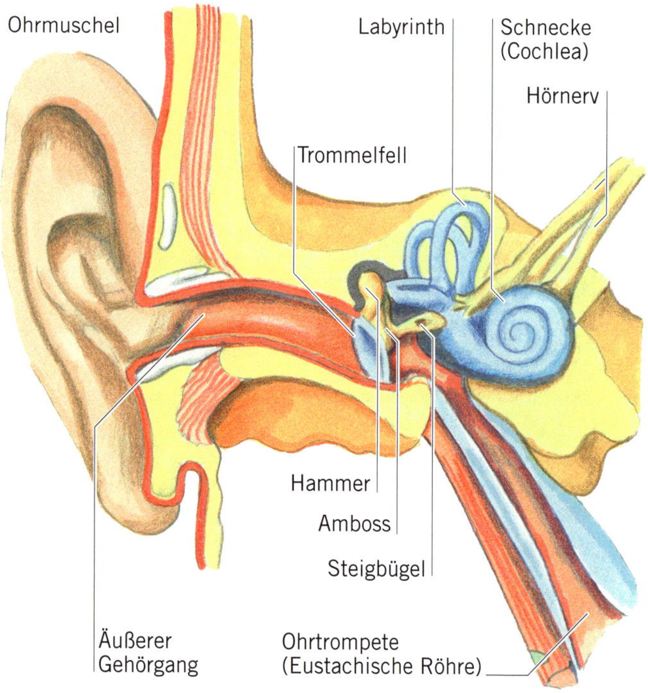


7.5 Das Ohr des Menschen. Die Abbildung zeigt einen Querschnitt durch den äußeren Gehörgang sowie das Mittel- und das Innenohr. Im Mittelohr befinden sich die Gehörknöchelchen Hammer, Amboss und Steigbügel. Im Innenohr ist die Hörschnecke mit den Bogengängen zu sehen.

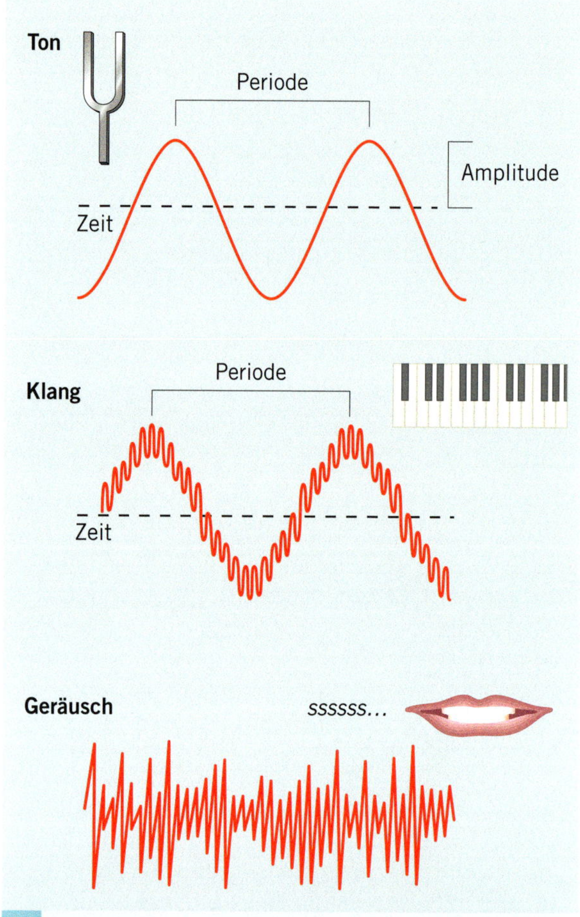


7.6 Der Schalldruckverlauf von Tönen, Klängen und Geräuschen. Der Ton ist eine reine Sinusschwingung, während beim Klang innerhalb der Periode noch Obertöne auftreten. Beim Geräusch ist keine Periode zu erkennen.
Quelle: Klinke, R./Silbernagl, S. (2003): Lehrbuch der Physiologie. 4. Aufl. Thieme, Stuttgart

**7.7** Die Cochlea. Die Abbildung zeigt das Innere des Schneckengangs (Scala media), der zwischen dem Paukengang (Scala tympani) und dem Vorhofgang (Scala vestibuli) liegt. Die begrenzenden Räume des Schneckengangs sind die Reißner-Membran und die Basilarmembran. Die letztere trägt das Corti-Organ, das Reihen von Stütz- und Haarzellen enthält. Die Wanderwelle bewegt die Deckmembran (Membrana tectoria) und die Basilarmembran. Die entstehende Scherbewegung lenkt die Haare der Stereozilien aus. Diese Bewegung führt letztlich zu einem Aktionspotenzial, das an den Hörnerv weitergeleitet wird. Unterschiedliche Abschnitte der Basilarmembran schwingen bei unterschiedlichen Frequenzen. So erfasst das Ohr unterschiedliche Tonhöhen.

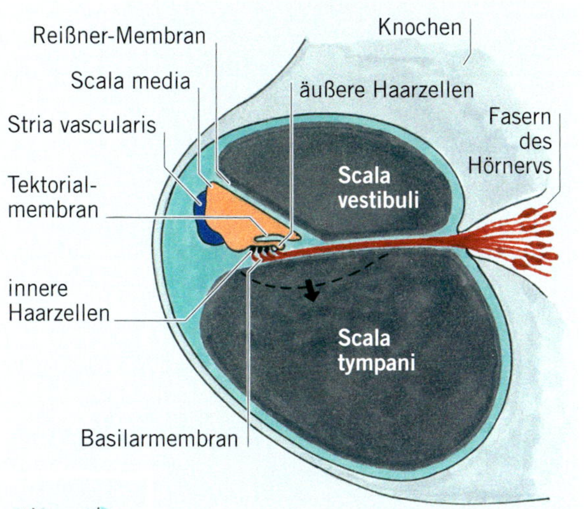


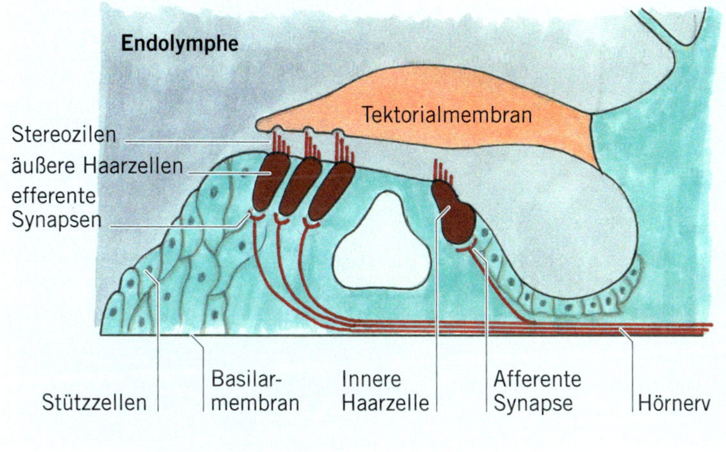


**7.8** Die Haarzellen im Cortischen Organ. Im Schneckengang (Scala media), der in voller Länge die Schnecke durchläuft und die Endolymphe enthält, befindet sich das Cortische Organ, das auf der Basilarmembran aufliegt. Das Cortische Organ besteht aus Stütz- und haarbesetzten Sinneszellen, die in fünf Reihen (im Bild nur vier) hintereinander angeordnet sind. Die Spitzen der Haarzellen berühren die Gelatineschicht der Tektorialmembran. Die in der Perilymphe entlangwandernden Schallwellen des Vorhofgangs und des Paukengangs verursachen eine Vibration in der Basilarmembran, welche die Haarzellen aktiviert. Deren Bewegung überträgt sich auf die ca. 30000 Neuronen des Hörnervs.

Zur Informationsübertragung und Verarbeitung im zentralen Nervensystem werden die Schallsignale über 5 bis 6 Interneurone in die Hörrinde des auditorischen Cortex geleitet (Abb. 7.9). Dazu müssen die im Schallreiz enthaltenen Informationen innerhalb des Hörnervs in eine Folge von Aktionspotenzialen verschlüsselt werden. Höhere Neurone sind dabei auf hochkomplexe Schallmuster wie z. B. auf Sprache spezialisiert. Sie bereiten die Eigenschaften des Schallreizes, etwa eines gesprochenen Wortes, für die Beurteilung im Cortex vor. Auch für das räumliche Hören gibt es spezialisierte Neurone. Sie nutzen Intensitäts- bzw. Laufzeitunter-

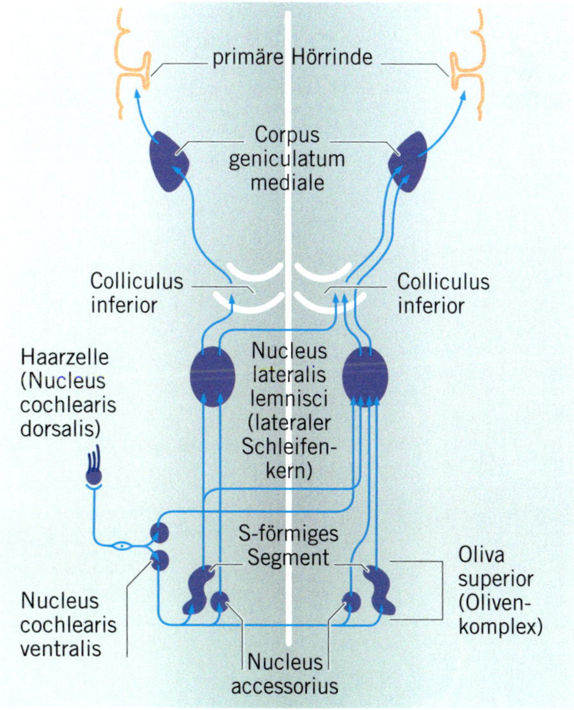


**7.9** Schema der Signalleitung von den Haarzellen zur Hörrinde. Die Hörbahn ist sehr komplex und besteht aus mindestens 5 bis 6 verschalteten Neuronen. Die Fasern des Hörnervs beider Ohren ziehen zu den Hörkernen der Medulla (Nuclear cochlearis) und gehen dann zum Olivenkomplex der gleichen und der gegenüberliegenden Seite. Somit entsteht eine Vergleichsmöglichkeit für akustische Signale, die auf beide Ohren einwirken. Nach mehreren Umschaltungen erreicht die Hörbahn über den Hörkernbereich im Thalamus und über den medialen Kniehöcker (Corpus geniculatum mediale) die primäre Hörrinde im Temporallappen.

schiede zwischen der Reizung des rechten und linken Ohrs aus.

Der Weg des Gehörten vom Innenohr bis zur Hörrinde ist in Abbildung 7.9 skizziert. Durch die komplexe Verschaltung können von beiden Ohren aufgenommene akustische Signale miteinander verglichen werden, um die Lokalität der Sprachquelle zu identifizieren. In der Hörbahn liegen sogenannte On-off-Neurone, die anregend oder inhibierend wirken, wodurch gesprochene Informationen entweder verstärkt oder unterdrückt werden. So kann nach einem Schlaganfall das Sprachverständnis gestört sein, ohne dass das Unterscheidungsvermögen für Tonfrequenzen betroffen ist.

Synästhesie ist eine seltene erbliche Krankheit, bei der sich Sinnesempfindungen kreuzen und als gemeinsame Wahrnehmung auftreten. Die Betroffenen schmecken Wörter auf der Zunge oder nehmen Töne als Farben wahr.

## Schmecken und Riechen: Die Dominanz von Emotionen und Gefühlen

Wenn wir bei einem Einkaufsbummel an einer Bäckerei vorbeigehen und den Duft von frisch gebackenem Brot schnuppern, so verdanken wir diese Wahrnehmung unserer Nase. Da der Backofen in 50 m Entfernung stehen kann, sollte unser Geruchssinn sehr empfindlich sein. Er muss unterscheiden können, ob der Geruch angenehm ist oder nicht, und er muss unsere Gefühle beeinflussen, da wir als Folge des angenehmen Geruchs in die Bäckerei gehen und Brötchen mit der Begründung kaufen „es duftet so schön".

Der Mensch besitzt drei chemische Sinne, die so genannt werden, weil es eine chemische Substanz ist, welche die Empfindungen auslöst. Diese Sinne beeinflussen unser Verhalten, warnen vor Gefahren, vermitteln aber auch Lebensfreude beim Trinken und Essen.

Schon das im Deutschen in vielfältiger Weise gebrauchte Wort „Geschmack" weist darauf hin, dass Schmecken und Riechen viel mit unserer Gefühlswelt zu tun haben. Es gibt den sogenannten „guten Geschmack", der sich etwa auf die Kleidung oder die Tischsitten beziehen kann. Auch Redewendungen wie „ich kann dich nicht riechen" oder „du schmeckst mir nicht" weisen darauf hin, dass wir mit diesen beiden chemischen Sinnen die umfassende Beschreibung der Eigenschaften einer Person verbinden. Der im übertragenen Sinn gebrauchte Ausdruck „du stinkst mir" bezieht sich schon etwas detaillierter auf die Ausdünstungen eines Gegenübers.

Rezeptoren der chemisch ausgelösten Empfindungen sind die Enden von Nervenfasern, die in den Schleimhäuten von Augen, Mund und Nase liegen und der Wahrnehmung von Gefahrstoffen dienen. Sie reagieren auf Reizstoffe, z. B. auf Essigsäure wie auch auf Geruchs-

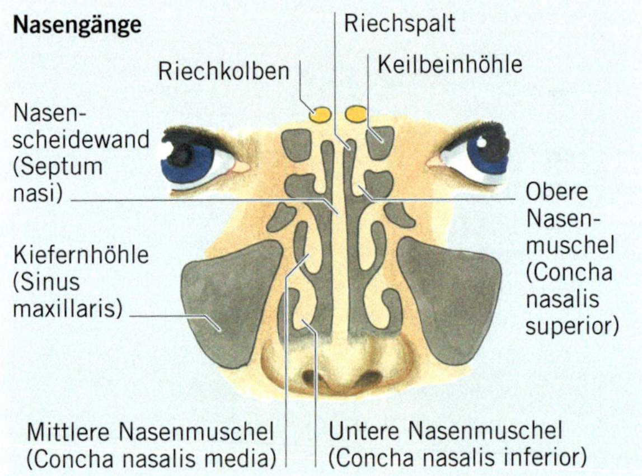


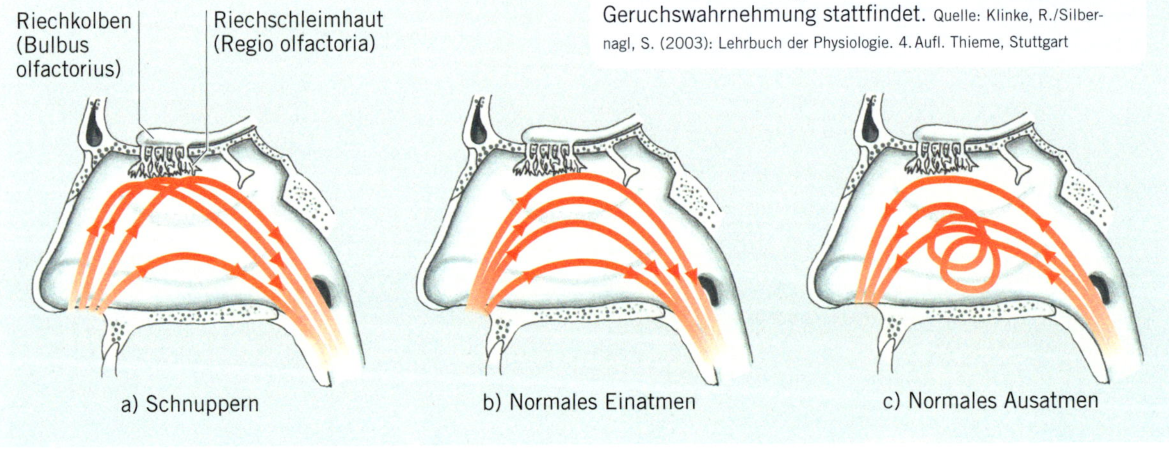


**7.10** Der Geruchssinn. Der Luftstrom durch die Nase ist beim Schnuppern oder beim Ein- oder Ausatmen unterschiedlich. Wenn man verstärkt schnüffelt, um einen Geruch stärker zu analysieren (a), gelangt die eingezogene Luft hoch in den Riechspalt, wobei die Sinneshärchen der Riechschleimhaut mit Geruchsmolekülen geradezu überschwemmt werden. Während des normalen Einatmens (b) gelangt nur wenig Luft zu den Geruchsempfängern. Das Ausatmen verursacht eine turbulente Strömung, bei der aber immer noch eine Geruchswahrnehmung stattfindet. Quelle: Klinke, R./Silbernagl, S. (2003): Lehrbuch der Physiologie. 4. Aufl. Thieme, Stuttgart

**7.11** Leitung von Gerüchen von der Nase bis zum Cortex. Vom Riechepithel gelangen die Informationen über den Riechkolben in den olfaktorischen Cortex. Dieser fragt die Befindlichkeiten in verschiedenen Bereichen des limbischen Systems ab und vermittelt schlussendlich ein Duftgefühl. Quelle: Klinke, R./Silbernagl, S. (2003): Lehrbuch der Physiologie. 4. Aufl. Thieme, Stuttgart

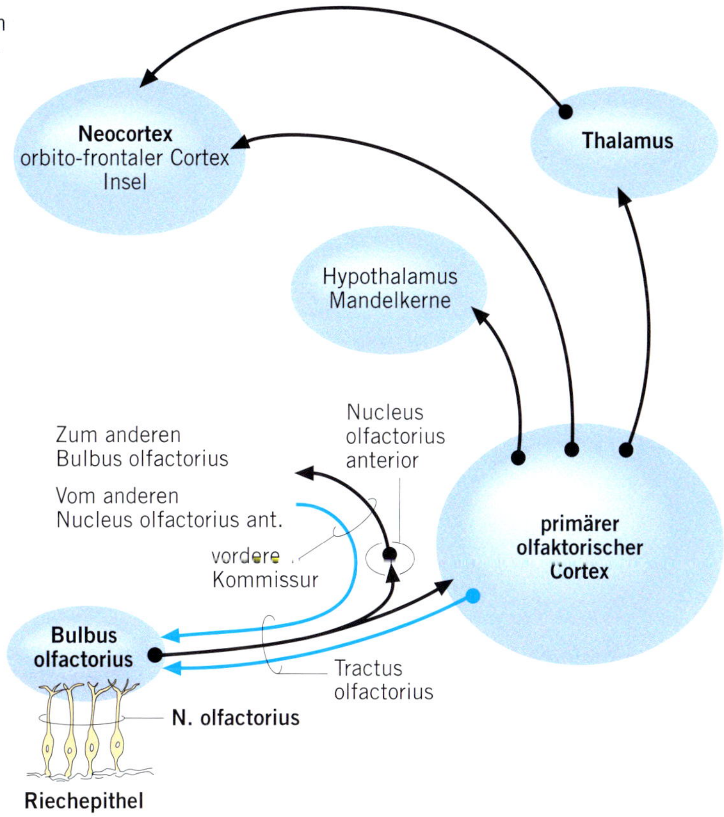


und Geschmacksstoffe. Die auftretenden Empfindungen sind Brennen oder Stechen. Die ausgelösten Reflexe sollen Reaktionen einleiten wie das Tränen der Augen sowie Schleim- und Speichelbildung, um die Schadstoffe zu verdünnen. Es handelt sich also um Gefahrenerkennung durch Nozipation, d.h. durch Schmerzwahrnehmung. Die Reaktion auf scharfe Gewürze dagegen ist altersabhängig. Während Kinder Gewürze wie Paprika, Pfeffer und Chilischoten meiden, haben Erwachsene eher eine Vorliebe dafür.

Der Geruchssinn ist der beim Menschen am besten ausgebildete chemische Sinn. Er dient zum einen der Gefahrenabwehr, bringt uns aber auch Lust und Freude am Essen und Trinken. Er gibt uns mehr Informationen über die Zusammensetzung und Bekömmlichkeit von Speisen als der Geschmackssinn. Deshalb können wir bei verstopfter Nase kaum ein gutes Essen genießen. Geruchsempfindungen werden durch Geruchsstoffe ausgelöst, das sind kleine Moleküle, die sich in Wasser lösen. Gerüche sind Bindeglieder zwischen der Umgebung und den inneren Bedürfnissen wie Hunger, Durst und sexuellem Verlangen. Es gibt unendlich viele Gerüche, aber keine Systematik, um sie zu unterscheiden. Beim Riechen unterscheidet man zwischen einer sogenannten Wahrnehmungsschwelle, die bei giftigen Stoffen bei 0,1 Pikogramm liegt, und einer Erkennungsschwelle, die es uns ermöglicht, die chemische Natur des Stoffes zu bestimmen.

Den Geruch von Schwefelwasserstoff, einer hochgiftigen Substanz, nehmen wir schon bei einer Konzentration von einem Milliardstel Gramm pro Liter Luft wahr. Zwar können nur die Wenigsten die spezielle Substanz oder gar die Komponenten eines Gemischs identifizieren, aber für den Satz: „Hier stinkt es!“, reicht die winzige Menge schon. Durch Übung lässt sich der ohnehin hochsensible Geruchssinn – etwa bei einem Weinverkoster – bedeutend verbessern. Nur wenn wir schnüffeln, erreichen die Riechstoffe in größerer Konzentration die Nasenschleimhäute. Die meisten Gerüche entstehen allerdings aus Stoffmischungen, so enthält Wein ca. 200, Kaffee sogar 500 Geruchsstoffe. Die Welt der Parfüme entzieht sich dabei jeder Form von beschreibender chemischer Analyse und bleibt das streng gehütete Geheimnis ihrer Hersteller.

Das auf Geruch spezialisierte Sinnesorgan liegt in einem bestimmten Teil der Schleimhaut, dem Riechepithel (Regio olfactoria), in den beiden Kuppeln der Nasenhöhlen (Abb. 7.10 u. 3.10). Die Riechschleimhaut hat etwa die Größe einer Briefmarke und umfasst ca. zehn Millionen Sinneszellen, die im Rhythmus von etwa 60 Tagen erneuert werden. Die Riechschleimhaut enthält Stütz- und Riechzellen sowie deren Vorläufer in Form der Basalzellen. Jede Riechzelle endet in einem Riechknopf, aus dem die Riechhärchen, die Zilien, herausragen. Sie beinhalten die Rezeptoren, an die sich Duftstoffe anhängen können. Dieses Anbinden an den Rezeptor erzeugt dann den Nervenimpuls. Jede Riechsinneszelle enthält eine Vielzahl von Substanz-selektiven Rezeptoren, die jedoch nicht nur auf den Stofftyp, sondern auch auf unterschiedliche Konzentrationen ansprechen. Der im Vergleich zum Menschen viel besser entwickelte Geruchssinn von Hunden ist auf eine hundertfach höhere Zahl an Riechzellen im Riechepithel zurückzuführen.

Nur Zungenspitze, Zungengrund, Zungenrand sowie zum Teil der weiche Gaumen und der Rachen können schmecken (Abb. 7.12). Die Geschmacksrezeptoren sind sekundäre Sinneszellen, die in Gruppen von ca. 100 Zellen in kugeligen Geschmacksknospen angeordnet sind. Ein Erwachsener hat 5000 bis 10000 Geschmacksknospen, die eine Lebenszeit von max. 15 Tagen haben. Sie bilden sich ständig durch Teilung aus Schleimhautzellen neu, reifen und sterben ab. An der Oberfläche der Knospe führt ein feiner Kanal zu dem Geschmacksporus, der

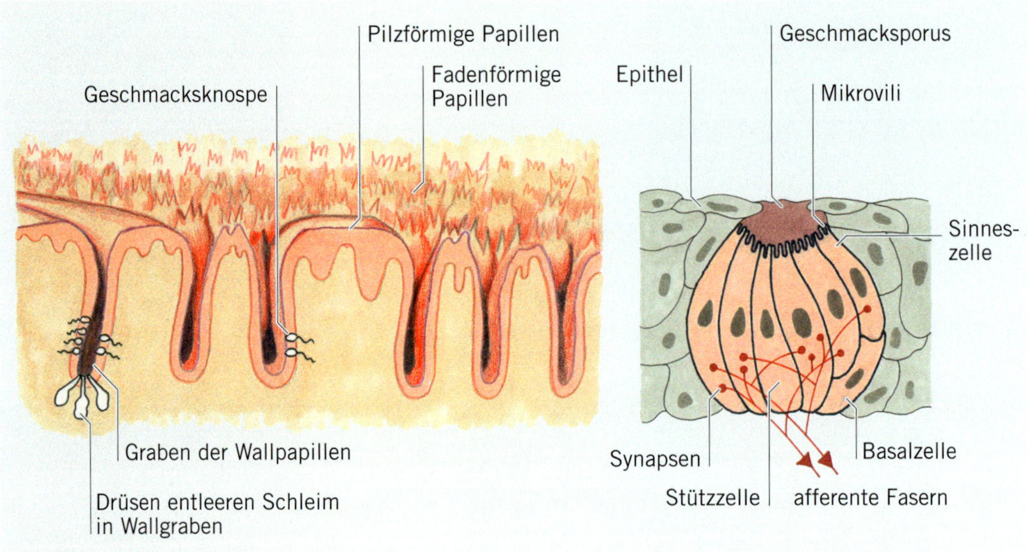


7.12 Querschnitt durch den Mittelteil der Zungenoberfläche. In der Abbildung sind die drei Formen der Papillen dargestellt. Am häufigsten kommen die fadenförmigen Papillen vor, die als Tastorgane dienen. Die abgeflachten Papillen reagieren auf süß und sauer, die Wallpapillen in der Wallgrabenwand auf bitter. Rechs ist der Aufbau einer Geschmacksknospe gezeigt.

uns die Sinneseindrücke süß, sauer, salzig oder bitter vermittelt.

Alle Geschmacksinformationen aus dem Mundbereich werden im Geschmackskern (Nucleus tractus solitarii) zusammengeführt und mit anderen Informationen des Körpers verarbeitet (Abb. 7.13). Gleichzeitig sendet der Geschmackskern Informationen zu den autonomen Kernen des Hirnstamms und des limbischen Systems, die wiederum Verdauungsreflexe wie Speichelfluss und Magensaftsekretion, die Motorik von Schlucken und Würgen sowie Kauen und Mimik steuern. Der Geschmackskern hat zahlreiche Verbindungen zum limbischen System im Hypothalamus und zum orbito-frontalen Cortex. Von diesen Zentren werden die affektiven Teile des Geschmackserlebnisses vermittelt.

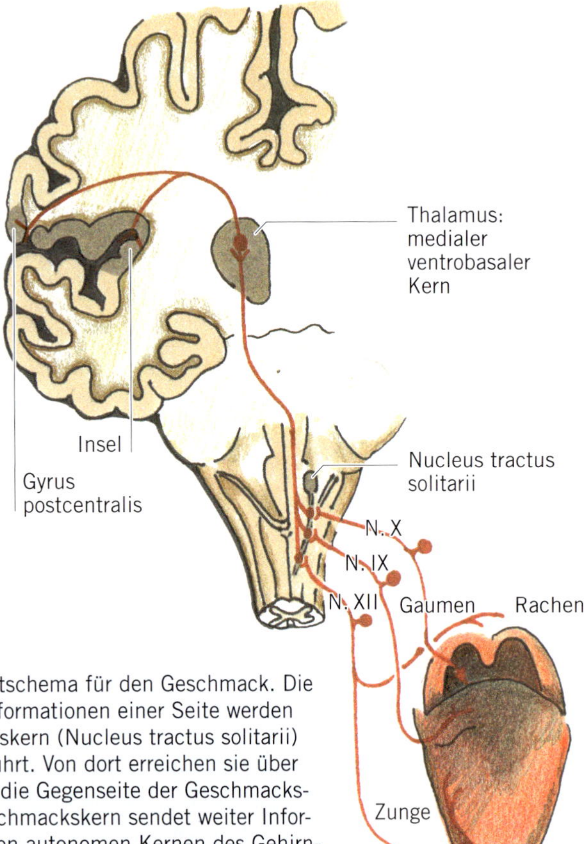


7.13 Das Schaltschema für den Geschmack. Die Geschmacksinformationen einer Seite werden im Geschmackskern (Nucleus tractus solitarii) zusammengeführt. Von dort erreichen sie über den Thalamus die Gegenseite der Geschmacksrinde. Der Geschmackskern sendet weiter Informationen zu den autonomen Kernen des Gehirnstamms und zum limbischen System.
Quelle: Klinke, R./Silbernagl, S. (2003): Lehrbuch der Physiologie. 4. Aufl. Thieme, Stuttgart

## Der Tastsinn: Eine Erinnerung an das Dunkle

Hans Christian Andersen erzählt in seinem Märchen „Die Prinzessin auf der Erbse" von einem Test, mit dem zwischen der wahren Prinzessin und falschen Bewerberinnen unterschieden werden soll. In ein Bett wird unter einem Berg von Kissen und Decken eine Erbse gelegt. Jede Bewerberin schläft eine Nacht in dem Bett. Nur die wahre Prinzessin beschwert sich, sie habe nicht schlafen können, weil etwas Hartes sie gedrückt habe. Ein schönes Beispiel für die Empfindlichkeit unseres Tastsinns.

Der Tastsinn, besonders der in unseren Fingern, ist extrem gut ausgebildet und sein Steuerapparat belegt eine große Fläche auf dem motorischen Cortex (siehe Kap. 3). Wir nehmen mit den Fingerspitzen Unebenheiten auf einer scheinbar glatten Fläche wahr, die unser Auge nicht erkennen kann. Ein Blinder liest die Blindenschrift „Braille" mit den Fingern, indem er die sechs Erhebungen, welche einen Buchstaben darstellen lassen, ertastet. Wer einmal einem lesenden Blinden auf die Finger geschaut hat, ist mehr als erstaunt, mit welcher Geschwindigkeit er das Punkte-Buchstaben-System erfasst.

Auch unsere Füße nehmen Unebenheiten wahr. Dabei muss allerdings der Stein im Schuh schon etwas größer sein, um als störend empfunden zu werden.

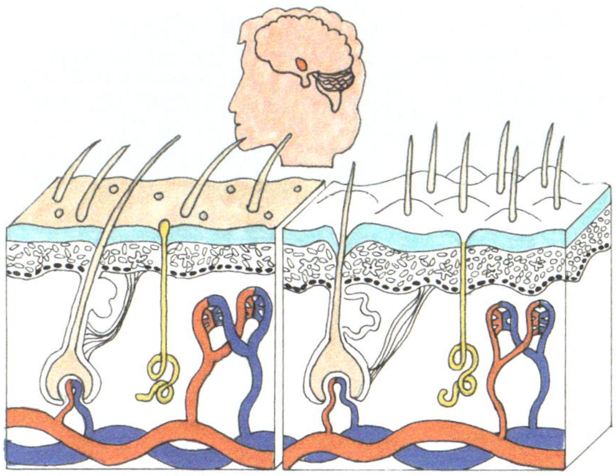

7.14 Temperaturkontrolle über die Haut. Der Hypothalamus regelt die Wärmeabgabe über die Haut sowie die Wärmeproduktion durch Muskelarbeit. Zusätzliche Wärme kann durch Muskelzittern bereitgestellt werden. Falls der Körper zu viel Wärme produziert, erhöht sich der Blutfluss in den Kapillargefäßen und das Schwitzen bringt Abkühlung. Bei zu großem Wärmeverlust über die Haut wird der Blutfluss reduziert und die Körperhaare stellen sich auf, um so ein Luftpolster zu bilden.

In der Haut befinden sich verschiedene mechano-sensitive Rezeptoren, die Berührungsempfindungen vermitteln.

Unsere Haut (Cutis) ist die äußere Bedeckung der Körperoberfläche und stellt die Verbindung zwischen der Außenwelt und dem Innenraum dar. Epidermis (Oberhaut) und Dermis (Lederhaut) bilden die Haut im engeren Sinne, während die Subcutis (Unterhaut) die zwei Bereiche als Integument (Hautdecke) zusammenfasst. Die Haut macht 12% unseres Körpergewichtes aus und bedeckt eine Fläche von 1,6 m². Ihre Dicke schwankt, je nach Körperregion, zwischen ein und vier Millimetern. Von den vielen Funktionen der Haut soll hier nur die als Sinnesorgan betrachtet werden.

Einige Bereiche der Haut, besonders die Fingerkuppen, sind dicht bepackt mit Nervenendigungen. Andere Bereiche, wie beispielsweise unsere Sitzfläche, sind arm an diesen Sensoren. Die Nervenenden registrieren Berührung, Druck, Temperatur und auch Schmerz.

Der Tastsinn vermittelt eine Reihe von Empfindungen wie Kitzel, Berührung, Vibration, Druck und Spannung, die als taktile Empfindungen zusammengefasst werden. Durch sehr schwache Bewegungsreize, wie z. B. Insektenkrabbeln, wird eine Kitzelbewegung ausgelöst. Sie wird durch mechano-sensitive freie Nervenendigungen in der Haut registriert.

Bei schwacher mechanischer Reizung der Haut tritt eine Berührungsempfindung auf. Als Berührungsrezeptoren der unbehaarten Haut fungieren die Meißner'schen Tastkörperchen in den Papillen der Lederhaut. Sie befinden sich in großer Zahl im Handteller und in der Fußsohle. Die Berührungsrezeptoren der behaarten Haut sind die Nervengeflechte der Haarscheiden (Haarfollikelrezeptoren). Merkelzellen und Ruffini-Körper registrieren stärkere Reize als Druckempfindungen.

Die Haut reagiert mit ihren Thermorezeptoren auch auf Temperaturschwankungen (Abb. 7.14). Wenn wir frieren, stellen sich die Haare auf und bei hohen Außentemperaturen sorgt das Schwitzen für Abkühlung. Den größten Anteil an der Wärmeregulierung des Körpers aber hat der Stoffwechsel. Sinkt die Außentemperatur um 2%, dann erhöht sich die Stoffwechselaktivität um 20%. Durch Bewegung, d. h. durch vermehrte Muskelkontraktionen produzieren wir als Nebenprodukt Wärme.

Bei Verletzungen der Haut, die besonders häufig sind, vermitteln Nozirezeptoren nicht Schmerzgefühle, sondern leiten auch den Heilungsprozess ein. Die Nervenzellen in der Haut setzen an ihren Enden Neuropeptide wie die Substanz P frei, die dann eine Gefäßerweiterung, einen Ausstoß von Blutplasma aus den Kapillaren und eine Freisetzung von Histamin bewirken. Diese Reaktionen bewirken gemeinsam eine schnelle Wundheilung.

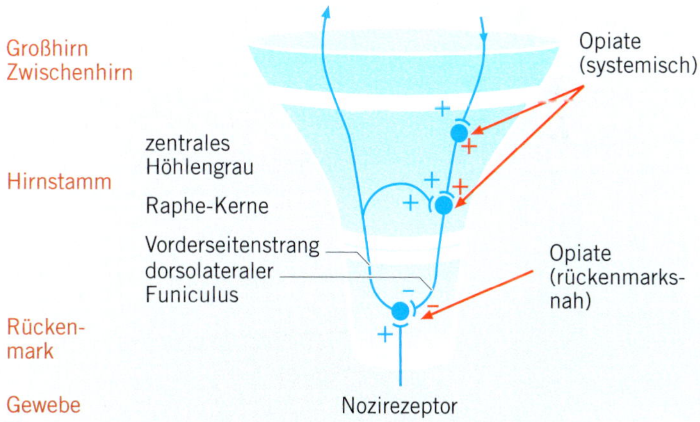


7.15 Schema der Schmerzleitung von den Nozirezeptoren zum Gehirn.

### Literatur

Axel, R. (1995): Die Entschlüsselung des Riechens. Dez.-Ausgabe. Spektrum der Wissenschaften, Heidelberg

Benner, K. U. (1996): Der Körper des Menschen. Weltbild Verlag, Augsburg

Bevan, J. (1978): The Simon and Schuster Handbook of Anatomy and Physiology. Mitchell Beazley Publ., USA

Gegenfurtner, K. R. (2004): Gehirn & Wahrnehmung. 2. Aufl. Fischer Taschenbuch, Frankfurt

Goldstein, B. (2002): Wahrnehmungspsychologie. Spektrum Akad. Verlag, Heidelberg

Klinke, R./Silbernagl, S. (2003): Lehrbuch der Physiologie. 4. Aufl. Georg Thieme, Stuttgart

Siegenthaler, W. (1979): Klinische Pathophysiologie. Georg Thieme, Stuttgart

Thews, G./Mutschler, E./Vaupel, P. (1991): Anatomie, Physiologie und Pathophysiologie des Menschen. 4. Aufl. Wissenschaftl. Verlagsges., Stuttgart

Zenner, H. P./Zrenner, E. (1994): Physiologie der Sinne. Spektrum der Wissenschaften, Heidelberg

# Hormone, die Kooperationspartner der Nerven zur Steuerung unseres Körpers

Ein Organismus, der aus Milliarden unterschiedlicher Zellen besteht und unendlich viele Funktionen, vom Laufen bis zum Denken, ausführen muss, bedarf einer subtilen, schnellen und fehlerfreien Steuerung. Allein an der Ausführung einer bewussten Bewegung, etwa dem Heben des Arms, sind Millionen von Zellen beteiligt. Die Armbewegung kann aber nur erfolgreich ausgeführt werden, wenn alle Zellen unter einem Kommando synchronisiert arbeiten. Beteiligt an einer solchen Entscheidung sind das Gehirn, das den Entschluss fasst, die Muskelzellen, die sich kontrahieren müssen, die Sehnen und Gelenke, welche die Richtung vorgeben, die Blutversorgung, welche die Energie bereitstellt, und von den Sinnesorganen das Auge, das kontrolliert, ob keine Gegenstände die Armbewegung behindern (Abb. 8.1).

Die Steuerung solcher Bewegungen läuft über die Bahnen des Nervensystems, entweder autonom oder bewusst. So werden vom Gehirn ausgehende Befehle in Millisekunden von der Skelettmuskulatur umgesetzt. Die Steuerung ist hochspezifisch, da eben nur der Arm gehoben und nicht etwa das Handgelenk bewegt wird. Die Informationsleitung über Nervenfasern zeichnet sich durch Zielgenauigkeit und Schnelligkeit sowohl beim Entstehen wie beim Weiterleiten des Signals aus.

Der Körper verfügt mit dem Hormonsystem über ein zweites Steuerungsorgan, das grundlegend anders aufgebaut ist als das Nervensystem und das auch andere Funktionen erfüllt.

Der Begriff Hormon leitet sich aus dem griechischen *hormao* (= ich treibe an) ab und bedeutet Bote, daher werden Hormone auch oft als Botenstoffe bezeichnet. Hormone regeln unsere Gefühlswelt, sie legen fest, ob wir feige oder kampfbereit, gelassen oder aufgeregt sind und steuern unseren Sexualtrieb. Hormone sind chemische Substanzen, die von Drüsen in die Blutbahn ausgeschüttet werden, sich somit im ganzen Körper verteilen und sich an ihrem Zielort, etwa der Niere, an ein spezielles Empfängerprotein, einen sogenannten Rezeptor, binden. Hormone regulieren auch den Stoffwechsel, besonders im Bereich der Zucker und der Fette. Bei hoher Nahrungsaufnahme ohne gleichzeitige körperliche Aktivität bewirkt das Hormon Insulin, dass der Zucker aus der Blutbahn entfernt und in Form von Stärke oder Fett in den Muskelzellen gespeichert wird. In Zeiten des

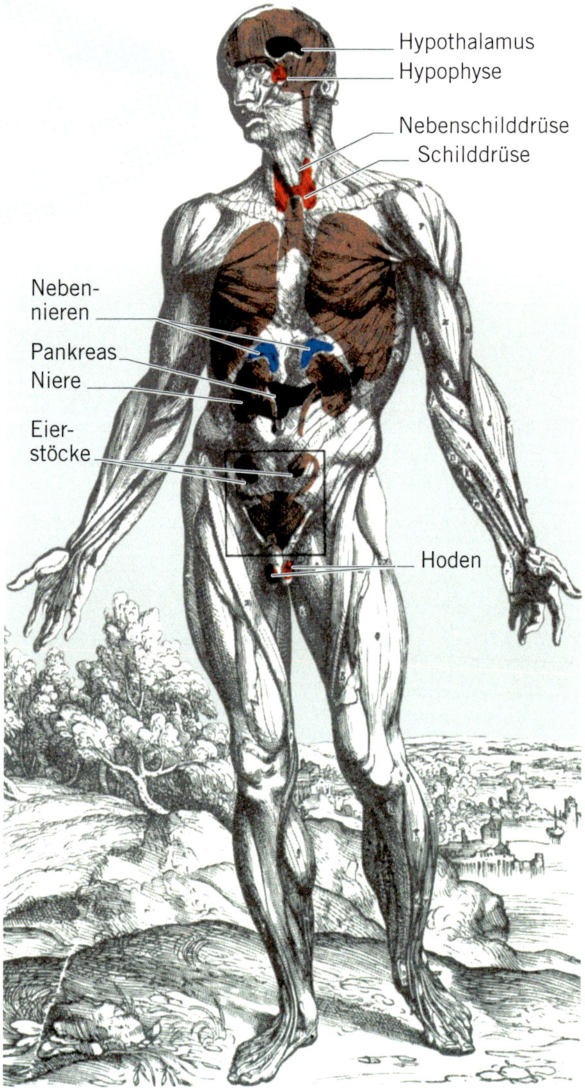


8.1 Eine Abbildung des menschlichen Körpers in Anlehnung an Vesals Anatomie. Eingezeichnet sind die Lagen der Hormondrüsen, die sich über Kopf und Rumpf verteilen. Die oberste Steuerzentrale für die Regulation der Hormonausschüttung ist der zum limbischen System gehörende Hypothalamus. Er steuert wiederum die Neuro- und Hypophyse, die ihrerseits für die Hormonausschüttung in den sekretorischen Drüsen wie der Schilddrüse oder den Nebennieren zuständig sind.

| Drüse | Hormon | Stoffklasse | Funktion (Beispiel) | Kontrolle durch |
|---|---|---|---|---|
| **Hypothalamus** | von der Neurohypophyse freigesetzte beziehungsweise die Adenohypophyse regulierende Hormone (siehe unten) | | | |
| **Neurohypophyse** (setzt vom Hypothalamus gebildete Hormone frei | Oxytocin (Ocytocin) | Peptid | stimuliert Uteruskontraktionen und die Brustdrüse | Nervensystem |
| | Adiuretin (ADH; Vasopressin) | Peptid | fördert Wasserretention der Niere | Elektrolytkonzentration |
| **Adenohypophyse** | Wachstumshormon (GH; Somatotropin) | Protein | stimuliert Milchproduktion und Milchsekretion | Hormone des Hypothalamus |
| | Follikelstimulierendes Hormon (FSH) | Glycoprotein | stimuliert Produktion von Eiern und Spermien | Hormone des Hypothalamus |
| | Luteinisierendes Hormon | Glycoprotein | stimuliert Ovar und Hoden | Hormone des Hypothalamus |
| | Thyreotropin (TSH) | Glycoprotein | stimuliert die Schilddrüse | Thyroxin; Hormone des Hypothalamus |
| | Adrenocorticotropin (Adrenocorticotropes Hormon; ACTH) | Peptid | stimuliert Nebennierenrinde zur Sekretion von Glucocorticoiden | Glucocorticoide; Hormone des Hypothalamus |
| **Schilddrüse** | Trijodthyronin ($T_3$) und Thyroxin ($T_4$) | Aminosäurederivate | stimulieren Stoffwechselprozesse | TSH |
| | Calcitonin | Peptid | senkt Calciumspiegel im Blut | Calcium im Blut |
| **Nebenschilddrüse** | Parathyrin (PTH) | Peptid | hebt Calciumspiegel im Blut | Calcium im Blut |
| **Pankreas** | Insulin | Protein | senkt Glucosespiegel im Blut | Glucose im Blut |
| | Glucagon | Protein | hebt Glucosespiegel im Blut | Glucose im Blut |
| **Nebennierenmark** | Adrenalin und Noradrenalin | Aminosäurederivate | heben Glucosespiegel im Blut; erhöhen Stoffwechselaktivität; verengen bestimmte Blutgefäße | Nervensystem |
| **Nebennierenrinde** | Glucocorticoide | Steroide | heben Glucosespiegel im Blut | ACTH |
| | Mineralcorticoide | Steroide | fördern Reabsorption von $Na^+$ und Exkretion von $K^+$ durch die Nieren | Kalium im Blut |
| **Hoden** | Androgene (Testosteron) | Steroide | fördern Spermienbildung; fördern Entwicklung der männlichen sekundären Geschlechtsmerkmale und erhalten diese | FSH und LH |
| **Ovarien** | Östrogene (Östradiol) | Steroide | stimulieren Wachstum der Uterusschleimhaut; fördern Entwicklung der weiblichen sekundären Geschlechtsmerkmale und erhalten diese | FSH und LH |
| | Gestagene (Progesteron) | Steroide | fördern Wachstum der Uterusschleimhaut | FSH und LH |
| **Zirbeldrüse** | Melatonin | Aminosäurederivat | beteiligt an biologischen Rythmen | Hell/Dunkel-Zyklus |
| **Thymus** | Thymosin | Peptid | stimuliert T-Zellen | unbekannt |

**Tab. 8.1** Auflistung einiger Hormone mit ihren Entstehungsorten, ihrer chemischen Natur sowie ihrer Wirkung

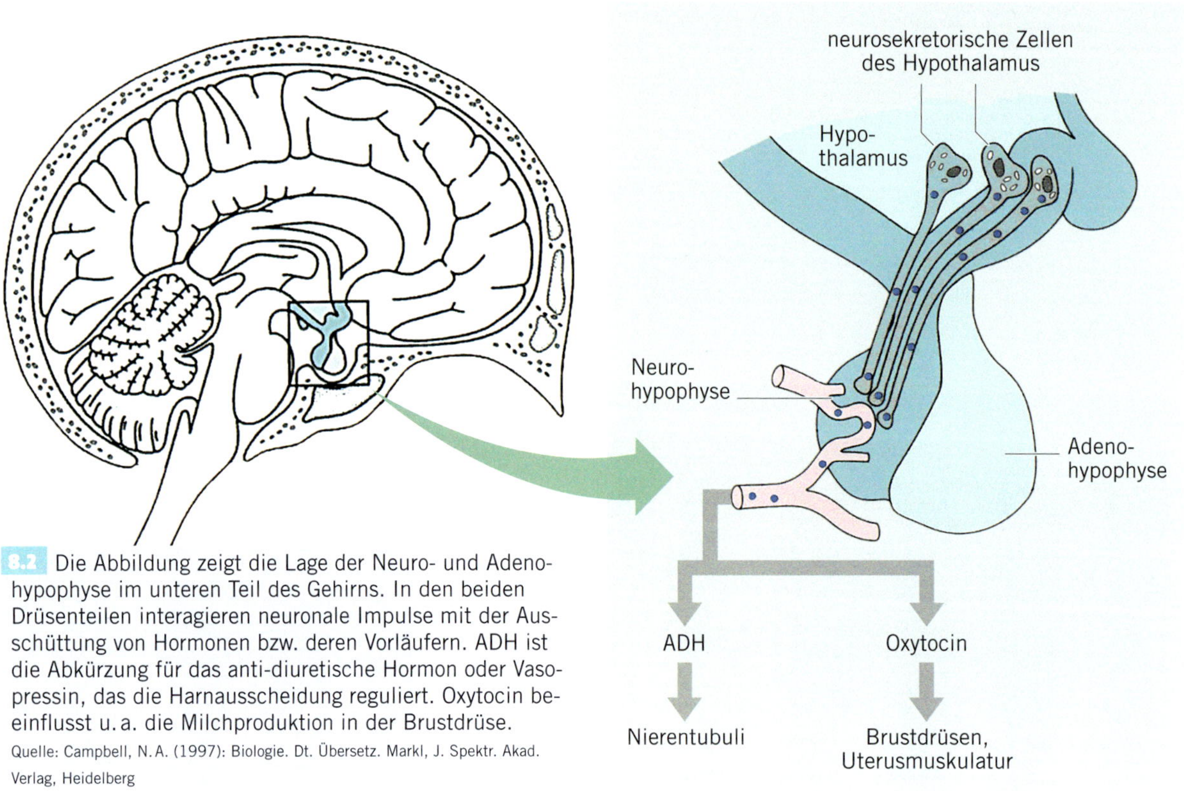


8.2 Die Abbildung zeigt die Lage der Neuro- und Adenohypophyse im unteren Teil des Gehirns. In den beiden Drüsenteilen interagieren neuronale Impulse mit der Ausschüttung von Hormonen bzw. deren Vorläufern. ADH ist die Abkürzung für das anti-diuretische Hormon oder Vasopressin, das die Harnausscheidung reguliert. Oxytocin beeinflusst u.a. die Milchproduktion in der Brustdrüse.
Quelle: Campbell, N.A. (1997): Biologie. Dt. Übersetz. Markl, J. Spektr. Akad. Verlag, Heidelberg

Hungerns und damit eines Mangels an Blutzucker bewirkt das Hormon Glucagon die Freisetzung von Zucker aus Stärke und Fett. Auch die Aktivität der Gene, d.h., ob ein Gen viel oder wenig Protein produziert, wird zum Teil von Hormonen geregelt. Rezeptoren sind Proteinmoleküle, welche die chemische Struktur des Hormons mit großer Genauigkeit erkennen. So kann sich ein Hormonmolekül, das in das Blut ausgeschüttet wird, an unterschiedliche Rezeptoren binden und damit mehrere Vorgänge gleichzeitig steuern. Bindet ein Hormonmolekül an den Rezeptor, so wird dieser aktiv und ändert den Stoffwechsel der zugehörigen Zelle. Zumeist öffnet er einen Kanal in der Zellwand und erlaubt so den Einstrom von Wirkmolekülen. Rezeptoren können aber auch Botschaften über die Zellwände hinweg schicken, so dass die Aktivitäten in der Zelle gesteuert werden, ohne dass Substanzen die Zellwand durchqueren. Eine solche Rezeptorfunktion nennt man Signalkaskade.

Die Hormonwirkung lässt sich am besten an dem Gefühlshormon Adrenalin erklären, das auch als „fight-or-flee"-Hormon bezeichnet wird. Es stammt aus der Frühzeit der Menschen, als die Verteidigung gegen gefährliche Raubtiere noch alltäglich war. Adrenalin wird in Mikrogramm-Mengen von der Hypophyse in die Blutbahn ausgeschüttet und erreicht so mehrere Zielorgane gleichzeitig. Es erhöht den Blutdruck, beschleunigt die Herzfrequenz, erweitert die Pupillen und stärkt so die Kampffähigkeit des Menschen. Somit stellt das Hormonsystem die ideale Ergänzung zur Steuerung durch das Nervensystem dar. Durch die Ausschüttung in den Blutstrom werden viele Zielorte gleichzeitig erreicht und durch die unterschiedliche Hormonmenge kann die Wirkung genau dosiert werden, wohingegen ein Nervenimpuls nur zu einer Ja-Nein-Antwort führt. Nachdem sich die Wirkung eingestellt hat, werden die Hormone im Blut schnell wieder abgebaut. Dies geschieht beim Adrenalin innerhalb von wenigen Minuten. Versagt der Abbaumechanismus, so kann es zu anhaltendem und unkontrollierbarem Aggressionsverhalten kommen. Hormone steuern aber nicht nur Gefühlslagen, sondern auch körperliche Entwicklungen wie die Ausbildung der Geschlechtsorgane, den Menstruationszyklus, die Körpergröße, die Pubertät und die Knochenbildung. Aus dieser Vielfalt der Funktionen folgt, dass entweder Hormone selbst oder strukturähnliche Verbindungen als Medikamente eingesetzt werden können. Solche Substanzen dienen in Form der „Pille" als Verhütungsmittel, helfen als Wachstumshormon bei Kleinwüchsigkeit und werden auch als Aufputschungsmittel missbraucht. Auf Drogen wird in Kapitel 15 gesondert eingegangen.

Nun stellt sich natürlich die Frage, ob Nerven und Hormone völlig unabhängig voneinander reagieren oder ob sie aufeinander abgestimmt sind. Im inneren Teil des Gehirns liegt ein Areal, das aus der Neurohypophyse und der Adenohypophyse besteht (Abb. 8.2 u. 8.3). An dieser für das Wohlbefinden des Menschen ungemein wichtigen Schaltstelle reguliert das Gehirn als oberste Instanz mithilfe des Nervensystems, welche Hormone in

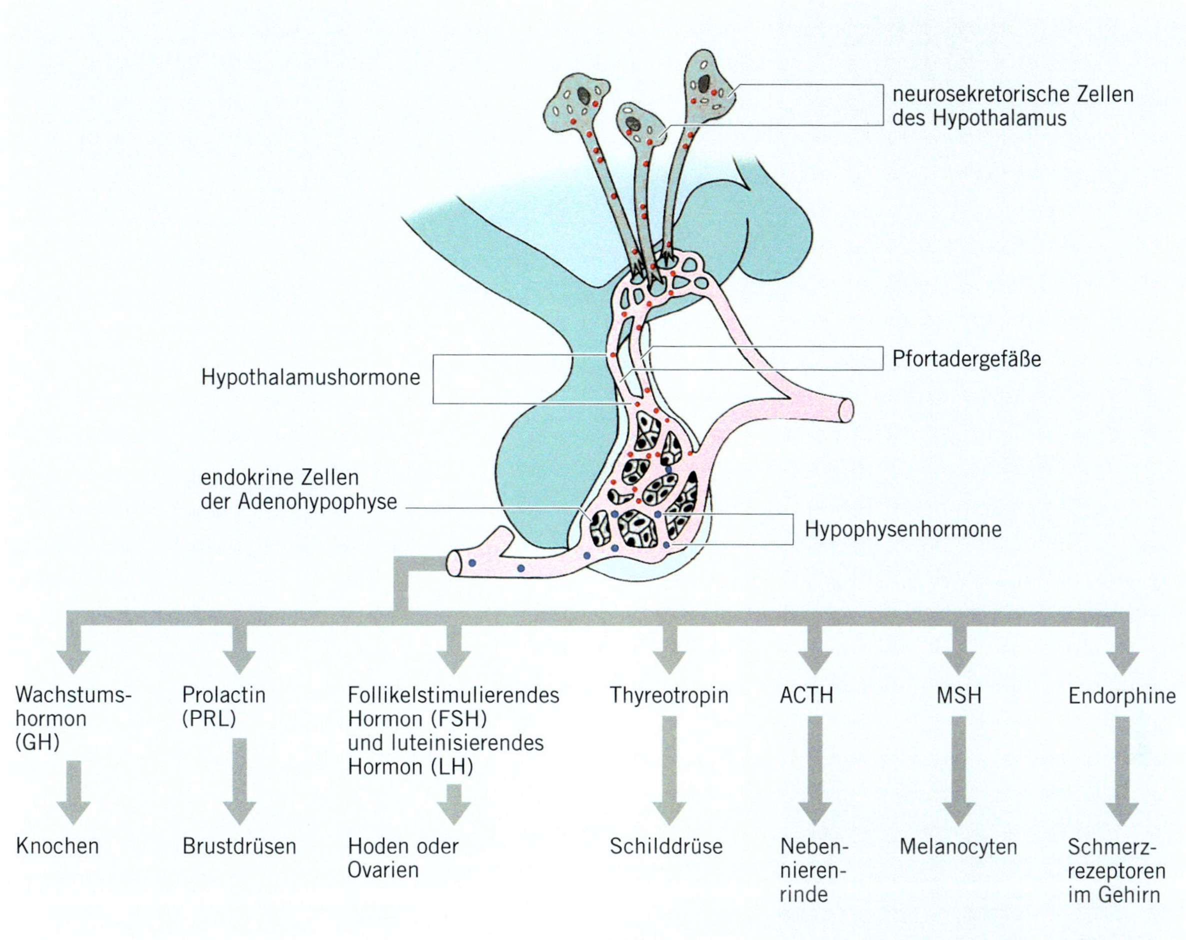


8.3 Übersicht über die Vielfalt der Hormone, die in der Adenohypophyse produziert werden, sowie deren Wirkorte. ACTH = adrenocorticotropes Hormon. MSH = Melanocyten-stimulierendes Hormon. Quelle: Campbell, N.A. (1997): Biologie. Dt. Übersetz. Markl, J. Spektr. Akad. Verlag, Heidelberg

welchen Mengen ausgeschüttet werden sollen. Auf die Gruppen von Hormonen, die nicht über das Gehirn gesteuert werden, gehen wir hier nicht ein.

Das Gehirn schaltet mit Hilfe des limbischen Systems nicht nur Gefühle, sondern sorgt über die Regulierung der Hormonausschüttung auch dafür, dass diese Gefühle im Körper realisiert werden. So kann sich das Empfinden „Wut“ durch einen erhöhten Blutdruck sowie gerötete Haut, durch eine gesteigerte Gestik und durch aufgerissene Augen mit großen Pupillen äußern. Ohne Hormonausschüttung könnte sich diese Wut den Mitmenschen nicht mitteilen. Ähnlich verhält es sich bei dem Gefühl „Trauer“. Die Herzschlagfrequenz nimmt ab, der Blutdruck sinkt, die Haut wird bleich, die Bewegungen verlangsamen sich und manchmal fließen auch Tränen. Erkrankungen im Bereich der Neuro- und Adenohypophyse machen einen Patienten emotions- und antriebslos.

**Literatur**

Spezielle und leicht verständliche Literatur zum Thema Hormonwirkung gibt es in gedruckter Form nur wenig. Allerdings wird das Thema in Physiologie-Lehrbüchern ausführlich behandelt. Diese sind in den Literaturempfehlungen zu den beiden vorhergehenden Kapiteln aufgeführt. Aktuelle und auf medizinische Probleme ausgerichtete Informationen findet man im Internet unter den Stichwörtern Hormonwirkung und Endokrinologie.

Reinwein, D./Benker, G./Jockenhovel, F. (2000): Checkliste Endokrinologie und Stoffwechsel. 4. Aufl. Thieme, Stuttgart

9

# Das ungestörte Gehirn im Bild

## Bildgebende Verfahren zur Betrachtung des Geistes

Bereits 700 Jahre v. Chr. versuchte man herauszufinden, über welche Funktionen die 1300 g weiche Masse in unserem Kopf verfügt. Die Forschungsmethoden waren äußerst grausam. Lebenden Gefangenen wurde der Schädel aufgesägt, um durch selektive Verletzungen des Gehirns herauszufinden, welche Körperfunktionen jeweils ausfielen. Auch Schädelöffnungen durch Ärzte – vom alten Ägypten bis zur Neuzeit – waren für den Patienten schmerzhaft und führten statt zur Heilung eher zum Tod. Besonders Epileptiker und Schizophrene sollten durch das Durchtrennen von Fasernbündeln oder das Entfernen von Hirnlappen geheilt werden, was allerdings nur mäßigen Erfolg brachte. Wissenschaftliche Untersuchungen wurden oft durch Einführen dünner Sonden durch die Schädeldecke in definierte Hirnareale durchgeführt. Mit diesen Experimenten sollte ein Zusammenhang zwischen elektrischer Reizung definierter Hirnareale und dem Verhalten der Versuchsperson nachgewiesen werden. Die meisten Erkenntnisse jedoch wurden durch die pathologische und histologische Untersuchung des Hirngewebes nach dem Tod des Patienten (post mortem) gewonnen. Aus dem Vergleich der Krankengeschichte mit dem Post-mortem-Befund ließen sich viele Zuordnungen zwischen Struktur und Funktion finden, wie beispielsweise die Lokalisation der Sprachzentren.

Durch die Elektroenzephalographie und später durch die bildgebenden Verfahren haben sich die Methoden der Hirnforschung drastisch verändert. Man brauchte den Versuchsobjekten keine Schmerzen mehr zuzufügen und konnte Hirnreaktionen ohne störende Eingriffe verfolgen. Seitdem erfreuen sich die Bilder vom „denkenden Gehirn" einer steigenden Beliebtheit bei Forschern und Laien.

Wir verfügen heute über leistungsfähige Techniken der bildlichen Darstellung des Nervensystems, die das lebende, arbeitende, denkende und fühlende Gehirn sichtbar machen und es in einer Weise vermessen, die zuvor nie möglich war.

Vor den bildgebenden Verfahren basierten alle Annahmen über Merkmale des Gehirns auf Vivisektionen an Tieren und Menschen und auf Untersuchungen von postmortalem Gewebe. Mit den bildgebenden Verfahren können Menschen jeglichen Alters untersucht werden. So lässt sich erforschen, auf welche Weise sich das Gehirn während Kindheit, Adoleszenz und Alter verändert oder wie Gene und Umwelt auf das Gehirn wirken, um individuelle Ähnlichkeiten und Unterschiede hervorzurufen. Die dreidimensionale Umsetzung stellt das genaue Aussehen klarer dar. Zudem bleiben die gespeicherten Schichtbilder erhalten und die Untersuchungsart kann, abhängig von der Fragestellung, jedes Mal optimiert werden.

Die Techniken zur neuronalen Bildgebung lassen sich in strukturelle und funktionelle Techniken unterteilen. Die strukturellen Techniken umfassen die Computer-Tomographie (CT) und die Magnetresonanz-Tomographie (MRT). Sie ermöglichen es, feine anatomische Details zu sehen und zu erkennen, in welchem räumlichen Verhältnis verschiedene Gehirnregionen zueinander stehen. Mithilfe funktioneller Techniken kann man erahnen, wo im Gehirn Gedanken entstehen und wie das Gehirn auf Veränderungen des Stoffwechsels und des Blutflusses reagiert, wie Nervenzellen über chemische Botenstoffe miteinander kommunizieren oder wie Medikamente die Gehirnfunktionen beeinflussen. Zu den funktionellen Techniken gehören die Single-Photon-Emissions-Computer-Tomographie (SPECT), die Positronen-Emissions-Tomographie (PET) und die funktionelle Magnetresonanz-Tomographie (fMRT). Strukturelle und funktionelle Techniken ergänzen einander ideal. Kombiniert man die Methoden miteinander, so können funktionelle Veränderungen im Gehirn exakt anatomisch lokalisiert werden.

Bei allen Techniken der neuronalen Bildgebung muss eine unglaubliche Menge an Daten verarbeitet werden, so dass die Entwicklung der bildgebenden Verfahren erst mit der Erfindung von Hochleistungscomputern möglich wurde.

Bei den strukturellen und funktionellen Techniken kommen ähnliche Prinzipien zur Anwendung. Bildtechnisch wird das Gehirn in viele Schichten geschnitten. Jede dieser Schichten wiederum wird in winzige Würfel zerteilt, die man Voxels nennt, eine Abkürzung für Volumenelemente. Während die Schichten bei frühen Untersuchungen einen Zentimeter dick und die Voxels daher groß waren, verwendet man zurzeit für MR-Untersuchungen eine Voxelgröße von 0,5 mm³. Das Gehirn wird, je nach Bildgebungstechnik, energetisch angeregt. Die Messung dieser Anregung in den einzelnen Volumeneinheiten führt zu einer Signalintensität, die das Gewebe in jedem Voxel charakterisiert. Diese Signale werden entsprechend ihrer Größe in eine Farbe oder einen Schwarz-Weiß-Grau-Ton überführt, die die Natur oder den Zustand des Gehirngewebes wiedergeben.

## Computer-Tomographie und Magnetresonanz-Tomographie – strukturelle (anatomische) Techniken

Lange Zeit verwendete man Röntgenstrahlen, um das lebende Gehirn zu untersuchen. Röntgenaufnahmen zeigen jedoch lediglich grobe strukturelle Merkmale oder Anomalien. Die erste entscheidende Verbesserung kam mit der Entwicklung der Computer-Tomographie (CT), der ältesten der neuen Bildgebungstechniken, die in den 60er Jahren von Sir Godfrey Hounsfield und Alan Cormack entwickelt wurde und für die die Forscher 1979 den Nobelpreis erhielten (Abb. 9.1). Seit den frühen 70er Jahren wird in der klinischen Untersuchung und der psychiatrischen Forschung die Computer-Tomographie eingesetzt.

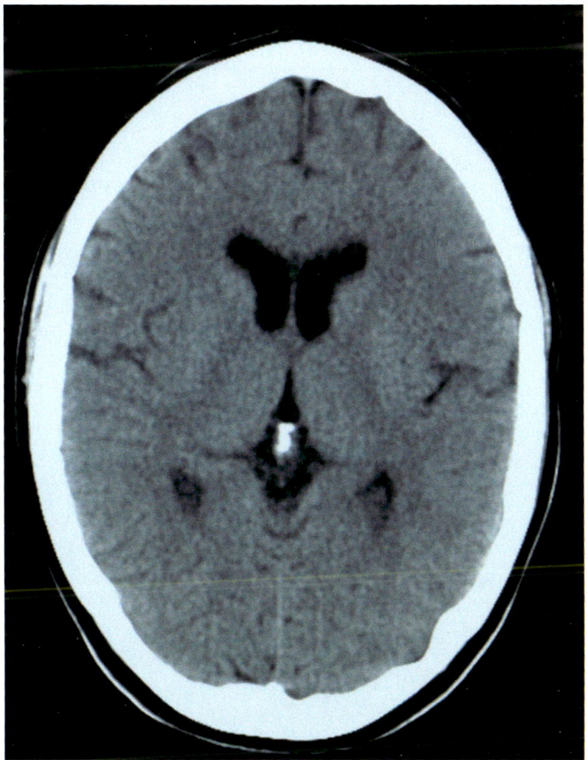

9.1 Computer-Tomographie des Kopfes in der transversalen Ebene.

Die CT basiert darauf, aus vielen verschiedenen Einstrahlrichtungen Projektionsaufnahmen einer bestimmten Körperregion mittels Röntgenstrahlen zu erstellen. Ein Computer speichert die Werte für jeden Strahlenpfad. Ist das Gehirn in einer Ebene komplett durchmustert, errechnet der Computer die relative Dichte an jedem Punkt und liefert ein Querschnittsbild (Tomographie) der untersuchten Region, das tatsächlich aussieht wie ein Schnitt durch das Gehirn. Voraussetzung für die Entwicklung der CT waren einerseits die Möglichkeit, Röntgenstrahlen statt auf Film digital zu erfassen, und andererseits Computer, die leistungsfähig genug waren, um so aufwendige Rechnungen durchzuführen.

Da Röntgenstrahlen geladene Teilchen sind, gehören sie zur ionisierenden Strahlung. Die Energien ionisierender Strahlen reichen aus, um chemische Bindungen zwischen Atomen aufzubrechen. Wenn dies innerhalb einer Körperzelle geschieht, kann sich diese Zelle in eine Krebszelle umwandeln. Daher haben Menschen, die hohen Dosen von ionisierender Strahlung ausgesetzt waren, ein erhöhtes Krebsrisiko. Die Strahlenexposition bei einer Computer-Tomographie ist sehr gering, sie liegt zwischen 3 bis 10 Millisievert. Im Vergleich dazu beträgt die natürliche Strahlenexposition auf Meereshöhe in Deutschland ca. 2,5 mSv pro Jahr.

Der große Vorteil der CT im Vergleich zu konventionellen Röntgenaufnahmen liegt in der Unterscheidbarkeit sehr geringer Kontraste und der dreidimensionalen Darstellung. Die räumliche Auflösung ist allerdings mit etwa 0,5 mm geringer als bei Röntgenbildern.

## Magnetresonanz-Tomographie – kontrastreiche Schnittbilder

Die Magnetresonanz-Tomographie (MRT), früher als Kernspintomographie bezeichnet, ist seit den 80er Jahren im Einsatz und basiert auf der Beeinflussung der Atomkerne im Gewebe der zu untersuchenden Person durch ein angelegtes starkes Magnetfeld (Abb. 9.2).

Das Prinzip der Bilderzeugung ist bei der MRT recht kompliziert und soll hier nur kurz erläutert werden.

Jede Materie besteht aus Atomen, die ihrerseits aus einer Elektronenhülle und dem Atomkern bestehen. Der Atomkern wiederum besteht aus elektrisch neutralen Neutronen und positiv geladenen Protonen. Die Protonen besitzen wie jede bewegte Ladung magnetische Eigenschaften. Diese beruhen auf der Eigenrotation (engl. Spin) der Protonen, woraus ein magnetisches Moment resultiert, weshalb sie auch wie kleine Stabmagneten (mit einem positiven und negativen Pol) reagieren. In der MRT betrachtet man lediglich die Spins der Atomkerne, daher auch die Bezeichnung Kernspintomographie. Weil Wasserstoff als Bestandteil des Wassers das häufigste Element im Körper ist, die höchste Empfindlichkeit für MR besitzt und das stärkste Signal liefert, betrachtet man bei der MRT hauptsächlich die Wasserstoffkerne.

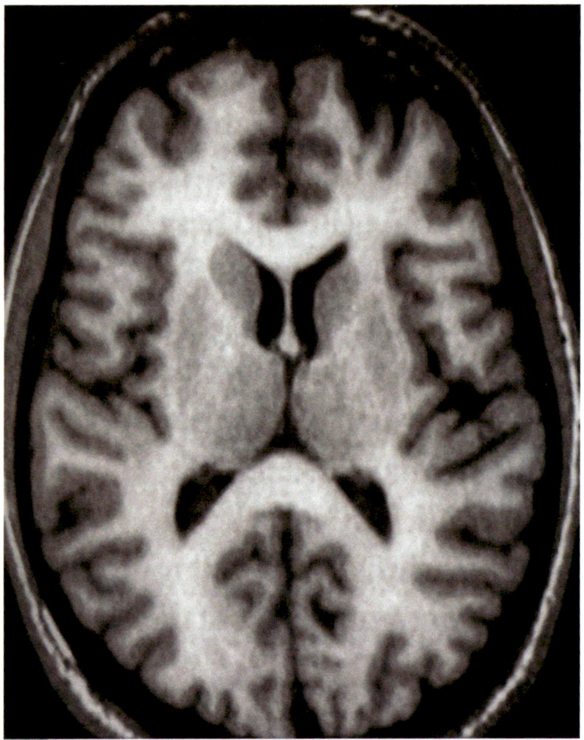

9.2 Magnetresonanz-Tomographie des Kopfes in der transversalen Ebene. Im Vergleich zur CT (Abb. 9.1) liefert die MRT deutlich bessere Weichteilkontraste und eine höhere Auflösung. Deutlich erkennbar sind die Hirnrinde und die Ventrikel.

Für eine MRT befindet sich die zu untersuchende Person ebenfalls in einer Röhre. Jedoch wird im Gegensatz zur CT kein Röntgenstrahl durch den Körper geschickt, sondern ein starkes Magnetfeld angelegt. Normalerweise, d.h. ohne äußeres Magnetfeld, sind die kleinen Stabmagnet-Wasserstoffkerne in unserem Körper zufällig verteilt, wobei ihre magnetischen Momente in alle Richtungen weisen. Sobald ein Magnetfeld angelegt wird, werden die Wasserstoffkerne exakt ausgerichtet. Diese Ausrichtung konzentriert die Kraft der magnetischen Momente der Wasserstoffkerne so stark, dass das Magnetfeld von außen messbar wird. Sie drehen sich in diesem Zustand mit einer Geschwindigkeit um sich selbst, die im Bereich von Radiofrequenzen liegt. Strahlt man nun ein Radiosignal der gleichen Frequenz ein, führt man den sich drehenden Protonen Energie zu. Wird das Radiosignal abgeschaltet, geben die angeregten Atome die aufgenommene Energie pulsartig in Form von Radiowellen wieder ab. Diese werden von Detektoren als Signalintensität aufgenommen und ein Computer setzt diese in MR-Bilder um. Da die einzelnen Gehirnregionen je nach Wasser- und Fettgehalt unterschiedliche Konzentrationen an Wasserstoffatomen enthalten, zeigt das rekonstruierte Bild die detaillierte Struktur des Gehirns.

Die MRT ist eine sehr attraktive diagnostische Methode, da sie ohne die Anwendung schädlicher ionisierender Strahlung (also weder Röntgen- noch Gammastrahlung) hervorragende Weichteilkontraste auf Schnittbildern praktisch des gesamten Körpers liefert. Diese Methode erlaubt uns, anatomische Strukturen des Ge-

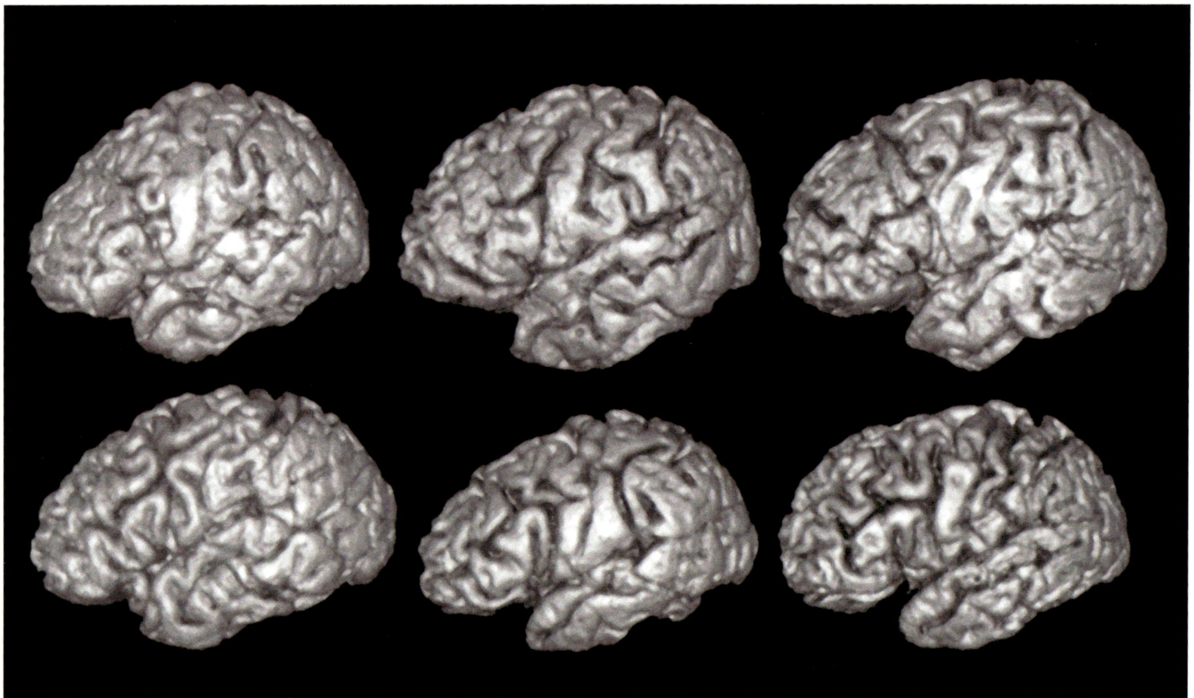

9.3 Aus MR-Tomographien rekonstruierte Gehirnoberflächen sechs verschiedener Menschen, welche die Variabilität des Cortex zeigen.

hirns in feinen Details zu sehen. Es lassen sich kleine krankhaft veränderte Bereiche darstellen, so dass die MRT gegenwärtig die CT als Forschungsinstrument weitgehend ersetzt hat. MRT ermöglicht die Rekonstruktion und Sichtbarmachung von Bildern des Gehirns in allen Ebenen und die Auflösung ist in der MRT ausgezeichnet. Eine MRT-Untersuchung kann beliebig oft an einer Person wiederholt werden, da keine schädlichen Strahlen anfallen.

Die MRT wurde verwendet, um Gehirnstrukturen bei affektiven Störungen, Demenz, Alkoholismus, Autismus, Angststörungen, Schizophrenie usw. zu untersuchen. Das diagnostische Anwendungsgebiet der MRT erweitert sich in der Medizin ständig.

## Funktionale Techniken

Zu den funktionellen Techniken der neuronalen Bildgebung gehören die Single-Photon-Emissions-Computer-Tomographie (SPECT), die Positronen-Emissions-Tomographie (PET) und die funktionelle Magnetresonanz-Tomographie (fMRT). Diese Methoden ermöglichen es, das Gehirn „bei der Arbeit" zu beobachten, so dass man das Gehirn direkt bei der Erzeugung von Sprache, beim Lernen, beim Erinnern oder beim Entstehen emotionaler Bewertungen „sehen" kann.

## Single-Photon-Emissions-Computer-Tomographie

Die Single-Photon-Emissions-Computer-Tomographie (SPECT) wurde 1968 von David E. Kuhl entwickelt und ist damit die älteste Technik der funktionellen Bildgebung, sogar älter als die CT. Sie gehört zu den nuklearmedizinischen Untersuchungsmethoden und ist mit der Computer-Tomographie vergleichbar. Auch in diesem Fall werden Querschnittsbilder bzw. Aufnahmerekonstruktionen in allen drei Raumebenen der zu untersuchenden Region erstellt. Die Quelle der Strahlung wird jedoch nicht wie bei der Röntgendiagnostik von außen durch den Körper geschickt, sondern der zu untersuchenden Person wird eine radioaktive Substanz appliziert (oral, intravenös oder als Gas über den Atmungstrakt), so dass der Patient selber strahlt. Die radioaktiven Substanzen, Radiopharmaka genannt, zerfallen mit kurzer Halbwertszeit unter Aussendung von Gammastrahlung. Diese Gammastrahlung wird außerhalb des Körpers durch eine um den Körper rotierende Gammakamera detektiert. Anhand der gemessenen Signale errechnet ein leistungsfähiger Computer die erwünschten Schnittbilder der Verteilung des radioaktiven Stoffs im Körper. Das Radiopharmakon wird so gewählt, dass es sich in dem zu untersuchenden Organ oder der entsprechenden Körperregion anreichert. Beispielsweise lassen sich Rezeptoren der Nervenzellen mit verschiedenen radioaktiven Substanzen markieren und mittels SPECT untersuchen. Analog zur CT können mit diesem Verfahren dreidimensionale Bilder erzeugt werden, da sich die Gammakamera auf Kreisbahnen um den Patienten bewegt.

## Positronen-Emissions-Tomographie

Das erste bildgebende Verfahren, mit dem sich die Stoffwechselaktivität im Gehirn darstellen lässt, ist die Positronen-Emissions-Tomographie (PET) (Abb. 9.4). Sie war viele Jahre das Steckenpferd der funktionellen Bildgebung.

Für diese Technik werden Radionuklide verwendet, die unter Aussendung eines Positrons (Betaplusteilchen $\beta+$) zerfallen. Das Positron ist ein positiv geladenes Elektron und damit das Antiteilchen des Elektrons. Verabreicht man der zu untersuchenden Person Substanzen, die zu Positronen zerfallen, so verbinden sich die ausgestrahlten Positronen sofort mit im Körper vorhandenen Elektronen und zerstrahlen in Form von zwei Gammaquanten, die in genau entgegengesetzte Richtungen emittiert werden. Diese als Vernichtungsstrahlung bezeichnete Gammastrahlung wird von ringförmig um den Kopf angebrachten Detektoren registriert, wenn zwei sich direkt gegenüberliegende Detektoren zur gleichen Zeit von Gammastrahlen getroffen werden. Ein Hochleistungscomputer errechnet den Ort des Zerfalls und erstellt das Querschnittsbild.

PET ist außerordentlich flexibel, weil die verwendeten Radionuklide in biologischen Substanzen weit verbreitet sind und sie daher vergleichsweise einfach in interessante Moleküle wie Medikamente eingebaut werden können. Darüber hinaus können spezielle Pharmaka verwendet werden, die sich aufgrund von Stoffwechselreaktionen oder wegen ihrer Zusammensetzung gezielt in der jeweils zu untersuchenden Region anlagern, einbauen oder dort umgesetzt werden. Daher kann PET für die Untersuchung eines weiten Spektrums neurochemischer und physiologischer Prozesse eingesetzt werden.

Die PET besteht im Wesentlichen darin, dass der Versuchsperson radioaktive biologische Sonden verabreicht werden, die normalerweise direkt in die Blutbahn injiziert werden, anschließend misst man die vom Gehirn abgestrahlte Gammastrahlung. Die radioaktive Substanz verteilt sich rasch im Gewebe, denn durch die Aktivitätssteigerung lokaler Bereiche von Neuronen kommt es zu einer raschen Zunahme des Blutflusses. Folglich wird in dieser Region eine nachweisbar höhere Konzentration von Radioaktivität vorliegen. Mit der PET kann man somit einen lokal begrenzten Anstieg der Durchblutung aufgrund erhöhter neuronaler Aktivität in einer oder mehreren Regionen des Gehirns messen.

Somit können mit der PET nicht nur Querschnittsbilder, sondern auch Vorgänge in bestimmten Regionen qualitativ und quantitativ dargestellt werden.

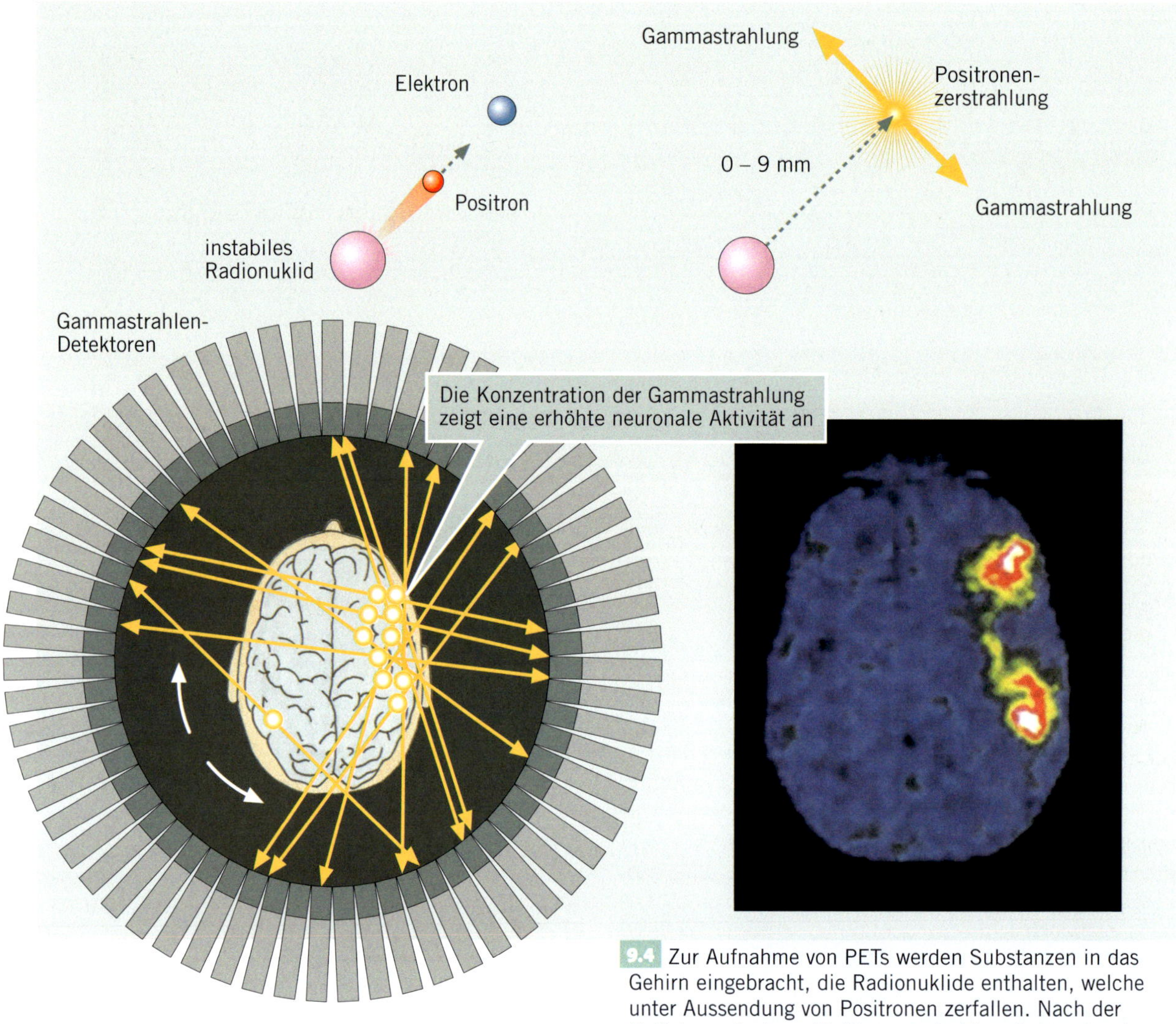


**9.4** Zur Aufnahme von PETs werden Substanzen in das Gehirn eingebracht, die Radionuklide enthalten, welche unter Aussendung von Positronen zerfallen. Nach der Kollision mit einem Elektron zerstrahlen diese unter der Aussendung von zwei Gammastrahlen, die genau in entgegengesetzte Richtung emittiert werden. Die Stelle, an der das Positron zerfällt und an der die Gammastrahlung detektiert wird, liegt einige wenige Millimeter entfernt. Diese Distanz bestimmt die räumliche Auflösung der PET-Bilder. Die Gammastrahlen werden von Detektoren, die rund um den Kopf angeordnet sind, registriert.

Quelle: Kandel, E. R./Schwartz, J. H./Jessell, T. M. (2000): Principles of Neural Science. 4. Aufl. McGraw-Hill, New York

Beispielsweise ermöglichte es die PET den Wissenschaftlern erstmals, die neuronalen Mechanismen des Denkens und Fühlens im lebenden Gehirn zu untersuchen.

Die Untersuchung von Neurotransmittersystemen mittels PET erlaubt eine rationale Psychopharmakologie. Eine derartige Pharmakologie zeigt, wie Nervenzellen kommunizieren, wie Medikamente Rezeptoren blockieren und wie die Effekte einer Medikation in Abhängigkeit von der Dosierung variieren können.

## Funktionelle Magnetresonanz-Tomographie

Mit der funktionelle Magnetresonanz-Tomographie (fMRT) lässt sich die regionale Veränderung der Durchblutung im Gehirn während mentaler Aktivitäten messen – ein Ansatz, der zuvor nur mit SPECT und PET verfolgt wurde (Abb. 9.5).

Die innovative Idee der fMRT bestand darin, Bilder nicht auf der Basis des Wasserstoffkerns, sondern auf der Grundlage der Chemie des Hämoglobins herzustellen. Das Hämoglobin kommt in zwei Formen vor, als sauerstoffreiches Oxyhämoglobin und nach Abgabe des Sauerstoffs als Desoxyhämoglobin. Beide besitzen unterschiedliche magnetische Eigenschaften, so dass sie in Menge und Lokalität voneinander unterschieden werden können. Somit werden mit der fMRT Veränderungen im Sauerstoffgehalt des Blutes gemessen, die entstehen, wenn lokal begrenzte Bereiche im Gehirn für ihren Stoffwechsel mehr Sauerstoff benötigen.

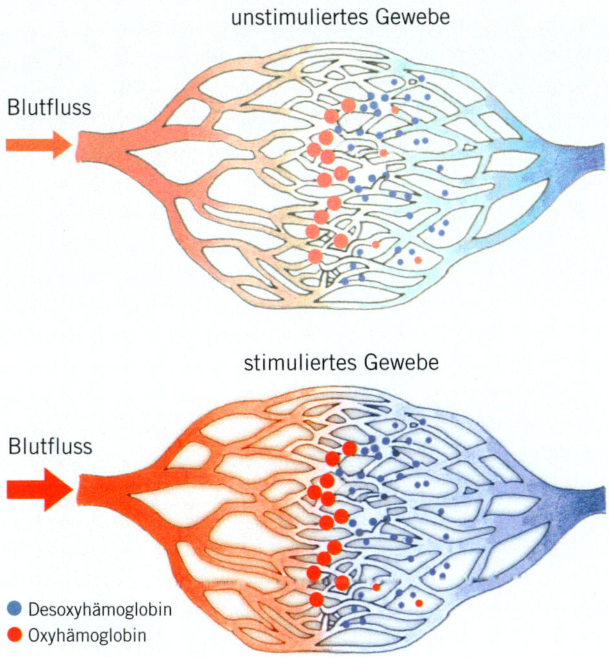


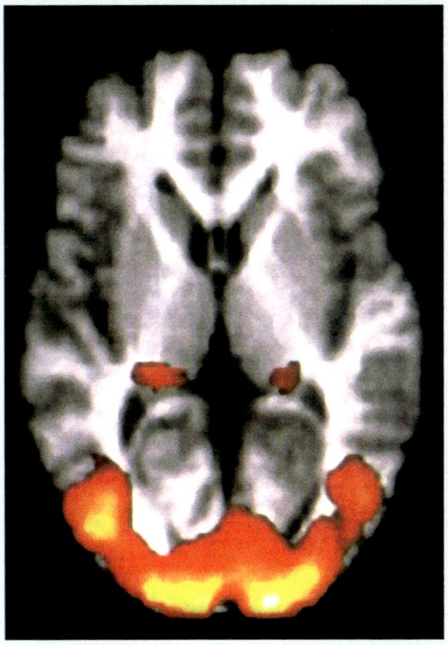

9.5 Bei der fMRT wird die neuronale Aktivität indirekt durch die lokale Stoffwechselaktivität des Gehirns gemessen. Der aktivitätsbedingte Sauerstoffmehrverbrauch bei neuronaler Aktivität führt zu einer Gefäßerweiterung, die zu einer Zunahme der Durchblutung und somit zu einer höheren Konzentration von Oxyhämoglobin führt. Die beiden Formen des Hämoglobins liefern unterschiedliche Magnetresonanz-Signale. Diese Veränderung im Sauerstoffgehalt des Blutes nutzt die fMRT zur Darstellung aktivierter Gehirnareale.

Quelle: Kandel, E. R./Schwartz, J. H./Jessell, T. M. (2000): Principles of Neural Science. 4. Aufl. McGraw-Hill, New York

Bei zunehmender Aktivität des Gehirns geht die Konzentration des Desoxyhämoglobins in den Gefäßen zurück. Dies führt zu einer leichten Erhöhung des MR-Signals. Durch abwechselnde Bildaufnahmen der betroffenen Hirnregion bei Stimulation und Ruhe erhält man nach der Subtraktion beider Phasen ein Bild, in dem nur die aktivierte Region hell erscheint. Die Signalerhöhung ist jedoch sehr schwach und verschwindet beinahe im Hintergrundrauschen, so dass es nur mittels Nachbearbeitung am Computer gelingt, die aktivierten Areale darzustellen (Abb. 9.5).

Die fMRT bietet gegenüber den anderen funktionalen Techniken eine Reihe von Vorteilen. Sie beruht auf körpereigenen Signalen, es muss nichts injiziert werden. Es wird keine ionisierende Strahlung verwendet und die Methode arbeitet im Bereich der Radiofrequenzenergie, die Körpergewebe sind für diesen Bereich durchlässig. Die räumliche Auflösung ist groß – sie liegt unter einem Millimeter –, die zeitliche Auflösung ist schnell und die Aufgaben können leicht wiederholt werden. Bis Veränderungen der Durchblutung eintreten, dauert es eine Sekunde oder mehr. Mit der fMRT kann man jedoch in weniger als 40 Millisekunden relative Veränderungen feststellen, d. h. von Zeitpunkt A zu Zeitpunkt B oder von Ort A zu Ort B. Aus diesen Gründen wird die fMRT zunehmend für bildgebende Verfahren eingesetzt. Die fMRT eignet sich zur Untersuchung komplexerer kognitiver Aufgaben. So können mittels fMRT das Arbeitsgedächtnis, die Raumwahrnehmung und viele andere komplizierte mentale Aktivitäten untersucht werden.

Mit der Weiterentwicklung der funktionellen Bildgebung und insbesondere der Erfindung der fMRT besteht das Ziel nun nicht länger darin, eine spezifische Region des Gehirns auszumachen, sondern die komplex verteilten funktionalen neuronalen Schaltkreise zu kartieren, die das ungeschädigte Gehirn verwendet, wenn es denkt und fühlt. Allerdings können solche Bilder auch zu falschen Schlüssen führen. Wenn eine bestimmte Region des Gehirns aufgrund des Stoffwechsels viel Sauerstoff verbraucht, so muss an diesem Ort nicht unbedingt „gedacht" werden. Es könnte durchaus sein, dass dort die Energie produziert wird, die an ganz anderer Stelle zum Denken eingesetzt wird. Erst wenn das Bild durch weitere physiologische Daten gestützt wird, ist eine Struktur-Funktions-Zuordnung erlaubt.

## Die Elektroenzephalographie

Zum Schluss soll noch die Elektroenzephalographie (EEG; aus dem griechischen *enkephalos* = Gehirn und *graphein* = schreiben) erwähnt werden, obwohl sie nicht zu den bildgebenden Verfahren zählt. Sie war die erste

Technik, die eine schmerzlose Erforschung von Gehirnfunktionen möglich machte. Der Elektroenzephalograph zeichnet die elektrische Aktivität des Gehirns über auf der Kopfhaut fixierte Elektroden auf. Elektrische Ströme aus dem menschlichen Gehirn wurden auf diese Weise erstmals 1929 von Hans Berger, einem deutschen Psychiater, gemessen.

Das EEG registriert die elektrischen Signale, die sich durch die kollektive Tätigkeit von Hunderttausenden von Nervenzellen direkt unter der Schädeldecke ständig verändern. Die Elektroden zur Messung der Hirnströme sind über den ganzen Kopf verteilt, ihre Zahl ist von dem EEG-Verfahren abhängig und schwankt zwischen acht und vierundsechzig. Bei einem EEG sitzt der Proband auf einem bequemen Stuhl, um Kopf und Nacken so gut wie möglich zu entspannen, da die elektrischen Signale von Muskelkontraktionen um ein Vielfaches stärker sind als die EEG-Signale.

Das EEG zeigt nicht nur, wie Gehirnwellen aussehen, sondern auch, wie sie in ihrem Erscheinungsbild variieren, denn das Muster kann sich je nach innerem Erregungsniveau verändern. Somit spielt es nicht nur bei der Untersuchung der normalen Gehirnaktivität eine wichtige Rolle, sondern dient auch zum Nachweis von Hirnstörungen, wie sie beispielsweise bei der Epilepsie auftreten. Weiterhin wird es routinemäßig zur Untersuchung der Schlaftiefe verwendet bzw. bei neurologisch-pathologischen Schlafstörungen eingesetzt und dient noch heute zur Hirntodbestimmung.

Durch die Aufzeichnung der EEGs von der Kopfhaut aus lässt sich jedoch die Gehirnregion, welche die Aktivität erzeugt, nicht sehr gut lokalisieren. Aber ein entscheidender Vorteil ist, dass die Messungen in Echtzeit verlaufen, d. h., die Veränderungen der Hirnaktivität lassen sich im Bereich von Millisekunden messen, so schnell, wie sie eintreten.

**Literatur**

Buzsáki, G. (2006): Rhythms of the Brain. Oxford University Press, USA

Kandel, E. R./Schwartz, J. H./Jessell, T. M. (2000): Principles of Neural Science. 4. Aufl. McGraw-Hill Comp., New York

# Neurogenetik – dominiert die Veranlagung oder die Erziehung?

Wenn wir uns bei einem neugeborenen Kind die Frage stellen, ob sein Aussehen und sein Verhalten von den Erbanlagen oder der Erziehung bestimmt werden, so fällt die Antwort scheinbar eindeutig aus: Das Neugeborene ist zwar ein Individuum, aber letztlich das Produkt der Gene seiner Eltern.

Hat unser Neugeborenes ein Alter von 18 Jahren erreicht und seine Abiturprüfung bestanden, so sieht die Wertung zwischen „veranlagt" und „erworben" schon ganz anders aus. Der fast Erwachsene spricht drei Sprachen, er ist ein guter Tennisspieler und er engagiert sich in seiner Kirchengemeinde für die sozial Schwachen. Hat er diese Fähigkeiten von seinen Eltern via deren Gene ererbt? Wohl nicht. Es ist die Erziehung durch das Elternhaus und die Schule, es sind die Anregungen im Freundeskreis und die Auseinandersetzung mit in der Gesellschaft gelebten Sitte und Moral, die zu diesem von einem bürgerlichen Umfeld als „wohlerzogen" charakterisierten Verhalten führen.

Aber wäre unser Freund auch ein guter Tennisspieler, wenn ein genetischer Defekt in der Augenlinse sein Sehvermögen stark einschränkte und würde er sich um die sozial Schwachen kümmern, wenn eine erblich bedingte ständige Überproduktion von Adrenalin ihn zum Gewalttäter machte?

Diese einfachen Beispiele legen in Bezug auf den Dualismus „Erworben oder Erziehung" eine „Sowohl-als-auch"-Lösung nahe. Die Veranlagung liefert sozusagen die Hardware und die Erziehung die Programme.

**10.1** Eine Plastik im Garten eines der berühmten molekularbiologischen Forschungsinstitute, dem Cold Spring Harbor Institute nahe New York. Das Objekt symbolisiert die Doppelwendelstruktur der DNA. In diesem Molekül sind die Erbinformationen eines Lebewesens gespeichert. Sie soll auch an Francis Crick und Jim Watson erinnern, die als Erste ein auf Chemie basierendes Strukturmodell für unsere Erbanlagen entwarfen und damit die Zeit der Molekularbiologie einläuteten. Quelle: 50 Years (2003) Nature 421: 419

## Unsere Veranlagung ist in einem Erbmolekül gespeichert

Das Erbprogramm aller Lebewesen, vom Bakterium bis zum Menschen, ist in einem fadenähnlichen Molekül verschlüsselt, das aufgrund seiner chemischen Struktur mit dem komplexen Namen Desoxyribonucleinsäure bezeichnet wird. Fast immer werden die deutsche Abkürzung DNS oder die international gebräuchliche Abkürzung DNA benutzt.

Den genetischen Informationscode, wie er in der DNA niedergelegt ist, kann man mit einem Alphabet vergleichen.

Das genetische Alphabet braucht nur vier Buchstaben, nämlich A, C, G und T, Abkürzungen für chemische Verbindungen. Ein DNA-Molekül umfasst drei Milliarden dieser Buchstaben und wäre als gestreckter Faden, auf den drei Milliarden Buchstaben des Typs A, C, G und T aufgefädelt sind, etwa 300 000 km lang. Die DNA existiert in der Zelle als verdrillter Doppelfaden, das berühmte Strickleitermodell. Wenn eine Zelle sich teilt, so erhält jede Tochterzelle wieder ein zur Mutterzelle identisches DNA-Molekül. Diese identische Verdopplung der

**Genetisch bedingte Krankheiten und ihre Lage auf dem X-Chromosom.**

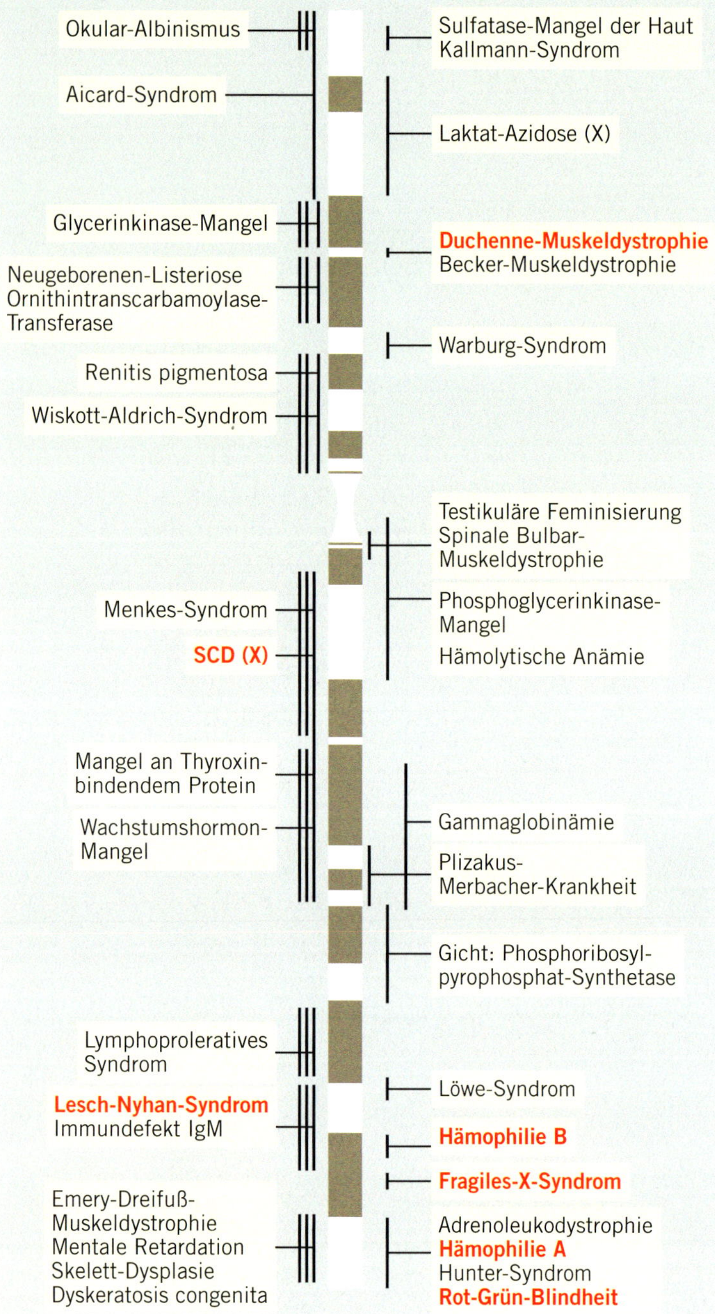


Quelle: Caskey, C.T.: „Molecular Medicine" (1993), JAMA 269, 1986–1992

**10.2** Eine Karte der häufigen Erbkrankheiten auf dem mit X bezeichneten Geschlechtschromosom. Zu diesen Erkrankungen gehören z. B. die Chorea Huntington und Muskeldystrophien. Beide kommen in der deutschen Bevölkerung häufig vor, d. h., sie haben eine hohe Inzidenz. Da Frauen über zwei X-Chromosomen verfügen, von denen oft nur eins krankhaft verändert ist, können sie Überträger der Erbanlage sein, obwohl sich die Krankheit bei ihnen nicht ausprägt. Männer dagegen haben nur ein X-Chromosom, das zweite bezeichnet man mit Y, deshalb muss sich die Krankheit bei ihnen ausprägen. Die Mutation ist dominant.

DNA wird durch ihre besondere Zusammensetzung ermöglicht. Je zwei der genetischen Buchstaben – A passt zu T und C passt zu G – bilden ein Paar, vergleichbar mit einem Stecker und einer Steckdose. Wenn die DNA verdoppelt werden muss, trennen sich die beiden Stränge und jeder Einzelstrang kann wieder verdoppelt werden, da jeweils ein C zu einem G passt, ein A zu einem T und umgekehrt (Abb. 10.4).

## Die Umsetzung der in der DNA verschlüsselten Erbinformationen in die handelnden Akteure, die Proteine

Leben in jeder Form nutzt unterschiedliche chemische Moleküle, aber die wichtigste Klasse in dieser chemischen Vielfalt ist eine Gruppe von Substanzen, die man als Eiweiße oder Proteine bezeichnet. Das Wort Protein stammt aus dem Griechischen und bedeutet so viel wie „von erstem Rang" oder „erster Bedeutung".

| Spezies | Zeit [Jahre] | Gehirnvolumen [cm³] |
|---|---|---|
| *Australopithecus afarensis* | 4 bis 1 Millionen | 420–480 |
| *Australopithecus robustus* | 3 bis 1 Millionen | 500–530 |
| *Homo habilis* | 2 bis 1 Millionen | 630–680 |
| *Homo erectus* | 2 Millionen bis 100tausend | 750–975 |
| *Neandertaler* | 100tausend bis 30tausend | 1400–1800 |
| *Homo neandertalensis* | 30tausend | 900–2000 |
| *Homo sapiens sapiens* | | 320–470 |
| Schimpanse | | |

**Tab. 10.1** Menschheitsentwicklung und Gewicht des Gehirns. Das Gehirngewicht wird indirekt aus dem Volumen gefundener Schädel oder Schädelreste bestimmt.

Proteine sind die zellulären Komponenten, die das Stoffwechselgeschehen dominieren. Sie fungieren als Enzyme oder Strukturkomponenten, sie bestimmen als Hormone unsere Gefühlswelt und organisieren als Antikörper die Infektionsabwehr (Tab. 10.2). Proteine sind aus 20 unterschiedlichen Aminosäuren aufgebaute kettenförmige Makromoleküle. Die Anzahl, die chemische Natur und die Reihenfolge der Aminosäuren bestimmen die Struktur und somit die Funktion des Proteins. Das Syntheseschema zur Auswahl und richtigen Reihung der Aminosäuren mit der nachfolgenden Verknüpfung zu einem Protein ist genetisch in unserem Erbgut, der DNA, niedergelegt.

Je drei der vier in der DNA vorkommenden Basen Adenin, Cytosin, Guanin und Thymin werden zur

Durchführung einer programmierten Proteinsynthese als Informationselement zu einem sogenannten Codon zusammengefasst. Ein solches Codon stellt das Symbol für den Einbau einer definierten Aminosäure in ein Protein dar. Dieser „genetische Code“ gilt für alle Lebewesen und auch für die nicht dem Leben zugeordneten vermehrungsfähigen Formen wie Viren und Bakterien.

Die in menschlichen Zellen lokalisierte DNA repräsentiert den Bauplan für die Synthese von 30- bis 40 000 unterschiedlichen Proteinen. Da Lebewesen sich jedoch ständig an ihre Umwelt anpassen und Phasen der Entwicklung wie Reife und Altern durchlaufen, müssen sie über die Fähigkeit verfügen, aus der Gesamtheit des genetischen Speichers einzelne Informationen selektiv abzurufen und zu nutzen. Um diese Anpassungen molekular zu ermöglichen, werden die Gene in einem Vorgang, den man Überschreibung (Transkription) nennt, zuerst in ein chemisch sehr ähnliches Molekül, eine sog. mRNA (engl. *messenger-RNA*) umgeschrieben. Die in der mRNA niedergelegte genetische Information wird dann mit Hilfe von zellulären Synthesemaschinen – den Ribosomen – in eine Aminosäureabfolge, also in ein Protein umgesetzt (Abb. 10.5 u. 10.6).

Diese Folge von Ereignissen wurde bereits 1960 von dem Nobelpreisträger Francis Crick als das genetische Dogma formuliert: „DNA macht RNA und RNA macht Protein.“ Die Zwischenstufe RNA ermöglicht es, die Zahl der Proteinkopien, die von einem Gen pro-

| Proteinklasse | Vorkommen |
|---|---|
| Keratine | Haar, Nägel, Epidermis der Haut |
| Kollagene | Haut, Bindegewebe |
| Actomyosine | Muskulatur |
| Hämoglobine | Sauerstofftransport |
| Immunglobuline | Infektionsabwehr |
| Rhodopsin | Sehpurpur |
| Peptidhormone | Körperinterne Kommunikation |
| Enzyme | Stoffwechsel-Katalysatoren |

**Tab. 10.2** Funktionelle Vielfalt der Proteine

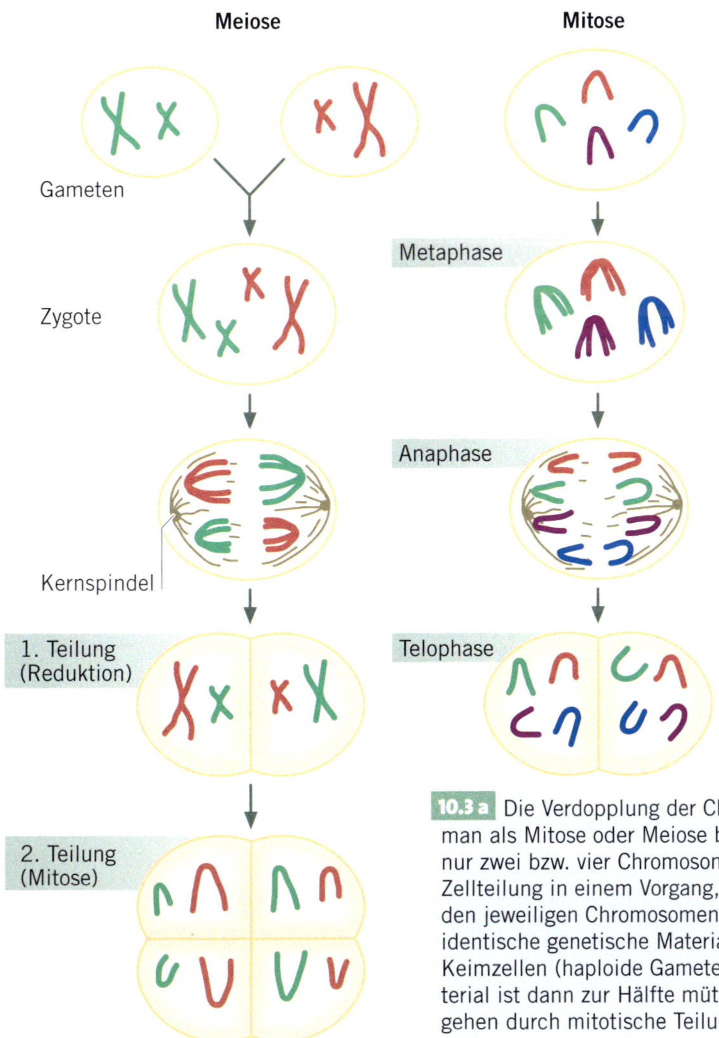


**10.3 a** Die Verdopplung der Chromosomen bei einer Zellteilung, die man als Mitose oder Meiose bezeichnet. Wegen der Übersichtlichkeit sind nur zwei bzw. vier Chromosomenpaare gezeigt. Bei Körperzellen wird bei der Zellteilung in einem Vorgang, den man als Mitose bezeichnet, die DNA in den jeweiligen Chromosomen verdoppelt. Jede Nachkommenzelle erhält das identische genetische Material. Bei der Meiose verschmelzen zwei haploide Keimzellen (haploide Gameten) zur diploiden Zygote. Das genetische Material ist dann zur Hälfte mütterlich und zur Hälfte väterlich. Aus der Zygote gehen durch mitotische Teilungen alle Körperzellen hervor.

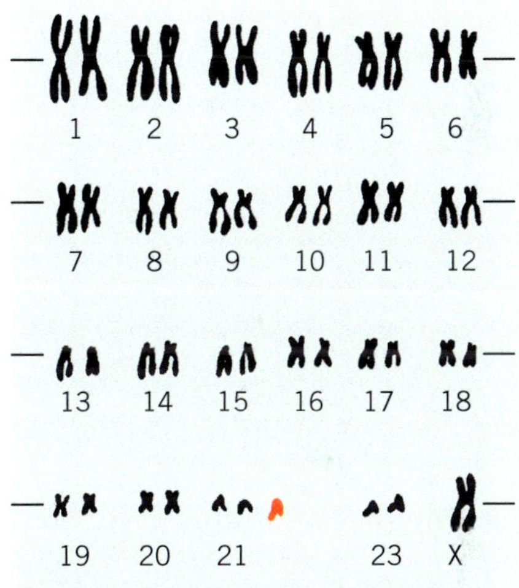


**10.3 b** Der Chromosomensatz (Karyogramm) des Menschen. In dem Beispiel liegt eine Trisomie 21 vor, d. h., das Chromosom 21 kommt nicht wie normal nur zweimal, sondern dreimal vor. Diese Trisomie kann zum Krankheitsbild „Down-Syndrom“ führen. Quelle: Gassen, H. G./Martin, A./Sachse, G. (1986): Der Stoff aus dem die Gene sind. Schweitzer Verlag, München

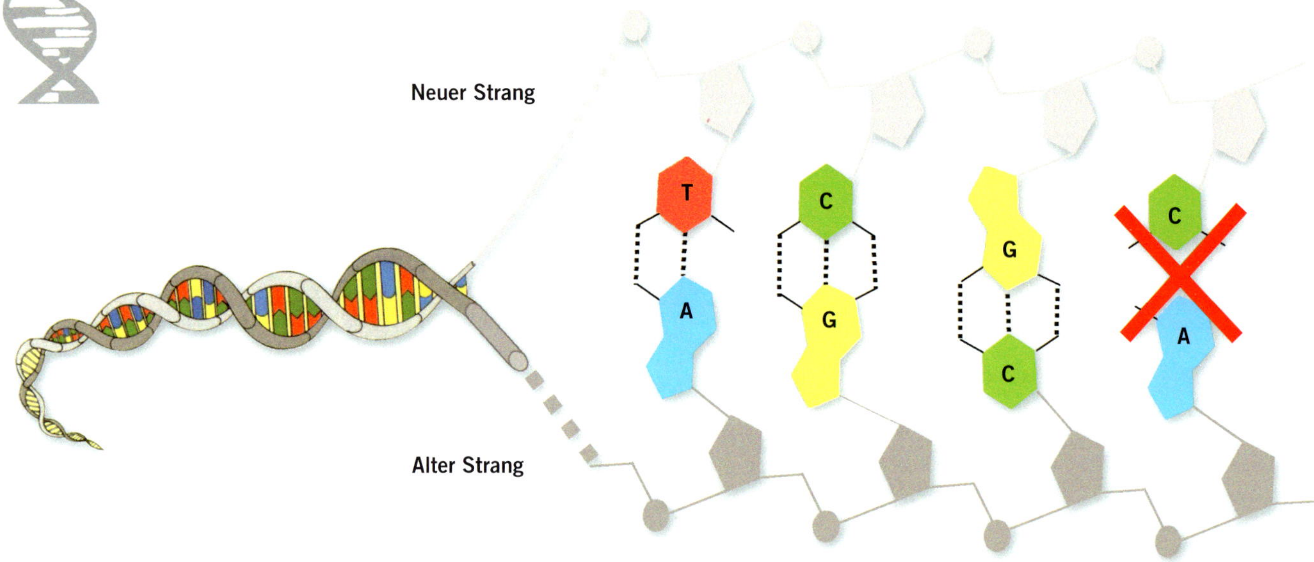


10.4 Eine flächige Projektion der DNA-Wendeltreppe. Der Faden wird von Zuckermolekülen gebildet, die über Phosphorsäuren miteinander verknüpft sind. Jedes Zuckermolekül ist mit einem informationstragenden Element, einer der vier Basen Adenin, Cytosin, Guanin und Thymin, verknüpft. Die beiden Stränge werden durch vielfältige, aber schwache physikalische Kräfte zusammengehalten, die man als Wasserstoffbrücken bezeichnet. Diese Summe von schwachen Kräften erlaubt das Auseinandergehen und das Wiedervereinigen der beiden DNA-Stränge. Erbfehler (Mutationen) entstehen, wenn beim Kopieren eines Stranges ein falscher Partner, eine falsche Base – hier als Partner von Adenosin Cytosin anstelle von Thymin –, eingebaut wird. Zumeist werden diese Fehler von zelleigenen Reparaturmaschinen behoben, gelegentlich aber werden sie auch vererbt. Fehler in Maßen garantieren in der Evolution die Vielfalt von Lebensformen, bei einem Individuum können sie jedoch auch schwere Krankheiten hervorrufen.

10.5 Das vereinfachte Schema skizziert die chemischen Grundlagen der sogenannten Genexpression, die Umsetzung der als DNA gespeicherten Information in einen aus Aminosäuren zusammengesetzten Proteinfaden. Dabei werden von der DNA viele kurzlebige Kopien gemacht, die man als Boten- oder Messenger-RNA bezeichnet. Diese Abschrift dient dann als Matrize zur Synthese der Proteine. Wird in der DNA ein Baustein verändert, so wird auch in die mRNA ein falscher Buchstabe eingeführt und damit eine falsche Aminosäure in das Protein.

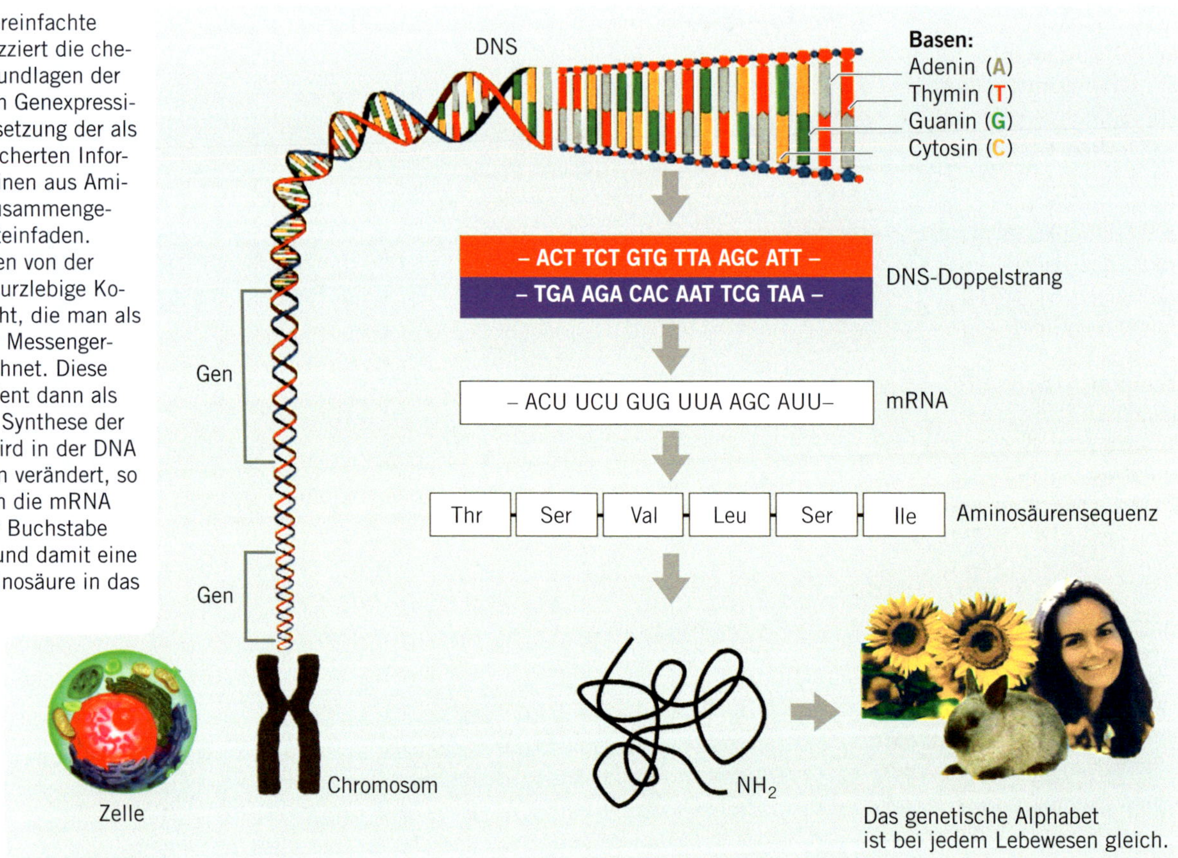

duziert werden können, drastisch zu erhöhen. Von einem Gen können in etwa zehn Minuten ca. 1000 RNA-Moleküle synthetisiert werden und jedes RNA-Molekül kann als Matrize zur Produktion von 1000 Proteinkopien dienen. So kann ein aktives Gen die Produktion von einer Million Proteinkopien dirigieren. Je nach Stoffwechsellage und Energie- und Synthesebedarf werden nur definierte Gene in mRNA umgesetzt. mRNA-Moleküle werden in Zellen schnell synthetisiert und ebenso schnell wieder abgebaut, d.h., sie unterliegen einem raschen Wechsel oder „turn over". In einer Zelle existieren zwei Klassen von Proteinen: die Haushaltsproteine, die in konstanter Menge produziert werden, und die Bedarfsproteine. Die letzteren werden nur produziert, wenn sie in der Zelle benötigt werden. Beispielsweise wird bei sportlichen Höchstleistungen mehr Sauerstoff veratmet bzw. mehr Glucose zu Kohlendioxid abgebaut als in Phasen der Ruhe. Die für diese Vorgänge im Stoffwechsel eingesetzten Katalysatoren, eben Enzyme, werden dann in großer Menge benötigt. Auch die Steuerungs-, Wahrnehmungs- und Gedächtnisvorgänge des Gehirns benötigen unterschiedliche Energiemengen, die aus der Verwertung von Glucose stammen. Somit muss auch die Ablesung der Gene und damit die Proteinsynthese ständig auf cerebrale Anforderungen hin angepasst werden. Die DNA repräsentiert nur die genetische Kompetenz eines Organismus, während Typ und Menge der mRNA in einer Zelle die aktuelle Stoffwechsellage wiedergeben. Durch das Konzept von Zwischenkopien ausgewählter Gene kann sich ein komplexer Organismus stets an die Umweltbedingungen anpassen.

Nach neueren wissenschaftlichen Erkenntnissen gilt das Dogma von Francis Crick (DNA macht RNA und RNA macht Protein) heute nur noch eingeschränkt. Es gibt beispielsweise Pflanzen, die mehr genetische Buchstaben in ihrer DNA haben als Säugetiere und der Mensch. Dafür ist das tierische Genom plastischer, d.h., die Information wird intelligenter genutzt. So liegen viele Gene gestückelt vor, dies nennt man die Exon-Intron-Struktur der Gene oder den genetischen Baukasten. Nur Exons enthalten genetische Informationen, die für die Synthese von Proteinen genutzt werden können. Durch die Kombination einzelner Exons zu einer neuen Bauanleitung können mehrere unterschiedliche Proteine von einem Gen produziert werden.

**10.6** In Zellen existieren Partikel, die sogenannten Ribosomen, welche die in der mRNA gespeicherte genetische Information zu einer Folge von Aminosäuren – zu einem Protein – verketten. Die in der mRNA gespeicherte Information wird als genetischer Code bezeichnet. Seine Entzifferung war eine der größten Leistungen der molekularen Biologie. Die Einfügung zeigt, wie die mRNA von der DNA abgelesen wird und wie sie aus dem Zellkern in das Cytosol, den Zellsaft, der Zelle geschleust wird.

## Neue Eigenschaften entstehen durch zufällige Veränderungen des Erbguts

Im Laufe der Evolution hat sich das Erbgut der Lebewesen ständig verändert. Die meisten der Veränderungen – Mutationen genannt – hatten für das Individuum negative Auswirkungen und wurden so nicht weitergegeben, da sich ein Lebewesen mit schlechteren Voraussetzungen nicht gegen seine Artgenossen durchsetzen kann. Gelegentlich aber hat eine Mutation auch positive Auswirkungen auf die Überlebenschance des betroffenen Individuums. Es konnte sich beispielsweise effizienter fortpflanzen als seine Konkurrenten, die Mutation wurde weitergetragen und erwies sich als stabil. Je kürzer die Generationszeit und je höher die Zahl der Nachkommen, umso schneller kann sich eine Mutation durchsetzen. So entstand über den Evolutionszeitraum von drei Milliarden Jahren die Vielfalt der Arten, wie wir sie heute kennen.

Wenn sich eine Zelle durch Teilung vermehrt, verdoppelt sich auch die DNA, was bedeutet, dass drei Milliarden genetischer Buchstaben kopiert werden müssen. Bei der Aufgabe, drei Milliarden Buchstaben korrekt abzuschreiben, würde jeder noch so Begabte Fehler machen. Pro einer Million Kopiervorgänge etwa passiert auch in

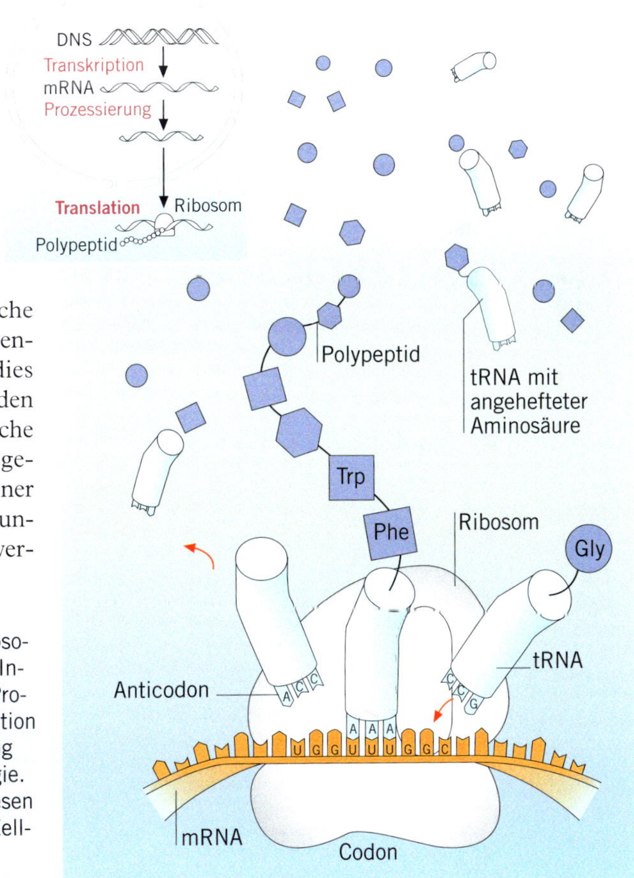

der Zelle ein Fehler, d.h., die Tochterzelle unterscheidet sich in etwa dreitausend genetischen Buchstaben von ihrer Mutterzelle. Die meisten dieser Veränderungen wirken sich strukturell und physiologisch nicht aus, sie sind schweigend. Dazu kommt, dass sich schnell teilende Zellen, wie etwa die Zellen in der Darmschleimhaut, nur eine Lebenszeit von einigen Tagen haben. Die Veränderung eines genetischen Buchstabens kann aber auch drastische Auswirkungen haben, beispielsweise eine Krebszelle entstehen lassen. Fast alle Nervenzellen teilen sich während der Lebenszeit des Individuums nicht mehr und sind so vor Mutationen durch DNA-Kopiervorgänge geschützt. Dies gilt allerdings nicht für die Bindegewebszellen im Gehirn, wie z.B. die Astrozyten, aus denen Tumore entstehen können.

Mutationen können auch durch Umwelteinflüsse verursacht werden, so durch Schwermetalle wie Blei oder durch reaktive chemische Verbindungen wie Nitrosamine, die in einigen Lebensmitteln vorkommen.

Besonders gefährlich sind negative Erbgutveränderungen, die die Keimzellen, die Gonaden, betreffen. Diese Veränderungen werden an die Nachfahren weitergegeben, also vererbt. Bekannte erbliche Krankheiten sind z.B. die Chorea Huntington (der Veitstanz), die Muskeldystrophien und der Mongolismus. Allerdings sind die meisten genetischen Erkrankungen nicht durch die Mutation eines einzelnen genetischen Buchstabens bestimmt, sondern haben vielfältige andere Ursachen. Die Eizellen im weiblichen Körper sind schon bei Geburt angelegt, so dass sie sich während der Lebensphase nicht durch Teilung neu bilden. Sie müssen nur einen Reifungsprozess durchlaufen und sind deshalb nicht anfällig für Kopierfehler. Anders verhält es sich bei Spermien, die sich beim geschlechtsreifen Mann ständig neu bilden.

## Die Themen einer modernen Neurogenetik

Die Neurogenetik als Teilgebiet der allgemeinen Genetik entwickelte sich um 1970, als deutlich wurde, dass experimentelle Ansätze zur Klärung grundlegender Fragestellungen in der Gehirnforschung einer interdisziplinären Zusammenarbeit von Physiologen, Anatomen, Genetikern und Biochemikern bedürfen. Ziel der Neurogenetik ist es, jene Gene, die für die Entwicklung und Funktion des Nervensystems und für die kognitiven Leistungen von herausragender Bedeutung sind, zu identifizieren. Kenntnisse über die Gehirngenetik sind auch für die Pathophysiologie, d.h. für die Erforschung von cerebralen Erkrankungen wie beispielsweise dem Down-Syndrom, der Chorea Huntington und der Alzheimer- wie Parkinson-Krankheit wichtig.

Von den aktuellen Themen der Neurogenetik soll beispielhaft die Verhaltensgenetik dargestellt werden. Die Verhaltensgenetik versucht zu ergründen, welchen Anteil das Erbgut, die DNA, am individuellen Verhalten und an der Persönlichkeitsentwicklung hat. Sie stellt somit ein Grenzgebiet zwischen Naturwissenschaften, Medizin, Sozialwissenschaften und Philosophie dar.

Das Erscheinungsbild beim erwachsenen Menschen wird oft von Erbanlagen determiniert. Die Ausprägung eines Merkmals kann jedoch durch Umweltfaktoren moduliert werden. Die Art der Erbanlagen legt für jedes Merkmal eine Reaktionsnorm fest, die weit oder eng gespannt sein kann. Merkmale wie etwa die Augenfarbe sind von Umwelteinflüssen nicht betroffen. Auch Instinkthandlungen oder Reflexe, z.B. der Lidschlag bei drohender Gefahr, sind angeboren. Komplexe Anlagen jedoch, wie etwa der Wunsch nach sportlicher Betätigung, werden sowohl von körperlichen Fähigkeiten als auch von der Umgebung, in der man aufwächst, bestimmt. Angeboren und erworben gehen oft ineinander über. Spannend ist die Frage, warum wir in der Kindheit angeborene Fähigkeiten, z.B. das Gehen auf zwei Beinen, erst lernen müssen.

Bei eineiigen Zwillingen kann man auch die genetische Ursache eines Verhaltens testen, die sogenannte Neuigkeitsorientierung. Diese Eigenschaft umfasst rasche Auffassungsgabe, Quirligkeit und Extravaganz und hat eine Penetranz von 40%. Verantwortlich für dieses Verhalten ist der Dopamin-Rezeptor D4 – dieser bindet das Belohnungshormon Dopamin –, der in hoher Dichte im Hypothalamus vorkommt. In diesem Gehirnbereich sind Emotionen und Belohnungsstrukturen lokalisiert. Mutationen in dem Gen für den D4-Rezeptor sind mitbestimmend für das Ausmaß an Neugierde, das eine Person aufweist.

1993 berichtete der amerikanische Genetiker Dean Hamer in der Zeitschrift *Science*, er habe Hinweise darauf, dass Homosexualität auf einer auf dem X-Chromosom lokalisierten genetischen Veränderung beruhe. Seine Aussage stützte sich auf eine statistische Stammbaumanalyse einer großen Gruppe homosexueller Männer und ihrer Eltern. Ein Teil der Betroffenen begrüßte diese Studie, weil die nun als angeboren eingestufte sexuelle Präferenz sie von der persönlichen Entscheidung und Verantwortung enthob. Da genetisch determiniert, sei Homosexualität als grundlegendes Menschenrecht zu schützen. Andere Betroffene befürchteten jedoch, dass von den Behörden angeordnete Gentests, mit denen sich eine negative oder positive Veranlagung zweifelsfrei feststellen lässt, einer systematischen Diskriminierung Tür und Tor öffnen würden. Da der wissenschaftliche Befund des Herrn Hamer nicht bestätigt werden konnte, waren Hoffnungen und Befürchtungen umsonst.

Die Ambivalenz einer genetisch orientierten Neuromedizin lässt sich am Beispiel der genetischen Diagnostik veranschaulichen. Bei Krankheitsbildern wie der Chorea Huntington kann man voraussagen, dass der Betroffene bis zum Alter von 60 Jahren an einem tödlich verlaufenden Nervenleiden erkranken wird. Solches Wissen kann im Umfeld der Person oder bei der beruflichen Qualifikation für den Betroffenen äußerst schädlich sein. Die Ächtung von Personengruppen aufgrund vermuteter erblicher Belastung hat in der Vergangenheit zu Diskriminierung, Verfolgung und Euthanasie geführt. Solche Auswüchse sind auch in Zukunft nicht auszuschließen. Mit dem entschlüsselten Humangenom und der Bestimmung von tausenden Erbmerkmalen auf einem Diagnosechip wird die voraussagende Medizin immer schneller, umfassender und billiger. Ohne Zweifel kann die Nutzung der neurogenetischen Diagnose nicht nur den Anwendern überlassen bleiben, sondern unterliegt im Sinne des „informed consent“ der Patientenzustimmung und einer gesetzlichen Regelung.

## Genetisch bedingte cerebrale Erkrankungen

Viele Erbmerkmale kann man bereits am Erscheinungsbild des Betroffenen erkennen, so etwa die berühmte Lippe und Nase bei den Mitgliedern der Habsburger-Dynastie oder die Bluterkrankheit in der russischen Zarenfamilie.

Auch bei dem Down-Syndrom, früher als Mongolismus bezeichnet, ist die Auswirkung der genetischen Fehlfunktion anhand des Erscheinungsbilds leicht zu diagnostizieren. Der Name der Erkrankung geht auf den Londoner Arzt John L. H. Down (1828–1896) zurück. Bei Menschen mit Down-Syndrom ist das Chromosom 21 dreifach statt üblicherweise zweifach in jeder Zelle vorhanden, die sogenannte Trisomie 21 (Abb. 10.3b). Auch können Abschnitte des Chromosoms 21 an ein anderes Chromosoms angelagert sein, z. B. an Chromosom 14 oder 22. Diese Chromosomenstörung führt bei den betroffenen Kindern zur Fehlentwicklung fast aller Organe, vor allem des Gehirns (Abb. 10.2). Trotz ihrer geistigen Behinderung sind Down-Syndrom-Kinder bei gezielter Förderung lernfähig und gut sozial integrierbar.

Eine der schlimmsten erblichen Nervenkrankheiten, die Chorea Huntington, im Volksmund „Veitstanz“ genannt, kann einem einzigen defekten Gen zugeordnet werden (siehe Kap. 14). Da die Veranlagung für Chorea Huntington bereits nach der Geburt diagnostiziert werden kann, die Krankheit sich aber erst im Alter zwischen dem 50. und 60. Lebensjahr manifestiert, ist diese Erbkrankheit das Paradebeispiel für die Ambivalenz der Gendiagnostik.

Die Rot-Grün-Blindheit wird durch Mutationen verursacht, die auf dem X-Chromosom lokalisierte Gene betreffen. Im Rotpigment der Sehfarbstoffe, der Rhodopsine, ist nur eine Aminosäure verändert. Die Betroffenen können Testbilder mit der Farbe Rot keiner Farbskala zuordnen.

Auch komplexe Verhaltensmuster, wie Alkoholismus oder Drogensucht, die allgemein als erworben gelten, können eine genetische Komponente haben, wie man anhand von Familienstudien mit Zwillingen nachweisen konnte.

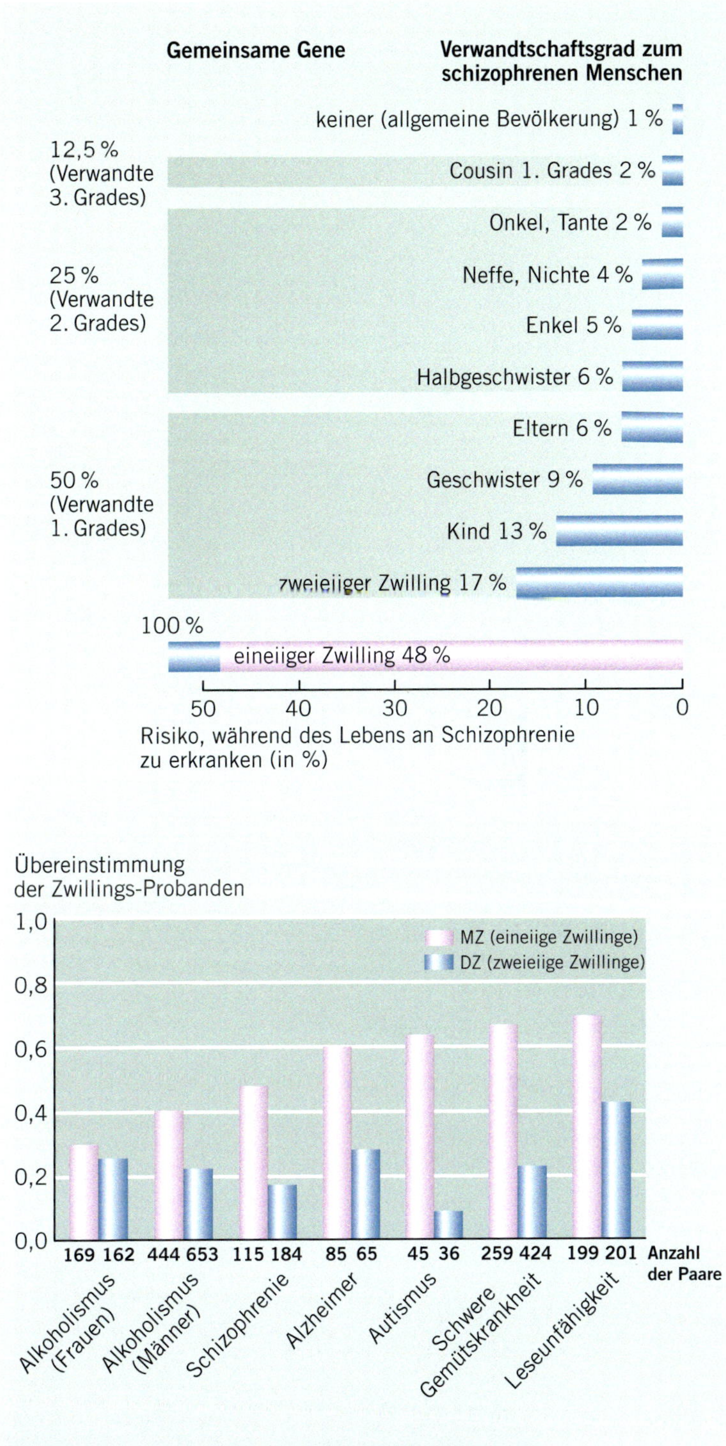


**10.7** Vererbbarkeit komplexer Eigenschaften. Untersuchungen zu multigenetisch bedingtem Verhalten oder Krankheiten bei ein- und zweieiigen Zwillingen. Die Übereinstimmung ist bei eineiigen Zwillingen (MZ = monozygot) immer größer als bei zweieiigen Zwillingen (DZ = dizygot). Das Risiko, an einer Schizophrenie zu erkranken, nimmt mit der Dichte der Verwandtschaftsbeziehung zu und erreicht bei eineiigen Zwillingen einen Wert von 48 %.

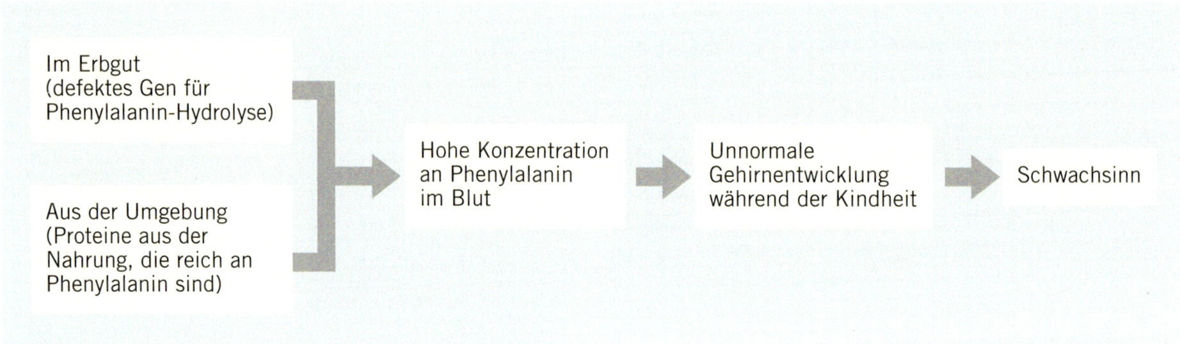


10.8 Das Zusammenspiel zwischen ererbt und erworben am Beispiel der Krankheit Phenylketourie. Die Phenylketourie, eine Stoffwechselerkrankung, tritt mit einer Inzidenz von 1 : 8000 bei Neugeborenen auf. Unbemerkt oder ohne Einhaltung einer Phenylalanin-freien Diät führt sie bei den Kindern durch die Anhäufung aromatischer Aminosäuren im Gehirn zu Schwachsinn. Im höheren Lebensalter kann auf die Diät verzichtet werden, allerdings nicht während einer Schwangerschaft, da der Stoffwechsel neue Wege zum Abbau aromatischer Aminosäuren entwickelt hat.

## Können zu Lebzeiten erworbene Fähigkeiten auf die Nachkommen vererbt werden?

Der Glaube an die Vererbung erworbener Eigenschaften ist tief in der Bevölkerung verwurzelt. Eltern glauben, dass sie ihre schulische Bildung oder ihren durch Krafttraining optimierten Körperbau an ihre Nachkommen weitergeben können.

Diese Form der Evolutionstheorie wurde von dem französischen Biologen Pierre-Antoine de Monet, Chevalier de Lamarck, im 19. Jahrhundert mit einem wissenschaftlichen Fundament versehen und wird heute als Lamarckismus bezeichnet. Nach seiner Meinung vererben Lebewesen an ihre Nachkommen auch jene Eigenschaften, die sie selbst im Laufe ihres Lebens erworben haben. Die von den Eltern erworbene Intelligenz werde an die Kinder vererbt, wodurch diese von Geburt an intelligenter seien als die Kinder weniger intelligenter Eltern.

Kritiker des Lamarckismus haben schon früh eingewendet, dass Phänomene, die kulturelle Prozesse beschreiben, fälschlicherweise von de Lamarck auf biologische Prozesse übertragen wurden.

Wissenschaftlich wurde der Lamarckismus durch die Entdeckung der Gene durch Gregor Mendel und die Evolutionstheorie von Charles Darwin widerlegt.

Unter Stalin erfuhr der Lamarckismus in der Sowjetunion eine Wiederbelebung. Der ukrainische Agronom Trofim Denissowitsch Lyssenko versuchte, die Vererbung erworbener Eigenschaften bei Nutzpflanzen zu beweisen, indem er temperaturempfindlichen Weizen im Frühjahr in kalten Gebieten anpflanzen ließ. Nach seiner Theorie würden die Pflanzen lernen, mit der Kälte umzugehen und die nächste Weizengeneration wäre dann kälteresistent. Diese „Anbaumethode" bedingte Mangelernten und Hungersnöte. Lyssenkos Theorien waren bei Stalin so beliebt, weil er glaubte, dass kommunistisch erzogene Bürger ihre Treue zur Partei an die Nachkommen vererben würden.

Es ist schon länger bekannt, dass Gene durch chemische Modifikation der DNA an- oder abgeschaltet werden können. Die epidemiologischen Daten einer Veranlagung, an Krebs zu erkranken, lassen sich durch neue molekularbiologische Fakten bestätigen. Die Frage allerdings, ob diese Veranlagung in unseren Genen verankert ist oder zu Lebzeiten erworben und dann vererbt wird, ist noch offen.

## Wolfskinder: Ohne Ansprache bleibt ein neugeborenes Kind ausgeschlossen aus der menschlichen Gemeinschaft

Als Wolfskinder oder wilde Kinder bezeichnet man Kinder, oft Findelkinder, die in jungen Jahren isoliert von Menschen aufwuchsen und sich deshalb in ihrem Verhalten von normal aufgewachsenen und sozialisierten Kindern unterscheiden. In der Literatur findet man etwa 150 Berichte über Kinder, die entweder mit Tieren groß wurden oder auf sich allein gestellt in der Wildnis überlebten. Der Wahrheitsgehalt vieler solcher Berichte ist allerdings fraglich.

Aus dem Mythos bekannt sind Romulus und Remus, die Gründer Roms, die von einer Wölfin gesäugt wurden, und aus der germanischen Sage der Held Dietrich, der ebenfalls von einer Wölfin aufgezogen wurde. Gut belegt sind die historischen Geschichten um das hessische Wolfskind, den Wilden von Aveyron und Kaspar Hauser. Die Gründe für die Ausgliederung von Kindern aus der menschlichen Gemeinschaft sind unterschiedlich: Aussetzen wegen Autismus, Verschleppen durch Tiere mit fehlgeleiteten Mutterinstinkten oder Wegsperren in Verliesen; die Ergebnisse aber ähneln sich: Kinder, die nach ihrer Geburt aus der menschlichen Gemeinschaft ausgeschlossen wurden und ohne elterliche Ansprache und

Liebe aufwuchsen, können nur noch partiell in die Gesellschaft eingegliedert werden. Diese Beobachtung wird auch durch ein wissenschaftliches Experiment unterstützt, das, wie der Geschichtsschreiber Salimbene von Parma berichtet, auf Geheiß des Stauferkaisers Friedrich II. durchgeführt wurde. Er wollte seine Theorie bestätigen, dass Kinder, wenn man sie nicht beeinflusst, Griechisch sprechen. Dazu ließ er zehn Kinder im Dunklen und ohne menschlichen Kontakt heranwachsen. Aber das grausame Experiment schlug fehl, wie Salimbene berichtet: „denn sie alle, alle starben, denn es fehlte ihnen das Liebkosen und Händepatschen ihrer Ammen".

Die Beobachtungen an Wolfskindern zeigen, dass ein Mensch, wird er nicht von Anfang an in eine kulturelle und soziale Umgebung eingebettet, ein unverständiges Wesen bleibt, vergleichbar mit einem Tier. Diese Beobachtung korreliert mit den anatomischen Befunden während der nachgeburtlichen Entwicklung eines Kindes. Die Nervenzellen müssen an ihren richtigen Ort wandern und untereinander durch Synapsen Zell-Zell-Verbindungen ausbilden. Ohne intensive, liebevolle Kontakte mit Eltern oder anderen Betreuungspersonen bleibt diese Entwicklung aus. Sie kann auch in späteren Lebensjahren nicht nachgeholt werden.

**Literatur**


Andreasen, N. (2001): Brave New Brain. Geist – Gehirn – Genom. Springer, Heidelberg

Brown, T. A. (1999): Moderne Genetik. 2. Aufl. Spektrum Akad. Verlag, Stuttgart

Dingermann, T. (1999): Gentechnik – Biotechnik. Wissenschaftl. Verlagsges., Stuttgart

Fischbach, K.F. (1998): Kapitel Neurogenetik. In: Seyffert, W. (Hrsg.): Lehrbuch der Genetik. Gustav Fischer, Stuttgart

Gassen, H.G./Martin, A./Sachse, G. (1986): Der Stoff aus dem die Gene sind. Bilder und Erklärungen zur Gentechnik. J. Schweitzer Verlag, München

Leroi, A.M. (2004): Tanz der Gene. Von Zwittern, Zwergen und Zyklopen. Spektrum Akad. Verlag, Heidelberg

Lipton, B. (2006): Intelligente Zellen. Wie Erfahrungen unsere Gene steuern. KOHA Verlag, Burgrain

Spitzer, M. (2006): Gott-Gen und Großmutterneuron. Geschichten von Gehirnforschung und Gesellschaft. Schattauer, Stuttgart

Watson, J.D./Tooze, J. (1981): The DNA Story. W.H. Freeman and Company, San Francisco

Winnacker, E.L. (1993): Am Faden des Lebens. Warum wir Gentechnik brauchen. Piper, München

# Gehirn und Ernährung

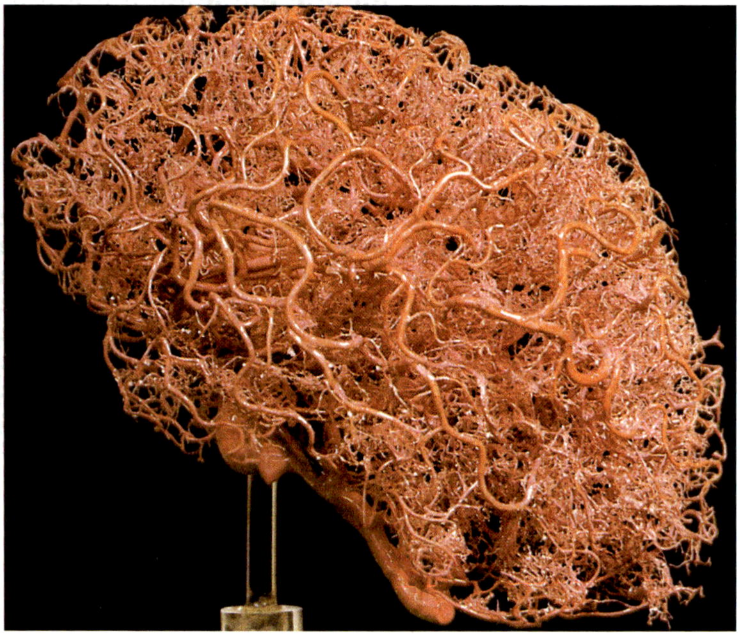

11.1 Das kilometerlange Kapillarsystem des Gehirns. Kein Neuron ist weiter als ein Millionstel Meter von einem Blutgefäß entfernt. Das Präparat wurde durch Einspritzen von Kunststoff in das cerebrale Gefäßsystem erhalten. Quelle: Prof. Schaper, MPI für physiologische und klinische Forschung, Bad Nauheim

Das Thema Gehirn und Ernährung hat eine wechselseitige Beziehung, da das Gehirn zum einen selbst ernährt werden muss und zum anderen unsere Nahrungsaufnahme reguliert. Das Gehirn ist nicht nur ein Hochleistungsorgan, es hat auch einen enormen Energiebedarf. Obwohl es mit ca. 1300 g nur zwei Prozent unseres Körpergewichts ausmacht, wird es von 20 % des Blutes durchströmt und benötigt damit auch 20 % des eingeatmeten Sauerstoffs und des Traubenzuckers (Glukose), der entweder mit der Nahrung aufgenommen oder im Stoffwechsel produziert wird. Das Gehirn entscheidet aber auch, wann wir Hunger empfinden und wann wir satt sind.

## Die optimale Ernährung des Gehirns ist ein besonderes Problem

„Feed the Brain" (Versorge dein Gehirn) ist zum einen ein Modebegriff beim Thema Ernährung, zum anderen auch ein Thema für spekulative Beiträge in den Gazetten geworden. Gemeint ist damit nicht die alltägliche Versorgung des Gehirns mit Kalorien und Sauerstoff, sondern die Möglichkeit, unser geistiges Zentrum mit einer optimalen Ernährung leistungsfähiger zu machen. „Iss dich intelligent" ist jedoch ein sehr komplexes Thema. Früher glaubte man, Traubenzucker mache intelligenter, heute weiß man, dass er nur in Maßen vom Blut in das Gehirn übertritt und dass ein Zuviel an Traubenzucker zum Diabetes führen kann.

Das Gehirn weist eine ganz besondere Nahrungsversorgung auf. Vitamine und Synthesebausteine werden ihm über die Gehirnflüssigkeit zugeführt, Energiesubstrate wie Glukose, Ketonkörper und einige Aminosäuren gelangen dagegen über das ca. 700 km lange kapillare Adergeflecht in das Gehirngewebe. Während die großen Gefäße, die Arterien und Arteriolen, größere Mengen an Blut transportieren und der Wärmeregulation dienen, haben die kapillaren Blutgefäße die Aufgabe, die Ver- und Entsorgung des Gewebes mit Stoffwechselprodukten (Metaboliten) sowie die Sauerstoffübertragung von den roten Blutkörperchen (Erythrozyten) zu den Mitochondrien in den Gewebszellen zu besorgen. Das Versorgungssystem im Gehirn ist so perfekt, dass keine Nervenzelle weiter als ein Mikrometer (ein Millionstel Meter) von einem Blutgefäß entfernt ist. In einem Kapillargefäß, dessen Weite gerade dem Durchmesser der Erythrozyten entspricht, wandern die roten Blutkörperchen dicht auf dicht das Gefäß entlang und verändern dabei ihre Form so, dass der Wand-Wand-Kontakt zwischen Erythrozyt und der inneren Zellschicht der Kapillaren, dem Endothel, optimal wird. Ursache für die Formveränderung und Wanderung der Erythrozyten ist der kapillare Blutdruck. So wird eine perfekte Übertragung des Sauerstoffs in das Gewebe möglich. Der Blutfluss in der engen Kapillare ist nur möglich, weil die Zelloberflächen von Endothel und Erythrozyt jeweils mit einer Gleitschicht, der Glykokalix, ausgekleidet sind, welche die Reibung minimiert (Abb. 11.2). Bedingt durch die gleichsinnigen negativen Ladungen der Zellwände von Erythrozyt und Endothel sowie dem aufliegenden Wasserfilm wird die Reibung bei der Wanderung der Erythrozyten minimiert. Allerdings funktioniert dieses System nur, wenn alle Komponenten optimal agieren. Wird z. B. die Blutzähigkeit (Viskosität) zu hoch – dies kann bei Wassermangel der Fall sein, bei krankhaft veränderten Erythrozyten z. B. bei der Sichelzellenanämie oder bei defekter Glykokalix –, dann bleiben die Erythrozyten in den Kapillargefäßen stecken. So kommt es zum Kapillarverschluss mit einer Sauerstoffunterversorgung der nachfolgenden Zellen und einer Gewebsschädigung, ein Vorgang, den man als Mikroangiopathie bezeichnet. Da solche Gewebsschädigungen (Nekrosen) den Einstrom von Entzündungsmediatoren wie beispielsweise Prostaglandinen, Histaminen und Interleukinen begünstigen, verstärken sich diese Mikroangiopathien zu größeren Gewebsschäden mit lokalen Funktionsausfällen. Die schlimmste Form ist der Schlaganfall, kleinere Schädigungen äußern sich in partiellen Lähmungen oder mentalen Defiziten. Diese Störungen müssen nicht dauerhaft sein, da sich neue Kapillaren bilden können, andererseits können die im nekrotischen Gewebe sich anreichernden Sauerstoffradikale den zerstörerischen Prozess auch weiter verschlimmern. Das Gehirn kann ohne eine optimale Durchblutung und ohne perfektionierte Sauerstoffversorgung nicht existieren. Die hohe Perfektion des Systems bedingt jedoch auch seine Störanfälligkeit.

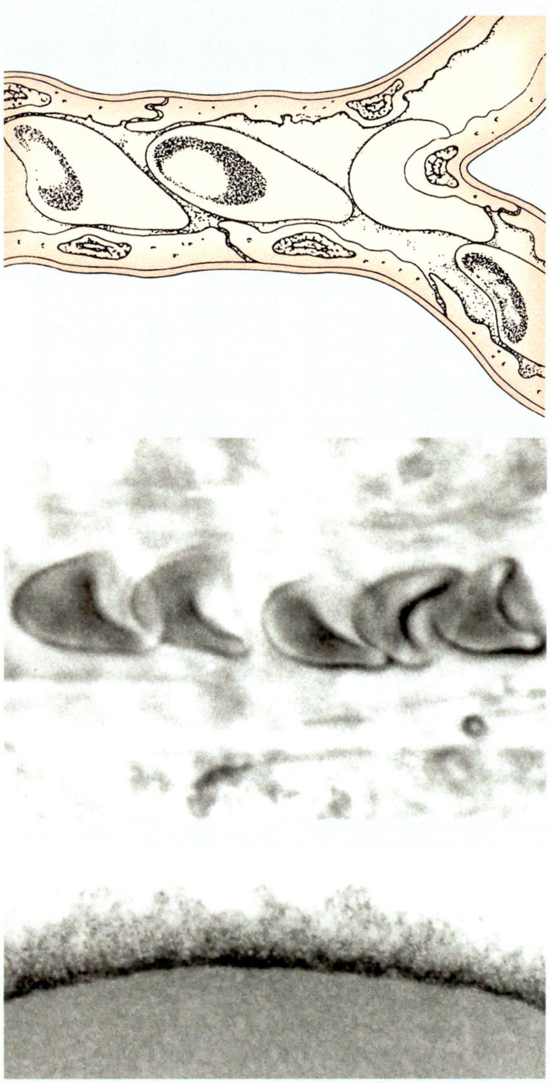

11.2 Optimierung des Sauerstofftransports vom Blut in das Gewebe. Das obere Bild zeigt rote Blutkörperchen (Erythrozyten), wie sie in dichter Reihe durch eine Kapillare wandern. In der Mitte ist deren Verformung zum Erzielen eines optimalen Wandkontaktes dargestellt und unten sieht man die Gleitschicht für die Erythrozyten, die aus Zuckern aufgebaute Glykokalix.

## Die Blut-Hirn-Schranke schützt das Gehirn vor gefährlichen Stoffen

Die Versorgung des Gehirns über das Blut und den Liquor ist notwendig zum Überleben, bringt dem Gehirn aber auch Probleme, da die Nährstoffkonzentration je nach Umfang und Häufigkeit der Mahlzeiten stark schwankt. Das Gehirn muss aber die Nervenzellen konstant mit Sauerstoff und Glukose versorgen und Abfallprodukte wie Ammoniak über die Cerebrospinalflüssigkeit oder die Blutbahn entsorgen. Darüber hinaus übernehmen Aminosäuren, die Bausteine der Proteine, im Gehirn auch die Funktion von Neurotransmittern, deren Konzentration in den Neuronen konstant sein muss. So erhöht sich nach einer Spargelmahlzeit die Konzentration der Aminosäure Asparagin im Blut um das Hundertfache. Die Konzentration an Asparagin im Gehirn muss aber immer gleich sein. Nur eine gleich bleibende Nährstoffversorgung und die rechtzeitige Beseitigung aller Abfallstoffe garantiert die nötige Perfektion neuronaler Aktivitäten im Gehirn. Beständigkeit ist das Credo aller Hirnaktivitäten.

Das Gehirn braucht, um von den Stoffschwankungen im Blut unabhängig zu sein, einen Filter zwischen Blutstrom und Gehirngewebe. Diesen selektiven Filter nennt man Blut-Hirn-Schranke (BHS). Anatomisch realisiert sich die BHS in einem Deckgewebe, dem sogenannten Endothel, welches die kapillaren Gefäße im Gehirn blutseitig auskleidet. Dieses Deckgewebe lässt sich mit einer Schicht Kacheln vergleichen, die so miteinander verfugt sind, dass kein Wasser durchdringt. Die einzelnen Endothelzellen sind miteinander über ihre Membranen verschmolzen und bilden sogenannte „tight junctions“. So muss jeder Wirkstoff, der vom Blut in das Hirngewebe gelangen soll, zwei Membranen sowie das Zellinnere passieren. Viele Substanzen aus dem Blut, mit Ausnahme

| Aminosäure | Plasma-Konzentration [µmol/l] | Gehirn-Konzentration [µmol/l] |
|---|---|---|
| Prolin | 206 | 59 |
| Tryptophan | 193 | 26 |
| Leucin | 169 | 65 |
| Glutamin | 555 | 3820 |
| Isoleucin | 99 | 36 |
| Alanin | 342 | 705 |
| Valin | 206 | 88 |
| Threonin | 282 | 904 |
| Glutamat | 74 | 9720 |

**Tab. 11.1** Die Tabelle zeigt die Effizienz des Transports einzelner Aminosäuren über die Blut-Hirn-Schranke. Sie erhält die Konzentrationsunterschiede zwischen Plasma und Gehirn.

der Atemgase und sehr fettähnlicher Substanzen, können die Zellmembranen der Endothelzellen nicht überwinden. So gelangt Heroin, das sehr fettähnlich ist, schnell über die BHS ins Gehirn, während der Ausgangsstoff, das Morphin, nur langsam diese Schranke durchquert (siehe auch Kap. 15). Für das Gehirn wichtige Stoffe, wie z.B. Glukose, werden mit Hilfe bestimmter Proteine über die Membranen transportiert. Allein für Glukose existieren vier spezialisierte Transportsysteme.

Während die BHS im Gehirn eines gesunden Menschen ein stabiles inneres Milieu, die Homöostase, garantiert und weiterhin Schadstoffe vom Gehirn fernhält, kann sie bei der medikamentösen Behandlung eines dementen oder krebskranken Patienten zum Problem werden. Medikamente gelangen nämlich nicht oder nicht in der nötigen Konzentration von der Blutbahn in das Gehirngewebe. Direkte Injektionen von z.B. Tumorstatika in das Gehirngewebe oder das gewaltsame Öffnen der

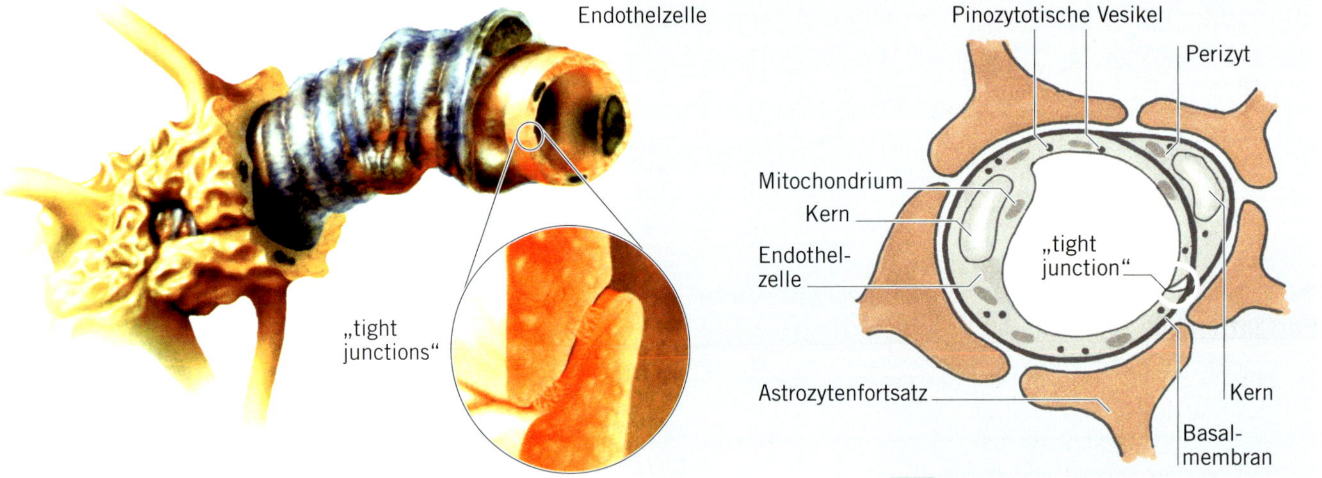


**11.3** Die Barriere zwischen Blut und Gehirngewebe nennt man Blut-Hirn-Schranke. Sie besteht aus Endothelzellen, die blutseitig zu einer lückenlosen Deckschicht miteinander verbunden sind. Die dünnen und reißempfindlichen Kapillaren werden durch Perizyten und die Endfüße der Astrozyten verstärkt. Vermutlich erfolgt der Stofftransport über die Astrozyten direkt zu den Nervenzellen. Gezeigt werden ein Querschnitt durch die Kapillare und ein Gefäß im Längsverlauf.

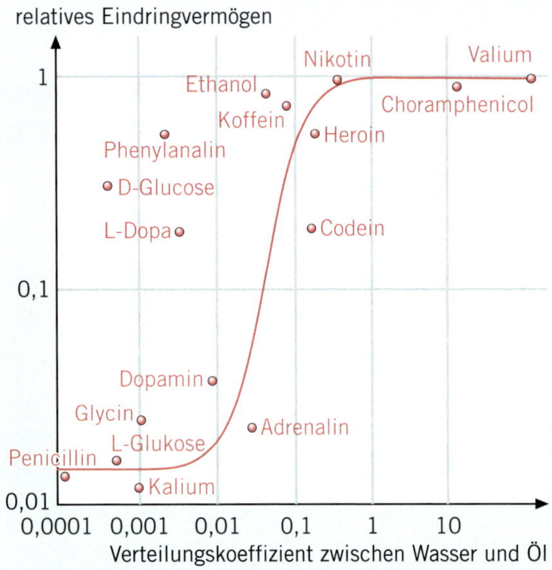


**11.4** Die Verteilung von Substanzen zwischen den zwei Phasen Wasser und Öl dient als Modellsystem für den Durchtritt der Substanzen über die Blut-Hirn-Schranke. Gut wasserlösliche Moleküle wie Glukose können nur mit Hilfe von Transportern die BHS überwinden, während fettähnliche Verbindungen wie Nikotin oder Heroin frei über die BHS diffundieren.

BHS durch Zuführen hoher Zuckermengen über die Halsschlagader sind mit großen Infektionsgefahren verbunden.

Eine besondere Rolle in der Energieversorgung der Nervenzellen innerhalb des Hirns spielen die Astrozyten, ein Zelltypus, der gemeinsam mit den anderen Gliazellen das cerebrale Bindegewebe bildet. Sie berühren mit ihren Endfüßen zum einen die Blutgefäße, zum anderen haben sie direkten Kontakt zu den Nervenzellen (Abb. 10.5). So können benötigte Stoffe direkt vom Blut zu den Neuronen geleitet werden, was deren optimale Versorgung garantiert. Der größte Teil der Energie wird in einer Nervenzelle in Form von ATP (Adenosintriphosphat) für das Generieren der Aktionspotenziale, d.h. für das Herauspumpen der Ionen aus den Zellen benötigt (siehe Kap. 5). Um das geforderte ATP bereitzustellen, muss Glukose mit Hilfe von Sauerstoff zu Kohlendioxid und Wasser verbrannt werden. Diese Reaktion (aerobe Energiegewinnung) liefert 36 Moleküle ATP, während die sauerstofffreie Reaktion (anaerobe Energiegewinnung), d.h. die Vergärung der Zucker, nur zwei Moleküle ATP bereitstellt. Die Nutzung des Sauerstoffs zur Energieversorgung durch Verbrennungsvorgänge ist für das Hochleistungsorgan Gehirn unabdingbar. Allerdings sind die Sauerstoffradikale als stete Begleitstoffe der Verbrennung zugleich auch die schlimmsten Schadstoffe für das Gehirn.

## Das Atemgas Sauerstoff: Perfektion und Katastrophe

Die Nutzung des Sauerstoffs als Atemgas ist eine späte Entwicklung der Evolution. Vor zwei Milliarden Jahren bewirkten zuerst Organismen in den Meeren und danach Landpflanzen das allmähliche Ansteigen der Sauerstoffkonzentration in der Atmosphäre von null auf die heutigen zwanzig Prozent. Durch die Nutzung des Sauerstoffs zur Energiegewinnung und durch die Entstehung der Ozonschicht entwickelte sich die Vielfalt des irdischen Lebens. Allerdings hat das Atemgas Sauerstoff den Nachteil, dass es sich kaum in Wasser löst. Somit mussten großvolumige Sauerstoffkonsumenten – wie beispielsweise Säugetiere – ein Transportsystem für die Atemgase entwickeln, das weder auf Adsorptionsvorgängen wie bei dem Tracheensystem der Insekten noch auf einer Lösung des Sauerstoffs in Wasser beruht. Der besondere Saft Blut mit dem Sauerstofftransporter Hämoglobin ist für die Versorgung eines großen Lebewesens unabdingbar und eine Spitzenleistung der Evolution. Blut besteht zu 50% aus den roten Blutkörperchen, den Erythrocyten, sowie den weißen Blutkörperchen und den Blutplättchen. Die Erythrocyten sind voll mit rotem Blutfarbstoff, dem Hämoglobin. Jedes Hämoglobinmolekül bindet, wenn das Blut durch die Lunge strömt, vier Moleküle Sauerstoff und transportiert sie über die Blutgefäße zum Gewebe. Dort angekommen löst sich der

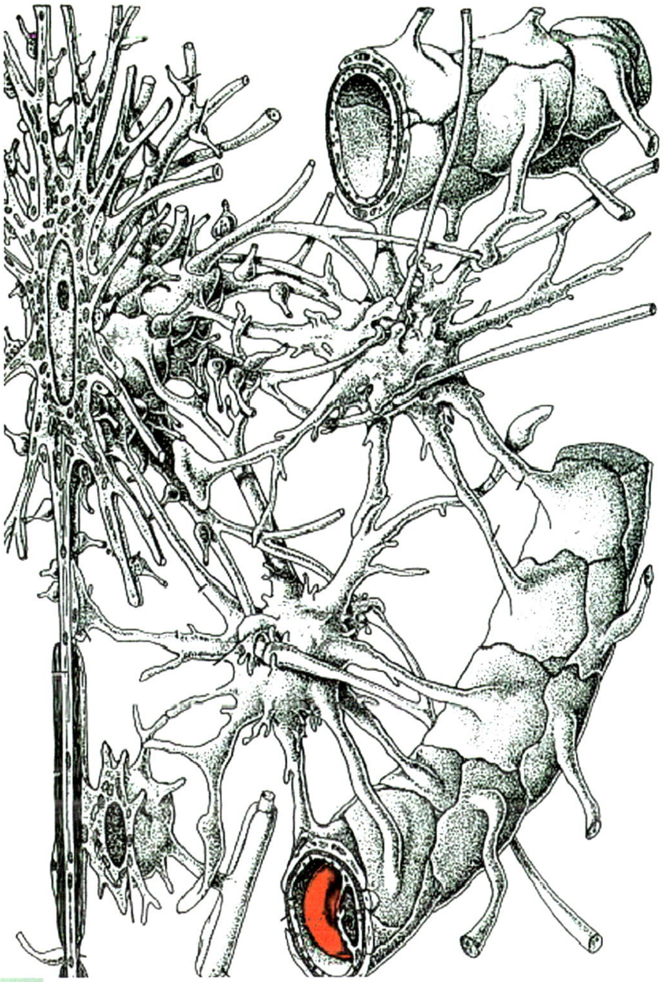

11.5 Das Bild skizziert die magische Triade im Gehirn Blutkapillare, Astrozyt und Neuron. Der rot eingezeichnete Erythrozyt dokumentiert den winzigen Durchmesser der Kapillare. Quelle: Krstic, R.V. (1988): Die Gewebe des Menschen und der Säugetiere. 2. Aufl. Springer, Heidelberg

Sauerstoff von seinem Transporter und wandert in die Kraftwerke der Zellen, die Mitochondrien. In diesen läuft dann die Verbrennung der Nahrungskomponenten mithilfe des Sauerstoffs ab (Abb. 11.6).

Allerdings wird seit der Nutzung des Atemgases Sauerstoff das Leben durch ein zusätzliches Risiko bedroht, nämlich durch die toxische Wirkung der Radikale des Sauerstoffs. Der Sauerstoff ist ein starkes Oxidationsmittel und bildet – dies ist des Schreckens schlimmste Form – stabile freie Radikale wie das Superoxidanionradikal oder das Hydroxylradikal. Diese Radikale können die Mitochondrien, die Kraftwerke der Zellen, schädigen oder gar völlig zerstören (Abb. 11.8).

Die Mitochondrien in den Zellen sind zwar perfekte Kraftwerke, die aus der Reduktion von Sauerstoff zu Wasser die Energie in Form von ATP gewinnen, aber sie reduzieren leider nur 98% des verfügbaren Sauerstoffs zu Wasser. Aus den verbleibenden 2% können Radikale

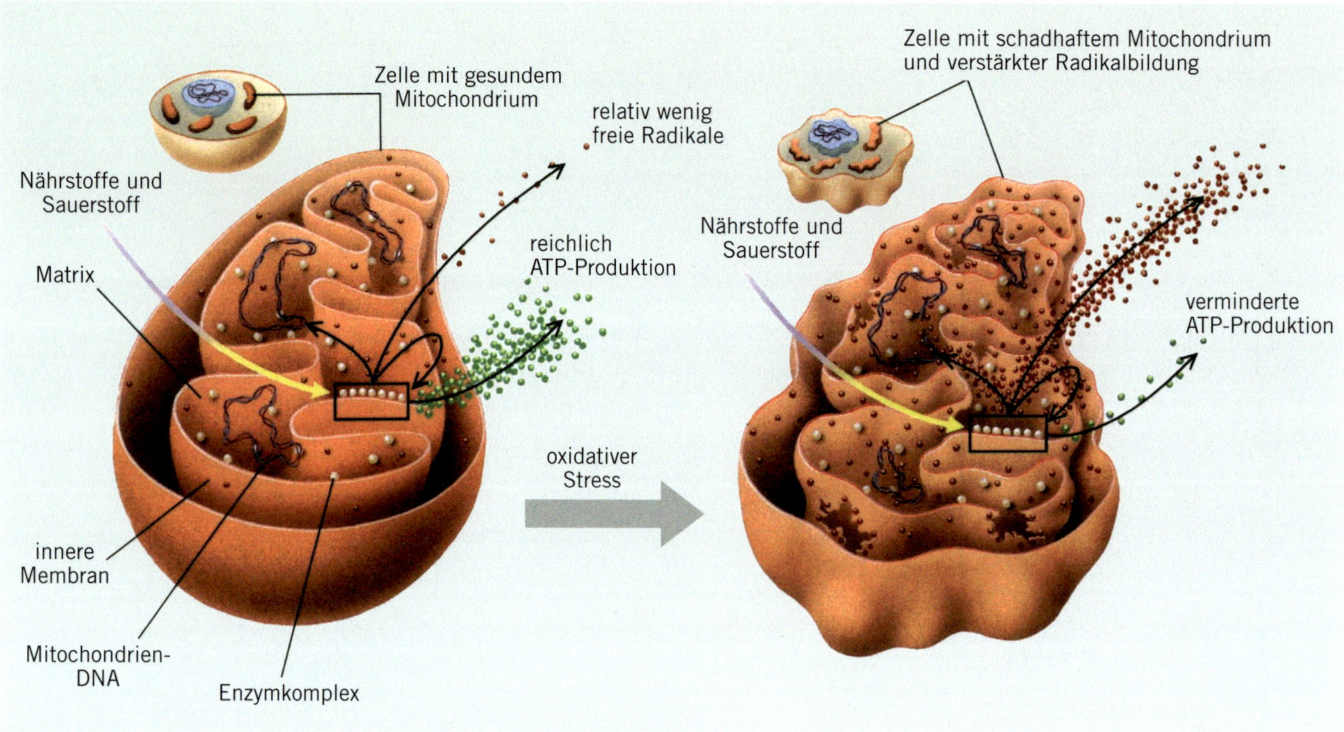


11.6 Mitochondrien produzieren innerhalb der Zelle ATP. Enzyme der sogenannten Atmungskette reduzieren Sauerstoff zu Wasser und gewinnen dabei die Energie. Abweichend von einer Brennstoffzelle, die ein Gemisch von Wasserstoff und Sauerstoff zu Wasser verbrennt, nutzt der hocheffiziente biologische Energiegenerator Hydridionen zur Sauerstoffreduktion. Die Biologie ist unserer Technik noch weit überlegen.

entstehen, die eine Schadenskaskade einleiten, falls sie nicht durch die körpereigenen Abwehrsysteme unschädlich gemacht werden. Das Gehirn reagiert – im Vergleich zu den anderen Organen des Körpers – extrem empfindlich auf Radikale, da es intensiv mit Sauerstoff versorgt werden muss und einmal geschädigte Neuronen nicht oder nur in geringem Maß ersetzt werden können. Bei einem gesunden Menschen und bei vernünftiger Ernährung spielen Sauerstoffradikale keine große Rolle, bei Krankheit und falschem Essen aber führen sie schnell in eine Katastrophe und zu irreversiblen Zellveränderungen.

## Freie Radikale und Neurodegeneration

Neurodegenerative Erkrankungen können durch Zellgifte, virale Entzündungen, Autoimmunreaktionen, Traumen, cerebrovaskuläre Schäden und toxische Metalle ausgelöst werden. Überraschenderweise kann die Toxizität aller auslösenden Faktoren durch nur einen grundlegenden Mechanismus – die Bildung schädlicher freier Radikale – erklärt werden

Ein äußerst schädliches Radikal – das Superoxidanion – entsteht in den Mitochondrien aus genau den zwei Prozent Sauerstoff, die bei der Verbrennung übrig bleiben. Normalerweise werden diese Radikale durch das Enzym Superoxiddismutase abgefangen und zu Wasserstoffperoxid umgesetzt. Das Wasserstoffperoxid kann anschließend mit Hilfe anderer anti-oxidativer Schutzsysteme zu Wasser reduziert und unschädlich gemacht werden.

Nicht abgefangene Radikale reagieren primär mit den Enzymen in den Mitochondrien, schädigen sie und be-

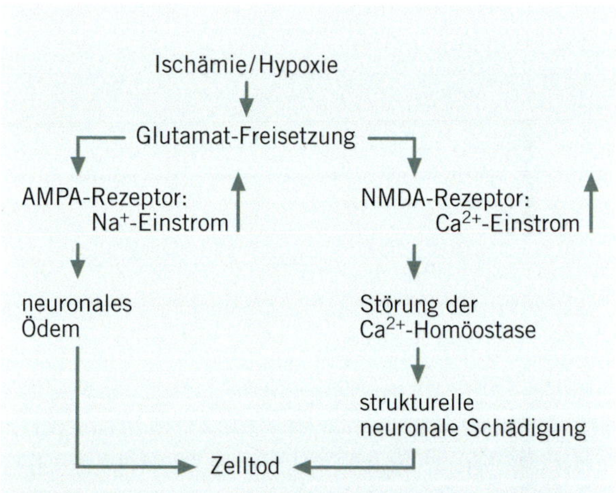


11.7 Sauerstoffmangel (Hypoxie) führt primär zur Ischämie. Folge davon ist, dass Glutamat zu langsam aus dem synaptischen Spalt entfernt wird. Der daraus folgende Kalziumeinstrom führt dann zum Zelltod.
Quelle: Firmenprospekt Merz Pharma, Frankfurt a. M.

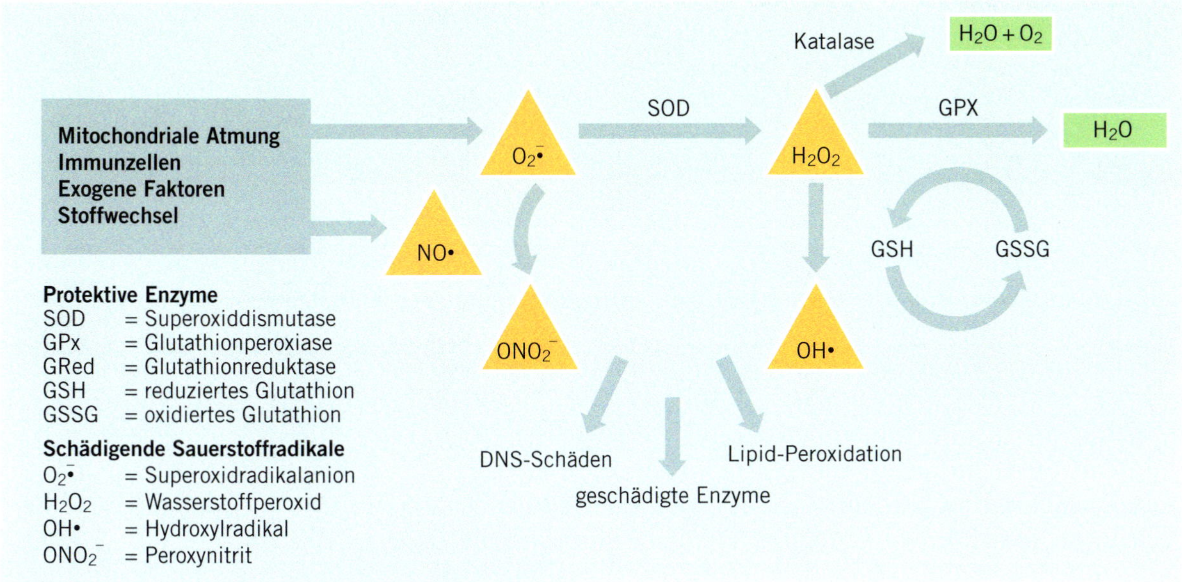


**11.8** Sauerstoff- und Stickstoffradikale sind die Auslöser von Schädigungen im Gehirn. Das Reparatursystem benötigt sehr viel Energie in Form von ATP, das aber geschädigte Mitochondrien nicht mehr zur Verfügung stellen können. So entwickelt sich eine Schadenskaskade, die alle Stoffwechselkomponenten wie DNA, Proteine und Fette beschädigt (ROS = reaktive Sauerstoffspezies, engl. *reactive oxygen species*).

wirken so langfristig einen Rückgang der zellulären Energieproduktion. Geschädigte Mitochondrien verarbeiten dann weniger Sauerstoff und produzieren deshalb mehr Sauerstoffradikale, so dass die Zerstörungen in den Neuronen immer weiter voranschreiten. Gegenspieler sind die sekundären antioxidativen Systeme, die für den Abbau oder die Reparatur geschädigter Zellbestandteile sorgen. Allerdings verbrauchen diese Mechanismen zelluläre Energie in Form von ATP, die von bereits geschädigten Mitochondrien immer weniger geliefert werden.

Die mitochondriale Atmungskette ist eine der Hauptquellen für reaktive Sauerstoffspezies, aber auch der Neurotransmitter-Stoffwechsel spielt eine wichtige Rolle für die Oxidantienbildung im Gehirn. Bei dem durch das Enzym Monoaminoxidase bewirkten Abbau von Katecholaminen werden ebenfalls Superoxidanion-Radikale freigesetzt. Da diese Reaktionen vor allem in den von Dopamin kontrollierten Neuronen stattfinden, ist die Schädigung möglicherweise auf einige Zellpopulationen begrenzt. Der oxidative Abbau des Dopamins wird als eine mögliche Ursache für das Entstehen der Parkinson'schen Krankheit diskutiert (siehe Kap. 14).

Neben reaktiven Sauerstoffspezies entstehen im Gehirn auch stickstoffhaltige Oxidantien, wie beispielsweise das Stickstoffmonoxid. Stickstoffmonoxid ist ein wichtiger Botenstoff zur Weitstellung von Gefäßen und spielt eine Rolle bei Gedächtnisleistungen, der sogenannten Langzeitpotenzierung. Seine schnelle Reaktion mit dem Superoxidanion-Radikal führt jedoch zur Bildung von Peroxynitrit, das wiederum einer der potentesten Schadstoffe in biologischen Systemen ist.

## Glutamat als die Schlüsselsubstanz für die Schreckenskaskade

Eine Schlüsselsubstanz bei der durch Radikale verursachten Neurotoxizität ist das Glutamat. Die Aminosäure Glutamat wird an den Synapsen von Nervenzellen in den synaptischen Spalt freigesetzt und von dort schnellstmöglich von Neuronen und Gliazellen über spezifische Glutamattransporter wieder in die Zellen aufgenommen. Dies ist für die Funktion des Glutamats als dem bedeutendsten Neurotransmitter im Gehirn extrem wichtig, da nur eine niedrige und nur kurz anhaltende Ausschüttung eine reibungslose Signalweiterleitung zwischen glutamatabhängigen Neuronen gewährleistet (Abb. 11.7).

Wenn diese Transportsysteme jedoch durch oxidativen Stress zerstört werden, löst die hohe Menge an extrazellulärem Glutamat eine verlängerte Aktivierung der glutamatgesteuerten Rezeptoren aus. Dadurch kommt es zu einem erhöhten Einstrom von Kalziumionen in die Zelle, und diese können dort zerstörerische (exzitotoxische) Reaktionskaskaden auslösen, die zum Untergang der Nervenzellen führen. Im gesunden Organismus transportieren zelluläre Mechanismen das überschüssige Kalzium aus der Zelle. Doch alle diese zellulären Schutzmechanismen benötigen viel Energie in Form von ATP. Wenn die zellulären Energiereserven nicht aufgefüllt werden können, weil die Mitochondrien als Kraftwerke defekt sind, versagen als Konsequenz auch alle Schutzmechanismen. Verliert die Zelle die Kontrolle über die innere Kalziumkonzentration, brechen alle Kommunikationssysteme zusammen und die Nervenzelle stirbt ab. Diese Kette, die mit Sauerstoffradikalen beginnt und mit dem Absterben von Nervenzellen endet, wird als Schreckenskaskade bezeichnet.

## Prävention durch Ernährung

Die Vorstellung, dass eine überlegte Ernährung vor neurodegenerativen Erkrankungen schützt, ist sehr verlockend – vor allem in Anbetracht der altersabhängigen Zunahme von Alzheimer, Parkinson und Schlaganfall. Viele Substanzen, welche neuroprotektive Wirkungen entfalten, gehören zu den bioaktiven Substanzen aus Obst und Gemüse – den sogenannten sekundären Pflanzeninhaltsstoffen. Bisher zeigten Studien, dass verschiedene Pflanzeninhaltsstoffe vor neurodegenerativen Erkrankungen schützen oder sogar kognitive Fähigkeiten verbessern. Jedoch sind die genauen Wirkmechanismen noch unerforscht.

Vor allem das hohe anti-oxidative Potenzial verschiedener sekundärer Pflanzeninhaltsstoffe übt wichtige neuroprotektive Effekte aus. Zusammen mit den bekannten Nahrungs-Antioxidantien der Vitamin- und Spurenelement-Gruppe (Vitamin A, C und E oder Zink, Magnesium und Selen) bilden einige Pflanzeninhaltsstoffe einen effizienten Schutz vor schädlichen freien Sauerstoff- und Stickstoffradikalen. Besonders die Pflanzenfarbstoffe in roten Trauben inhibieren sehr wirkungsvoll das für neurodegenerative Prozesse bedeutende Peroxynitrit, welches von Vitaminen kaum neutralisiert wird. Auch sollen die Catechine des grünen Tees eine schützende Wirkung entfalten. Catechine sind kleine, fettlösliche Substanzen und gehören zur Gruppe der Flavonoide.

Die langfristigen Effekte protektiv wirkender Pflanzeninhaltsstoffe scheinen auch in den kleinen Mengen zu wirken, wie sie in Lebensmitteln vorkommen. Andere Substanzen, die das Gehirn schützen sollen, kann man allerdings nicht in hinreichender Menge über die Nah-

| Grundumsatz GU | Männlich | Weiblich |
|---|---|---|
| Kinder 5–7 Jahre | 1100 | 1000 |
| Kinder 8–10 Jahre | 1300 | 1200 |
| Jugendliche 11–14 Jahre | 1600 | 1500 |
| Jugendliche 15–17 Jahre | 1900 | 1600 |
| Erwachsene 18–35 Jahre | 1800 | 1500 |
| **Hypocalorische Diät** | | |
| 300 | Unglücklich Verliebte, Selbstmörder | |
| 600 | Klinisch-stationäre Abmagerungskur (Nulldiät) | |
| 1500 | Normale Abmagerungskur | |
| **Isocalorische Diät** | | |
| | **Ohne Arbeit: GU plus < 500** | |
| 1800 | Nichtstuer, Traumwandler | |
| 2000 | Mannequins, Bücherwürmer | |
| | **Leichte Arbeit GU plus > 500** | |
| 2200 | Weibliche Büroangestellte, Ehefrauen mit einem Dienstmädchen | |
| 2400 | Sitzarbeiter, Bürokraten, Rentner, Hausfrauen, Fabrikarbeiterinnen | |
| 2600 | Hochzeitsreisende, Manager, Staubsaugervertreter | |
| | **Mittelschwere Arbeit: GU plus > 1000** | |
| 2800 | Fabrikarbeiter, Fußgänger, Fernlastfahrer, Profs und Studis, schwangere Frauen | |
| 3000 | Briefträger und Polizisten, Jazzband-Schlagzeuger und Halbstarke, stillende Mütter | |
| | **Schwere Arbeit: GU plus > 1500** | |
| 3300 | Mütter von Zwillingen, Landarbeiter | |
| 3600 | Tischler und Automechaniker | |
| 4000 | Maurer und Berufssportler | |
| | **Schwerste Arbeit: GU plus > 2500** | |
| 5000 | Olympiasieger im Zehnkampf | |
| **Hypercalorische Diät** | | |
| 4500 | Lebensmüde Schlemmer und Genießer | |

**Tab. 11.2** Täglicher Energiebedarf (kcal) des Menschen bei verschieden schwerer Arbeit. Quelle: Jungermann, K./Möhler, H. (1979): Biochemie. Springer, Heidelberg

| Nahrungsmittel | | kcal | kJ |
|---|---|---|---|
| Milch, Käse, Eier | 1 Glas Vollmilch | 140 | 590 |
| | 1 Becher Joghurt | 120 | 505 |
| | 100 g Schweizer Käse | 400 | 1680 |
| | 1 gekochtes Ei | 70 | 295 |
| Fette | 100 g Butter | 750 | 3150 |
| | 100 g Halbmargarine | 400 | 1680 |
| | 1 Esslöffel Öl | 80 | 335 |
| Backwaren | 1 Scheibe Brot | 100 | 420 |
| | 1 Zwieback | 35 | 145 |
| | 1 Stück Torte | 300 | 1260 |
| Fleisch | 100 g Rindfleisch | 175 | 735 |
| | 100 g Schweinefleisch | 220 | 925 |
| | 100 g Wild | 120 | 505 |
| Wurst | 100 g Leberwurst | 380 | 1600 |
| | 100 g Salami | 400 | 1680 |
| | 100 g Schinken | 350 | 1470 |
| | 100 g Speck | 720 | 3030 |
| Kartoffel, Gemüse, Obst | Kartoffel, mittelgroß | 100 | 420 |
| | 1 Pommesstäbchen | 20 | 85 |
| | 100 g Erbsen | 150 | 630 |
| | 10 Stück Spargel | 50 | 210 |
| | 1 Portion Salat (mit Essig + Öl) | 50 | 210 |
| | Apfel | 50 | 210 |
| | Banane | 80 | 335 |
| Getränke | Kaffee, schwarz | 0 | 0 |
| | Tee mit Zucker | 20 | 85 |
| | ¼ l Wein | 150 | 630 |
| | 0,25 l Bier | 120 | 505 |
| | 0,25 l Coca-Cola | 100 | 420 |

**Tab. 11.3** Energiewerte wichtiger Nahrungsmittel.
Quelle: Jungermann, K./Möhler, H. (1979): Biochemie. Springer, Heidelberg

| Substanz | Enthalten in | Wirkung |
|---|---|---|
| **Vitamine und Spurenelemente:** | | |
| Carotinoide | Gemüse: Karotten, Tomaten | Radikalfänger, vor allem Singulettsauerstoff, immunmodulierend |
| Vitamin C | z.B. Zitrusfrüchte, Paprika | Cerebrales, oxidiertes HDL und LDL induziert Exzitotoxizität, Vitamin C inhibiert LDL-Oxidation |
| Tocopherol | Nüsse | Tocopherol verhindert innerhalb der LDL/HDL-Einheiten deren Oxidation |
| Magnesium | Pflanzen (Chlorophyll) | Geringe Spiegel fördern Exzitotoxizität und verringern den Glutathion-Spiegel |
| **Polyphenole:** | | |
| Kaffeesäure | Kaffee, auch Olivenöl | Antikarzinogen, antioxidativ, z.T. entzündungshemmend, immunmodulierend, Radikalfänger und Metallionenchelator |
| Curcumin | Kurkuma, Curry | |
| Hydroxytyrosol | Olivenöl | |
| Piperin, Capsaicin | Pfeffer, Chili | |
| **Flavonoide:** | | |
| Flavone, Flavanone, Flavanole | Früchte, Gemüse, Gewürzkräuter | Generell potente Radikalfänger, hemmen Enzyme, welche freie Radikale produzieren, und chelatisieren Metallionen, modulieren breit gefächert wichtige Enzyme wie Ornithin-Decarboxylase, Proteinkinase oder Calmodulin, verbessern oder verstärken die Vasodilatation über Modulation der NO-Spiegel (vor allem Grünteecatechine: cerebrale Wirkung bei weniger als 300 ppm), z.T. antientzündliche Wirkung durch Modulation der Eicosanoid-Synthese, vielfach Normalisierung erhöhter Blut-Glukose-Spiegel |
| Anthocyanide | Beerenobst | |
| Teecatechine: Epicatechin, Epicatechingallat, Epigallocatechin, Epigallocatechingallat | Hauptsächlich grüner Tee, bis zu 42 % der Extraktfeststoffe | |
| Theaflavine, -flavinsäuren, -flagalline, -rubigene | Schwarzer Tee | |
| Phloridzin | Äpfel | |
| **Andere:** | | |
| Phytoöstrogene, z. B. Geistein, Resveratrol | Sojabohnen, Trauben, Rotwein, Erdnüsse | Wahrscheinlich antikarzinogen |
| α-Liponsäure | | Vor allem in reduzierter Form sehr vielseitiger Radikalfänger, erhöht zelluläre Glutathion-Produktion um 30–70 % |
| Melatonin | z. B. Bananen | Antioxidativ, stimuliert Produktion antioxidativer Enzyme |

**Tab. 11.4** Sekundäre Pflanzeninhaltsstoffe, denen eine positive Wirkung auf den Gehirnstoffwechsel, besonders auf geistige Leistungen, zugesprochen wird. Quelle: Weimer, V.; Diplomarbeit, TU Darmstadt

rung aufnehmen, sondern muss zu Ergänzungspräparaten greifen, die diese Stoffe in hohen Dosen enthalten, beispielsweise zu Extrakten aus Heilpflanzen, wie Ginkgo biloba, Johanniskraut, Kleines Immergrün und Ginseng. Die Inhaltsstoffe dieser Pflanzen sollen sowohl vor Neurodegeneration schützen wie auch die kognitiven Fähigkeiten verbessern.

## Alltägliche Nahrungskomponenten als Stimulanzien

Nahrungsmittel können Substanzen enthalten, die zwar keinen Nährwert haben, aber als Stimulanzien wirken. Am bekanntesten ist das Koffein, der Inhaltsstoff von Kaffee oder, etwas abgeändert, auch von Tee. Millionen von Menschen trinken morgens Kaffee, um ihren Stoffwechsel zu aktivieren oder um „in die Gänge zu kommen" (Abb. 11.9). In Deutschland werden pro Kopf und Jahr ca. 170 Liter Kaffee getrunken, dies ist mehr als Bier mit 130 Litern. Andere Zeitgenossen bevorzugen, um ähnliche Wirkungen zu erzielen, ein Glas Champagner. Bleiben wir beim Kaffee, da der Wirkmechanismus des Koffeins auf molekularer Ebene aufgeklärt ist. Es wirkt als Gegenspieler (Antagonist) des neuronalen Botenstoffes Adenosin, indem es diesen blockiert.

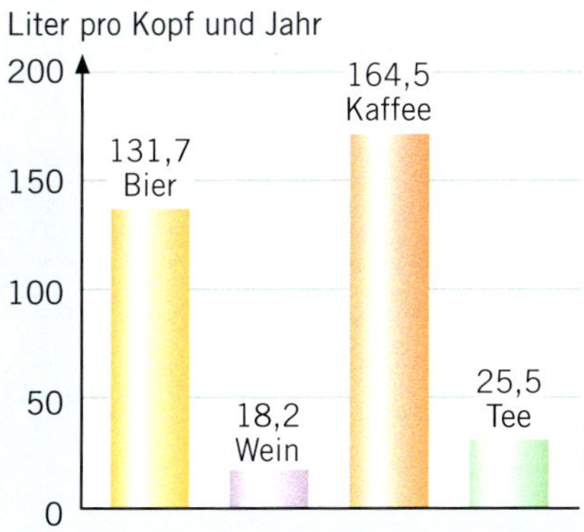


**11.9** Jährlicher Konsum verschiedener Getränke in Deutschland (Stand 2001). Tee und Kaffee sind sogenannte Extraktionsgetränke, die in Deutschland erst im 18. Jahrhundert populär wurden. Kaffee ist hierzulande das Volksgetränk Nummer eins.

Bei erhöhter Aktivität von Nervenzellen gelangt vermehrt der Stoff Adenosin in den extrazellulären Raum. Durch Adenosin aktivierte A1-Adenosinrezeptoren hemmen die Freisetzung von Neurotransmittern aus Neuronen und somit die synaptische Signalübertragung. Die Hemmung schützt also die Nervenzellen vor Übererregung. Durch Koffein wird die Schutzfunktion des Gehirns überlistet, da die Blockierung der A1-Rezeptoren eine beständige Signaltransduktion erlaubt. Folgen sind erhöhte Aufmerksamkeit und Konzentrationsfähigkeit.

Wie bei den meisten auf das Gehirn wirkenden Substanzen tritt auch bei regelmäßigem Koffeinkonsum eine gewisse Toleranz auf. Denn die Nervenzellen bilden bei regelmäßigem Koffeinkonsum mehr Adenosinrezeptoren. In der Folge wirkt die gleiche Menge Koffein weniger stark anregend als zuvor und bei längerer Koffeinabstinenz treten sogar Entzugserscheinungen auf.

## Das Gehirn reguliert den Appetit

Im Laufe von zehn Jahren verbraucht eine Person etwa zehn Millionen Kalorien, ohne ihr Körpergewicht wesentlich zu ändern. Um eine Gewichtskonstanz zu erreichen, muss die Nahrungsaufnahme dem Energieverbrauch angepasst sein, und zwar auf 0,2% genau. Zwar werden sowohl Hunger als auch Sättigung im Eingeweidetrakt gemessen, aber im Gehirn entsteht der Wunsch nach Nahrungsaufnahme, der Appetit, oder sein Gegenteil, das Völlegefühl.

Die Schlüsselsubstanz in dem Verhältnis zwischen Nahrungsaufnahme und Körpergewicht ist das Peptidhormon Leptin, welches den Ernährungszustand des Körpers an den Hypothalamus im Gehirn meldet. Gesteigerte Fettbildung durch überschüssige Nahrungsaufnahme führt zu einer Erhöhung der Leptinkonzentration, die dann den Appetit und damit die Nahrungsaufnahme drosselt. Zu hoher Fettverlust führt umgekehrt über die Erniedrigung der Leptinkonzentration zu gesteigerter Esslust und gleichzeitig einer Reduktion der Körperaktivität. Ein genetischer Defekt im Leptingen führt bei den Betroffenen, sei es Maus oder Mensch, zu einer ausgeprägten Fettsucht.

Eine weitere Kontrollgröße für Hunger ist der Glukosegehalt im Blut, der mit 80 mg pro 100 ml Blut genau konstant gehalten wird. Er darf nicht unter 40 mg absinken, aber auch nicht über 120 mg ansteigen. Neben den klassischen Hormonen Insulin und Glucagon, welche den Blutzucker und die Fettspeicherung regulieren, wurden in den letzten Jahren weitere Peptide identifiziert, die den Appetit kontrollieren. Für die kurzzeitige Regulierung des Wunsches nach Nahrungsaufnahme sind das Ghrelin und das PYY zuständig, während das Fettgewebshormon Leptin der Langzeitwächter ist. Obwohl Ghrelin (ein Peptid mit 28 Aminosäuren, das im Verdauungstrakt produziert wird) ein Teil des Kurzzeit-Appetit-Kontrollzentrums ist, kann seine Überproduktion zur Fettsucht führen. Das Prader-Willi-Syndrom ist eine Erbkrankheit, bei der die Patienten wegen einer Überproduktion von Ghrelin an Fettsucht sterben, bevor sie das dreißigste Lebensjahr erreicht haben. Die Menge an Ghrelin erhöht sich auch bei einer Diät. Das Hormon untergräbt folglich die Moral beim Abnehmen.

Die entsprechenden Mechanismen im Gehirn wurden erst vor kurzem geklärt. Für die Integration der Hungersignale ist der Nucleus arcuatus, ein Kern mit nur wenigen Tausend Nervenzellen, zuständig. Dieser Kern enthält sehr viele Rezeptoren für den Gewichtsregulator Leptin. Der Nucleus arcuatus liegt im Hypothalamus und enthält zwei Typen von Neuronen, die als Gegenspieler fungieren. Der eine Typ produziert die Neurotransmitter Neuropeptid Y (NPY) und das Agouti-verwandte Peptid und erhöht den Appetit bei gleichzeitiger Reduzierung des Stoffumsatzes. Die zweite Komponente, als POMC/CART-Neuronenkomplex bezeichnet, schüttet das α-Melanocyten-stimulierende Hormon (MSH) aus, welches den Hunger reduziert. Von dem Nucleus arcuatus werden die Signale an den Nucleus tratus sectarius (HTS) im Hirnstamm transferiert, der dann die Botschaften an den Körper weiterleitet. Bei Patienten, die unter einer Mutation im Leptingen leiden, unterbleibt die Ausschüttung des MSH, und die Betroffenen leiden unter ständigen Hungergefühlen.

Übergewicht verkürzt das Leben, dies lässt sich zumindest bei Mäusen einwandfrei zeigen. Bei Gesunden braucht es zur Kontrolle des Körpergewichts nur ein wenig mehr Disziplin: Entweder zwei Kilometer zusätzlich pro Tag laufen oder 100 kcal weniger essen. Das Mehr an Bewegung und der Verzicht auf ein paar Kilokalorien werden mit einer längeren Lebensdauer und einer verbesserten Lebensqualität vergolten.

### Literatur

Baltes, W. (2000): Lebensmittelchemie. 5. Aufl. Springer, Heidelberg
Bäßler, K. H./Fekl, W. L./Lang, K. (1987): Grundbegriffe der Ernährungslehre. Springer, Berlin
Elmadfa, I./Anklam, E./König, J. S. (Hrsg.) (2003): Modern Aspects of Nutrition: Present Knowledge and Future Perspectives. Karger, Basel
Lüthi, C. A. (2000): Feed your Brain. Orell Füssli, Zürich
Partridge, W. M. (1993): The Blood Brain Barrier. Cellular and Molecular Biology. Raven Press, New York
Rehner, G./Daniel, H. (2002): Biochemie der Ernährung. 2. Aufl. Spektrum Akad. Verlag, Heidelberg
Täufel, W./Ternes, W./Tunger, L./Zobel, L. (1993): Lebensmittel Lexikon. Behr's, Hamburg

# Das Wunder Sprache

## Sprache als Faszination

*„Während Sie diesen Text lesen, vollzieht sich in Ihnen eines der Wunder der Natur. Sie und ich gehören einer Art an, die eine ganz bemerkenswerte Fähigkeit besitzt: Denn wir sind in der Lage, Vorgänge im Gehirn unserer Mitmenschen mit unglaublicher Präzision zu beeinflussen. Indem wir einfach mit dem Mund Geräusche erzeugen, können wir zuverlässig und präzise neue Gedankenkombinationen in der Geisteswelt anderer Menschen entstehen lassen. Dies erscheint uns so normal, dass wir dazu neigen, zu vergessen, welch ein Wunder dies eigentlich ist" (Steven Pinker, The Language Instinct).*

Die von Steven Pinker so wunderbar umschriebene Fähigkeit wird Sprache genannt. Sprache wird dabei nicht auf das reine Sprechen reduziert, sondern Schrift und damit auch das Lesen werden als anerzogene und dokumentierbare Formen der Sprache miteinbezogen. Sprechen und Verstehen bleiben – wie Hören und Sehen – trotz aller Erklärungsversuche schlicht Faszinationen des Menschseins und garantieren das Einzigartige des Menschen in der belebten Welt. Sprache ist grundsätzlich ein Mittel der sozialen Kommunikation. Sprache organisiert unsere sinnlichen Erfahrungen und drückt unsere Identität aus – unsere Gedanken, Gefühle und Erwartungen. Wir unterhalten uns mit etwa 180 Wörtern pro Minute und unser mentales Lexikon umfasst, je nach Bildungsstand, ca. 15 000 bis 120 000 Wörter. Sprache mit ihren beiden Teilen, Spracherzeugung und Sprachverständnis, verfügt über vier Qualitäten: Kreativität, Form, Inhalt und Gebrauch. Sie wird in ihrer Informationsabsicht durch Gestik, Mimik, Gesichtsausdruck und Körperhaltung des Sprechenden und des Hörenden unterstützt.

Wenn wir reden, erzeugen wir Bedeutung mit nicht abschätzbaren Folgen, und wir verstehen Sätze, die wir nie zuvor gehört haben.

Einfache Sätze haben die Weltgeschichte verändert, so der von Ludwig XIV.: „L'état c'est moi", John F. Kennedy: „Ich bin ein Berliner" oder Martin Luther King: „I have a dream".

Sowohl die Situation als auch die Persönlichkeit des Sprechenden und die Aufnahmebereitschaft des Publikums gehören dabei untrennbar zusammen. Ebenso ist klar, dass nicht die Syntax die Bedeutung bestimmt, sondern die Wirkung des Gehörten im Bewusstsein des Hörenden.

Sprache ist ein erstaunliches System, das es Menschen erlaubt, mit einer unbegrenzten Kombination von Tönen miteinander zu kommunizieren. Grundlage dieser Kommunikation sind Laute, die von Kehlkopf und Mundraum erzeugt, vom Ohr wahrgenommen und schließlich in Form elektrischer Impulse an das Gehirn weitergeleitet werden. Dort entsteht aus dem Gehörten eine Information, die ins Bewusstsein gelangt und zu Handlungen führt.

Kommunizieren kann man mit seinen Mitmenschen natürlich auch mithilfe von Zeichen, Mimik und Gesten, aber niemals in der Komplexität, die uns die Sprache erlaubt. Schriften und Texte als festgehaltene Sprache sind im Sinne der Evolution eine späte Entwicklung, da Menschen seit etwa 50 000 Jahren sprechen, aber erst seit etwa 5000 Jahren schreiben und lesen können. Anatomische Voraussetzungen für das Informationssystem Schrift sind die Mechanik der Hände zum Schreiben und die Augen zum Lesen. Beide Fähigkeiten werden wiederum von neuronalen Aktivitäten gesteuert. Da die gesproche-

### Grundbegriffe der Sprache

Sprache ist eine typisch menschliche Form der Kommunikation.
Unterhaltung: 180 Wörter pro min.
Mentales Lexikon: 15 000 – 120 000 Wörter

- Spracherzeugung – Sprachverständnis
- Verbale und semantische Fähigkeiten
- Intonation und Mimik
- Sprachverarbeitung im Gehirn in lokalisierbaren Strukturen

Sprache hat vier Kriterien:

- Kreativität
- Form
- Inhalt
- Gebrauch

Generativität: Wenn wir reden, erzeugen wir Bedeutung.
Wir verstehen Sätze, die wir nie gehört haben!
Klänge: Phoneme (im Deutschen etwa 38–44)
Bedeutungseinheiten: Morpheme

ne Sprache als Kommunikationsmittel die weitaus größte Bedeutung hat, beschäftigt sich das nachfolgende Kapitel ausschließlich mit der Bildung und dem Verständnis von Sprache.

Oft wird Sprache als Teilbereich des Denkens gesehen, aber Denken und Sprache sind voneinander zu trennen. Denken ist die Fähigkeit, völlig neue Ideen zu entwickeln oder modifizierte Ideen aus alten Konzepten abzuleiten. Sprache dagegen hat die Funktion, diese Ideen zu Signalen zu formen, um sie mitteilbar zu machen. Denken kann man auch, ohne über Sprachmöglichkeiten zu verfügen. Hoch entwickelte Tiere, Kleinkinder und sprachgestörte Patienten können auch ohne die Fähigkeit zum verstehbaren Artikulieren denken. Oft reicht auch die Sprachqualität eines Individuums nicht aus, um einer anderen Person komplexe Denkvorgänge verständlich zu machen. In diesem Sinne bezeichnet Sprache eine Fähigkeit, sich durch Kreativität, durch begriffliche Abstraktion sowie die Kommunikation über anwesende, abwesende oder imaginäre Gegenstände auszutauschen.

## Ursprung und Evolution der Sprache

Sprachfähigkeit und ihre neuronalen Grundlagen sind Produkte der Evolution. Allerdings sind bei anderen Spezies keine Vorstufen der menschlichen Sprache zu finden. Der Homo sapiens hat sich von seinen nächsten Verwandten, den Schimpansen und Bonobos, vor etwa 4–8 Mio. Jahren getrennt. Diese Zeitspanne entspricht ca. 200 000 Generationen, so dass sich die heutige Form der Sprache vermutlich graduell entwickelt hat. Sprachursprung und Sprachevolution sind seit Jahrhunderten Gegenstand sowohl ernsthafter Forschungen als auch wilder Spekulationen.

Der Homo habilis hat bereits vor 2 Mio. Jahren komplizierte Werkzeuge hergestellt und Schädelabdrücke (Endocranialabguss: künstlicher Abguss der Innenseite des Schädels, der die Oberfläche des Gehirns widerspiegeln kann) weisen bereits auf sprachrelevante Regionen in der linken Hemisphäre hin. Sein späterer Nachfahre Homo sapiens erschien vor ca. 200 000 Jahren und verließ Afrika vor ca. 70 000 Jahren, um sich über die Erde zu verbreiten. Er gestaltete seine Umgebung und konnte vermutlich sprechen. Die ältesten bekannten Schriftzeichen dagegen sind nur 5000 Jahre alt. Somit geht man davon aus, dass die Sprachfähigkeit angeboren ist, Lesen und Schreiben aber individuell erlernt werden müssen.

## Die anatomischen Voraussetzungen zur Lautbildung

Die Phonotion (Stimmbildung) läuft am Kehlkopf und im Mund- und Rachenraum ab (Abb. 12.1). Dabei wird Schall erzeugt, den wir Stimme nennen. Zur Schallerzeugung besitzt der Kehlkopf zwei Stimmlippen, die so-

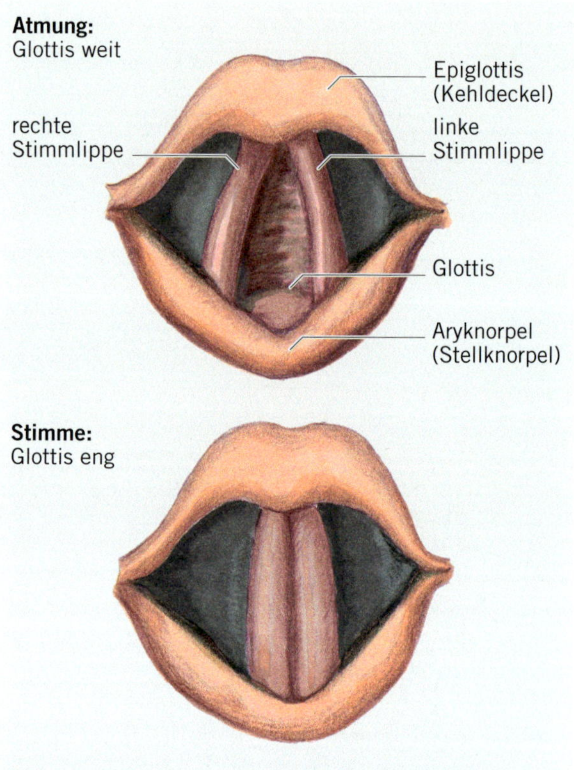


12.1 Die Abbildung zeigt einen Blick auf den Kehlkopf – siehe auch Abb. 4.6 – mit Kehldeckel (Epiglottis) und Stimmritze (Glottis). Die geschlossene Stimmritze dient der Lautbildung, während die weit geöffnete Stimmritze der Atmung dient. Quelle: Klinke, R./Silbernagl, S. (2003): Lehrbuch der Physiologie. 4. Aufl. Thieme, Stuttgart

genannten Stimmbänder. Anatomisch bestehen die Stimmlippen aus jeweils einem längs verlaufenden Muskelstrang (Musculus vocalis) zwischen Aryknorpel (Stellknorpel) und Schildknorpel. Den Luft-durchlassenden Spalt zwischen den Stimmlippen nennt man Glottis (Stimmritze). Die Stimmbildung ist an die Ausatmung gekoppelt. Mithilfe der Kehlkopfmuskulatur und der prälaryngealen Muskulatur können die Stimmlippen willkürlich gesteuert und die gewünschte Stimmfrequenz und Lautstärke erzeugt werden.

Die Artikulation erfolgt in dem gesamten Hohlraum zwischen Stimmlippenebene und Mund bzw. Nasenöffnungen. Nach dem Vorbild von Blasinstrumenten werden Rachen- und Mundraum unter dem Begriff Ansatzrohr zusammengefasst. Die Form des Ansatzrohres kann durch Rachen-, Gaumen-, Zungen-, Kau- und mimische Gesichtsmuskulatur willkürlich verändert werden. Durch die verstellbare Resonanz in diesen Hohlräumen können aus dem im Kehlkopf entstehenden Schallsignal verständliche Vokale und Konsonanten geformt werden.

Der maximale Schalldruckpegel, den ungeschulte Sprecher erzeugen können, beträgt in einem Meter Entfernung etwa 75 dB, bei den ausgebildeten Sängern bis zu 108 dB. Die individuell unterschiedliche Länge der

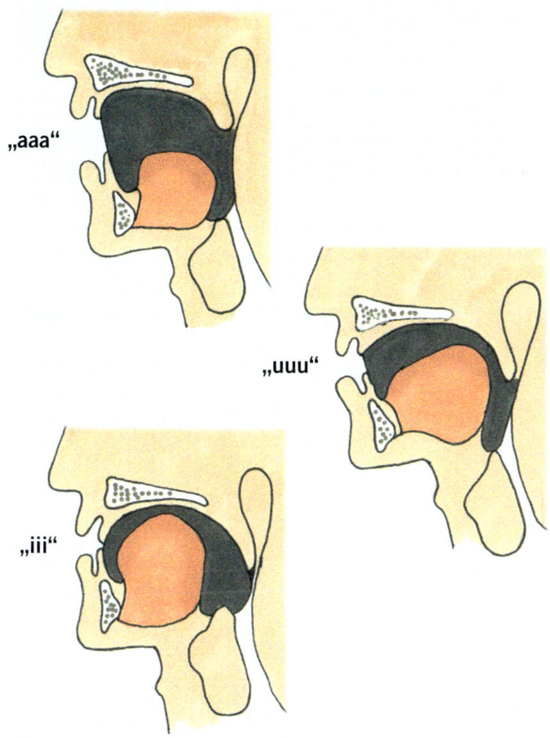


12.2 Vokalbildung im Mundraum. An der Vokalbildung ist zwar der gesamte Mundraum beteiligt, aber die Zunge (rot) spielt die wesentliche Rolle. Das Gesamtsystem wird Ansatzrohr genannt. Quelle: Klinke, R./Silbernagl, S. (2003): Lehrbuch der Physiologie. 4. Aufl. Thieme, Stuttgart

Stimmlippen beim Erwachsenen führt zu einem unterschiedlichen Grundschwingungsverhalten. Diesem entsprechen die Stimmgattungen Bass, Bariton und Tenor beim Mann sowie Alt, Mezzosopran und Sopran bei der Frau (Abb. 12.2).

Für die Evolution der Sprachfähigkeit waren nicht nur Neuerungen im Gehirn notwendig, sondern auch solche des Vokaltraktes. Bei den meisten Säugetieren, vom Delphin bis zum Menschenaffen, steht der Kehlkopf sehr hoch im Hals, praktisch genau gegenüber den ersten Halswirbeln. So vermag Nahrung an beiden Seiten des Kehlkopfes vorbei in Speiseröhre und Magen zu fließen, ohne die Luftwege zu kreuzen. Der Atemtrakt eines Säuglings gleicht dem der Säugetiere. Der Kehlkopf liegt ebenfalls im Bereich der ersten drei Halswirbel und Neugeborene schlucken, atmen und geben Geräusche von sich wie Affen es tun. Ab dem dritten Lebensmonat wandert der Kehlkopf dann abwärts und liegt ab dem vierten Lebensmonat in der Höhe des vierten bis siebten Halswirbels. Ein nochmaliger geringer Abstieg erfolgt beim Stimmbruch der Jungen in der Pubertät.

Der Vorteil dieser Tieferlegung des Kehlkopfes ist, dass nun der für das Sprechen unumgängliche Resonanzraum oberhalb der Stimmlippen zur Verfügung steht, d.h., Sprechen wird anatomisch möglich. Nachteilig ist, dass sich nun Luft- und Speiseweg oberhalb des Kehlkopfes kreuzen. Deshalb legt sich beim Schlucken der Kehlkopfdeckel reflexartig über die Luftröhre und verschließt diese (Schluckreflex).

## Grammatik, Semantik und Prosodie

Die Grammatik oder Syntax (gr. *syntaxis* = zusammensetzen) legt die in einer Sprache zulässigen Kombinationen von Wörtern zu Phrasen und Sätzen fest. Sie stellt ein System von Regeln dar, aus denen sich alle wohlgeformten Sätze einer Sprache ableiten lassen. Die Ausdrucksweise liegt primär beim Sprechenden, allerdings mit individuellen Abweichungen. Die Grammatikregeln aus dem Schulunterricht legen dann verbindliche Regeln für alle fest.

| PHONOLOGIE<br>Lautinventar | SYNTAX<br>Wortorganisation<br>MORPHOLOGIE | SEMANTIK<br>Wortbedeutung |
|---|---|---|
| | LEXIKON<br>Wörterbuch | |

Die elementarste Einheit der Sprache ist das Phonem, der kleinstmögliche Laut, der ein Wort vom anderen unterscheidet. Das Wort *Art* besitzt die drei Phoneme *a, r* und *t*. Wechselt man eines davon aus, so entstehen Wörter wie *Ort, Ast* oder *Arm*. Jede Sprache, so auch das Deutsche, hat für die Kombination von Phonemen bestimmte Regeln. Morpheme sind Kombinationen von Phonemen zu elementaren Bedeutungseinheiten, üblicherweise zu Wörtern. Das Wort *Brote* besitzt z.B. zwei Morpheme: *Brot* und das angehängte *e*, das die Bedeutung moduliert und eben daraus *mehr als ein Brot* macht. Unsere Sprache enthält etwa 100000 Morpheme, die unterschiedlich angeordnet den Wortschatz der deutschen Sprache ergeben. Er umfasst zwischen 300000 und 500000 Wörter, das sogenannte allgemeine Lexikon. Der Durchschnittssprecher verfügt über einen Alltagswortschatz von etwa 50000 Wörtern, dies ist sein persönliches Lexikon.

Einen komplexen Aspekt der Syntax beschreibt die sogenannte Semantik. Sie gibt an, wie Sprache Bedeutung zum Ausdruck bringt. Oft ist uns das Wesen einer Aussage oder eines Satzes sofort klar, z.B. die Anweisung „Du musst deinen Teller leer essen“. Oft sind aber gerade Doppeldeutigkeiten, die das Gehirn verwirrt zurück lassen, sehr spannend. Wenn z.B. Groucho Marx sagt: „Ich erschoss einen Elefanten in meinem Schlafanzug“, dann müssen wir über die beabsichtigte Aussage nachdenken. Da die Semantik des Satzes den Hörer, hier den Leser verwirrt, versucht er den Satzinhalt sinnhaft aus seiner Erfahrung zu ergänzen. Seine logische Schlussfolgerung lautet: Der Schütze trug nur einen Schlafanzug, als er den Elefanten erschoss. Im zweiten Satz aber löst Groucho Marx die Unsicherheit entgegen unserer Vermutung auf, indem er eine Erläuterung nachschiebt:

„Wie der Elefant in meinen Schlafanzug kam, werde ich niemals wissen.“

Eine besondere Bedeutung hat auch die Sprachmelodie, die sogenannte ‚Prosodie‘, über die der Volksmund sagt: „Der Ton macht die Musik“ oder „Es kommt nicht nur darauf an, was man sagt, sondern auch, wie man es sagt“. Die Prosodie charakterisiert, ob es sich um eine Frage handelt oder ob der Sprechende freundlich oder wütend ist. Drohende oder zornige Sätze werden nicht nur von den beiden Sprachzentren im linken Gehirn erkannt, sondern auch von emotionalen Zentren in der rechten Hemisphäre. Besonders Frauen reagieren schneller auf die Prosodie einer Aussage als auf ihre Semantik.

Kinder erlernen Grammatik und Semantik in einer Abfolge von Schritten, die man den natürlichen Spracherwerb nennt. Diese frühen Phasen des Spracherwerbs sind bei Kindern aller Länder identisch, ungeachtet ihrer Muttersprache. In einer frühen Phase plappert der Säugling alle Laute (Phoneme) aller Sprachen. Säuglinge sprechen zwischen dem 10. und 15. Monat das erste Wort, mit zwei Jahren kennen sie 50 Wörter und mit acht Jahren umfasst ihr Wortschatz bereits 15 000 Wörter, d.h., sie haben von ihrer Geburt bis zum achten Lebensjahr im Schnitt pro Tag sieben Wörter gelernt.

Kinder können auch von Anfang an zwei Sprachen gleichzeitig erlernen. Frühlerner einer Fremdsprache benutzen für beide Sprachen das gleiche Netzwerk im Gehirn, während Spätlerner – etwa ab dem vierten Lebensjahr – für jede Sprache ein separates Netzwerk aufbauen und aktivieren. Das perfekte Erlernen einer Fremdsprache ist damit bereits eingeschränkt. Entscheidend für die Sprachkompetenz sind Freude am Lernen, Toleranz gegenüber anderen Kulturen und Schauspieltalent, so der Sprachvirtuose Derick Herning.

| Name | Grundlagen des Sprachursprungs |
|---|---|
| Pfui-Pfui-Theorie (Interjektionstheorie) | Instinktive und emotionale Schreie von Schmerz, Lust, Ekel, z.B. „Ohhh!, Iiih!, Ah!“ usw. |
| Babbel-Theorie | Kleinkindliches Babbeln hat sich zu komplexen Sprachen ausdifferenziert |
| Gesang-Theorie | Melodien, z.B. mütterliche Wiegenlieder |
| La-La-Theorie (Spiel-Theorie) | Wörter aus spielerischen Lautäußerungen, z.B. dem Singsang von Kindern oder dem zärtlichen Stammeln Verliebter |
| Hauruck-Theorie (synergastische Theorie) | Zurufe und rhythmische Unterstreichungen des Taktes bei der gemeinsamen Arbeit |
| Wau-Wau-Theorie | Nachahmung von Tierlauten, Geräuschen usw. (Onomatopoeie, Lautmalung), z.B. „Wauwau, Kikeriki, Uhu, Kuckuck“ |
| Mundgebärden-Theorie | Hinweise mit Lippen; aus den unterschiedlichen Mundstellungen bildeten sich die Vokale, z.B. für nah/fern („hier/da“, „this/that“, „voici/voilà“) |
| Grooming-Theorie | Sprache als verbales „Lausen“ zur sozialen Bindung als Ersatz der Fellpflege bei vielen Primaten (z.B. um die Hände frei zu haben und weil die Gruppen zu groß wurden) |
| Gestik-Theorie | Signale mit den Händen, Mimik und Körpersprache wurden zu einer Lautsprache umcodiert |
| Schöpfer-Theorie | Gott blies den Menschen die Sprache ein und hat sie später verwirrt (Turmbau zu Babel) |

**Tab. 12.1** Einige Theorien zu den Grundlagen des Sprachursprungs.
Quelle: Lexikon der Neurowissenschaften (2000). Spektrum Akad. Verlag, Heidelberg

| Konventionen für ein kooperatives Gesprächsverhalten (Pragmatik) | neurologische Störungen (insbesondere bei rechtshemisphärischer Läsion und Schädel-Hirn-Trauma) |
|---|---|
| **Quantität:** Der Gesprächsbeitrag enthält Informationen, die für das Verständnis der Mitteilung notwendig sind | **eingeschränkte Kohärenz:** Patient neigt zu Weitschweifigkeit, Redundanz, Gedankensprüngen, Konfabulation |
| **Qualität:** Der Gesprächsbeitrag ist glaubhaft | **eingeschränkte Integration kontextabhängiger Informationen:** Probleme beim Verständnis von Ironie, Metaphern, Mehrdeutigkeiten |
| **Relation:** Der Gesprächsbeitrag ist der Situation angemessen | **eingeschränkte Relevanz:** unmotivierter Themenwechsel, unspezifische referentielle Kennzeichnungen |
| **Modalität:** Der Gesprächsbeitrag ist klar und eindeutig formuliert | **eingeschränkte Kohäsion:** Schwierigkeiten bei der Satzverknüpfung durch Konjunktionen und Adverbien (hierarchische und sequentielle Strukturebene) sowie bei der Bezugnahme einzelner Informationen |
| **Intonation:** Der Gesprächsbeitrag ist im richtigen Tonfall formuliert und moduliert | **affektive Dysprosodie:** modulationsarme, emotionslose Sprechweise (löst leicht Missverständnisse aus) |

**Tab. 12.2** Sprachverwendung und nichtaphasische Störungen der Kommunikationsfähigkeit.

## Die Verarbeitung von Sprache im Gehirn

Sprache lässt sich in eine motorische Handlung (Sprechen) und eine auditorische Handlung (Hören) einteilen. Sie ist auf komplexe Weise mit Gedankenprozessen verbunden.

Große Bereiche der humanen Großhirnrinde sind auf Sprache spezialisiert (Abb. 12.3). Die Lokalisierung von Sprachzentren war möglich, weil man Sprachstörungen (Aphasien) unterschiedlicher Art nach dem Tode des Patienten im Gehirn als Gewebeschaden lokalisieren konnte. Der berühmteste dieser Patienten war Monsieur Tan, der nur die einzige Silbe „tan", allerdings in unterschiedlichen Betonungen, sprechen konnte. Sein Arzt war der französische Neuroanatom Paul Broca (1824–1880). Als er das Gehirn des Verstorbenen untersuchte, zeigte es sich, dass die linke Gehirnhälfte an der dritten Windung des Stirnhirns stark geschädigt war. Dieses auch heute noch als Broca-Areal bezeichnete Gebiet soll der eingegrenzte Ort sein, an dem Sprache entsteht. 1874 beschrieb der Breslauer Neurologe Carl Wernicke den umgekehrten Fall: Patienten, die zwar noch sprechen konnten, aber die Bedeutung des Gesprochenen nicht mehr verstanden. Bei den Betroffenen war die obere Windung des linken Schläfenlappens geschädigt. Diese Region des Gehirns, das so genannte Wernicke-Zentrum, gilt seitdem als der Ort des Sprachverständnisses.

Als Grundmodul gilt auch heute noch die Aufteilung der Sprachfunktionen auf Broca- und Wernicke-Zentrum. Neuere Untersuchungen an sprachgestörten Patienten – Aufzeichnung der Störung und spätere Autopsie – wie auch Experimente, bei denen das elektrische Reizen selektiver Regionen der Großhirnrinde spezifische Sprachstörungen hervorrief, widersprechen jedoch dieser einfachen Zuordnung: Sprachfunktionen verteilen sich nicht nur über einen beträchtlichen Teil der Großhirnrinde, sondern betreffen auch unter dem Cortex liegende Regionen wie z. B. den linken, hinteren Thalamus (Abb. 12.4).

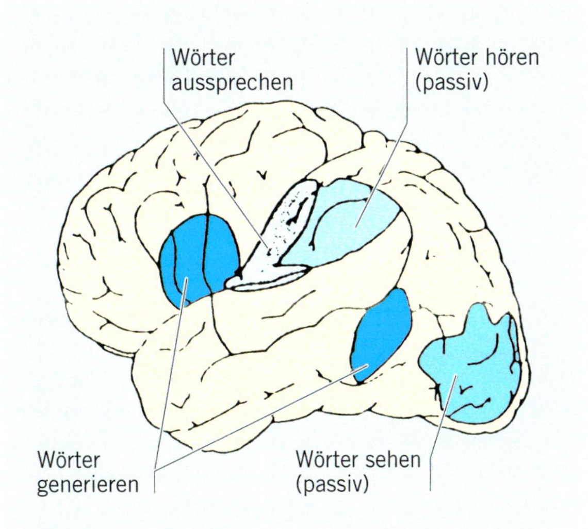


12.3 Lokalisation bestimmter Bereiche des Sprachvermögens.

Moderne bildgebende Verfahren wie die Kernspintomographie erlauben es, die Hirnaktivität während kognitiver Handlungen zu lokalisieren (Abb. 12.4). Somit kann man zumindest einen plausiblen Wegeplan aufstellen, der verdeutlicht, welche Zentren vom Eintreffen eines akustischen Signals bis zur Interpretation der Daten im Gehirn beteiligt sind, indem sie einen erhöhten Energiestoffwechsel aufweisen.

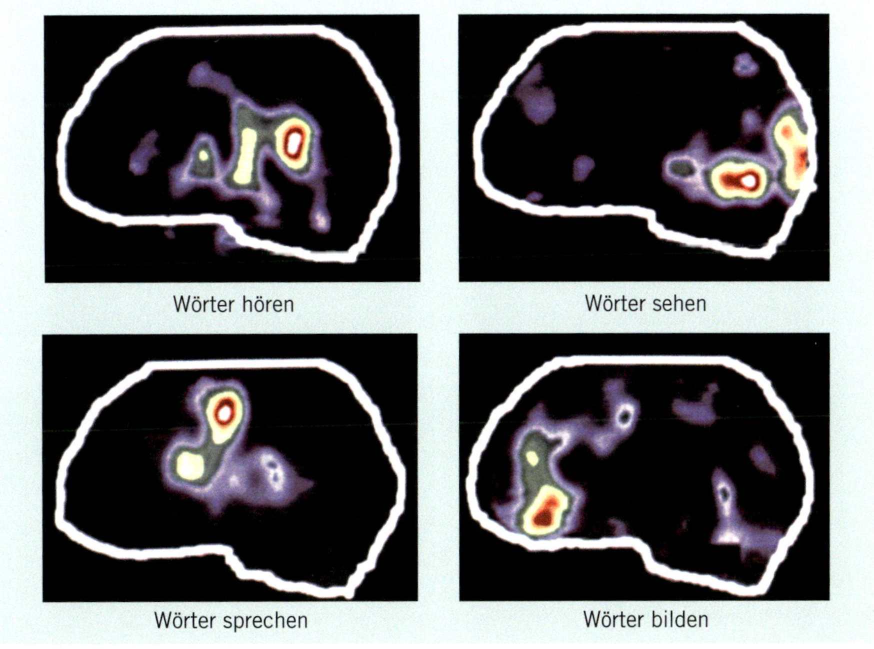


12.4 Aktivierung des Stoffwechsels von Gehirnzentren bei Sprachvorgängen. Die farbigen Flecken geben an, in welchen Bereichen des Gehirns bei Sprachvorgängen mehr Glucose und mehr Sauerstoff verbraucht wird. Als Methode wurde die Positronen-Emissions-Tomographie oder die kernmagnetische Kernresonanz-Spektroskopie benutzt.

Hören wir Sprache, so versucht das Spracherkennungssystem im Gehirn zunächst, die einzelnen Lauteinheiten zu erfassen – es führt eine akustisch-phonetische Analyse durch. Teile des Schläfenlappens und tiefer gelegene Regionen des Gehirnlappens in der linken Hemisphäre betrachten gemeinsam zunächst die Wortkategorien.

Das Spracherkennungssystem entscheidet also, ob es ein Substantiv oder ein Verb vor sich hat und erfasst so die Syntax des Gesagten. Dabei werden Verben an einem anderen Ort überprüft als Substantive. Danach kommt die Bedeutungsentschlüsselung, die Semantik, mit der Frage nach der Sinnhaftigkeit des Satzes. Die Satzmelodie, die sogenannte prosodische Information, wird in einem anderen Bereich, vorwiegend in der rechten Hirnhälfte, verarbeitet, also in jenem Bereich, der sich vor allem auf Emotionen konzentriert. Dabei werden Frauen stärker von der Satzmelodie des gesprochenen Wortes beeinflusst, Männer dagegen mehr von der Semantik. Unser Gehirn entschlüsselt zuerst die Grammatik und dann erst die Bedeutung eines Satzes. Nach einem Syntax-Erkennungs-Schritt ruft ein weiteres Netzwerk die Wortbedeutungsinhalte ab. Erst nach dieser doppelten Überprüfung wird uns die Information bewusst. Kann die Botschaft nicht beim ersten Versuch interpretiert werden, etwa bei einer fehlerhaften Grammatik, so unternimmt das Gehirn einen zweiten Versuch, eine angemessene Interpretation des Gehörten zu finden. Die Prüfung mit eventuell folgender Zweitprüfung kann pro Wort etwa 600 Millisekunden dauern. Da wir mit etwa 180 Wörtern pro Minute sprechen, laufen Schnellsprecher Gefahr, von ihren Adressaten zwar gehört, aber nicht verstanden zu werden.

Das molekulare Ereignis, welches Gehörtes mit der daraus folgenden Handlung verknüpft, ist aber nach wie vor unbekannt. Warum können wir Handlungen aus Sätzen ableiten, die wir so nie zuvor gehört haben? Warum ruft das Wort „Sau“ bei dem Gesprächspartner Aggressionen hervor, während das um ein Phonem verminderte Wort „au“ Mitleidsreaktionen bewirkt? Warum bewerten wir das eine Gesagte spontan als richtig, anderes als fraglich und drittes als offensichtlich falsch? Historische und geisteswissenschaftliche Deutungsversuche zu diesen Fragen gibt es in verwirrender Fülle, eine chemisch-physikalische Erklärung dafür, wie Laute zu Handlungen führen, gibt es dagegen nicht und es ist auch vorerst keine Deutung in Sicht.

## Krankheiten im Sprachsystem

Die Unfähigkeit, sich mittels der Sprache auszudrücken, wird als Aphasie (gr. *aphasia* = ohne Sprache) bezeichnet. Meist handelt es sich dabei nicht um eine Beeinträchtigung der Sprachwerkzeuge, sondern um Schädigungen des zentralen Nervensystems. Man kann zwei Gruppen von Aphasien unterscheiden, die „reinen“ ohne Störungen der inneren Sprache und die „komplexen“ mit diesem Defekt. Ist die Verbindung der Hörrinde in beiden Hemisphären mit dem Worterkennungszentrum, dem Broca-Areal gestört, so hört der Patient nur noch sinnlose Laute, die ihm wie eine Fremdsprache vorkommen (Worttaubheit). Ist dagegen die Verbindung zwischen Sehrinde und Lesezentrum fehlerhaft, so kommt es zur Alexie (Wortblindheit). Wenn vorwiegend das Sprachverständnis betroffen ist, spricht man von einer rezeptorischen oder sensorischen Aphasie. Der Patient spricht kaum und wenn nur im Telegrammstil.

Bei rechtsseitigen Läsionen kommt es zu Störungen in der Grammatik und der Satzbildung. Schädigungen im motorischen Cortex und im mittleren Teil des Gehirns führen zur spastischen Dysarthrie mit undeutlicher und verlangsamter Sprache. In Folge einer Parkinson-Erkrankung kann die Sprachmelodie gestört sein und der Patient spricht mit monotoner und schwacher (dysphonischer) Stimme. Kleinhirnläsionen sind mit einer gedehnten und abgehackten Sprache verbunden (ataktische Dysarthrie). Bei Schwerhörigen wird die Sprache aufgrund fehlender Rückmeldung undeutlich und oft kompensatorisch überlaut.

### Literatur


Calvin, W. H./Ojimann, G. A. (2000): Wie Denken und Sprache entsteht. dtv, München

Caplan, D. (1987): Neurolinguistics and Linguistic Aphasiology. Cambridge University Press, Cambridge

Cavalli-Sforza, L. (1999): Gene, Völker und Sprachen. Carl Hanser, München

Damasio, A. R./Damasio, H. (1992): Brain and Language, Scientific American 267: 88–95

Fleming, G./Rickheit, G./Müller, H. M. (2002): Neurokognition der Sprache. Stauffenburg, Tübingen

Friederici, A. (1984): Neuropsychologie der Sprache. Kohlhammer, Stuttgart

Hermann, C./Fiebach, C. (2004): Gehirn und Sprache. Fischer, Frankfurt a. M.

Jürgens, U. (1989): Vom Affenlaut zur menschlichen Sprache im Lichte der Hirnforschung. In: Gessler, U. (Hrsg.): Evolution. Fischer, Frankfurt a. M.

Kaiser, H. E. (2000): Kap. Sprache. In: Siegenthaler, W. (Hrsg.): Klinische Pathophysiologie. Georg Thieme, Stuttgart

Krämer, S./König, E. (2002): Gibt es eine Sprache hinter dem Sprechen? Suhrkamp, Frankfurt a. M.

Pinker, S. (2000): The Language Instinct. Perennial Classics Harper Collins, New York

Poeck, K. (1989): Klinische Neuropsychologie. Thieme, Stuttgart

Suchodoletz, W. von (2001): Sprachentwicklungsstörungen und Gehirn. Hogrefe, Göttingen

# Biorhythmen, Schlaf und Traum

Zeitempfinden ist für uns relativ. In seinem berühmten Aufsatz „On the effects of external sensory input on time dictation" hat Albert Einstein die Relativität des Zeitempfindens anschaulich erklärt: „Wenn ein Mann sich mit einem hübschen Mädchen unterhält, vergeht eine Stunde wie im Fluge. Sitzt er dagegen auf einer heißen Herdplatte, so erscheint ihm eine Minute wie Stunden."

Unser inneres Zeitgefühl ist eben keine Uhr, wie wir sie am Handgelenk tragen, sondern eine Aneinanderreihung von Erfahrungen und Emotionen. Das Zeitgefühl hat also etwas mit unseren Erfahrungen, d.h. mit dem Gedächtnis zu tun. Sind wir im Verkehr nach der Rotphase mit einer gelben Ampel konfrontiert, so verharren wir in Anfahrposition, da wir wissen, dass die Gelbschaltung nur 2–5 Sekunden dauert. Springt die Ampel dagegen von Grün auf Gelb, richten wir uns auf eine längere Wartezeit ein.

Wir können vergangene Ereignisse unseres Lebens dank des episodischen Gedächtnisses zeitlich einordnen. Manche Fakten haben sich in unser Bewusstsein eingegraben, so etwa das bestandene Abitur oder der Tod der Mutter. Oft orientieren wir uns bei der Einordnung von unwichtigeren Ereignissen, wie dem Kauf eines Autos oder dem Urlaub in der Karibik, an Schlüsselerlebnissen, ob z.B. der Urlaub vor oder nach dem Abitur war. Im Alter irrt unser chronologisches Sortiersystem, oft wissen wir nicht mehr, was in welcher Reihenfolge geschah. Das episodische Gedächtnis beginnt zu verschwimmen. Jeder Zeitbegriff des Menschen wird letztendlich durch seine eigene Lebensendlichkeit definiert. Somit funktioniert unser episodisches Gedächtnis anhand des Setzens von Zeitmarken in der Spanne zwischen Geburt und Tod.

Auch die zweite Uhr in unserem Gehirn, der circadiane Rhythmus, leitet sich aus dem Naturgeschehen ab, nämlich dem 24 Stunden währenden Tag-Nacht-Rhythmus. Das Wort „circadian" ist zusammengesetzt aus „circa" für ungefähr und „dia" für Tag. In Bezug auf unsere Lebensweise können wir den circadianen Rhythmus auch als Wach-Schlaf-System definieren. Für unsere Vorfahren bedeutete Helligkeit Wachsein, und Dunkelheit hieß Schlaf. Der moderne Mensch kann das Sonnenlicht vielfältig ersetzen. Dennoch schaltet er abends das Licht aus und geht schlafen. Obwohl sich der natürliche Hell-Dunkel-Rhythmus durch Technik ersetzen lässt, bleiben wir bei unserem Wach- und Schlafverhalten. Nur Schichtarbeiter oder Zeitzonenflieger müssen die Nacht zum Tag machen und zahlen dafür mit körperlichen und seelischen Störungen.

Wenn Versuchspersonen zwischen unterschiedlich langen Zeitintervallen unterscheiden müssen, dann weist der erhöhte Blutfluss – gemessen mithilfe der kernmagnetischen Resonanztomographie – auf neuronale Aktivitäten in den sogenannten Basalganglien hin. Die vier unterhalb des Cortex liegenden Basalganglien bezeichnet man als Striatum (Streifenkörper), Globus pallidus, Substantia nigra und Nucleus im Subthalamus. Sie haben Verbindungen zum Cortex, zum Thalamus und zu anderen Kernen. Der Streifenkörper enthält zwar nur eine kleine Zahl Nervenzellen, diese sind aber mit fast allen Bereichen des Gehirns verbunden. Die langen Ausläufer (Dendriten) dieser Zellen sind mit 20- bis 30 000 Dornen besetzt, dies sind Strukturen, die über Synapsen Informationen von anderen Neuronen aus unterschiedlichen Bereichen des Gehirns einholen.

Zwei amerikanische Neurologen, Warren H. Meck und John Gibbon haben für das Zeitgefühl im Gehirn eine Theorie entwickelt, nach der es für jedes denkbare Zeitintervall eine bestimmte Zeitmarke im Gehirn gibt. Die Theorie geht von einer Anzahl neuronaler Oszillatoren im Cortex aus. Diese Nervenzellen feuern mit unterschiedlicher Frequenz, ohne sich mit den Nachbarzellen abzustimmen, vergleichbar mit vielen vor sich hin redenden Personen in einer Menschenmenge. Diese kortikalen Oszillatoren sind mit den Neuronen im Striatum verbunden und können das zufallsbestimmte „Geschwätz" der kortikalen Neuronen abhören. Bei einer Zeiteingabe aber, die die für die Zeitmessung zuständigen kortikalen Neuronen aktiviert, synchronisieren diese Zellen ihre Signale und das gemeinsame Signal wird von den Nervenzellen im Striatum nach dem Motto „es ist etwas passiert" registriert.

Da aber alle Zellen gemeinsam zu feuern beginnen, ergibt sich ein reproduzierbares Muster der Nervenaktivierung. Die Neuronen im Striatum zählen diese Zustände, um die abgelaufene Zeit zu messen. Am Ende des registrierten Ereignisses schickt ein anderer Teil der Basalganglien, die Substantia nigra, den Neurotransmitter

Dopamin zu den Nerven im Striatum, was wiederum die Striatumneuronen dazu veranlasst, die Frequenz der kortikalen Oszillatoren zur Wiedererkennung zu registrieren. Taucht zu einer anderen Zeit eine ähnliche Frequenz wieder auf, so wird sie als Beginn eines Ereignisses registriert. Am Ende des Ereignisses sendet das Striatum ein Signal an den Thalamus. So läuft die Zeitkontrolle vom Cortex zum Streifenkörper, von dort zum Thalamus und wieder zum Cortex.

Bei Defekten des Dopaminstoffwechsels in den Basalganglien ist das Einschätzen von Zeitverläufen gestört. Parkinson-Patienten setzen beispielsweise nur wenig Dopamin im Striatum frei, und so läuft ihre innere Uhr langsamer (siehe Kap. 14). Auch die Droge Marihuana verlangsamt das Zeitgefühl, Kokain und Amphetamine dagegen beschleunigen die innere Uhr, so dass sich die wahrgenommene Zeit dehnt. Ähnliches bewirkt eine hohe Ausschüttung des Stresshormons Adrenalin: Dadurch wirken in unangenehmen Situationen Sekunden fast wie Stunden. Musiker und Sportler können ihr Zeitgefühl auch trainieren. Die meisten Menschen nutzen aber Hilfsmittel wie das Zählen von Sekunden – z. B. „ich zähle bis drei" –, um Zeitintervalle abschätzen zu können. Bei einer Trance oder bei intensiven Emotionen kann das Zeitgefühl ganz versagen.

Unsere 24-Stunden-Uhr beeinflusst mehr physiologische Parameter als wir glauben, so steigt unser Blutdruck morgens zwischen 5 und 6 Uhr an, die Kortisonausschüttung erhöht sich und der Verdauungstrakt, besonders hinsichtlich der Ausscheidung von angesammeltem Urin, wird aktiviert. Vordergründig richtet sich unsere innere Uhr nach dem Hell-Dunkel-Rhythmus, aber die Tageslichtlänge ist nur nötig, um diese Uhr zu korrigieren.

Der circadiane Rhythmus ist in unseren Genen verankert und prägt sich im Stoffwechsel einer jeden Zelle aus. Wenn isolierte menschliche Zellen in einer Petrischale unter Dauerlicht gehalten werden, so teilen sie sich trotzdem im 24-Stunden-Rhythmus, auch genetische und hormonelle Aktivitäten folgen der biologischen Stundenuhr. Diese Abläufe sind erstaunlich zeitgenau, sie zeigen nur eine Ungenauigkeit von einem Prozent pro Tag.

## Mit Schlaf verbringen wir ein Drittel unseres Lebens

Der Schlaf ist neben der Atmung und der Ernährung die wichtigste Funktion des Körpers. Der Schlaf nimmt etwa ein Drittel unserer Lebenszeit in Anspruch, wovon etwa ein Viertel im Traumzustand verbracht wird. Wir können uns dem Schlaf nicht entziehen, denn früher oder später holt uns die Müdigkeit ein und entführt uns in eine Welt, in der wir uns zwar Nacht für Nacht aufhalten, die uns auch vertraut erscheint, über die wir allerdings wenig wissen. Trotz intensiver Schlafforschung bleiben Fragen, wie beispielsweise die nach der Funktion des Schlafes, unbeantwortet.

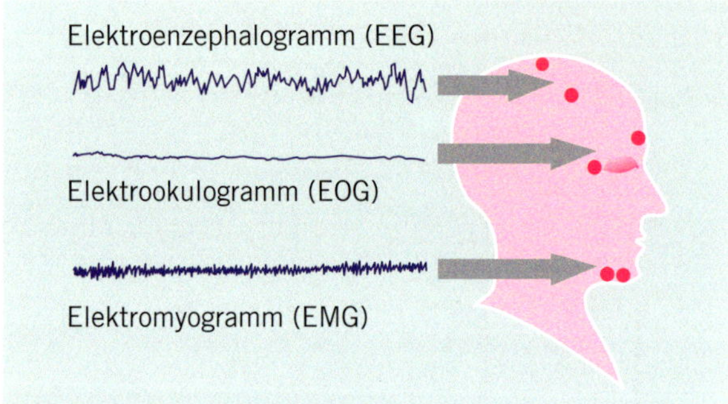


13.1 EEG, EOG und EMG. Stromkurven geben Aufschluss über den Schlaf. Das Elektroenzephalogramm ist die Aufzeichnung von elektrischen Hirnströmen, das Elektrookulogramm von elektrischen Strömen, die durch Augenbewegungen entstehen, und das Elektromyogramm von Strömen, die die Muskelspannung widerspiegeln.

In der Antike nannte man den Schlaf den „kleinen Bruder des Todes". Als man im ausgehenden Mittelalter begann, sich mit medizinischen Problemen zu befassen, schenkte man dem Schlaf keine Beachtung und tat ihn einfach als verlorene Zeit ab.

Eine wissenschaftlich fundierte Schlafforschung begann erst im 20. Jahrhundert mit der Hirnstrommessung, der Elektroenzephalographie (siehe Kap. 9). Die Erfindung dieser Diagnostik gilt praktisch als Startschuss zur wissenschaftlichen Erforschung des Phänomens Schlaf und gab Aufschluss über den Zusammenhang zwischen erholsamem Schlaf und körperlichem Wohlbefinden (Abb. 13.1). Der Schlaf ist keineswegs ein passiver Vorgang; denn in unserem Körper und unserem Gehirn laufen eine ganze Menge komplizierter Vorgänge ab, die den Schlaf grundlegend vom Zustand des Komas oder Todes unterscheiden.

Mit der Elektroenzephalographie steht uns eine wichtige Methode zur Analyse des menschlichen Schlafs zur Verfügung, die es erlaubt, die Hirnströme fortlaufend zu messen, ohne den Schlafenden zu stören. Die Ergebnisse der EEG führten zur Untergliederung des Schlafs in verschiedene Stadien. Diese Phasen werden im EEG durch spezifische Erregungsmuster angezeigt. Neben dem EEG schließen heutige Schlafuntersuchungen auch Messungen der Augenbewegungen (Elektrookulogramm, EOG), der Muskelspannung (Elektromyogramm, EMG) und der Herzaktivität (Elektrokardiogramm, EKG) mit ein.

Mit dem EEG-Gerät lassen sich diverse Gehirnwellenmuster feststellen, die zwar regelmäßig auftreten, sich in ihrer Form aber klar voneinander unterscheiden. Schlaf ist somit kein konstanter Zustand, sondern eine aktive, in hohem Maße organisierte Abfolge von Ereignissen und physiologischen Zuständen. Es lassen sich fünf Schlafstadien unterscheiden: eine REM-Phase (so genannt nach „Rapid Eye Movement") und vier Non-REM-Phasen, die sich pro Nacht in einem Intervall von etwa 90 Minuten wiederholen.

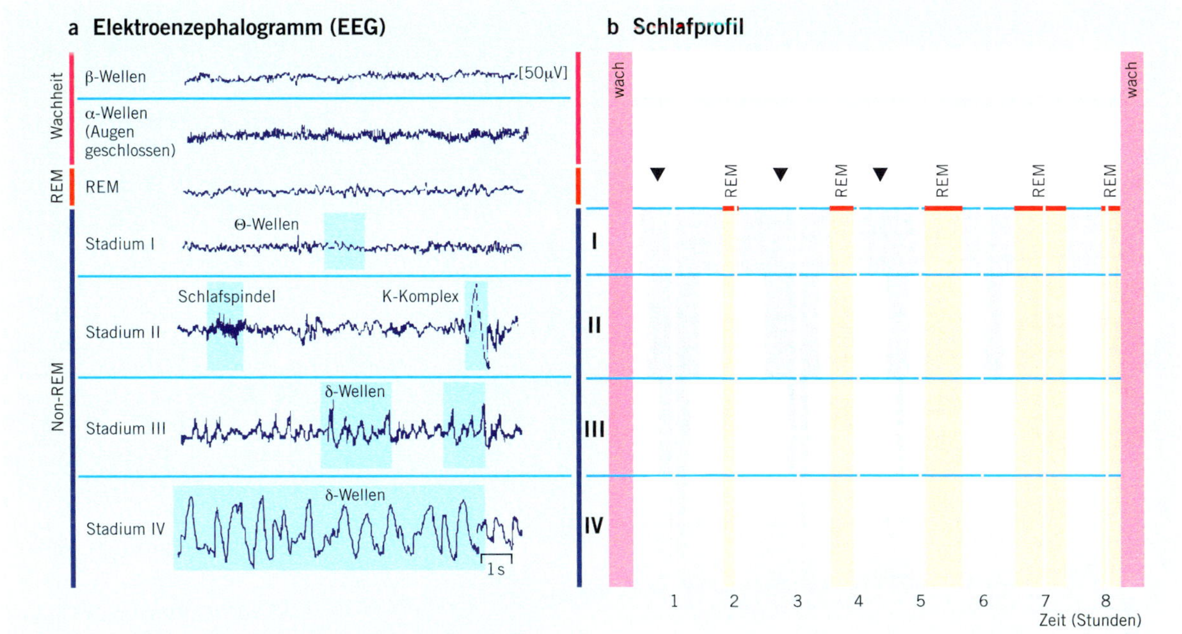


13.2 EEG-Profil der Wach-Schlaf-Stadien eines Erwachsenen. a) Die Schlafstadien gliedern sich in Non-REM- und REM-Phase. Die Non-REM-Phase wird in vier Stadien untergliedert. Mit zunehmender Schlaftiefe treten vermehrt EEG-Wellen mit hoher Amplitude auf. b) Das Schlafprofil. Die Phasen von Non-REM und REM-Schlaf (rot) werden mehrfach durchlaufen. Zu beachten sind die Abnahme von Tiefschlafstadien (III und IV) und die Verlängerung der REM-Phasen im Verlaufe des Schlafes. Quelle: Klinke, R./ Silbernagl, S. (2003): Lehrbuch der Physiologie. 4. Aufl. Thieme, Stuttgart

Das typische EEG des Wachzustands zeigt rasche Gehirnwellen (Wellen mit geringer Amplitude und hoher Frequenz) und eine hohe Muskelaktivität (Abb. 13.2). Stellt sich der Schlaf ein, so entspannt sich der Körper, und die Gehirnwellen werden langsamer. Wir fallen in das Schlafstadium I, das sogenannte Einschlafstadium, das nur wenige Minuten umfasst. Die Augen bewegen sich langsam und rollend. Die Körpertemperatur fällt um einige Zehntelgrad ab, Atmung und Puls werden langsamer, der Blutdruck sinkt und die Muskelaktivität ist gering. Schlafende Personen können in diesem Stadium leicht geweckt werden und oftmals erinnern sie sich dann an die Wahrnehmung von Bildern. Wenn wir ins Stadium II eintreten, hören die Augenbewegungen auf, die Muskelaktivität nimmt kontinuierlich ab und die Gehirnwellen werden mit schnelleren Wellen – Schlafspindeln genannt – von 5 bis 15 Minuten Dauer durchsetzt. Nun sinken wir im 3. und 4. Stadium in den langsamwelligen Tiefschlaf. Circa 30 bis 40 Minuten nach dem Einschlafen ist dieser Zustand erreicht. Im Stadium III erscheinen extrem langsame Gehirnwellen mit hoher Amplitude, die als Delta-Wellen bezeichnet werden. Im 4. Stadium werden die Delta-Wellen regelmäßiger. In dieser Tiefschlafphase, die 20 bis 40 Minuten dauert, bewegen sich die Augen nicht und es werden keine Muskelaktivitäten mehr wahrgenommen. Personen, die in dieser Phase geweckt werden, fühlen sich „groggy" und sind für einige Minuten hinsichtlich Raum und Zeit desorientiert.

Wenn wir in den REM-Schlaf eintreten, entwickelt das Gehirn Aktivitäten, die denen des Wachzustands sehr ähnlich sind. Was das Hirn aber tut, ob es beispielsweise die tagsüber aufgenommenen Informationen sortiert oder schlicht die Abfallprodukte des Gehirnstoffwechsels über das Blut abtransportiert, wissen wir nicht. Die Behauptung, das Gehirn entsorge den am Tag gespeicherten Müll, klingt zwar spannend, aber Beweise gibt es dafür nicht. Während des REM-Schlafs befindet sich unser Organismus überwiegend in einem Zustand der muskulären Erschlaffung – wir sind quasi gelähmt –, nur das Herz, das Zwerchfell, die Augenmuskeln und die glatte Muskulatur (dazu gehören die Muskeln des Darmes und der Blutgefäße) sind noch in Bewegung. Die Atmung wird schneller, irregulär und flach, die Augen bewegen sich unter den geschlossenen Lidern rasch hin und her, was dieser Schlafphase ihren Namen gab. Der Herzschlag nimmt zu, der Blutdruck erhöht sich und es können Penis-/Klitoris-Erektionen auftreten. Charakteristisch für den REM-Schlaf ist ein lebhaftes Träumen, weshalb der REM-Schlaf auch als Traumschlaf bezeichnet wird. Allerdings treten Träume, wenn auch in geringerer Häufigkeit und Intensität, auch in den übrigen Schlafstadien auf.

Die Stadien I bis IV werden als Non-REM-Schlaf bezeichnet, da in diesen Phasen nur sehr langsame bis gar keine Augenbewegungen beobachtet werden.

Während einer Nacht werden diese Schlafstadien in regelmäßigen Zyklen etwa fünf- bis siebenmal durchlaufen, wobei sich die Phasen innerhalb eines Stadiums im

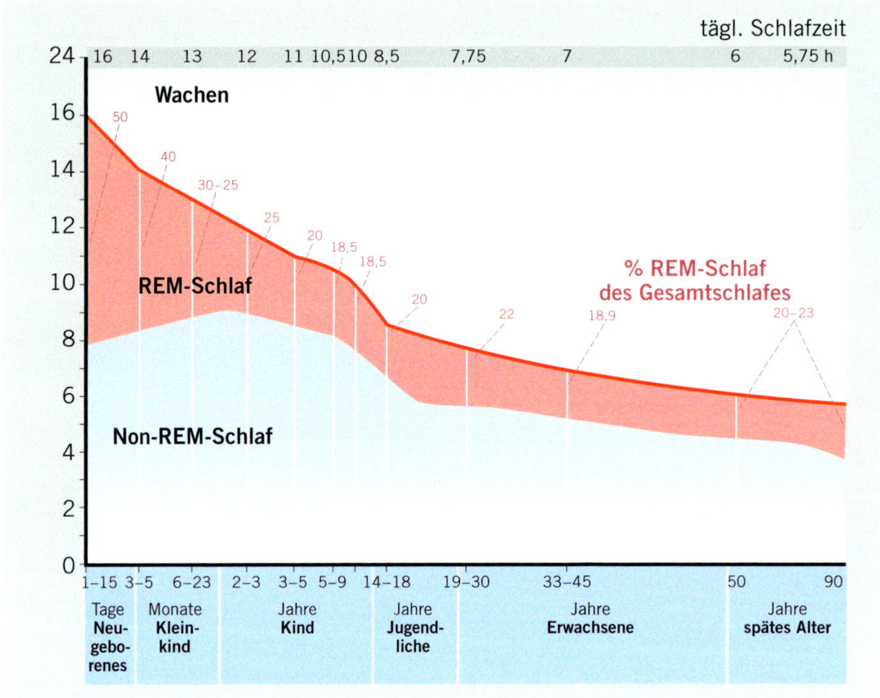


13.3 Veränderung des menschlichen Schlafprofils mit zunehmendem Lebensalter. Neben dem Rückgang der Gesamtschlafzeit ist v. a. die starke Abnahme der REM-Schlaf-Dauer bemerkenswert.

Quelle: Schmidt, R.F./Thews, G. (1997): Physiologie des Menschen. 27. Aufl. Springer, Heidelberg

Laufe einer Nacht verschieben (Abb. 13.2b). Die erste REM-Schlaf-Periode tritt für gewöhnlich 70 bis 90 Minuten nach dem Einschlafen auf. Im ersten Schlafzyklus sind die REM-Phasen kurz und die Tiefschlafphasen lang. Im Laufe der Nacht nehmen die Tiefschlafphasen kontinuierlich ab und die REM-Phasen an Dauer und Intensität zu. Nach dem Einschlafen dauert die REM-Phase etwa drei bis fünf Minuten, gegen Morgen dagegen bis zu einer Stunde.

Das periodische Muster des täglichen Schlaf-Wach-Zyklus ändert sich mit dem Alter; so verringert sich die Schlafdauer im Verlauf des menschlichen Lebens kontinuierlich (Abb. 13.3). Ein Neugeborenes schläft täglich etwa 16 Stunden, ein Kleinkind 14 bis 13, Kinder und Jugendliche 12 bis 8, Erwachsene bis zu 40 Jahre 8 bis 7 und ältere Menschen über 70 Jahre etwa nur noch 6 Stunden. Dabei verringern sich besonders die Anteile des REM-Schlafs und des Tiefschlafs (Stadium IV). Bei Neugeborenen nimmt der REM-Schlaf etwa 50 %, bei Kindern und Jugendlichen 25–20 % und bei Erwachsenen etwa 20% der Gesamtschlafzeit ein. Die vierte Schlafphase reduziert sich im Laufe des Lebens nahezu drastisch und ist häufig ab dem 60. Lebensjahr nicht mehr nachweisbar.

Trotz allen Fortschritts ist die genaue Bedeutung der Schlafphasen bis heute ungeklärt. Zwar wissen wir jetzt genauer, was während des Schlafens in unserem Körper passiert, die Grundfragen allerdings: warum wir schlafen, warum in dieser Form und was das Einschlafen auslöst, sind noch weitgehend ungeklärt. Die gängige Erklärung, der Schlaf diene der Erholung, während dieser Phase würden Schadstoffe entfernt und die Energiespeicher wieder aufgefüllt, lässt sich experimentell kaum stützen. Beispielsweise führen starke körperliche Anstrengungen zum raschen Einschlafen, verlängern aber nicht die Schlafdauer. Klar ist nur, dass beide, REM- und Non-REM-Schlaf überlebenswichtig sind. Totaler Schlafentzug über längere Zeit führt bei Mensch und Tier zum Tod.

## Wie funktioniert die innere Uhr für den Schlaf-Wach-Zyklus? Die Rolle der Zirbeldrüse und des Hypothalamus

Wenn Menschen über Wochen in Räumen wohnen, in denen es weder Sonnenlicht noch eine Uhr oder andere Anhaltspunkte für die Tageszeit gibt, so neigt die von äußeren Taktgebern unabhängige innere Uhr dazu, einen 25-Stunden-Rhythmus zu erzeugen. Es scheint, als seien an den 24-Stunden-Tag gekoppelte Informationen nötig, um unsere körpereigene Uhr mit dem Takt der Erddrehung zu synchronisieren. Offenbar beeinflusst die Tageslichtlänge unsere innere Uhr. Und damit stellt sich die Frage nach der Wirkungsweise von Licht auf unser Gehirn.

Jeder circadiane Rhythmus wird durch das Zusammenwirken von drei Schlüsselkomponenten gesteuert:

- durch eine innere Uhr, die den Rhythmus generiert;
- durch Fotorezeptoren, die den Tag-Nacht-Wechsel registrieren und mit den Umweltbedingungen synchronisieren, sowie

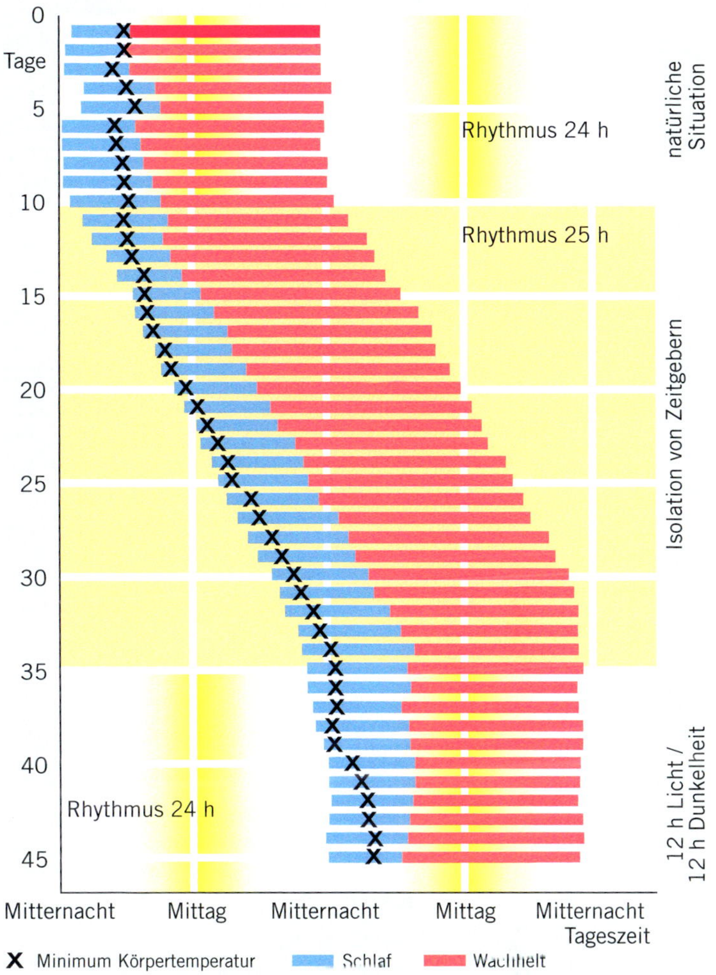


13.4 Circadianer Rhythmus von Schlaf und Wachheit. Dargestellt ist der Schlaf-Wach-Rhythmus (Balken) eines Erwachsenen unter natürlichen Bedingungen (Tage 1 bis 9), nach vollständiger Isolation von äußeren Zeitgebern (Tage 10 bis 34) und während eines regelmäßigen 12-stündigen Wechsels von Licht und Dunkelheit (Tage 35 bis 45). Es findet eine zunehmende Phasenverschiebung und Verlängerung des Schlaf-Wach-Rhythmus von 24 auf 25 Stunden in der Isolation, wenn keine äußeren Zeitgeber da sind, statt. Mit Aufnahme eines 12-stündigen Licht-Dunkel-Wechsels wird der ursprüngliche circadiane Rhythmus wieder hergestellt. Quelle: Schmidt, R.F./Thews, G. (1997): Physiologie des Menschen. 27. Aufl. Springer, Heidelberg.

- durch Effektoren, die die Signale der inneren Uhr verarbeiten und zu den entsprechenden Geweben und Organen senden.

Während bei niederen Wirbeltieren (Reptilien, Vögel) sämtliche Komponenten dieses Systems in einem einzigen Organ im Zwischenhirn, der Epiphyse (bei diesen als Pinealorgan bezeichnet), lokalisiert sind, liegen sie bei Säugetieren und beim Menschen in räumlich getrennten Regionen des Zwischenhirns.

Zentrale Komponenten der Rhythmusgenerierung bei Säugetieren, einschließlich des Menschen, sind die Nuclei suprachiasmatici (abgekürzt SCN) (Abb. 13.5). Man bezeichnet diese Kerne so, da sie unmittelbar oberhalb des Chiasma opticum, der Kreuzung der beiden Sehnerven, im Hypothalamus liegen. Jeder suprachiasmatische Kern besteht aus einer Ansammlung von rund 10 000 dicht gepackten Nervenzellkörpern, deren Dendriten nur spärlich verzweigt sind. Die Neuronen des SCN stellen Oszillatoren dar, in denen die elektrische Aktivität, der Stoffwechsel und die Proteinsynthese mit etwa 24- bis 25-stündiger Periodik schwanken (oszillieren). Sie generieren rhythmische Aktionspotenziale. Demzufolge scheinen die Nervenzellen der SCN einen eingebauten, in den Genen verschlüsselten 24-Stunden-Zyklus aufzuweisen. In jüngsten Studien wurden einige Aspekte der genetischen Kontrolle der Schrittmacherneuronen in den SCN identifiziert. Offenbar funktioniert er, indem sich durch Licht aktivierte Gene und Proteine gegenseitig immer wieder aktivieren und deaktivieren (Abb. 13.4).

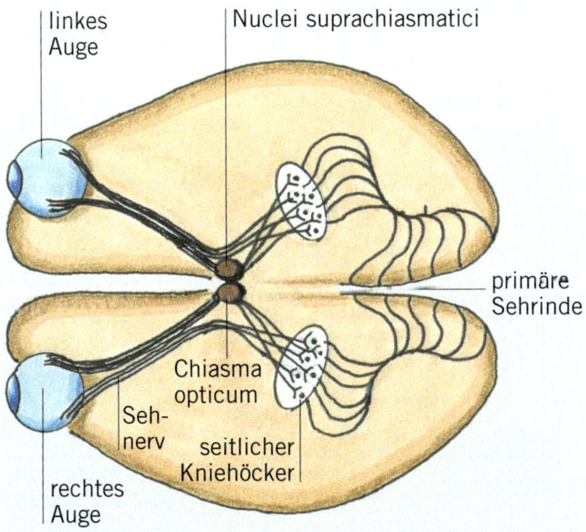


13.5 Lage der suprachiasmatischen Kerne (SCN), die sich unmittelbar oberhalb der Sehnervkreuzung (Chiasma opticum) befinden. Jeder von ihnen empfängt visuelle Informationen aus beiden Sehnerven.

Als äußere Zeitgeber (Stellglied) für den Uhrenmechanismus dienen Lichtsignale des täglichen Hell-Dunkel-Wechsels, die von Fotorezeptoren der Netzhaut registriert und über einige Sehnervenfasern zu den oszillierenden Neuronen der SCNs weitergeleitet werden. So kann die Aktivität der SCN-Neuronen mit dem Tag-Nacht-Wechsel synchronisiert werden.

Die rhythmisch synchronisierten Aktivitätsmuster aus den SCNs werden in weitere Teile des Gehirns vermittelt, u. a. in den Hirnstamm, den Thalamus und den Cortex.

Ein wesentlicher Effektor des circadianen Systems in Säugetieren ist die Zirbeldrüse oder Epiphyse, deren Hormonproduktion durch Fotorezeptoren der Netzhaut, den SCN und das autonome Nervensystem gesteuert wird.

Die Zirbeldrüse synthetisiert während der Nacht das Hormon Melatonin und gibt es in die Blutbahn ab. Melatonin könnte als Auslöser für normalen Schlaf fungieren.

Neben den Nuclei suprachiasmaticus existieren noch einige andere körpereigene Uhren, die miteinander ein komplexes Netzwerk einander überlagernder Rhythmen bilden. Generell gilt, dass für das Wachen und Schlafen mehrere Kerngebiete des Gehirns mit Neurotransmittern und Hormonen verantwortlich sind.

Viele Menschen klagen im Herbst und Winter über Lustlosigkeit (Apathie), Müdigkeit und Gewichtszunahme. Diese Störungen fasst man unter dem Begriff „seasonal affective disorders", kurz SAD zusammen. Davon sind etwa 5% der Bevölkerung betroffen, und zwar vor allem jene, die in Gegenden mit wenig Sonnenlicht leben. Würden wir jeweils bei Sonnenaufgang aufstehen und mit der Dämmerung schlafen gehen, so wären Winter- oder Frühjahrsmüdigkeit fast unbekannt. Auch die Abhängigkeit von den Jahreszeiten könnte mittels einer circadianen Uhr geregelt sein, z. B. über eine erhöhte Melatoninausschüttung in den langen Dunkelperioden des Winters.

## Wenn der Rhythmus nicht mehr stimmt

Gewisse Umstände und äußere Faktoren können das harmonische Zusammenspiel des circadianen Rhythmus aus dem Takt bringen. Die häufigste circadiane Rhythmusstörung wird durch den sogenannten Jetlag verursacht, der beim Überfliegen mehrer Zeitzonen entsteht. Fliegt man beispielsweise von Ost nach West, wird der Tag verlängert, bei einem Flug von West nach Ost verkürzt. Solche Flüge führen unter anderem zu einer Störung des Schlaf-Wach- und des Temperaturrhythmus. Die Jetlag-Symptome können eine Woche oder sogar länger wirken, typisch sind Ein- und Durchschlafschwierigkeiten, Tagesschläfrigkeit, Verdauungsstörungen, Gereiztheit und mangelnde Konzentration.

Durch Nacht- und Wechselschichten werden Schichtarbeitern ungewöhnliche und unregelmäßige Arbeitszeiten auferlegt. Dadurch entstehen gesundheitliche Probleme, die denen eines Jetlags ähneln. Nachtschichtarbeiter müssen sich nicht nur einem unnatürlichen Schlafrhythmus anpassen, sie schlafen zudem auch weniger, weil Lärm, Tageslicht und eine höhere Raumtemperatur den Schlaf am Tage stören.

## Die Bedeutung des Traums – von der Antike bis zum 20. Jahrhundert

Träume können uns bizarre und manchmal auch beängstigend realistische Erfahrungen vermitteln. Seit alters her erzählen sich die Menschen ihre Träume am folgenden Tag. Träume wurden als eine Schau in die Zukunft verstanden. Zu verschiedenen Zeiten gab es verschiedene Auffassungen über Wesen, Herkunft und Bedeutung von Träumen.

Die ältesten Zeugnisse zur Traumdeutung kommen aus der Zeit der Sumerer und zwar aus dem Gilgamesch-Epos, das die Heldentaten des Gilgamesch, Stadtkönigs von Uruk erzählt: „*Es ruht Enkidu, Traumbilder schaut er. Es erhob sich Enkidu, erzählt seine Träume und spricht zu Gilgamesch also.*" Dieser älteste uns bekannte Bericht über eine historische Figur (Gilgamesch lebte ca. 2700 v. Ch.) ist gleichzeitig der älteste Bericht über Träume. Die ersten sieben der insgesamt zwölf „Tafeln" berichten zu einem Drittel von Träumen und deren Deutungen. Die im Gilgamesch-Epos erzählten Träume unterrichten den Menschen über die Pläne der Götter.

Auch in der Antike hatte der Traum göttlichen Ursprung und prophetische Funktion. Die Ägypter dachten, Träume seien die Spaziergänge der Seele. Demnach verließen ihre Seelen Nacht für Nacht den menschlichen Körper, um in ferne Länder zu reisen. Dort erlebten sie die verrücktesten Geschichten, und bei ihrer Rückkehr erzählten sie dem Körper manchmal von ihren Erlebnissen. Deshalb galt es in der damaligen Zeit auch als gefährlich, schlafende Menschen aufzuwecken, da die Gefahr bestand, dass die Seele nicht mehr in den Körper zurückfinden würde. Die alten Griechen hielten Träume ebenfalls für göttliche Mitteilungen und versuchten, solche Mitteilungen zu provozieren, indem sie an geheiligten Stätten schliefen.

Die umfassendste und in mancher Hinsicht noch bis heute gültige „Traumtheorie" stammt von Aristoteles (384–322 v. Chr.). Er versteht den Traum als das Seelenleben während des Schlafs und erklärt ihn damit zum Gegenstand der Psychologie. Für die häufige Beobachtung, „dass der Träumende sich treffsicherer als krank erlebt als der Wachende", gibt Aristoteles eine Erklärung, die zwar schwer zu beweisen ist, bis heute jedoch von keiner stichhaltigeren Deutung abgelöst werden konnte. Er meint, dass die schwachen Reize, die von einem kranken Organ ausgehen, im Traum in voller Wirkung erscheinen, da sie sich im Wachen wegen der stärkeren Tageseindrücke nicht bemerkbar machen können. Aristoteles legte sich auch als Erster die Frage vor, „ob die Schlafenden immer träumen und sich nur nicht immer erinnern, und wenn ja, warum dies" so sei. Und schließlich war es auch Aristoteles, der zuerst Beobachtungen über rasche Augenbewegungen während des Schlafs niederschrieb. Ihm waren die schnellen Augenbewegungen bei schlafenden Jagdhunden aufgefallen. Daraufhin nahm er an, dass auch höher entwickelte Tiere träumen.

Kaiser Augustus (63 v. Chr.–14 n. Chr.) nahm Träume so ernst, dass er ein Gesetz erließ, nach dem jeder, der etwas über den Staat träumte, die Inhalte seines Traumes auf dem Marktplatz öffentlich bekannt zu machen habe. Das Mittelalter beschränkte sich dann auf symbolische Traumdeutungen, in der Regel auf der Analogieebene. Es entstanden lexikonartig angelegte Traumbücher, die vorwiegend unterhalten sollten.

Auch wenn im Mittelalter, der Renaissance und der Aufklärung die Beschäftigung mit dem Traum nur eine untergeordnete Rolle spielte, sollen hier einige Namen erwähnt werden. Albertus Magnus (1200–1260) beschäftigte sich mit telepathischen Träumen, Safadi (14. Jahrhundert) untersuchte den Unterschied von Träumen bei angeborener und erworbener Blindheit, Arnold von Villanova (16. Jahrhundert) setzte Träume zu Diagnosezwecken ein, George Berkeley (1685–1735) stellte einen Unterschied zwischen den Zeitverhältnissen im Traum- und im Wachzustand fest und Immanuel Kant (1724–1804) betrachtete Träume als „Heilmittel".

Im 19. Jahrhundert schließlich – sieht man von den romantischen Schriftstellern ab – verschwindet der Traum fast völlig aus dem Bewusstsein der Gesellschaft. Am allerwenigsten interessierte sich die Medizin für die Bedeutung des Träumens. Sigmund Freud zufolge betrachtete sie den Traum als eine Art Zuckung der sonst schlafenden Seele.

Zu Beginn des 20. Jahrhunderts änderte sich die Situation allerdings grundlegend. Im Jahre 1899 erschien Sigmund Freuds Buch „Die Traumdeutung" und rückte den Traum in den Mittelpunkt des psychotherapeutischen Interesses.

Freuds Traumtheorie fand nicht nur Zustimmung, sondern auch scharfe Kritik. Neben den theoretischen Auseinandersetzungen griffen nun sowohl die Gegner als auch die Anhänger der Freud'schen Theorie immer häufiger zum Experiment, um ihre jeweiligen Behauptungen unter Beweis zu stellen. Damit wurde die Beschäftigung mit dem Traum auch für die diagnostische und kurative Medizin bedeutsam.

Freud und sein Schüler Carl Gustav Jung (1875–1961) gelten als die Väter der Traumdeutung. Der Begründer der Psychoanalyse brachte Träume mit unterdrückten kindlichen Wünschen und Begierden in Verbindung, die sich im Unterbewusstsein verbergen. „Die Traumdeutung" von Sigmund Freud gilt als eines der Hauptwerke der medizinischen Literatur des 20. Jahrhunderts. Mit der Traumdeutung fand der Begründer der Psychoanalyse den „Königsweg zum Unbewussten". Er relativierte das Bewusstsein, entlarvte es als Selbsttäuschung, als einen nur winzigen Teil des psychischen Geschehens. Seine Einblicke in die Nachtseiten des Geistes öffneten den Blick für die Gewalt der Begierde, die das, was man Kultur oder Zivilisation nennt, gefährdet. Gemäß der Theorie Sigmund Freuds haben Träume eine tiefenpsychologische Bedeutung: Sie sollen diejenigen Eigenschaften des Seelenlebens enthüllen, die sonst verdrängt und somit dem bewussten Zugriff der Person entzogen sind. Der Traumdeuter müsse dann den Symbolen ihre harmlose Maske abnehmen, um an den wahren Inhalt des Traums zu gelangen und damit die verdrängten, unterdrückten Gefühle aufzudecken

Auch Freuds Schüler C. G. Jung bewertete Träume als Zugang zum Unbewussten. Im Gegensatz zu Freud, für den jeder Lebensantrieb und damit auch jede Wunschvorstellung sexueller Natur sein musste, konnte sich Jung auch andere Gründe vorstellen. Er prägte unter anderem den Begriff des „Archetypen" für die Teile der Psyche, die einem allgemeinen, kollektiven Unbewussten entspringen. Bestimmte Symbole verschlüsselten Ähnliches für jeden Menschen innerhalb einer Kulturgruppe. Nach Jung lassen sich Träume auf zwei Arten betrachten: Auf der einen Seite zeigen sie die Persönlichkeit des Träumers (die sogenannte „Subjektstufe"), auf der anderen das, was der Träumer am Tag erlebt hat („Objektstufe"). Alle Symbole könnten aus beiden Perspektiven gedeutet werden.

## Die Träume: Wie können wir uns an unsere Träume erinnern?

Obwohl wahrscheinlich jeder während des Schlafens träumt, können sich nur etwa 40 Prozent der Schläfer regelmäßig an ihre Träume erinnern. Der Schlafende muss, um sich am nächsten Morgen an den Traum erinnern zu können, während des Träumens oder kurz danach geweckt werden und anschließend sofort mit seinen Träumen konfrontiert werden. Denn Träume werden nur im Kurzzeitgedächtnis festgehalten und während des Schlafs besteht vermutlich keine Verbindung zwischen Lang- und Kurzzeitgedächtnis. Doch durch Aufwecken der Schlafenden während einer REM-Phase können die Geweckten in 80% der Fälle von ihren Träumen oder Gedanken berichten. Auffällig sind dabei auch die Unterschiede zwischen den Träumen der frühen und denen der späteren REM-Phasen. So bestehen die Träume der früheren Phasen oft nur aus kurzen Episoden oder Eindrücken, es werden wenig persönliche Gefühle verarbeitet. Die Träume kurz vor dem Erwachen sind bilderreich und ihr Inhalt verwirrend. Sie beziehen den Träumer in das Geschehen ein und beinhalten zahlreiche Emotionen.

Sigmund Freud hielt die sogenannten Flug- oder Fallträume für wiederholte Eindrücke aus der Kinderzeit: „Welcher Onkel hat nicht schon ein Kind fliegen lassen, indem er, die Arme ausstreckend, durchs Zimmer mit ihm eilte, oder Fallen mit ihm gespielt, indem er es auf den Knien schaukelte und das Bein plötzlich streckte oder es hochhob und plötzlich tat, als ob er ihm die Unterstützung entziehen wolle." Neuere Forschungen allerdings sehen einen Zusammenhang zwischen Flug- und Fallträumen und der Erschlaffung des Muskelapparates. Gleich zu Beginn der Traumphase wird nämlich die Kontraktionsfähigkeit der Muskulatur ausgeschaltet, und es entsteht ein Gefühl des Fallens.

Die Ausschaltung der Muskulatur scheint auch für bestimmte Angstträume verantwortlich zu sein. Man will beispielsweise eine dem Traumgeschehen entsprechende Bewegung machen, möglicherweise weglaufen, aber die Muskeln gehorchen nicht. So entsteht das mit großer Angst verbundene Gefühl des ‚Nicht-fliehen-Könnens'.

13.6 Johann Heinrich Fuessli: Nachtmahr (1791).
Quelle: Goethehaus, Frankfurt a. M. und arthotek

Die Erschlaffung des Muskelapparates ist auch dafür verantwortlich, dass wir während des Träumens nicht Schlafwandeln. Hier offenbart sich eine Art Schutzfunktion: Es wäre nämlich recht gefährlich, wenn wir während des Schlafens alle geträumten Handlungen ausführen könnten. Selbstverständlich gibt es Schlafwandler; aber dieses Phänomen ist nur außerhalb der Traumphasen, z.B. in den Tiefschlafphasen, zu beobachten.

Der Alp oder auch Alb ist nach dem Volksglauben ein Gespenst, das sich dem Schläfer auf die Brust setzt und dadurch schwere Träume verursacht (Abb. 13.6). Obwohl heute kaum noch jemand an Gespenster glaubt, haben viele Menschen Alpträume. Der Inhalt solcher Träume belastet so stark, dass der Schlafende davon aufwacht. In der Regel reagiert der Körper bei Alpträumen mit einer schnelleren und flacheren Atmung und einer höheren Herzfrequenz. Die häufigsten Alpträume handeln vom Verfolgtwerden oder vom Verlust einer geliebten Person. Noch immer sind die genauen Ursachen von Alpträumen so unklar wie die Entstehung des Trauminhalts überhaupt. Gesichert scheint lediglich, dass Menschen mit Erkrankungen der Atmungsorgane häufiger an Alpträumen leiden als Gesunde. Schon vor 130 Jahren konnte man zeigen, dass durch das Verdecken von Nase und Mund Alpträume künstlich hervorgerufen werden können, was für einen Zusammenhang zwischen Alpträumen und Störungen des Atemvorgangs spricht. Da vor allem Kinder während des Schlafs einen plötzlichen Atemstillstand erleiden können, könnte der Alptraum auch ein rechtzeitiges Warnsignal sein.

## Traumdeutung heute

Sigmund Freuds Buch „Die Traumdeutung" wurde zum Ausgangspunkt der modernen Traumforschung, sei es durch Vertreter der Psychoanalyse, die Freuds Lehre weiterentwickelten, oder durch seine Gegner, welche die von ihm aufgestellten Hypothesen zu widerlegen suchten (Abb. 13.7). Auch heute noch kommt kein Wissenschaftler, der sich ernsthaft mit Traum und Traumdeutung beschäftigt, an Freuds Buch vorbei.

Die vier modernsten und gängigsten Theorien über die Funktionen des Träumens sind:

1. Die informationsverarbeitende Funktion: Das Gehirn überträgt während des REM-Schlafs Informationen, die wir persönlich als wichtig erachten, ins Langzeitgedächtnis. Der REM-Schlaf hängt somit mit der Informationsspeicherung zusammen. Dabei kommt es zu einer Vermischung der Bilder in unserem Gehirn.
2. Die ausgleichende Funktion: Diese These beschäftigt sich mit der Ausgewogenheit von negativen und positiven Gefühlen. So folgen nach negativen, belastenden Tageserlebnissen positive und aufheiternde Träume. Demnach spiegelt der Traum also keine Tageserlebnisse wider, sondern holt Gefühle nach, die tagsüber – bewusst oder unbewusst – vermisst worden sind.
3. Die Mastery-Theorie. Sie besagt, dass besonders belastende Tagesereignisse und Konflikte im Traum wieder erscheinen, um entweder gelöst zu werden oder um auf Lösungswege hinzuweisen.
4. In der Aktivations-Synthese-Theorie geht man davon aus, dass während des Schlafs spontan, aber unkoordiniert einzelne Gehirnpartien aktiviert werden. Als Begleiterscheinung entstehen sinnlose und absurde Bilder, denen wir nachträglich eine Bedeutung verleihen.

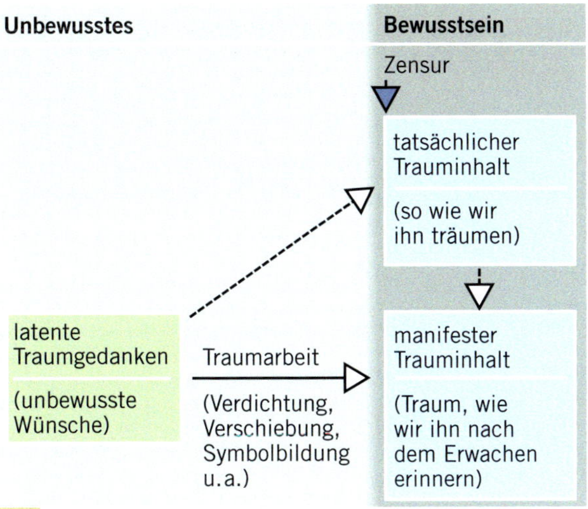


13.7 Schematische Darstellung von Freuds Traumauffassung.

Die Deutung der Träume als Lernphasen, also dass beim Träumen Erlebnisse des Tages noch einmal abgespielt und dabei verfestigt bzw. erlernt werden, überzeugt jedoch nicht alle Schlafforscher. Genauso wenig die Gegenannahme, der REM-Schlaf diene dem Löschen überflüssiger Gedächtnisinhalte und Assoziationen.

Jerome Siegel (University of California) führt im Fachmagazin „Science" Argumente gegen die Bedeutung des Träumens an. So haben Menschen, die über Jahre REM-Phasen unterdrückende Antidepressiva nehmen, keine Gedächtniseinbußen. Auch bei Patienten, die nach Hirnschädigungen keinen REM-Schlaf mehr haben, funktioniert das Gedächtnis normal. Des Weiteren sagt er, der REM-Schlaf habe nichts mit Intelligenz zu tun. Das nicht gerade für seine Hirnleistungen bekannte Schnabeltier etwa schwebe jeden Tag acht Stunden in REM-Träumen und damit viermal so lange wie Menschen. Delfine, die ein komplexes Sozialleben haben und schwierige Abläufe erlernen können, verbringen gerade zehn Minuten pro Nacht in der REM-Phase. Insofern könne die Behauptung, im Schlaf bilde sich das Gedächtnis, nicht als erwiesen gelten.

### Literatur

Aschoff, J./Daan, S./Gross, G. A. (Hrsg.) (1985): Vertebrate Circadian Systems. Structure and Physiology. Springer, Heidelberg
Bloom, F. E./Lazerson, A./Nelson, C. A. (2001): Brain, Mind and Behaviour. 3. Aufl. Bedford, Freeman & Worth, San Francisco
Borbély, A. (2004): Schlaf, moderne Schlafforschung und mehr. Fischer, Frankfurt a. M.
Born, J./Kraft, U. (2004): Lernen im Schlaf – kein Traum. Spektrum der Wissenschaft, Heidelberg: 11/2004, 44–51
Dodson, F. E. (2004): Illumination des Träumens. Bohmeier, Leipzig
Hilgers, A./Hoffmann, I. (1996): Melatonin. Mosaik Verlag, München
Mächler, H. R. (1994): Der Anfang moderner Schlafforschung. Juris, Zürich
Mayr-Oehring, E. (Hrsg.) (2006): Süßer Schlummer. Der Schlaf in der Kunst. Dt. Kunstverlag, München
Spork, P. (2004): Das Uhrwerk der Natur. Leben mit der Zeit. Rowohlt TB, Reinbek
Spork, P. (2007): Das Schlafbuch. Warum wir schlafen und wie es am besten gelingt. Rowohlt, Reinbek
Winfree, A. T. (2001): The Geometry of Biological Time. 2nd Edition. Springer, New York
Wright, K. (2002): Times of our lives. Scientific American, special issue. A Matter of Time. New York
Zulley, J./Knab, B. (2003): Unsere innere Uhr. Herder, Freiburg
Zulley, J. (2005): Mein Buch vom guten Schlaf. Zabert Sandmann, München

# 14 Faszination und Schrecken cerebraler Erkrankungen

Lebensbedrohende Krankheiten erschrecken Menschen immer, besonders wenn sie unerwartet auftreten und über Siechtum zum baldigen Tod führen können. Fehlfunktionen des Gehirns aber sind ein Schrecken der besonderen Art, da die Betroffenen fürchten, die Kontrolle und damit die Entscheidungsbefugnis über ihr Leben zu verlieren. Viele Menschen unterschreiben eine Patientenverfügung, um keinesfalls nach einem schweren Schlaganfall oder der Entfernung eines Tumors aus dem Gehirngewebe nur noch als willenloser Körper zu existieren. Ein Schlaganfall, d.h. eine schwere Störung des cerebralen Durchblutungssystems im Gehirn, kann innerhalb weniger Stunden aus einem gesunden Menschen einen fast hilflosen Patienten machen, dessen Motorik und Denkfähigkeit stark eingeschränkt sind. In seiner Hilfsbedürftigkeit fällt der Betroffene auf die Stufe eines kleinen Kindes zurück. Auch die Entfernung eines größeren Tumors aus zentralen, für die kognitiven Fähigkeiten es-

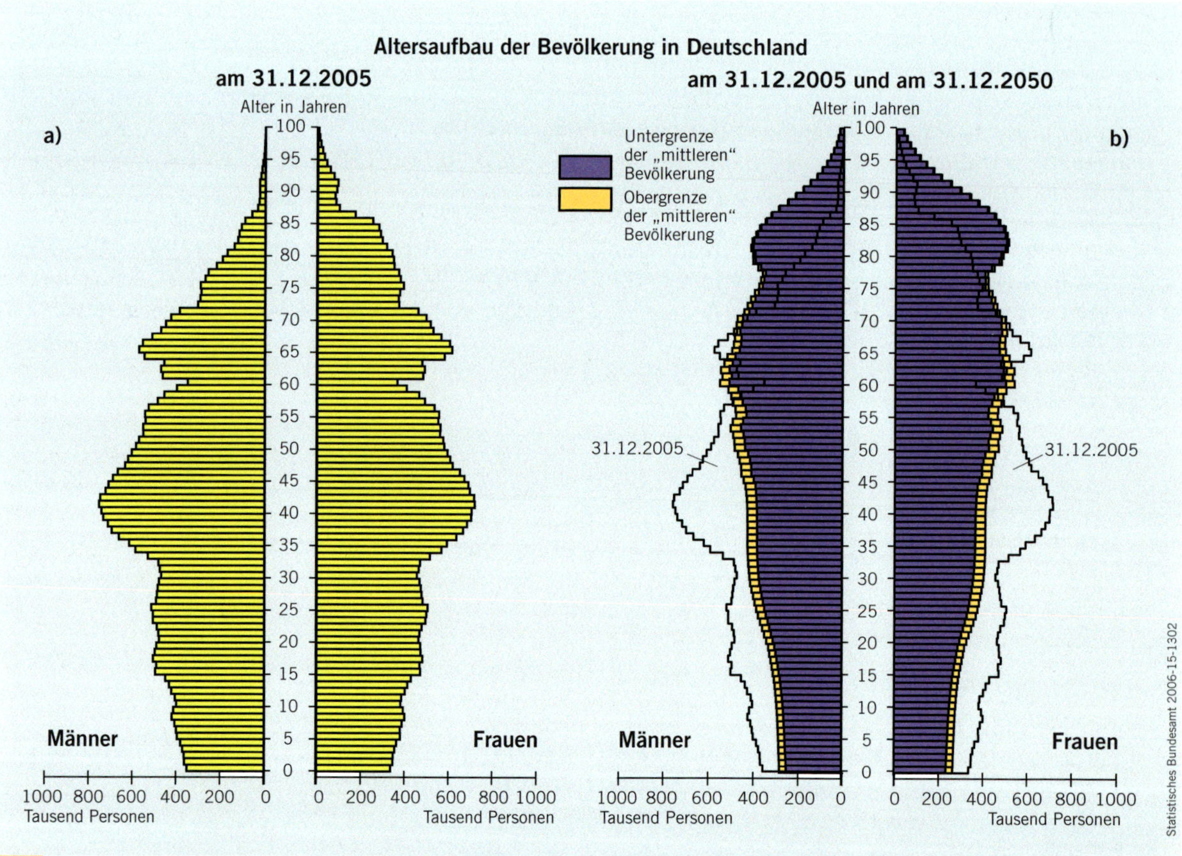


14.1 a) Die Alterspyramide zeigt die Zunahme des Anteils älterer Menschen an der Gesamtbevölkerung (Quelle Statistisches Bundesamt, Wiesbaden 2006). Der Anteil der alten Menschen über 65 Jahre an der Gesamtbevölkerung liegt derzeit bei 17 Prozent. Prognosen besagen, dass sich dieser Anteil bis zum Jahre 2050 auf 30 Prozent erhöhen wird. b) Bei Schätzungen des Anteils von Dementen in der deutschen Altersbevölkerung (> 65 Jahre) nach Altersgruppen zeigt sich ein exponentieller Anstieg der Prävalenz von knapp 5 Prozent (65–69 Jahre) auf bis zu 50 Prozent (über 90 Jahre).

sentiellen Hirnpartien kann zwar das Leben als eine Form der Existenz verlängern, schränkt aber die Lebensqualität sehr stark ein.

Leider können auch Gendefekte Hirnerkrankungen wie z. B. die Chorea Huntington verursachen, denen die Betroffenen hilflos ausgeliefert sind, denn es gibt keine Therapie. Seit man das Vorliegen der verantwortlichen Gendefekte testen kann, wird die Situation für die Betroffenen noch verschlimmert, weil sie ihr künftiges Schicksal kennen.

Im Alter lassen einige Gehirnfunktionen wie z. B. das Kurzzeitgedächtnis nach. Solche Alterungsprozesse werden von der Gesellschaft akzeptiert und die Betroffenen wie ihre Umgebung können damit umgehen. Anders verhält es sich bei den Demenzen vom Typ Morbus Alzheimer und Parkinson (Abb. 14.2). Diese Krankheitsformen waren in früheren Gesellschaften nahezu unbekannt, da die meisten Menschen vor der magischen Grenze von sechzig Jahren verstarben. Mit dem hohen Lebensalter von über achtzig Jahren treten in den Wohlstandsgesellschaften zunehmend häufig Demenzerkrankungen auf, die nicht nur den Einzelnen betreffen, sondern auch das Gesundheitssystem finanziell enorm belasten (Abb. 14.1). Heilende Medikamente für Alzheimer und Parkinson gibt es noch nicht, man kann den Krankheitsverlauf und die Symptome lediglich mildern. Die wohl beste Therapie gegen nicht-erbliche Demenzen, nämlich ältere Menschen in der Gemeinschaft mit Jüngeren leben zu lassen und sie in Pflichten einzubinden, funktioniert leider in unserer Gesellschaft nur selten. Allerdings lernen ältere Bürger zunehmend, auch das vierte Lebensquartal zwischen dem 75sten und dem 100sten Lebensjahr ohne familiäre Unterstützung durch lebenslanges Lernen und viel Kommunikation attraktiv zu gestalten.

Nachfolgend soll auf einige für das Gehirn typische Erkrankungen eingegangen werden. Wo möglich werden die molekularen Prozesse geschildert, die Ursache für das Entstehen der Krankheit sind.

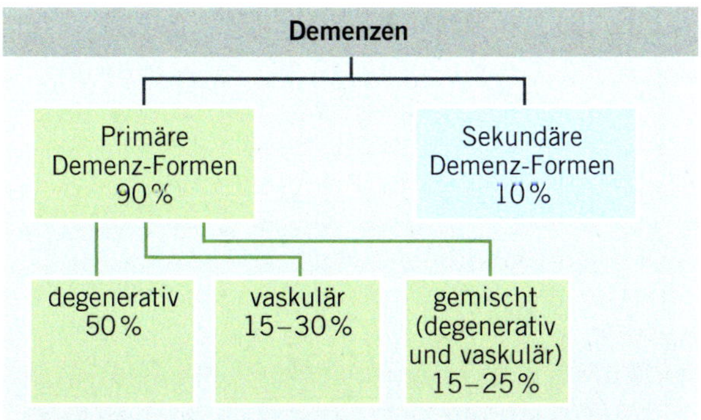


14.2 Einteilung der Demenzen. Zu unterscheiden sind primäre und sekundäre Demenzformen. Bei der ersten Gruppe (ca. 90 %) liegen degenerative und/oder vaskuläre Gehirnveränderungen zugrunde. Sekundäre Demenzen (10 %) beruhen auf einer Grundkrankheit und sind bei entsprechender Behandlung reversibel.

## Defekte im cerebralen Gefäßsystem

Unser Gehirn ist ein Hochleistungsorgan und verbraucht 20 % des vom Herzen gepumpten Blutes und 20 % der Nährstoffe in Form von Glukose. Um die Nervenzellen jederzeit und ausreichend mit Sauerstoff und Glukose zu versorgen, durchziehen 700 km kleinere und kapilläre Blutgefäße das Gehirn. Damit das Atemgas Sauerstoff optimal in das Gewebe übertragen wird, muss die Wand der Adern sehr dünn sein. Somit ist das Blutgefäßsystem durch Verstopfen und Platzen der feinen Gefäße doppelt gefährdet. Bleiben die roten Blutkörperchen in den Gefäßen stecken, so wird das dahinter liegende Gewebe nicht mehr mit Sauerstoff versorgt – und die Zellen sterben ab. Es kommt zu einer Nekrose. Falls diese auf ein kleines Areal beschränkt bleibt, kann das Gehirn den Schaden ohne nachteilige Folgen beheben. Durch Bildung eines neuen Kapillargefäßes wird der Engpass umgangen, die defekten Zellen werden ausgeschwemmt und durch Bindegewebe ersetzt. Platzt jedoch ein größeres Gefäß, so wird der Schaden schon schlimmer. Es kommt entweder zu einer Mikroangiopathie oder, falls große Mengen Blut ins Gewebe austreten, zu einem Schlaganfall, da das geronnene Blut und einströmendes Wasser die Nervenzellen irreversibel schädigen. Man kann das Gerinnsel im Gehirn mit Thrombenlösern (Thrombolytika) behandeln, falls schnelle ärztliche Hilfe zur Verfügung steht. Allerdings besteht immer die Gefahr, dass es durch die Thrombolytika zu Sekundärblutungen kommt, da die größeren Gefäße mithilfe einer Schicht von geronnenem Blut abgedichtet werden.

Bei den Aneurismen kommt es zu einer einseitigen, ballonartigen Erweiterung des Blutgefäßes aufgrund mangelnder Wandstärke. Ein solcher Defekt kann angeboren oder erworben sein. Bei einem nicht behandelten Aneurismus besteht immer die Gefahr, dass das Blutgefäß platzt. Handelt es sich um ein großes Gefäß wie eine Schlagader, so führt der Riss in der Wand zum Tod des Betroffenen. Die Lokalisation eines Aneurismas war lange Zeit eine Zufallsentdeckung. Heute findet man, ohne danach zu suchen, Aneurismen bei einer cerebralen Tomographie. Behandelt werden Aneurismen durch das Legen eines Bypasses oder durch das Einschieben eines Drahtgeflechts – eines Stents – in das Gefäß.

Bei älteren Menschen, deren geistige Funktionen etwas nachlassen, konstatiert der Volksmund als Ursache oft Gehirnverkalkung. So falsch ist die Diagnose nicht, denn das Verengen der cerebralen Blutgefäße führt zur mangelhaften Durchblutung des Gehirns. Als Folge tritt ein allgemeines Leistungsdefizit auf, das von Müdigkeit über Kribbeln in den Extremitäten bis hin zu Wahrnehmungsstörungen reicht.

Durch Ablagerungen von calciumhaltigen Verbindungen in den Gefäßen wird entweder der Blutfluss allgemein oder nur in einer bestimmten Region gedrosselt, möglicherweise sogar ganz unterbunden. Zur Ausbildung dieser sogenannten Plaques trägt eine fett- und cholesterinreiche Ernährung erheblich bei. Außer zu einer Einengung des Durchmessers kann es auch dazu kommen, dass die Gefäße spröde werden. Adern sind aufgrund der Beschaffenheit der Gefäßwende elastisch, sie dehnen sich, wenn der Blutdruck steigt. Dies gilt besonders für die großen Gefäße wie die Halsschlagadern. Werden die Gefäße durch die Einlagerung von zu viel Cholesterin spröde, so besteht die Gefahr, dass sie bei stark ansteigendem Blutdruck platzen.

Auch bei einer gesunden Ernährung lagern sich mit steigendem Alter Schadstoffe in den Gefäßen ab. Zudem nimmt auch deren Elastizität ab. Die dann verringerte Durchblutung des Gehirns trägt erheblich zum Altern des ganzen Organismus bei.

## Schreckensbotschaft Gehirntumor

Krebsartige Geschwülste finden im Gehirn ideale Bedingungen zum schnellen Wachsen. Das weiche Gewebe setzt dem Tumor keinen Widerstand entgegen und die gute Durchblutung versorgt das Geschwulst optimal mit Sauerstoff und Nährstoffen. Ein Gehirntumor unterscheidet sich vom gesunden Gewebe dadurch, dass in ihm Zellen ungebremst wachsen und sich ebenso vermehren. Entwickelt sich der Tumor aus Gehirnzellen, so spricht man von einem primären Tumor. Dagegen bezeichnet man Tochtergeschwülste (Metastasen) anderer Tumore, die in das Gehirn einwandern, als sekundäre Tumore. Außerdem wird zwischen gutartigen (benignen) und bösartigen (malignen) Tumoren unterschieden. Die Blut-Hirn-Schranke hält zwar viele im Blut gelöste Stoffe zurück, aber Zellen des Abwehrsystems und leider auch Tumorzellen können durch die Schranke in das Hirngewebe gelangen. Auch gutartige Tumore können dem Patienten im Gehirn große Schmerzen zufügen. Da das Gehirn vom Knochenschädel umgeben ist, führt das Wachstum der Geschwulst zu einem erhöhten interkranialen Druck, der sich in heftigen Kopfschmerzen äußert.

In Deutschland erkranken jährlich etwa sieben von hunderttausend Menschen an einem primären Gehirntumor. Bei mehr als 30 000 Patienten werden Metastasen im Gehirn gefunden. Bei Kindern entstehen Gehirntumore am häufigsten im Alter zwischen drei und zwölf Jahren, bei Erwachsenen zwischen dem 40. und dem 70. Lebensjahr.

Tumore im Gehirn werden entweder nach dem Gewebetyp oder nach der Lokalität, in der sie wachsen, benannt. So kennt man Astrozytome, Gliablastome, Meningeome (Tumore der Hirnhäute) und Hypophysentumore.

Die Ursache für das Entstehen von Gehirntumoren ist zumeist unbekannt. Als Risikofaktoren kann man eine erbliche Veranlagung und die Exposition mit ionisierender oder harter Strahlung anführen. Nachgewiesen ist ein genetischer Einfluss bei der Neurofibromatose und dem Von-Hippel-Lindau-Syndrom. Aus Ernährungsgewohnheiten und Strahlungen von Hochspannungsleitungen und Handys lassen sich dagegen keine Effekte auf die Tumorentstehung ableiten.

Die Beschwerden, die ein Gehirntumor verursachen kann, sind vielfältig. Sie hängen nicht von der Art des Tumors ab, sondern von seiner Lokalisation im Gehirn, und reichen von Kopfschmerzen über Lähmungserscheinungen und epileptischen Anfällen bis zu Persönlichkeitsveränderungen.

Nach der Erhebung der Krankengeschichte (Anamnese) wird die Diagnose meist über eine bildgebende Untersuchung des Gehirns mit einer Computertomographie oder Kernspintomographie gestellt. Die sonst übliche Entnahme einer Gewebeprobe unterbleibt zumeist, da sich bei einer Hohlnadelbiopsie Tumorzellen im Gehirn verteilen können. Die Gewebeentnahme wird dann im Rahmen der operativen Entfernung des Tumors durchgeführt. Leider stellt sich erst dann heraus, ob der Tumor gut- oder bösartig ist.

Bei der Therapie von Gehirntumoren werden die üblichen Methoden der Tumorbekämpfung angewandt: Schneiden, Bestrahlen und Chemotherapie. Bei der operativen Entfernung des Tumorgewebes steht der Chirurg oft vor einem Dilemma: Entfernt er zu wenig Gewebe, kann es leicht zu einem erneuten Wachsen des Tumors kommen, entfernt er auch Gewebe im Umfeld, kann er lebenswichtige Bereiche schädigen. Auch die Chemotherapie wird durch die Blut-Hirn-Schranke erschwert, da viele Tumorstatika diese Barriere nicht in hinreichenden Mengen durchdringen können.

Die Prognose der primären Hirntumore hängt von der Art des Tumors und seiner Lokalisation im Gehirn ab. Treten bei dem Patienten Metastasen auf, so verschlechtert sich die Prognose erheblich. Die Überlebenszeit beträgt dann nur wenige Monate. Bei gutartigen Tumoren wie dem Meningeom kann die Lebenserwartung viele Jahre betragen.

Weltweit wird an der Diagnose und Therapie von tumorartigen Erkrankungen des Gehirns mit größter Intensität geforscht. Allerdings können betroffene Patienten keine schnelle Hilfe von Forschungsergebnissen erwarten. Die Entwicklung eines neuen Pharmakons dauert, bedingt durch die klinischen Prüfungen, etwa zehn Jahre. Zurzeit werden die größten Hoffnungen in die sogenannten monoklonalen Antikörper gesetzt, welche jene Proteine unschädlich machen, die die Tumorzellen zum Wachsen und Sich-Teilen brauchen.

Hilfe kann auch von der mikroinvasiven Chirurgie kommen, einer neuen operativen Methode, bei der ein Computer den Tumor genau lokalisiert und ein Roboter nach Computeranweisungen das Messer führt. Ähnliche Methoden wendet man auch bei einer genau begrenzten Bestrahlung des Tumorgewebes an, die den Tumor zentral trifft und das gesunde Gewebe möglichst wenig schädigt.

## Der Morbus Alzheimer

Dank einer guten Ernährung, optimaler Hygiene und verbesserter Behandlungsmethoden von Infektions- und Herz-Kreislauf-Erkrankungen erreichen Menschen heute ein durchschnittliches Alter von über 80 Jahren. Aufgrund des hohen Lebensalters finden sich häufiger degenerative Erkrankungen des Gehirns. Drei der häufigsten und zerstörerischsten degenerativen Funktionsstörungen des Gehirns, jede nach dem Mediziner benannt, der sie als Erster beschrieben hat, sind die Alzheimer-, die Huntington- und die Parkinson-Krankheit. Kennzeichnend für sie ist der Verlust bestimmter Gruppen von Nervenzellen, was letztendlich zum Verlust der geistigen Fähigkeiten führt (Abb. 14.3).

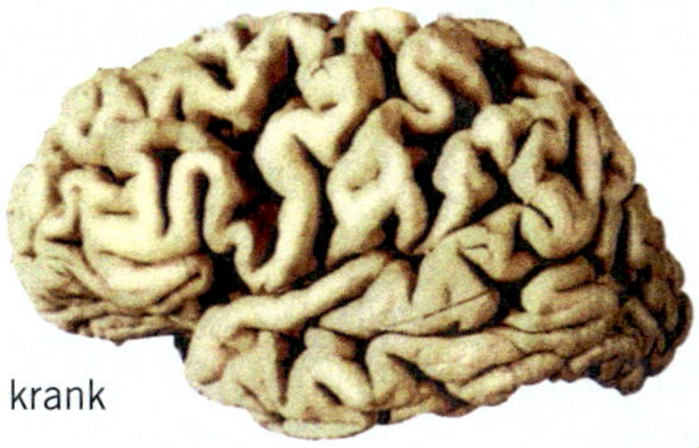


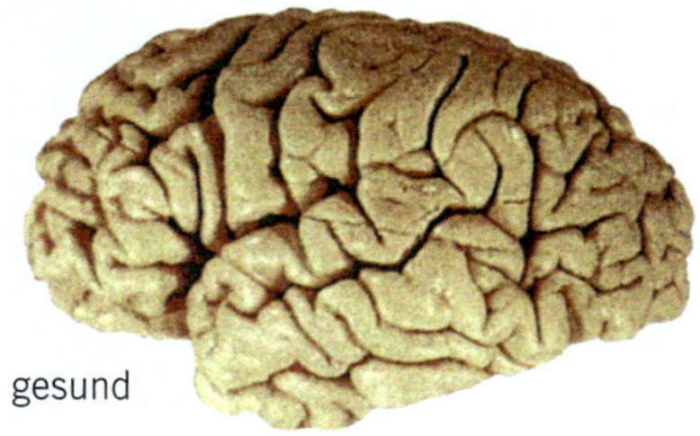


14.3 Atrophie des Gehirns bei Alzheimer-Demenz. Der Schwund von Gehirngewebe kann bei Alzheimer-Patienten beträchtlich sein, wie der Vergleich zum Gehirn einer gesunden Person zeigt.
Quelle: Prof. Dr. H. Braak, Johann Wolfgang Goethe-Universität Frankfurt a. M., Zentrum für Morphologie

Allgemein versteht man unter Demenz den durch Krankheit bedingten Verlust erworbener geistiger Fähigkeiten. Bei diesem Krankheitsbild werden die höheren Gehirnfunktionen wie Denken, Gedächtnis, Orientierung, Sprache, Rechnen, Lernfähigkeit, Urteilsvermögen, emotionale und soziale Fähigkeiten beeinträchtigt. Demenzen gehören zu den chronischen Erkrankungen und zeigen unbehandelt einen fortschreitenden Verlauf. Menschen mit Demenz verlieren ihren Verstand zwar langsam, aber ohne Hoffnung auf Besserung, während der restliche Körper oft noch sehr leistungsfähig ist.

Zwar nehmen die kognitiven Fähigkeiten bei allen Menschen mit zunehmendem Alter ab, aber bei den Demenzen handelt es sich um einen krankhaften Prozess, bei dem der Verlust der kognitiven Fähigkeiten so gravierend ist, dass die Betroffenen nicht mehr ihr Alltagsleben bewältigen. Zusätzlich entwickeln Demenzkranke auch eine Vielfalt von Symptomen, die nicht die Wahrnehmung betreffen, wie Wahngedanken und unangemessenes Misstrauen, Halluzinationen, Agitiertheit oder Depression.

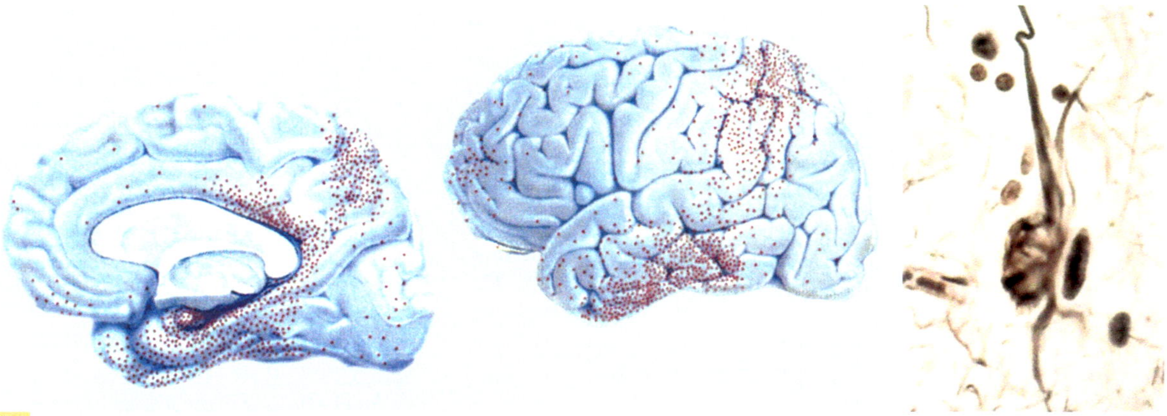

14.4 Mikroskopische Veränderungen im Gehirn von Alzheimer-Erkrankten. Es finden sich zwei typische Veränderungen im Gehirngewebe: neurofibrilläre Bündel und senile Plaques. Im rechten Bild sind die Verteilungsmuster von neurofibrillären Bündeln und senilen Plaques zu sehen. Im linken Bildteil eine Färbung von Neurofibrillen und senilen Plaques in der Vergrößerung.
Quelle: Prof. Dr. A. Brun, Lund University, Schweden, Dep. of Pathology

Die Alzheimer-Krankheit ist die häufigste Form der Demenz, jährlich erkranken 100 000 Menschen in Deutschland und nach amerikanischen Daten liegt sie in der Statistik an vierter Stelle der Todesursachen (Abb. 14.4). Dem Morbus Alzheimer sind annähernd 50 % aller Demenzfälle zuzuordnen. So sind in den westlichen Ländern 5 % der Bevölkerung über 65 und 20 % der Bevölkerung über 80 Jahre von der Alzheimer-Krankheit betroffen. Da das Durchschnittsalter der Bevölkerung weiter zunimmt, wird die Zahl der Fälle in den nächsten Jahren deutlich steigen und die Demenzkranken werden in der Zukunft ein immer größeres Problem für die Gesundheitsversorgung darstellen. Das Lebensalter ist der Hauptrisikofaktor für die Manifestation einer Alzheimer-Demenz. Die seltenen vor dem 65. Lebensjahr auftretenden Alzheimer-Demenzen beruhen zum größten Teil auf Genmutationen.

In Deutschland leiden gegenwärtig rund 1,2 Millionen Menschen an einer Demenz – mit steigender Ten-

| Primäre Demenz: | Sekundäre Demenz: |
|---|---|
| Hierunter versteht man **Demenzen** vom **Alzheimer-**Typ sowie die vaskuläre Demenz (durch Gefäßkrankheiten bedingt), z.B. Multi-Infarkt-Demenz. Die Ursachen für das Absterben der Gehirnzellen sind noch nicht abschließend geklärt. Diskutiert werden u.a.:<br>– Ablagerungen von Eiweiß (Amyloid) zwischen den Nervenzellen<br>– Störung des Haushalts des Botenstoffs Glutamat, der in hohen Konzentrationen neurotoxisch (nervenzellschädigend) wirkt. | Demenzerkrankung etwa durch hormonelle Störungen, Infektionskrankheiten, durch Vergiftungen (unter anderem Alkohol, Medikamente, Schwermetalle) oder durch Vitamin-B12-Mangel; eine Heilung ist sehr wahrscheinlich. |

**Tab. 14.1** Unterschiede in den Demenzformen[1]

| Bezeichnung | Degenerative Demenz | Vaskuläre Demenz |
|---|---|---|
| **Beschreibung** | Vor allem Demenzen vom Alzheimer-Typ: zunehmender Schwund bestimmter Teile der Großhirnrinde, Absterben von Nervenzellen | Unterversorgung des Gehirns mit Sauerstoff aufgrund von Durchblutungsstörungen und/oder mehrerer kleiner Schlaganfälle |
| **Verlauf** | Setzt schleichend ein; fortschreitende Verschlechterung | Stufenweise Verschlechterung mit zwischenzeitlicher teilweiser Verbesserung |
| **Auslöser/Ursache** | Hypothesen:<br>– Ablagerung von Proteinen (Amyloid) zwischen den Nervenzellen des Gehirns<br>– Menge des Botenstoffs Glutamat im Gehirn ist stark erhöht<br>– Mangel an dem Neurotransmitter Acetylcholin | Hirninfarkte u.a. ausgelöst durch erhöhten Cholesterinspiegel, Nikotin, Diabetes, Gicht, erhöhte Blutfettwerte, Übergewicht, Bewegungsmangel, Stress |

**Tab. 14.2** Unterschiede zwischen degenerativer und vaskulärer Demenz[1]

| Stadium | Symptome |
|---|---|
| **Anfangsstadium** | **Erste geistige Defizite, vollständig selbständiges Leben möglich:**<br>– Vergesslichkeit<br>– Zeitliche Orientierungsschwierigkeiten |
| **Mittelschweres Stadium** | **Zunehmender Verlust der geistigen Fähigkeiten, eingeschränkte Selbständigkeit:**<br>– Schwindende Rechen- und Problemlösungsfähigkeit<br>– Handfertigkeitsstörungen (Haushalt, Ankleiden)<br>– Erkennungsstörungen<br>– Steigende Vergesslichkeit (Geburtstage, Medikamente)<br>– Desorientierung (Zeit und Ort)<br>– Sprachstörungen (bes. Sprachverständnis)<br>– Vernachlässigung der Hygiene<br>– Wahnvorstellungen (Bestehlungsideen) |
| Schweres Stadium | **Verlust der Alltagskompetenz mit völliger Pflegeabhängigkeit:**<br>– Gedächtniszerfall (auch Langzeitgedächtnis)<br>– Mangelnde persönliche Orientierung<br>– Erkennungsstörungen<br>– Sprachzerfall (kaum mehr Satzbildung möglich)<br>– Agnosie (auch Angehörige werden nicht mehr erkannt)<br>– Inkontinenz |

**Tab. 14.3** Symptome der Alzheimer-Krankheit zu unterschiedlichen Stadien[2]

[1] nach Förstl, H. (Hrsg.) (2005): Demenzen – Perspektiven in Praxis und Forschung. Urban und Fischer, München

[2] nach Füsgen (2001): Demenz. Urban u. Vogel, München; Förstl (Hrsg.) (2001): Demenzen in Theorie und Praxis. Springer, Heidelberg

denz. Derzeit sind 16% der bundesdeutschen Bevölkerung über 65 Jahre alt. Nach Schätzungen wird sich bis zum Jahr 2030 dieser Anteil auf 27% erhöhen (Abb. 14.1a). Ein Blick auf die Alterspyramiden von 1910 und von 1988 zeigt die deutliche Zunahme des Anteils älterer Menschen an der Gesamtbevölkerung. Nimmt man die Schätzung für das Jahr 2030 hinzu, so wird diese Entwicklung noch weitaus deutlicher. Seit 1900 hat sich die Zahl der Über-60-Jährigen verfünffacht und die Zahl der Über-80-Jährigen sogar verdreizehnfacht. Aufgrund dieser Veränderung der Altersstruktur ist in den nächsten zwanzig bis dreißig Jahren mit einem deutlichen Anstieg altersbedingter Erkrankungen zu rechnen. Epidemiologische Studien zeigen, dass der Anteil von Demenzerkrankten im Altersbereich zwischen 60 und 90 Jahren exponentiell zunimmt (Abb. 14.1b). Von den Über-90-Jährigen leidet etwa jeder Zweite an einer mittelschweren oder schweren Demenz. Prognostiziert wird ein Anstieg der Demenzpatienten bis zum Jahr 2030 um 60% (ca. 2,5 Millionen Demenzerkrankungen).

Wenn erst einmal eine sekundäre Demenz auf Basis einer Depression oder spät manifester Psychosen ausgeschlossen ist, leidet die überwiegende Mehrheit der Dementen an der primären Demenz, die ungefähr 90% der Demenzfälle ausmacht.

Bei den primären Demenzen (Tab. 1) handelt es sich um krankhafte Veränderungen im Gehirn, die den Untergang von Nervenzellen verursachen. Die Hauptgruppe umfasst die degenerative Demenz und die vaskuläre Demenz (Tab. 2). Mit zunehmendem Alter treten häufig Mischformen der vaskulären und degenerativen Demenz auf.

Die vaskuläre Demenz, auch Multiinfarkt-Demenz genannt, ist die zweithäufigste Erkrankung des Gehirns. Ungefähr 15–30% der Dementen leiden an dieser Erkrankung. Bei dieser Art von Demenz beruht die Erkrankung auf einem Gefäßleiden im Gehirn infolge einer Sauerstoffunterversorgung.

Alles, was das Risiko für vaskuläre Erkrankungen erhöht, ist auch ein Risikofaktor für Multiinfarkt-Demenz. Hoher Blutdruck stellt vielleicht zusammen mit hohen Cholesterinwerten und Diabetes den wichtigsten Risikofaktor dar. Weitere Risikofaktoren sind Nikotin, Gicht, erhöhte Blutfettwerte, Übergewicht, Bewegungsmangel und Stress. Verlauf und Ausgang der Erkrankung sind eng verknüpft mit dem Gesamtverlauf der diagnostizierten Gefäßerkrankung, so dass hier auch der Schwerpunkt der Behandlung liegt.

Die ersten klinischen Zeichen können relativ plötzlich nach einem mäßigen oder ausgedehnten Schlaganfall auftreten. Anschließend kann sich der Zustand der Person stabilisieren, so dass keine oder nur sehr geringe kognitive Beeinträchtigungen zurückbleiben. Wenn jedoch größere oder kleinere Schlaganfälle hinzutreten, bildet sich eine schrittweise Verschlechterung mit zunehmender kognitiver Beeinträchtigung aus.

Unter dem Begriff degenerative Demenz – mehr als 50% aller Altersdemenzen sind davon betroffen – werden unterschiedliche Krankheiten zusammengefasst. Allen gemeinsam ist ein chronisch fortschreitender Verlauf begleitet von einem Absterben der Nervenzellen. Die häufigste degenerative Demenz ist die Alzheimer-Krankheit, des Weiteren entwickelt über ein Drittel der Parkinson-Patienten im Verlauf der Erkrankung eine degenerative Demenz.

Der Hauptunterschied zwischen den beiden Demenzformen degenerativ und vaskulär ist der Krankheitsverlauf (Tab. 14.2). Die degenerative Demenz ist durch eine kontinuierlich fortschreitende Verschlechterung gekennzeichnet, während die vaskuläre Demenz eher einen schubweisen Verlauf nimmt. Die Symptome sind jedoch ähnlich und umfassen sowohl kognitive als auch nichtkognitive Symptome.

## Die Historie der Erforschung der Alzheimer'schen Erkrankung

Der deutsche Neurologe, Psychiater und Hirnpathologe Alois Alzheimer (1864–1915) beschrieb 1906 zum ersten Mal die Symptome der nach ihm benannten Erkrankung. Er arbeitete 1888 bis 1903 an der von Heinrich Hoffmann erbauten „Städtischen Anstalt für Irre und Epileptische“ in Frankfurt. Hier begannen seine Auf-

14.5 An der Patientin Auguste Deter beschrieb Alois Alzheimer die nach ihm benannte Demenz.
Quelle: Prof. Dr. Konrad Maurer, Klinik für Psychiatrie und Psychotherapie, Universitätsklinikum Frankfurt a. M..

zeichnungen der Krankengeschichte einer 51-jährigen Patientin namens Auguste Deter, der nur wenig mehr als die Erinnerung an ihren Vornamen geblieben war (Abb. 14.5). Am 3. November 1906, auf der 37. Versammlung Südwestdeutscher Irrenärzte in Tübingen, berichtete er erstmals über eine geistige Erkrankung, die mit Stimmungsschwankungen und schwerem Gedächtnisverlust einhergeht, wie er sie bei Auguste Deter beobachtet hatte.

Nachdem Auguste Deter 1906 gestorben war, untersuchte Alzheimer ihr Gehirn und entdeckte dort klumpen- und fadenförmige Gebilde. In ihnen vermutete er die Ursache der dramatischen Persönlichkeitsveränderungen. Nach seiner Frankfurter Zeit schloss sich Alzheimer einer berühmten Forschergruppe mit Emil Kraepelin, Franz Nissl und Korbinian Brodmann in München an, die wichtige Grundlagen für die weitere Erforschung psychischer Erkrankungen erarbeitete. Alzheimer bemerkte, dass Patienten, die im höheren Lebensalter dement wurden, eindeutige und übereinstimmende Gehirnveränderungen aufwiesen. Die Nervenzellen sahen aus, als ob sie geplatzt seien und sich in unordentliche Knäuel von Fasern verwandelt hätten. Weiterhin bemerkte er Bereiche, die aussahen, als ob sich kleine Hügel – sogenannte Plaques – auf der Cortex-Oberfläche gebildet hätten. Diese Fasern oder Neurofibrillen und die senilen Plaques wurden die pathologischen Marker für jene Krankheit, die der Psychiater Kraepelin in Anerkennung der Arbeiten seines Freundes *Morbus Alzheimer* nannte.

## Neurobiologische Ursachen der Alzheimer-Krankheit

Die genaue Ursache der Alzheimer-Krankheit ist bisher nicht bekannt, es werden aber Hypothesen diskutiert, die genetische, toxische, infektiöse und immunologische Faktoren der Neuronenschädigung berücksichtigen. Beispielsweise können die Anhäufung von Eiweißmolekülen, vermehrt gebildete freie Sauerstoffradikale, ein Mangel an Wachstumsfaktoren, ein gestörter Calciumhaushalt, entzündliche Prozesse oder eine Störung von Neurotransmittersystemen der cholinergen und glutamatergen Übertragung Ursachen des neuronalen Zelltodes sein (Abb. 14.6a, b).

Bei Untersuchungen des Gehirns von verstorbenen Alzheimer-Patienten fällt zunächst die Schrumpfung des Gehirns auf (Abb. 14.3). Der Grund hierfür ist, dass mit fortschreitender Krankheit in verschiedenen Gehirnregionen Nervenzellen massiv absterben. In ausgeprägten Fällen wiegt das Gehirn 500 Gramm weniger als bei Gleichaltrigen ohne Alzheimer-Erkrankung. Aufgrund der Schrumpfung des Gehirns kommt es zu einer Erweiterung der Gehirnventrikel und des äußeren Liquorraums. Der Abbau von Zellen beginnt in den Schläfenlappen und vor allem im Hippocampus, Bereiche, die für Gedächtnisleistungen von Bedeutung sind. Besonders betroffen davon ist das explizite oder deklarative Gedächtnis (siehe Kapitel 6), also das Gebiet, das für die

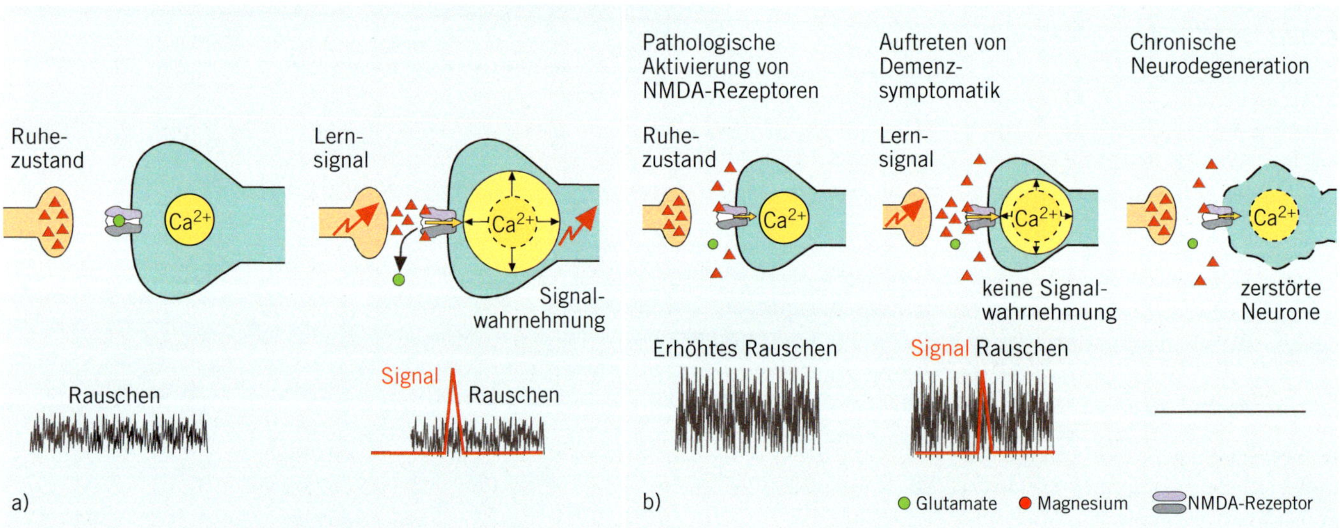


**14.6a, b** Die normale und gestörte Neurotransmission durch Glutamat. a) Bei einem Lern- oder Gedächtnisvorgang steigt kurzfristig die Glutamatkonzentration im synaptischen Spalt an, Glutamat wird aus der vorgeschalteten Nervenzelle freigesetzt. Glutamat bindet an den NMDA-Rezeptor, daraufhin verlässt Magnesium den NMDA-Rezeptor (N-Methyl-D-Aspartat, ein Analogon des Glutamats) und Calciumionen strömen in die Nervenzelle ein und führen durch nachgeschaltete Vorgänge zu einem Nervenimpuls (Signal). Dieser wird in dem immer vorhandenen Hintergrundrauschen, das durch die wenigen Glutamatmoleküle entsteht, die im synaptischen Spalt verbleiben, gut wahrgenommen. b) Bei Gehirnleistungsstörungen besteht eine ständige hohe Glutamatkonzentration im synaptischen Spalt, daraus resultiert ein erhöhtes Hintergrundrauschen. Im Falle eines Lern- und Gedächtnisvorganges kommt es zusätzlich zu einer hohen Glutamatfreisetzung und einem weiteren Calciumeinstrom in die Zelle, dadurch kann das Signal aufgrund des erhöhten Hintergrundrauschens nicht wahrgenommen werden. Schließlich führen die chronisch erhöhte Glutamatkonzentration im synaptischen Spalt und der ständige Calciumeinstrom zum Absterben des Neurons, der Neurodegeneration. Quelle: Firmenprospekt Fa. Merz, Frankfurt a. M.

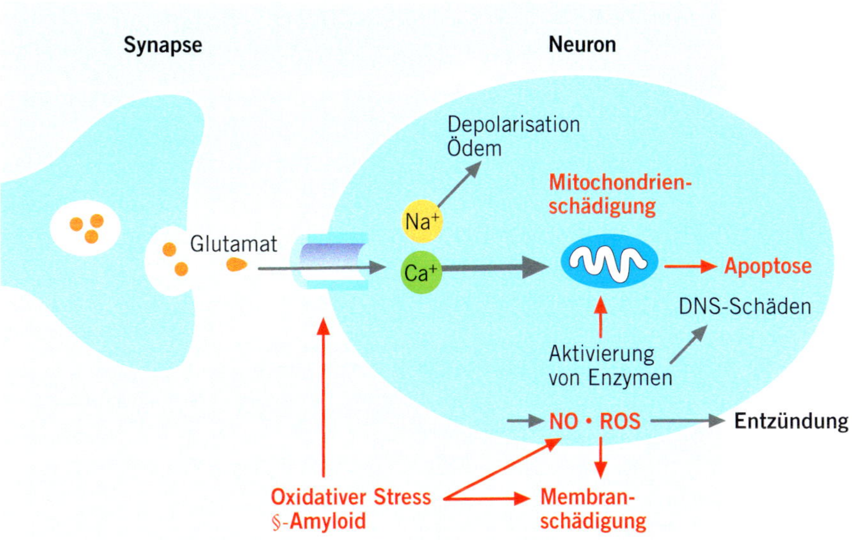


14.7 Pathologische Prozesse, die zur Schädigung von Neuronen führen.

Erinnerung an Fakten oder Ereignisse zuständig ist. Ein Verlust dieser Neuronen erklärt, warum leichte Gedächtnisstörungen die frühesten Anzeichen der Erkrankung sind. Mit dem Fortschreiten der Krankheit breiten sich die Krankheitsherde unaufhaltsam aus und die Schaltzentralen für Erinnerung, Sprache und Emotionen werden zerstört. Lediglich Regionen, die Sinneswahrnehmungen erfassen und Bewegungen kontrollieren, bleiben vorerst verschont.

Mikroskopisch finden sich im Gehirn von Alzheimer-Patienten die senilen Plaques und die Neurofibrillenbündel (Abb. 14.4). Im Frühstadium der Erkrankung bilden sich Plaques und Fibrillenbündel gewöhnlich im Temporallappen und besonders im Hippocampus aus. Mit dem Fortschreiten der Erkrankung verteilen sich die Plaques und Bündel im gesamten Gehirn und im Endstadium werden sie in der gesamten Großhirnrinde gefunden.

Ein weiteres, für die Entstehung von Alzheimer wichtiges Eiweißmolekül ist das Amyloid-Vorläuferprotein (APP für Amyloid Precursor Protein), das 1987 entdeckt wurde. Die Alzheimer-Krankheit tritt in 90% der Fälle sporadisch auf und manifestiert sich meist erst jenseits des sechzigsten Lebensjahres. In etwa 10% der Fälle beginnt die Demenz erheblich früher und zeigt eine familiäre Häufung, was auf eine genetische Komponente schließen lässt. Durch die Genanalyse betroffener Familien konnten Mutationen in drei Genen identifiziert werden. Eines dieser Gene trägt die genetische Information für das Amyloid-Vorläuferprotein APP, welches auf dem Chromosom 21 liegt. Die im APP-Gen gefundenen Mutationen führen alle zur Bildung der Amyloid-Plaques durch vermehrte Bildung des beta-Amyloids und dessen Ablagerung im Gehirngewebe. Die beiden anderen Gene sind Präsenilin-1 (PS1) und Präsenilin-2 (PS2) auf den Chromosomen 14 und 1. Die Mutationen in diesen Genen führen auf eine bisher nicht verstandene Weise zu einer erhöhten Bildung von beta-Amyloid aus dem Vorläuferprotein APP. Diese Mutationen dürften sich jedoch alle letztlich über die Entstehung von beta-A4 auswirken.

Plaques und Fibrillen scheinen also eine zentrale Rolle in der Pathogenese der Alzheimer'schen Krankheit zu spielen.

Zwei Neurotransmitter, nämlich Glutamat und Acetylcholin, spielen eine entscheidende Rolle bei der Entstehung neurodegenerativer Erkrankungen.

Eine Ursache für das Absterben von Gehirnzellen kann die gestörte Freisetzung des Überträgerstoffes Glutamat sein. Etwa 70% aller erregenden Synapsen des Zentralnervensystems werden von Glutamat als Neurotransmitter erregt und wichtige Schaltkreise des Gehirns sind von Glutamat abhängig. Eine normale Neurotransmission durch Glutamat ist unter anderem für die normale synaptische Signalübertragung und für das Lernen und die Gedächtnisbildung nötig (Abb. 14.6a u. b). Wird jedoch zu viel Glutamat in den synaptischen Spalt freigesetzt, wirkt Glutamat toxisch und führt zur Schädigung von Nervenzellen (Abb. 14.7).

Bei der Alzheimer-Krankheit kommt es zu einer exzessiven Freisetzung des Transmitters, was die Schädigung bzw. den Untergang des nachgeschalteten Neurons zur Folge hat (Abb. 14.6b). Der Rezeptor, an den Glutamat bindet, lässt bei einer dauerhaften Aktivierung zu viel Calcium in die Zelle strömen, dieses setzt eine Reihe von Mechanismen in Gang, die letztlich zur Apoptose, zum programmierten Selbstmord der Zelle führen. Besonders der Hippocampus, in dem das Kurzzeitgedächtnis lokalisiert ist, hat eine hohe Dichte an Glutamat-abhängigen Rezeptoren, die bei fortschreitender Alzheimer-Krankheit zerstört werden (Abb. 14.7).

Bei der Alzheimer-Krankheit kann es ebenfalls zu einem Mangel an Acetylcholin kommen, was einige Symptome der Krankheit erklären würde. Acetylcholin dient als Neurotransmitter in neuronalen Schaltkreisen, die für das Abspeichern und den Abruf von Gedächtnisinhalten verantwortlich sind. Bei der Alzheimer-Krankheit und anderen degenerativen Gehirnerkrankungen, wie der Parkinson-Krankheit, erleiden die von Acetylcholin gesteuerten Zellverbände des Vorderhirns einen Zellverlust von bis zu 80%.

Zu den nicht-genetischen zellulären Alterungsfaktoren zählen auch freie Radikale, die als reaktive Sauerstoffspezies – „Reactive Oxygen Species" – im normalen Stoffwechsel entstehen und körpereigene Strukturen, wie DNA, Proteine oder Zellmembranen, angreifen (siehe Kap. 10). Auch äußere Einflüsse wie Schädel-Hirn-Traumen erhöhen das Risiko, an Alzheimer zu erkranken.

Tierexperimentelle Studien zeigen, dass Hirnverletzungen eine vermehrte Produktion des Amyloid-Vorläuferproteins APP bewirken. Boxer entwickeln frühzeitig beta-A4-Ablagerungen als Ursache der sogenannten „Dementia pugilistica".

## Diagnose

Neben einer gründlichen Anamnese (Erhebung der Krankheitsgeschichte) gehören medizinische und psychologische Testverfahren zu einer vollständigen Diagnose.

Die medizinische Diagnostik soll zeigen, ob die Demenz nicht durch andere Leiden (z. B. Diabetes, Bluthochdruck, Vitaminmangelzustände etc.) hervorgerufen wird.

Mittels bildgebender Verfahren wie Computertomographie (CT) und Magnetresonanztomographie (MRT) können eventuelle Veränderungen im Gehirn diagnostiziert werden. Die MRT kann die Frage beantworten, ob die Symptome auf einen Gehirntumor oder mehrere Schlaganfälle zurückzuführen sind. Sie zeigt weiterhin, ob eine Schrumpfung oder Veränderungen bestimmter Gehirnbereiche vorliegen. Typischerweise muss die Erkrankung jedoch schon ziemlich weit fortgeschritten sein, um in einer MRT erkannt zu werden, und sie kann kompliziert sein, weil auch bei normaler Alterung ein allgemeiner Substanzverlust eintritt. In einigen Fällen kann auch eine PET- oder SPECT-Untersuchung hilfreich sein, weil Menschen mit Alzheimer einen abnehmenden cerebralen Blutfluss in bestimmten Gehirnregionen aufweisen. Durch die Messung des cerebralen Glukosestoffwechsels ist es möglich, unterschiedliche Demenz-Erkrankungen von der Alzheimer-Demenz abzugrenzen. Darüber hinaus zeigt das EEG eine allgemeine Verlangsamung des Grundrhythmus.

Wichtig für die Diagnose sind neben den bildgebenden Verfahren die starken Persönlichkeitsveränderungen, die bis hin zum völligen Persönlichkeitsverlust gehen. Neuropsychologische Testverfahren liefern eine detaillierte Beschreibung der Funktionsstörungen und der verbliebenen Fähigkeiten. Hierbei werden unter anderem Merkfähigkeit, Kurzzeitgedächtnis, psychomotorische Koordination sowie die Leistungsgeschwindigkeit überprüft.

Letztlich kann eine eindeutige Diagnose nur post mortem durch eine Autopsie gestellt werden, welche die charakteristischen Veränderungen – senile Plaques, Neurofibrillenbündel und Atrophie des Gehirngewebes – zeigt.

## Therapie

Da bei der Alzheimer-Krankheit Nervenzellen zugrunde gehen, die sich nicht regenerieren, ist die Krankheit nicht heilbar. Therapeutisch lassen sich nur die Symptome der Erkrankung lindern. Dabei versucht man nicht nur die kognitiven Fähigkeiten, sondern auch die Antriebsarmut sowie die motorischen und affektiven Störungen zu verbessern.

Medikamentöse Behandlung:
- mit antidementiellen Arzneimitteln
- mit Psychopharmaka, um Begleitsymptome der Demenz (Wahn, Unruhe, Halluzinationen) zu mildern
- Training der verbliebenen Fähigkeiten und Kompetenzen durch Bewegungstherapie und Hirnleistungstraining
- psychotherapeutische Maßnahmen (Verhaltenstraining, Verhaltenstherapie, Familientherapie).

Zur medikamentösen Behandlung der Demenz sind zahlreiche Arzneimittel mit unterschiedlichen Angriffspunkten und Wirkspektren im Handel. Ein wirksamer Einfluss auf dementielle Krankheitsbilder konnte bei einigen Medikamenten aus der Gruppe der „Antidementiva", die früher Nootropika genannt wurden, nachgewiesen werden (Tab. 4). Bei diesen Medikamenten handelt es sich um Substanzen, die im Zentralnervensystem einen Einfluss auf die gestörte Acetylcholin- oder Glutamat-Neurotransmission haben.

Wie bereits erwähnt kommt es im Verlauf der Alzheimer-Erkrankung zu einem Mangel an Acetylcholin. Acetylcholin wird nach der Informationsübertragung im synaptischen Spalt von dem Enzym Acetylcholinesterase abgebaut. Pharmaka vom Typ Acetylcholinesterasehemmer, die das Enzym blockieren, verringern den Abbau von Acetylcholin. Zu den Acetylcholinesterasehemmern gehören die Substanzen Tacrin, Donepezil, Glantamin und Rivastigmin, die in den letzten Jahren in die Therapie eingeführt wurden.

Im Verlauf der Alzheimer-Erkrankung kommt es weiterhin zu überhöhten Ausschüttungen von Glutamat, so dass dieser Neurotransmitter zu schädlichen, zellzerstörenden Wirkungen führt.

Als weitere Medikamente werden Calcium-Antagonisten eingesetzt, die den Calciumspiegel, der bei der Alzheimer-Erkrankung gestört ist, normalisieren. Bei Zuständen von Aggressivität oder Unruhe haben sich Neuroleptika bewährt. Allerdings zeigen die bisherigen Erfahrungen, dass diese schon in sehr niedrigen Dosierungen bei älteren Patienten Nebenwirkungen hervorrufen können. Das Phytopharmakon Ginkgo biloba verbessert die Hirndurchblutung und soll durch Abfangen der Sauerstoffradikale die Membranschädigung verhindern. Es hat im Gegensatz zu den chemischen Medikamenten keine Nebenwirkungen.

## Huntington-Krankheit

Chorea Huntington, im Volksmund Veitstanz genannt, ist eine vergleichsweise seltene neurodegenerative Krankheit, die zwar rechtzeitig diagnostiziert werden kann, aber weder ihre Manifestation noch die Folgen können verhindert werden. Sie führt über den Untergang von

Nervenzellen in bestimmten Regionen des Gehirns zu schweren körperlichen Behinderungen und seelischen Störungen sowie zum geistigen Verfall und schließlich zum Tod. Der Name Chorea, das griechische Wort für Tanz, rührt von den für die Erkrankung typischen unkontrollierten Bewegungen, einem torkelnden Gang, oder dem Grimassieren her.

Der Beiname ehrt den amerikanischen Nervenarzt George Huntington (1851–1916). Er lieferte zwar nicht die erste, doch dafür eine genaue Beschreibung der Chorea Huntington und erkannte, dass es sich um eine Erbkrankheit handelt (Abb. 14.8). Neben den choreatischen (tanzartigen) Bewegungen treten aber auch Lähmungen einzelner Muskeln oder Muskelpartien auf. Im weiteren Verlauf greift die Krankheit auf die Psyche über, schließlich mündet das Leiden in Demenz und in den völligen Zerfall der Persönlichkeit, bis sie schließlich zum Tod führt.

Anders als bei der Alzheimer-Krankheit, der eine komplexe Mischung von Genen und verschiedenen nicht-genetischen Faktoren zugrunde liegt, ist die Ursache der Huntington-Krankheit sehr einfach. Sie ist auf eine einzige Genmutation zurückzuführen, die auf dem Chromosom 4 lokalisiert wurde.

Durch vergleichende Analyse der Gensequenz von Gesunden und Patienten mit Chorea Huntington ließ sich feststellen, welche Mutation der Krankheit zugrunde liegt. Die Erbänderung betrifft die genetische Erkennungssequenz CAG, die zum Einbau der Aminosäure Glutamin in ein Protein genutzt wird.

Das Gen für das Protein Huntingtin weist eine abnorme Häufung der Erkennungssequenz CAG auf. Bei Gesunden liegt die Erkennungssequenz CAG nur 6- bis 39-mal, bei Patienten mit Chorea Huntington 40- bis 180-mal hintereinander vor. Das Produkt dieses Gens, das Protein Huntingtin, weist dementsprechend bei Gesunden eine Folge von 6 bis 39, bei Huntington-Kranken aber eine Sequenz mit 40 bis 180 Glutaminen auf.

Bei der Verlängerung der CAG-Segmente handelt es sich um eine sogenannte dynamische Mutation. Hat die CAG-Wiederholung erst einmal den Schwellenwert von etwa 40 CAGs überschritten, dann wird sie mit der Vererbung von einer Generation zur nächsten immer länger, d.h., es kommen weitere CAG-Einheiten hinzu. Dieser Zuwachs verstärkt die Wirkung der fehlerhaften Erbanlage. Denn je öfter sich die CAG-Abfolge im Gen wiederholt – und je öfter die Aminosäure Glutamin im Huntingtin-Protein vorkommt –, desto früher bricht die Krankheit aus, und desto dramatischer ist ihr Verlauf.

Huntingtin ist ein großes Protein, dessen Funktion noch unbekannt ist. Es wird in vielen Gehirnregionen und auch außerhalb des Gehirns gebildet und bindet sich, gemeinsam mit anderen Proteinen, an die Neuronen des Nucleus caudatus. Das mutierte Protein Huntingtin bildet unlösliche Aggregate in den Neuronen des Kerns. Sie verkleben zu faserig-filzigen Knäueln, zu Amyloiden, ähnlich wie bei der Alzheimer-Krankheit, die

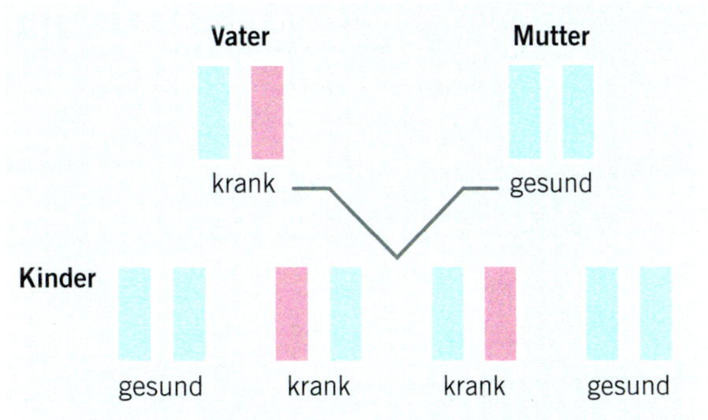


14.8 Kinder von Eltern, bei denen ein Elternteil die Genveränderung trägt, erkranken mit einer Wahrscheinlichkeit von 50 Prozent ebenfalls.

zum Untergang der Neuronen führen. Erst durch den Einbau einer zu langen Abfolge von Glutaminresten in das Protein erfolgt ein krankhafter Ablagerungsprozess, der zur Zerstörung der Nervenzellen führt.

Chorea Huntington wird vererbt. Das Kind eines Vaters oder einer Mutter mit der Huntington-Krankheit hat ein 50%iges Risiko, ebenfalls zu erkranken. Mittlerweile gibt es Gentests, die es Nachkommen einer mit Huntington belasteten Familie erlauben, festzustellen, ob sie das defekte Gen geerbt haben oder nicht. Falls sie das mutierte Gen in sich tragen, werden sie im höheren Lebensalter erkranken, und wenn sie Kinder haben, hat auch jedes Kind ein 50%iges Risiko, von der Huntington-Krankheit betroffen zu sein.

Das Vorkommen dieser Krankheit wird mit 5 bis 10 Fälle auf 100 000 Menschen angegeben. Damit gehört Chorea Huntington zu den häufigsten genetisch bedingten neurologischen Erkrankungen.

Die ersten Symptome treten im Allgemeinen zwischen dem 35. und 45. Lebensjahr auf. Typischerweise zeigt sich die Erkrankung zuerst in geringen Veränderungen der Persönlichkeit und in gelegentlichen Depressionen. Alternativ können Probleme mit der Konzentration, der Aufmerksamkeit oder mit dem Gedächtnis auftreten. Schließlich entwickelt jeder Huntington-Kranke die motorischen Symptome, die typisch für das Leiden sind: die choreatischen (tanzartigen) Bewegungen – anfallartige, unwillkürliche und regellose Bewegungen der Arme, der Beine, des Kopfes und der Gesichtsmuskulatur. Nach und nach häufen sich auch die Lähmungen einzelner Muskeln oder Muskelpartien. Mit Fortschreiten der Erkrankung wird der Sprachfluss beeinträchtigt, die Wahrnehmung verschlechtert sich und Persönlichkeitsveränderungen werden evident. Die Betroffenen versterben üblicherweise zwischen fünf und zwanzig Jahren nach dem Krankheitsausbruch, wobei die häufigste Todesursache das Versagen des respiratorischen Trakts infolge der gestörten Koordination der Atemmuskulatur ist.

Gegenwärtig gibt es keine vorbeugend wirksamen Maßnahmen und keine Behandlungsmethoden für Chorea Huntington.

## Parkinson-Krankheit

Die Parkinson-Krankheit ist eine Erkrankung des Zentralnervensystems, die vor allem durch Bewegungsstörungen gekennzeichnet ist und ca. ein Prozent der Bevölkerung über 60 Jahre betrifft. Verursacht wird die Erkrankung durch Mangel an dem Neurotransmitter Dopamin in einem bestimmten Gehirnbereich, der Substantia nigra (Schwarze Substanz). Betroffen ist vor allem das motorische System. Die Krankheit äußert sich in den Symptomen Akinese (Bewegungslosigkeit), Rigor (Muskelsteifheit) und Tremor (Zittern), deren Häufigkeit jenseits des 60. Lebensjahres stark zunimmt (Abb. 14.9). Unbehandelt beträgt die Krankheitsdauer von den ersten Symptomen bis zum Tod ca. neun Jahre. Bei frühzeitiger Diagnose und optimaler Therapie ist die Lebenserwartung der Patienten nahezu normal, mit jedoch eingeschränkter Lebensqualität aufgrund der medikamentösen Nebenwirkungen.

Namensgeber der Parkinson-Krankheit ist der Londoner Arzt und Apotheker James Parkinson (1755–1824). Er veröffentlichte als Erster im Jahre 1817 eine Abhandlung über diese Krankheit: „Essay on the Shaking Palsy", zu Deutsch: „Über die Schüttellähmung".

Er beschrieb die wichtigsten Symptome, machte jedoch eine Erkrankung der Halswirbelsäule für ihr Auftreten verantwortlich.

Der französische Nervenarzt Jean-Marie Charcot führte 1884 als Erster die Bezeichnung Morbus Parkinson ein. Erst 1919 wurden die krankhaften Veränderungen in der sogenannten Schwarzen Substanz (Substantia nigra) des Gehirns entdeckt. Nach Entdeckung der Neurotransmitter Noradrenalin und Dopamin konnte der biochemische Hintergrund der Krankheit aufgeklärt werden. Der österreichische Neuropathologe Oleh Hornykiewicz führte den Verlust der schwarz und blau pigmentierten Neuronen bei der Parkinson-Krankheit auf einen Mangel an Dopamin in den Basalganglien des Gehirns zurück. Diese Erkenntnisse eröffneten den Weg für die heutige Therapie der Erkrankung mit der Aminosäure L-Dopa, dem Vorläufermolekül bei der Synthese von Dopamin.

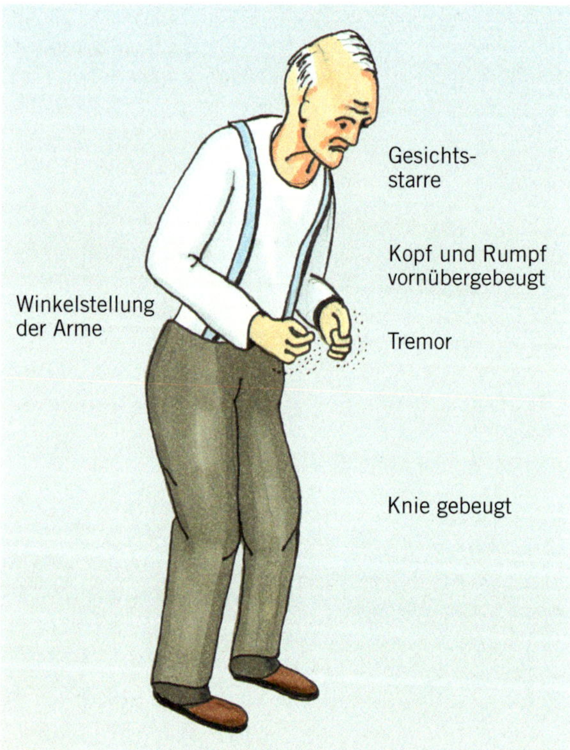


14.9 Die Hauptsymptome des Morbus Parkinson.

Der klassische Parkinson-Tremor ist ein Ruhezittern mit einer Frequenz von 5 Hz. Er tritt in erster Linie bei völliger körperlicher Entspannung auf und verschwindet bei der Aufnahme einer Tätigkeit. Vom Zittern sind meist die Hände oder Füße betroffen, aber es kann auch ein Kiefer- oder Zungenzittern vorkommen.

Typische Frühsymptome von Morbus Parkinson sind die maskenhafte Starre des Gesichts und der mangelnde Lidschlag, die den Patienten oft traurig wirken lassen. Auffällig sind das fehlende Mitpendeln der Arme beim Gehen und der Ruhetremor der Hände. Die Sprache ist monoton, leise oder stockend, das Schriftbild ist verkleinert. Als typisch fallen auch der vermehrte Speichelfluss, das Salbengesicht, die Schwitzanfälle und der kleinschrittige, vornübergebeugte Gang auf. Gleichgewichtsstörungen treten überwiegend im späteren Verlauf der Krankheit auf.

Häufig kommen auch psychische Symptome bei der Parkinson-Krankheit vor. So lassen sich bei 30 bis 60% der Fälle Depressionen beobachten. Oft ist die Depression das Anfangssymptom und führt zu Fehlentscheidungen bei der Diagnose. Auch Jahre vor dem ersten Auftreten körperlicher Symptome leidet der Patient bereits unter depressiven Phasen. Diese „endogenen" Depressionen sind wahrscheinlich die Folge von Störungen der Neurotransmitterproduktion (Noradrenalin, Serotonin und Dopamin). Daneben gibt es auch die „reaktive" Depression, bei der der Patient depressiv auf die Probleme seiner Erkrankung reagiert.

Bei der Parkinson-Krankheit sterben Zellen in der Schwarzen Substanz ab. Dadurch wird weniger Dopamin produziert, wodurch die Weiterleitung von Signalen im Gehirn gestört ist. Damit Bewegungen ablaufen können, müssen Signale verarbeitet und über den Hirnstamm und das Rückenmark bis zu den jeweiligen Muskeln weitergeleitet werden. Zur koordinierten Ausführung der Muskelkontraktion müssen gleichzeitig aktivierende und hemmende Impulse ausgesendet werden, die in einem sehr fein aufeinander abgestimmten Zusammenspiel die Bewegungen regulieren. Gerät die Balance zwischen den aktivierenden und hemmenden Botenstoffen durcheinander, ist auch der Bewegungsablauf gestört. Eine Schlüsselrolle in der Regulierung von Bewegungen spielt der Botenstoff Dopamin (Abb. 14.10). Zur Pro-

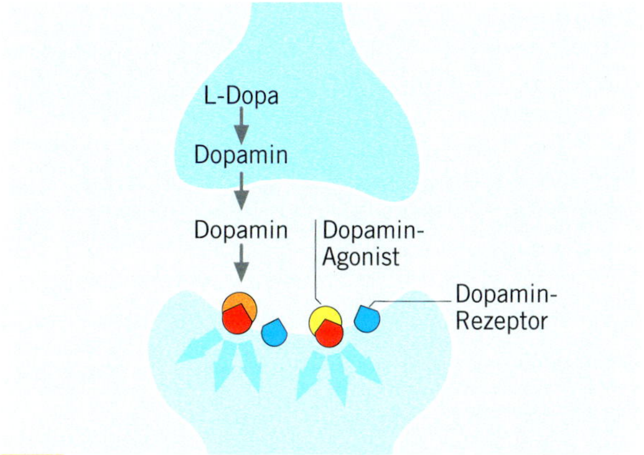


14.10 Die Dopamin-Agonisten ahmen die Funktionen des Dopamins im Gehirn nach. Sie sind dem Dopamin sehr ähnlich und können deshalb an die Dopamin-Rezeptoren der Zellen binden. Sie ersetzen das fehlende Dopamin und beheben die Störungen, die durch Dopamin-Mangel entstehen.

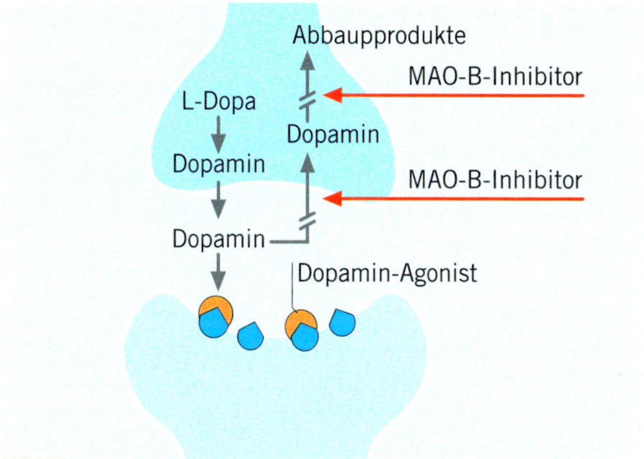


14.11 Die Monoaminoxidase-B-Hemmer inhibieren das Enzym Monoaminoxidase B, das Dopamin im Gehirn abbaut. Auf diese Weise wird Dopamin langsamer abgebaut, steht dem Gehirn länger zur Verfügung und kann länger wirken.

duktion von Dopamin verwenden die Zellen die Aminosäure Phenylalanin, die mit der Nahrung aufgenommen wird. Sie wird in der Zelle zu Dopamin umgesetzt, das dann in der Zelle eingelagert und bei Bedarf abgerufen wird. Wenn Botschaften weitergeleitet werden sollen, wird Dopamin in den synaptischen Spalt freigesetzt, wo es die Information an die nächste Zelle weitergibt. Hat Dopamin einmal seinen Botendienst erfüllt, muss es wieder abgebaut werden, damit die Kontaktstelle für weitere Informationen frei wird. Den Abbau übernehmen zwei Enzyme: die Monoaminoxidase B (MAO-B) und die Catechol-O-Methyltransferase (COMT). Außerdem kann freigesetztes Dopamin auch wieder von der aussendenden Zelle aufgenommen werden. Dafür hat die Zelle bestimmte Andockstellen, die sogenannten Autorezeptoren, die Dopamin wieder in die Zelle zurückführen, wo es bis zum nächsten Einsatz eingelagert wird.

Für die Übertragung von Bewegungsimpulsen spielt Dopamin nicht die alleinige Rolle. Ein weiterer wichtiger Botenstoff ist Acetylcholin. Dopamin wirkt im Streifenkörper hemmend, während Acetylcholin aktiviert. Wenn nun – wie bei der Parkinson-Krankheit – Zellen in der Schwarzen Substanz absterben und dadurch weniger Dopamin produziert wird, entsteht im Streifenkörper ein Dopaminmangel, wodurch das Gleichgewicht zwischen hemmendem Dopamin und aktivierendem Acetylcholin durcheinandergerät, der Einfluss des aktivierenden Acetylcholins überwiegt. So kommt es zu den für die Parkinson-Krankheit kennzeichnenden Bewegungsstörungen.

Der Auslöser der Parkinson-Krankheit ist leider noch nicht bekannt. Es wird angenommen, dass das Altern, genetische Faktoren mit einer gestörten Entgiftungsfähigkeit des Gehirns und Stoffwechselfaktoren mit der Freisetzung von zellschädigenden Sauerstoffverbindungen Ursachen sein können. Zu den Umweltschadstoffen, die zur Entstehung eines Parkinson-Syndroms beitragen können, zählen Kohlenmonoxid, Mangan, Zyanide, Schwermetalle wie Blei und bestimmte Insektizide.

Bestimmte Substanzen, wie Derivate des Heroins, zerstören die Neuronen in der Substantia nigra. Unter Verdacht stehen auch hirnschädliche Abfallprodukte von Stoffwechselerkrankungen sowie Hirnhautentzündung und Hirntumore.

Es gibt auch eine vererbbare Form der Parkinson-Krankheit, wobei die Betroffenen schon als junge Erwachsene erkranken. Die veränderten Gene sind zuständig für eine Gruppe von Proteinen, die man Synukleine nennt. Diese Proteine sind in den synaptischen Endknöpfchen lokalisiert, aber leider weiß man nichts über ihre Funktion.

## Therapie für Parkinson-Patienten

Die erste medikamentöse Behandlung der Parkinson-Krankheit wurde Mitte des 19. Jahrhunderts mit Belladonna-Präparaten eingeführt. 100 Jahre später wurden Anticholinergika, zu denen auch Belladonna-Präparate gehören, synthetisch hergestellt und in der Behandlung eingesetzt.

Anfängliche Behandlungsversuche mit Dopamin zeigten keine Wirkung, weil der Neurotransmitter die Blut-Hirn-Schranke nicht passieren und so nicht ins Gehirn gelangen kann. 1961 wurde dann zum ersten Mal L-Dopa als Vorstufe des Dopamins eingesetzt, da diese Substanz die Blut-Hirn-Schranke durchdringen und im Gehirngewebe zu Dopamin umgewandelt werden kann.

L-Dopa zeigte von Anfang an eine hervorragende therapeutische Wirkung. Das Medikament führt zu einer deutlichen Verbesserung der Lebensqualität und einer Normalisierung der Lebenserwartung der Patienten. Nach einigen Jahren jedoch lässt die Wirkung in vielen

Fällen nach und es kommt verstärkt zu Nebenwirkungen.

Diese manifestieren sich durch Wirkungsschwankungen, unkontrollierbare Überbewegungen (Hyperkinesien), Halluzinationen und Verwirrtheit. In dieser Phase ist das Absterben der Zellen in der Schwarzen Substanz schon so weit fortgeschritten, dass die Dopamin-Speicherung in den Zellen nicht mehr funktioniert. Ab dann müssen hohe L-Dopa-Spiegel eingesetzt werden, da die Halbwertszeit von Dopamin sehr kurz ist.

Wenn alle Möglichkeiten der medikamentösen Behandlung ausgeschöpft sind und Symptome wie Zittern oder Bewegungsstörungen sich verschlimmern, können operative Behandlungsverfahren nötig werden.

Die älteste Operationsmethode zur Behandlung der Parkinson-Krankheit ist die Stereotaxie. Bei dieser Methode führt der Chirurg durch eine sehr kleine Öffnung in der Schädeldecke eine feine Sonde in das Gehirn ein und berührt mit ihr ein bestimmtes, überaktives Gehirnareal. Dieses Areal wird dadurch gewissermaßen stillgelegt.

Welches Areal der Chirurg mit der Sonde gezielt ansteuert, richtet sich nach den vorherrschenden Symptomen. Die Vorgänge werden während der Operation per Computer und auf Monitoren ständig kontrolliert. Um Nebenwirkungen zu vermeiden, wird die Stilllegung mancher Gebiete nur auf einer Seite durchgeführt. Bei der ein- oder beidseitigen Tiefenhirnstimulation werden Elektroden in das Gehirn eingesetzt, die mit Hilfe eines Impulsgebers (Schrittmacher fürs Gehirn) aktiviert werden. Dieses Verfahren ist eine erfolgversprechende Weiterentwicklung der stereotaktischen Operation.

Bei der Tiefenhirnstimulation werden durch eine Überstimulierung ausgewählter Hirnareale bestimmte Symptome unterdrückt. Anders als die stereotaktische Operation lässt sich die Tiefenhirnstimulation wieder rückgängig machen, d.h., die eingesetzten Elektroden können bei Bedarf auch wieder entfernt werden. Es bleiben keine Schäden im Gehirn zurück. Nach der Operation kann man die Medikamentendosis meist deutlich reduzieren, aber nur selten ganz auf Medikamente verzichten.

Ein weiteres operatives Verfahren, das noch erprobt wird, ist die Verpflanzung funktionaler Nervenzellen in das Gehirn von Parkinson-Patienten. So könnte wieder ein funktionierendes Dopamin produzierendes Nervensystem entstehen und der Krankheitsprozess umgekehrt werden. Folgende Methoden werden in den USA und Schweden erprobt:

- die Transplantation von Zellen aus der Schwarzen Substanz von menschlichen Embryonen,
- transformierte Nervenzellen aus embryonalen oder adulten Stammzellen,
- Transplantation von Zellen, die von Tieren stammen (z.B. Gehirnzellen vom Schwein).

Die Verpflanzung embryonaler Zellen ist mit zahlreichen ethischen, medizinischen und technischen Problemen behaftet, so dass die Zukunft vermutlich der Transplantation adulter Stammzellen gehören wird.

## Literatur


Bamberger, C. M. (2006): Besser leben, länger leben. Droemer-Knaur, München

Bickel, H. (2001): Demenzen im höheren Lebensalter. Schätzungen des Vorkommens und der Versorgungskosten. Zeitschrift für Gerontologie und Geriatrie 34: 108–115

Brandt, T./Dichgans, J./Diener, H. C. (2003): Therapie und Verlauf neurologischer Erkrankungen. Kohlhammer, Stuttgart

Bruns, P./Bruns, W./Böhme, R. (2007): Die Altersrevolution. Wie werden wir in Zukunft alt? Aufbau, Berlin

Büeler, H. (2006): Die Parkinson-Krankheit. Molekulare Mechanismen und Genetik. Pharmazie in unserer Zeit 35: 198–203

Fuchs, G. A. (2002): Die Parkinsonsche Krankheit. Ursachen und Behandlungsformen. C. H. Beck, München

Lange, W. H. (2002): Morbus Huntington. Klinik, Diagnose und Therapie. Psycho 28: 479–486

Mauer, K./Mauer, U. (2000): Alzheimer. Das Leben eines Arztes und die Karriere einer Krankheit. Piper, München

Merz Pharma (2000): Demenz. Eine diagnostische und therapeutische Herausforderung, Frankfurt a. M.

Poeck, K. (2005): Leitlinien für die Diagnostik und Therapie in der Neurologie. 3. Aufl. Thieme, Stuttgart

Thümler, R. (2006): Die Parkinson-Krankheit. Mehr wissen – besser verstehen. Trias, Stuttgart

Wahl, H. W./Hey, V. (2004): Gerontologie. Einführung und Geschichte. Kohlhammer, Stuttgart

Wiegand, M./Spreti, F. von/Förstl, H. (Hrsg.) (2006): Schlaf und Traum. Neurobiologie, Psychologie, Therapie. Schattauer, Stuttgart

# Belohnungssysteme im Gehirn

Menschen verhalten sich oft sehr ungewöhnlich. Sie fordern auf den 42 Kilometern einer Marathonstrecke Höchstleistung von ihrem Körper, sie ersteigen unter Lebensgefahr die höchsten Berge und sie erfahren die äußerste Grenze ihrer Belastbarkeit, wenn sie in die Tiefen der Meere tauchen. Menschen sind unendlich neugierig, sie bohren zehn Kilometer tiefe Löcher in die Erde, suchen nach unbekannten Tieren und Pflanzen im Dschungel und möchten auf fernen Sternen stehen. Es gibt keine andere Spezies auf dieser Erde, die eine so ausgeprägte Neugierde umhertreibt wie die Menschen. Diese Neugierde, sei sie angeboren oder erlernt, ist einer der Gründe, warum sich der Homo sapiens zum Homo faber entwickeln konnte. Da sich aber durch Überlebenswille und Reproduktion allein menschliches Tun nicht erklären lässt, stellt sich die Frage nach dem Antrieb, der zum guten oder schlechten Handeln führt.

## Das Belohnungszentrum im Gehirn

Im Jahr 1965 führten zwei amerikanische Neurowissenschaftler mit Mäusen ein Experiment durch, das ein mehr als erstaunliches Ergebnis zeigte. Ausgehungerte Mäuse in einem Käfig konnten zwischen drei Hebeln wählen. Beim Niederdrücken des ersten bekamen sie Wasser, beim zweiten Nahrung und beim dritten lösten sie elektrische Ströme aus, die über eine eingepflanzte Elektrode direkt in das Gefühlszentrum ihres Gehirns geleitet wurden. Die hungrigen und durstigen Mäuse missachteten Wasser und Brot und drückten nur noch jene Taste, die das Belohnungszentrum im Hirn anregte und sie glücklich machte. Ein ähnliches Verhalten kennen wir von Drogensüchtigen, die sich nicht mehr um die Nahrungsaufnahme kümmern, sondern nur nach Drogen gieren, weil ihnen diese ein zeitlich begrenztes Glücksgefühl verschaffen.

Diese Experimente haben eine Diskussion wiederbelebt, die in ihrer Kernaussage auf die alten Griechen, wie den Philosophen Epikur, zurückgeht und 1880 von dem Philosophen Herbert Spencer wieder in die Diskussion gebracht wurde. Spencer ging in seiner physiologisch begründeten These davon aus, dass Motivation über zwei gegensätzlich wirkende Faktoren gesteuert wird, zum einen von der Lust (Freude, Vergnügen) und zum anderen vom Schmerz. So könnte es biologische Mechanismen geben, die über Belohnungen das menschliche Verhalten steuern. Selbst heute noch streiten sich Sozialwissenschaftler darüber, ob endogene Belohnungen, d.h. aus dem Körper heraus, das Verhalten innerhalb der Gesellschaft wesentlich beeinflussen oder nicht. Motivationen, gleich ob sie aus der Umgebung oder aus unserem Ich kommen, können mit Bezug auf ein wünschbares Verhalten förderlich oder hinderlich („appetitive or adverse") sein. Fördernde Motivation kennzeichnet ein Verhalten, welches mit hedonistischen Prozessen verknüpft ist, wie dem Ausleben der Sexualität, Nahrungsaufnahme über das Hungerstillen hinaus oder dem Genuss alkoholischer Getränke. Adverse Motivationen betreffen das Vermeiden hedonistisch unangenehmer Situationen wie etwa Kopfschmerzen oder Kälte, welche die Finger steif werden lässt. Leonard T. Troland vermutete 1928, dass Lust oder Vergnügen mit einer inneren Befriedigung („beneception") verbunden seien, Befindlichkeiten, welche das Überleben des Organismus oder der Art begünstigen und so dem Individuum im Sinne einer evolutionären Wertung nützlich waren und sind.

Der Behaviorismus, eine angelsächsisch dominierte Richtung der Verhaltensforschung, lehnt die Annahme, dass Verhalten auch auf subjektive Erfahrungen zurückgeht, prinzipiell ab und besteht darauf, dass Verhalten ausschließlich durch Lernen und äußere Eindrücke entsteht. Der Behaviorismus postuliert drei Einflüsse auf das Verhalten: positive Verstärkung, negative Verstärkung und Bestrafung. Positive Verstärkung beschreibt eine Situation, in der das Anbieten eines Stimulus, etwa Nahrung, die Wahrscheinlichkeit des nachfolgenden Verhaltens erhöht. Bestrafung beschreibt eine Situation, in welcher ein negativer Stimulus die Wahrscheinlichkeit erniedrigt, dass ein vorhergehendes Verhalten sich wiederholt. Die physiologische Forschung hat unterschiedliche, voneinander abgegrenzte neuronale Pfade identifiziert, welche Belohnung und Bestrafung mechanistisch steuern. Als Werkzeug dient dazu die elektrische oder chemische Aktivierung der Gehirnzentren, welche das Belohnungsgefühl hervorrufen. Gerade in den letzten vierzig Jahren sind die Kenntnisse über die anatomischen Zentren und die Mechanismen der Belohnungspfade im Ge-

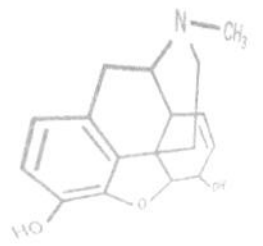

hirn beträchtlich gewachsen. Nachfolgend wird nur auf die Belohnungsmechanismen eingegangen, weil gerade Lust, Vergnügen und Freude menschliches Verhalten enorm beeinflussen.

Durch gezielte elektrische Stimulationen von bestimmten Gehirnzentren können beim Tier wie auch beim Menschen Lustgefühle erzeugt werden, die z. B. Hunger und Durst vergessen lassen. Mäuse lassen sich so oft stimulieren, wie es ihnen durch das manuelle Drücken eines Hebels möglich ist. Ungezügelte Lustgefühle und fehlende Sättigung sind die Prinzipien einer elektrischen Stimulierung der Belohnungszentren im Gehirn.

Anfänglich glaubte man, dass es im Gehirn anatomisch unterschiedliche Belohnungszentren gebe. Allerdings weisen die meisten Experimente auf ein scharf abgegrenztes anatomisches Gebiet hin, das mediale Vorderhirnbündel (medial forebrain bundle), ein Segment im limbischen System. Dieser Bereich zieht sich vom lateralen Hypothalamus zum Tegmentum, der Vierhügelplatte. Möglicherweise gibt es auch noch andere Belohnungszentren im Gehirn, aber die Vierhügelplatte zeigt sich in allen Experimenten als zentrales System. Von den Neurotransmittern stehen mehrere Substanzen in Verdacht, an Belohnungsmechanismen beteiligt zu sein, wobei die Schlüsselsubstanz ohne Zweifel der Neurotransmitter Dopamin ist.

Fraglich ist allerdings, ob sich die Daten der Mausexperimente ohne große Abstriche auch auf Menschen übertragen lassen, denn Humanexperimente gibt es kaum, da sie ethisch fragwürdig sind. Die wenigen vorliegenden Experimente (Heath 1964) deuten jedoch darauf hin, dass elektrische Stimulierungen im Bereich des limbischen Systems bei Versuchspersonen erhebliche Lustgefühle erzeugen, die bis zum Orgasmus führen können. Es wird sogar berichtet, dass die Versuchspersonen nach Beendigung des Experiments romantische Gefühle zu ihrem Experimentator entwickelten.

Da chemisch hergestellte Neurotransmitter ähnliche Reaktionen wie elektrische Stimulationen hervorrufen können, aber viel leichter bei Tier und Mensch anzuwenden sind, wurde untersucht, ob sich durch die intrakraniale oder intravenöse Gabe von psychomotorischen Substanzen wie Kokain, Morphin oder Heroin ähnliche Wirkungsweisen erzeugen lassen. Die Ergebnisse sowohl beim Tier- wie beim Humanexperiment zeigen, dass auch diese Substanzen Belohnungen in Form von Lustgefühlen hervorrufen. Eine Verstärkung der Lustgefühle durch Drogen hat häufig Abhängigkeit oder Sucht zur Folge. Es beginnt zumeist mit der gelegentlichen Einnahme der Droge in außergewöhnlichen Lebenssituationen und steigert sich nach und nach zur Dominanz der Drogenwirkung auf die Lebensführung.

Belohnungen in Form der Steigerung der Lustgefühle durch psychomotorische Stimulanzien und Opiate betreffen die gleichen Gehirnzentren wie die elektrische Stimulierung, nämlich die Vierhügelplatte im Bereich des limbischen Systems. Chemisch betrachtet ist das Dopamin die dominierende Substanz. Andere chemische Verbindungen wie Alkohol, Barbiturate, Koffein, Marihuana und Nikotin können die Dopamin-abhängigen Belohnungssysteme im Gehirn in ihrer Wirkung verstärken. Die Absetzung der Drogen reduziert bei den Betroffenen die Dopaminkonzentration in den natürlichen Belohnungszentren des Gehirns und führt zur Gefühlsarmut und zu Depressionen. Diese Senkung des Dopaminspiegels mag die krankhafte Begierde der Süchtigen nach der Droge und die hohe Rückfallrate nach Entzug erklären.

Während man bisher glaubte, dass es für verschiedene Drogen auch unterschiedliche neuronale Reaktionswege gibt, scheint sich herauszukristallisieren, dass es für die Aktivierung der Belohnungssysteme im Gehirn nur eine anatomische Region und nur einen Neurotransmitter gibt, die Vierhügelplatte und das Dopamin. Falls dies richtig ist, beeinflusst nur eine Region im Gehirn sowohl unser normales wie auch unser ungewöhnliches Verhalten. Die zentrale Schaltung des endogenen Belohnungssystems könnte auch das scheinbar widersinnige Handeln von Personen in gewissen Lebenssituationen erklären, das zum freiwilligen Suchen nach Lebensgefahr oder zur Sucht nach Schmerzen führt. Die normale Angst, also die adverse Belohnung, die uns vor Lebensbedrohungen und Selbstverletzung schützt, wird durch die belohnende Wirkung der Ausschüttung Stress-induzierter, Opiat-ähnlicher Substanzen, der Endomorphine, überspielt. Diese bewirken nachfolgend eine erhöhte Dopaminausschüttung, so dass die primäre Überwindung der Angst in ein anschließendes Glücksgefühl übergeht, eine Erfahrung, wie sie etwa Bungee-Springer, Bergsteiger, Tiefseetaucher und andere Extremsportler machen können. Allerdings kann unser kognitives System die tatsächliche Gefahr auch unterschätzen, so dass weder das Warnsystem, hervorgerufen durch eine adverse Belohnung, noch das appetitive Belohnungssystem nach Überwindung der Angst funktionieren.

Eine Aktivierung des Belohnungssystems im Gehirn kann als Teilkomponente eines normalen Verhaltens angesehen werden, welches das Leben in einer menschlichen Gesellschaft erleichtert und lebenserhaltende Funktionen wie Nahrungsaufnahme und sexuelle Reproduktion mit Glücksgefühlen verbindet.

In diesem Sinne ist das Inhalieren von Nikotin nicht anders zu bewerten als die Aufnahme von Zucker mit der Nahrung, obwohl die Aufnahme von Nikotin – im Gegensatz zum Zucker – nicht lebenserhaltend wirkt. Beides aktiviert die Belohnungssysteme im Gehirn und wird von unserer Gefühlswelt als angenehm empfunden. Wann aber führen Substanzen, die im Normalfall Glücksgefühle auslösen, zu einer Sucht, die die Lebensqualität des Betroffenen zum Schlechteren wendet? Die normale Aktivierung des Belohnungssystems des Gehirns bedingt noch keine Sucht. Es scheint eher der Verlust der üblicherweise funktionierenden Belohnungssysteme zu sein, der die Sucht hervorruft. Einige Drogen wie Kokain und Heroin beeinflussen das Verhalten schon nach kurzer Zeit und in hohem Maße, während andere Substanzen wie moderater Alkoholgenuss oder wenig Nikotin nur geringe Effekte hinsichtlich des Verhaltens zeigen. Die Tatsache, dass eine Chemikalie das Verhalten via Belohnung beeinflusst, führt nicht zwanghaft zur Sucht, wie auch Substanzen, die süß schmecken, zwar das Verhalten beeinflussen können, aber keine Sucht heraufbeschwören.

Die sogenannte Motivations-Toxizität entsteht, wenn Belohnungsstrukturen, die unser Verhalten positiv beeinflussen, ihre Wirksamkeit verlieren. Ein solches Verhalten ist augenfällig bei Abhängigen, die Belohnungen wie Sexualität oder Karriere vernachlässigen und sich nur noch um die Beschaffung von Drogen kümmern. Noch sind die Mechanismen, die zum Zusammenbruch der Belohnungshierarchie führen, unbekannt.

Gehirnsysteme, die via Belohnung ein von der Gesellschaft als positiv empfundenes Verhalten fördern, begünstigen gleichzeitig Glücksgefühle im Gehirn, d.h. vom Gehirn initiiertes Glücklichsein fördert die soziale Kompetenz. Da Mitglieder der menschlichen Gemeinschaft ihr Verhalten zumeist aus ihrem subjektiven Erleben beschreiben, kann man – im Gegensatz zu den Lehren der Behavioristen – Belohnung und Glück als endogene Triebkräfte menschlichen Verhaltens postulieren.

Ein solcher Zusammenhang zwischen individuellem Glück und dessen Nützlichkeit für die Gesellschaft muss im Zuge der Evolution entstanden sein. Ein Verhalten, das der Gemeinschaft nutzt, indem es ihr Überleben sichert, ist nicht nur instinkthaft angelegt, sondern fördert auch das Wohlbefinden des Einzelnen. Misstrauisch macht natürlich, dass Vergnügen auch durch eine richtig im Gehirn positionierte Elektrode oder eine Droge erzeugt werden kann. Der Verdacht liegt nahe, dass das Gehirn seine ureigenen Ziele verfolgt, nämlich die Sicherung der eigenen Existenz im Sein wie in seinem Fortbestand. Handelt das Versorgungssystem, also der menschliche Körper, zum Vorteil seines Meisters Gehirn, so darf er sich beglückt fühlen.

Jedoch wird ein neuronales System, das im Laufe der Evolution zum Überleben der Spezies Mensch entwickelte wurde, zur Bedrohung des Individuums wie auch der Gesellschaft, wenn eine Person von Kindheit an nur die Herrschaft der Gewalt erlebt hat oder gar zur Gewalttätigkeit erzogen wurde. Ein solcher „Mensch" könnte mit ebenso großer Lust töten wie ein anderer Freude empfindet, wenn er Leben rettet.

Die spanischen Eroberer gaben den Minenarbeitern im Hochland von Peru die Droge Coca, um die Arbeitskraft ihrer Sklaven optimal auszubeuten. Die Kämpfer in vielen Kriegen bekamen vor Kampfbeginn eine Ration Schnaps, um die Angst zu überwinden und den Mut anzukurbeln. Die Bomberpiloten im Zweiten Weltkrieg, die Städte in ein Feuerinferno verwandelten, erhielten Amphetamine zur Effizienzsteigerung und zur moralischen Enthemmung. In dem Roman „Schöne neue Welt" von Aldous Huxley werden die Arbeitssklaven, die von Geburt an zur Minderwertigkeit bestimmt sind, mit der Droge Soma, die Glückseligkeit garantiert, zufriedengestellt. Dürfen wir fragen, mit welchen Drogen die Armen und Entrechteten in dieser Welt in Zukunft zufriedengestellt werden sollen? Die Neurowissenschaften werden kausal wirkende Medikamente entwickeln und neue Drogen auf den Markt bringen, die wiederum die Gesellschaft mit neuen Problemen konfrontieren.

## Alkohol als Droge: Kulturgut oder Suchtmittel

Alkohol ist ohne Zweifel eine Modedroge, in den meisten Ländern zwar mit hohen Steuern belegt, aber sein Genuss wird vom Staat, außer bei Minderjährigen, nicht eingeschränkt. Alkohol soll in geringen Dosen, etwa ein Glas Rotwein vor dem Schlafengehen, die Gesundheit fördern, indem er entspannend wirkt, die Blutzirkulation anregt und die schädlichen Sauerstoffradikale abfängt. Schwedische Wissenschaftler haben vor kurzem berichtet, dass im Gehirn von alkoholisierten Mäusen neue Nervenzellen wachsen. Diese Zellen sind jedoch darauf spezialisiert, in ihrem Wirt die Sucht nach Alkohol zu wecken.

Wie kommt die entspannende Wirkung von Alkohol zustande? Genau weiß man es nicht, da die Alkoholwirkung immer von der konsumierten Menge abhängt und verschiedene Rezeptorsysteme beeinflusst. Alkoholaufnahme erhöht die Ausschüttung des Neurotransmitters Dopamin, die Belohnungssubstanz im Nucleus accubens. Betroffen sind auch Serotonin- und Opiatrezeptoren, die über den Calciumeinstrom unsere Gefühle beeinflussen. Man kann aber nicht unterscheiden, was fröhlich macht und was das Verlangen nach Alkohol steigert und so zur Sucht führt (Abb. 15.1).

Wer dagegen so viel Alkohol konsumiert, dass der Alkoholgehalt im Blut über ein Promille steigt, schadet seiner Gesundheit, besonders dem Gehirn und der Leber. Bei einem regelmäßigen Genuss alkoholischer Getränke können sich Gehirn und Leber nicht mehr regenerieren, so dass Gewebsschäden und Funktionsausfälle nicht mehr zu heilen sind (Abb. 15.2).

Im Allgemeinen glaubt man, dass etwa 30 g Alkohol pro Tag von einem Erwachsenen gut vertragen werden. Ein Mann mit 70 kg Körpergewicht kann ca. 200 g Alkohol in 24 Stunden abbauen, dies entspricht einer Reduktion um 0,1 Promille pro Stunde.

Geringe Alkoholmengen im Blut (0,1 – 0,4 Promille) zeigen beim Konsumenten zumeist positive Effekte wie entspanntes Verhalten und größeres Selbstvertrauen, aber auch schon Konzentrationsschwierigkeiten und reduzierte Bewegungskoordination. Bei einem bis zwei Promille treten schon Sehschwierigkeiten auf, der Gleichgewichtssinn versagt, Gefühle können sich schlagartig ändern und die Aggressivität steigert sich. Bei drei Promille sind die Sprach- und die Bewegungsfähigkeit

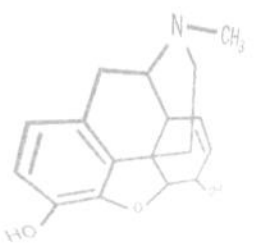

stark eingeschränkt und der Betroffene ist sich seiner Handlungen nicht mehr bewusst. Alkoholkonzentrationen, die vier Promille überschreiten, sind eine Form der Blutvergiftung und lebensbedrohend.

Alkohol wird in allen Teilen des Körpers, aber besonders in der Leber, über die Stufe des gefährlichen Acetaldehyds zur Essigsäure und dann zu Kohlendioxid abgebaut. Reagiert das Zwischenprodukt Acetaldehyd mit Ammoniak, so entstehen unlösliche Partikel, die sich im Gewebe ablagern und es zerstören. Zum Alkoholabbau werden große Mengen eines Coenzyms gebraucht, das man mit NAD (Nicotin-Adenin-Dinucleotid) abkürzt. Fehlt dieses im normalen Stoffwechsel, so kommt es zu Stoffwechselentgleisungen, der Anhäufung von Fett in der Leber und der Zerstörung von Leberzellen. Deshalb wird Alkohol auch als Stoffwechselparasit bezeichnet. Übermäßiger Alkoholgenuss reduziert auch die dem Körper zur Verfügung stehende Menge an Thiamin, dem Vitamin $B_1$. Von diesem Vitamin braucht man etwa 0,5 Milligramm pro Tag, so dass etwa zwei Milligramm zusätzlich zugeführt werden müssen.

Alkohol kann vom Blut aus leicht die Blut-Hirn-Schranke überqueren, so dass vermutlich die Alkoholkonzentration im Blut und im Gehirn gleich groß ist.

Die negativen Folgen der Trunksucht lassen sich bei chronischen Alkoholikern im Gehirn sowohl mit „CT-Scans – brain imaging" (siehe Kap. 9) – wie post mortem bei einer Gehirnautopsie feststellen. Auffällig sind das Schrumpfen des Gehirns, wie es ansonsten nur im hohen Alter auftritt, und Verluste von weißer Masse, von faserreichem Gewebe. Eine Verringerung der Zahl an Nervenzellen findet man besonders im vorderen Schläfenlappen des Cortex – dem Sitz kognitiver Prozesse –, dem Hippocampus und dem Cerebellum. Unsicher ist man sich noch über die Bedeutung der Veränderungen im Hippocampus, der Amygdala und im Locus coereleus.

Bei längerer Abstinenz können sich die betroffenen Regionen wieder regenerieren. Nach zwei Monaten ohne Alkohol nimmt die Hirnmasse wieder um etwa zwei Prozent zu und die intracerebralen Cholinspiegel, eine biochemische Messgröße für die Denkfähigkeit, verbessern sich um 20%.

Bei Frauen sind die negativen Folgen von Alkoholmissbrauch gravierender als bei Männern, vielleicht bedingt durch das geringere Körpergewicht. Trinken Schwangere zu viel Alkohol, so kommt es meistens zu einer Schädigung des ungeborenen Kindes. Die Schwere der Schädigung hängt davon ab, wie viel, wie oft und zu welchem Zeitpunkt der Schwangerschaft die angehende Mutter Alkohol getrunken hat. Bei Säuglingen alkoholabhängiger Mütter beobachtet man oft Minderwuchs und eine reduzierte Kopfgröße. Liegt ein „Fetales Alkohol-Syndrom" vor, so wird das Gehirn des ungeborenen Kindes irreparabel geschädigt. Aufgrund der Daten aus „Brain Scans" (siehe Kap. 9) sind bei dieser Erkrankung vor allem die Basalganglien, das Corpus callosum, das Cerebellum und der Hippocampus betroffen. Die Kinder leiden später an Hyperaktivität und unterentwickeltem Sozialverhalten, sie schneiden bei Lerntests schlecht ab und weisen eine erhöhte Neigung zu Alkohol und Drogen auf.

Von dem berühmten Arzt Paracelsus stammt der Satz: „Es ist die Menge, die das Gift macht." Diese Aussage trifft bei der Bewertung des Alkoholkonsums den Nagel auf den Kopf.

## Drogen: Faszination und Gefahren

Die Sehnsucht des Menschen, nicht nur seine Umgebung zu erforschen, sondern auch in seine Seele zu schauen und sein künftiges Schicksal zu erfahren, ist ihm wohl angeboren. Seit ewigen Zeiten haben Menschen mit allerlei Kniffen und Tricks versucht, die Seele sichtbar zu machen und sprechen zu lassen. Die Weisen, die Seher und die Priester lernten schon vor fünftausend Jahren, sich in Trance zu versetzen. Dazu wurde entweder lange Zeit gefastet, eine Methode, die unter Propheten in Mode war, stundenlang ekstatisch getanzt, der Rauch von Opferfeuern inhaliert oder es wurden Pflanzen gekaut, um deren narkotische Inhaltsstoffe zu extrahieren.

Unsere Vorfahren dürften auch schon sehr früh bemerkt haben, dass es Nahrungskomponenten gab, die nicht nur den Hunger stillten, sondern auch einen glückseligen Rausch bewirkten, so dass die Bedrückungen des Alltags wie Angst und Hunger für ein paar Stunden vergessen werden konnten (Abb. 15.3). Auch die ersten Erfahrungen mit Stoffen, welche Mut und Ausdauer erhöhten, dürften zufällig gemacht worden sein, da unsere Vorfahren wohl aus schierem Hunger alles verschlungen haben, was wie Nahrung aussah.

## Drogen und Neuropharmaka sind Konkurrenten der natürlichen Botenstoffe

Neurotransmitter, die als chemische Boten Informationen von Nervenzelle zu Nervenzelle oder von Neuron zu Muskel transportieren, sind einfach gebaute chemische Verbindungen, wie etwa die Aminosäuren und deren Abkömmlinge (siehe Kap. 8). Sie gelangen entweder als Nahrungskomponenten ins Gehirn oder werden in den Nervenzellen hergestellt. Neuropharmaka, die unsere motorischen und geistigen Fähigkeiten beeinflussen, ähneln in ihrer chemischen Struktur oft den Neurotransmittern.

Sie agieren entweder als Konkurrenten um die Bindestelle am Rezeptor oder beeinflussen die Verfügbarkeit des Neurotransmitters durch Modifikation, Abbau oder Wiederaufnahme in die Synapse.

Neuropharmaka zeigen vielfältige Wirkungen. Sie können sowohl Schmerzen stillen und Glücksgefühle auslösen als auch zur Sucht führen und bei Dauerkon-

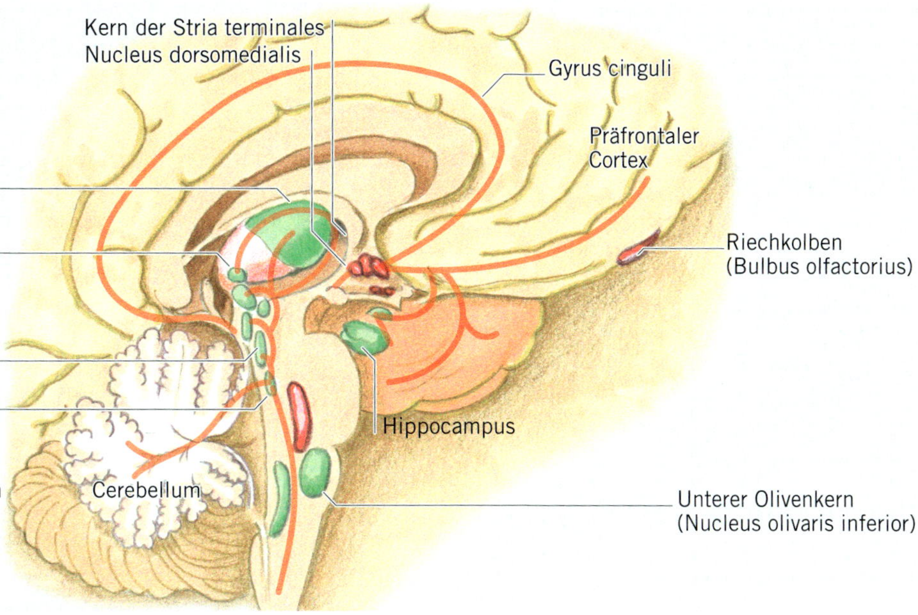


15.1 Lage des Belohnungssystems im limbischen Teil des Gehirns. Aufgrund der Daten aus elektrischen Reizungen im Bereich zwischen Fornix und Amygdala lokalisiert man das Belohnungssystem in diesem Bereich des Gehirns. Hier sind auch besonders viele Dopamin-abhängige Rezeptoren lokalisiert. Da Belohnungen in Form von Glücksgefühlen auch mit Substanzen wie Heroin hervorgerufen werden können, bestätigen physiologische Befunde die topografische Zuordnung des Belohnungszentrums. Quelle: Snyder, S.H. (1988): Chemie der Psyche: Drogenwirkung im Gehirn. Spektrum der Wissenschaft Verlagsges., Heidelberg

sum das Nervengewebe irreversibel schädigen. Entsprechende Medikamente werden zur Linderung der Symptome bei der Schizophrenie, der Manie, bei Psychosen und vielen anderen Geisteskrankheiten eingesetzt.

Die Grenzen zwischen Psychopharmaka, die bei Geisteskrankheiten Linderung oder gar Heilung bringen, und jenen Pillen, die wir im Alltag als Droge bezeichnen, sind nicht leicht zu ziehen. Im pharmazeutischen Sprachgebrauch handelt es sich bei Drogen um durch Trocknen

**Auswirkungen von Alkohol im Blut (Blutalkoholgehalt in Promille)**

**0 Promille**

Reduzierte Hemmungen
Verlust von Muskelkoordination
Verringerte Aufmerksamkeit
Verlust sozialer Kompetenz
Reduzierte Aufmerksamkeit beim Fahren
Geringere Koordination
Verlangsamte Reaktionszeit
Schlechte Auffassung, gesteigerte Emotionen
Unstetig
Feindliches und aggressives Verhalten
Unklare Sprache
Schwere Vergiftung
Unfähigkeit zu laufen
Verwirrt
Kopflos, Verlust von Situationsverständnis
Kann nicht aufstehen
Bewusstlosigkeit
Koma
Tod durch multiples Organversagen

**Größer 3 Promille**

15.2 Alkoholkonzentrationen im Blut und Verhaltensänderungen.

15.3 Der Holzschnitt zeigt das Sonnenfest der Inkas. Der Sonnengott überbringt dem König einen Trunk aus Coca-Blättern. Quelle: The Bettmann Archive

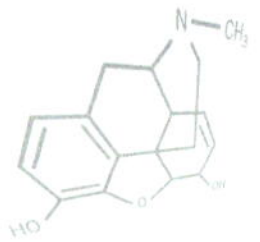

15.4 Die chemischen Formeln von Morphin und Heroin. Wenn man über die Strukturformeln einer natürlich vorkommenden Droge verfügt, kann man den Naturstoff entweder chemisch modifizieren oder eine strukturverwandte Verbindung synthetisieren. Das unten gezeigte Heroin ist eine einfache chemische Modifikation des Morphins. Durch die Veränderung wird das Heroin fettähnlicher und kann so besser die Blut-Hirn-Schranke passieren. So entfaltet es seine Wirkung viel schneller als Morphin.

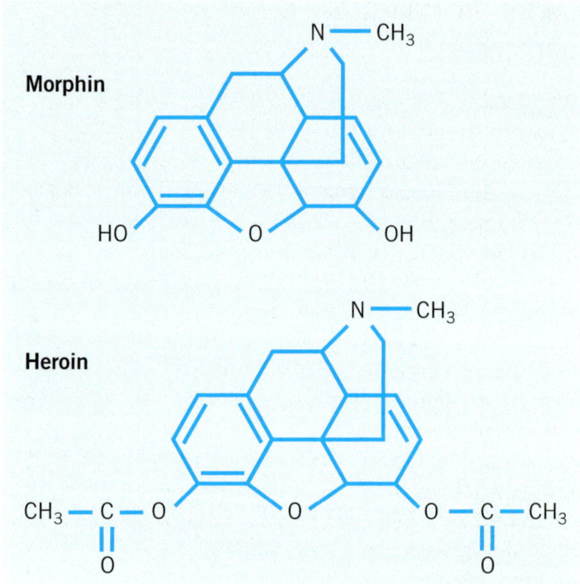


haltbar gemachtes Material zumeist pflanzlicher Herkunft (Abb. 15.6). In der Umgangssprache assoziiert man dagegen mit dem Begriff Droge gewöhnlich Rausch- und Suchtmittel, wie etwa Kokain, Morphium und Heroin (Abb. 15.4). Vom Arzt verordnet, können diese Substanzen jedoch auch den Schmerzmitteln und Psychopharmaka zugeordnet werden. Wir benutzen nachfolgend den Begriff Droge für eine Substanz, die vorrangig nicht der Heilung dienen soll, sondern der Erzeugung von Glücksgefühlen.

15.5a, b Als erstes kokainhaltiges Getränk kam um 1880 ein modifizierter Bordeaux-Wein auf den Markt, der in Anlehnung an den Namen seines Herstellers ‚Vin Mariani' genannt wurde. Quelle: Bildagentur Corbis
Die Amerikaner übernahmen die Idee und nannten ihren Softdrink Coca-Cola. Das Getränk sollte vor Ermüdungen schützen. Später wurde, als man die Suchtgefahr erkannte, das Kokain durch Koffein ersetzt. Noch heute ist Coca-Cola das in der Welt am meisten verbreitete Limonadengetränk. Quelle: Culver Pictures

15.6 Eine vom Schlauchpilz Clavizeps befallene Roggenähre. Die als Mutterkorn bezeichneten Dauerformen des Pilzes enthalten in hohen Mengen die Mutterkornalkaloide. Mehl, das größere Mengen an Mutterkorn enthält, kann nach oraler Aufnahme tödlich wirken. Quelle: Dr. A. Obst, Bayr. Landesanstalt für Landwirtschaft, München

## Kokain, die Modedroge des zwanzigsten Jahrhunderts

Die Kokain-Story soll beispielhaft die Unterscheidung zwischen Arznei und Droge aufzeigen. Kokain, die Modedroge des zwanzigsten Jahrhunderts, wird aus den Blättern des Coca-Strauchs (Erythroxylon coca) isoliert. Die Pflanze gilt als Geschenk des Sonnengottes an den ersten Herrscher der peruanischen Inkas.

Das „Geschenk der Götter" durften zunächst nur die königliche Familie und Priester konsumieren (Abb. 15.3). Später wurde es auch an Krieger und an schwer arbeitende Bauern verteilt. Die Blätter wurden gekaut, so dass über einen längeren Zeitraum nur geringe Mengen des Kokains über den Magen-Darm-Trakt in den Blutstrom gelangten. Die Coca-Blätter sollten die Hungrigen nähren, den Schwachen und Ermatteten neue Lebenskraft geben und die Unglücklichen ihr Elend vergessen lassen. Nach der spanischen Invasion durch Francisco Pizarro konnten die ausgebeuteten indianischen Bergarbeiter die Strapazen in den hoch gelegenen Goldminen nur durch ständiges Kauen der Cocablätter ertragen.

Die Spanier brachten die Cocablätter nach Europa. Aber erst der italienische Neurologe Paolo Mantegazza, der selbst Cocablätter kaute, weckte die Neugierde der feinen europäischen Gesellschaft, als er 1859 einen Aufsatz über die Wunderdroge veröffentlichte. 1860 gelang es dem deutschen Chemiker Albert Niemann, Kokain als reine chemische Substanz aus den Cocablättern zu isolieren. Zwei Jahre später entschlüsselte ein Kollege Niemanns, Wilhelm Lossen, die Struktur des Kokains und legte die Grundlage für die chemische Synthese des Psychopharmakons. 1862 begann die Firma Merck in Darmstadt mit der industriellen Produktion und dem Verkauf von Kokain.

Die rasche und weite Verbreitung des Kokains über Europa und die Vereinigten Staaten ist jedoch ein Verdienst des korsischen Chemikers Angelo Mariani (Abb. 15.5a, b). Er ließ sich 1863 seinen „Vin Mariani" schützen, ein Cocaextrakt auf Weinbasis. Für die Entwicklung von Cocawein, -tee und -pastillen wurde Mariani vom Papst sogar mit einer Medaille ausgezeichnet. In Anlehnung an Marianis Getränk entwickelte John Styth Pemberton, ein amerikanischer Apotheker aus Georgia, 1886 die Rezeptur für die Limonade Coca-Cola. Der Alkohol wurde durch einen koffeinhaltigen Extrakt aus der Colanuss ersetzt, um das Produkt als Softdrink vermarkten zu können. Asa Griggs Candler, gleichfalls Apotheker, kaufte die Rechte an dem Getränk und gründete 1892 die Coca-Cola Company.

Noch populärer wurde die Droge Kokain durch Sigmund Freud, den Vater der Psychoanalyse. In der Phase seiner neuroanatomischen Grundlagenforschung untersuchte er die Wirkung von Kokain zur Behandlung nervöser Erschöpfungszustände. Nachdem er die Substanz an sich selbst wie auch an anderen probierte, schrieb er einen begeisterten Artikel mit dem Titel: „Über Coca". Als Konsequenz verschrieben Mediziner Kokain als angst- und depressionslösendes Mittel. Kokain wurde damals so häufig verordnet wie heute etwa das Beruhigungsmittel Valium. Die Begeisterung für das neue Wundermedikament legte sich jedoch bei den Ärzten schnell, als man die Suchtgefahr erkannte.

Kokain erwies sich besonders in der Augenchirurgie als hervorragendes Lokalanästhetikum, wie der Augenarzt Carl Koller in diversen Experimenten zeigen konnte. Bei einer Vollnarkose wird der Patient zwar in einen Schlafzustand versetzt und er verspürt keine Schmerzen, seine Augen bewegen sich jedoch ständig. Augenoperationen verlangen jedoch eine Ruhigstellung der Augen und einen wachen Patienten, der den Anweisungen des Chirurgen folgen kann. Kokain verhindert die Schmerzempfindung, indem es die Reizleitung von der Peripherie zum Gehirn blockiert. Das Anästhetikum Kokain wurde allerdings bald durch die synthetischen Neuropharmaka Procain und Lidocain ersetzt, da diese Medikamente die Psyche der Patienten kaum beeinflussen und keine Sucht erzeugen. Procain und seine Derivate sind auch heute noch die wichtigsten Mittel zur Lokalanästhesie.

Für die Neurophysiologen ist die Frage besonders interessant, warum Kokain unser Bewusstsein so entscheidend verändert, d. h. Lust- und Glücksgefühle vermittelt. Kokain ähnelt in seiner chemischen Struktur dem Neurotransmitter Dopamin, der im limbischen System das emotionale Verhalten und besonders die Belohnungen regelt. Der zweite für das emotionale Verhalten wichtige Neurotransmitter ist das Noradrenalin.

## Die Wirkung von Drogen auf das limbische System

Die Zellkörper der meisten noradrenergen Neurone sind im Hirnstamm in einem sehr kleinen Kern lokalisiert, den man lateinisch *Locus coeruleus*, den blauen Kern, nennt. Er enthält nur ca. 3000 Neuronen – wenig im Vergleich zu den Milliarden Nervenzellen der Großhirnrinde –, seine Axone stehen aber im Kontakt mit der Hälfte aller Nervenzellen im Gehirn. Einige der Nervenfasern (Axone) steigen mit der Zwischenstation limbisches System in die Großhirnrinde auf, während andere auf die Feinmotorik im Kleinhirn einwirken. Dieser hohe Verzweigungsgrad Noradrenalin-gesteuerter Neurone unterscheidet sich prinzipiell von den linearen Verschaltungen, wie sie bei der Verarbeitung visueller Informationen vom Auge zum Hinterhauptslappen vorliegen. Deshalb ist das vom Locus coeruleus ausgehende Nervengeflecht nicht für sensorische Operationen, sondern für die komplexe Steuerung unserer Gefühle verantwortlich. Darauf weist auch die hohe Dichte an Noradrenalin-abhängigen Rezeptoren im limbischen System hin. Die Fasern noradrenerger Neuronen gelangen bis in das Rückenmark und steuern dort die Aktivität der Arm- und Beinmuskulatur. Dies erklärt, warum lange und erhöhte Wachheit

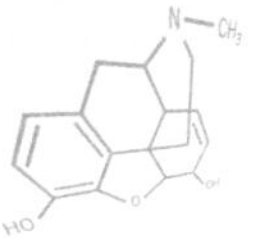

mit körperlicher Anspannung einhergeht, die schließlich zu einer Verkrampfung der Muskulatur führen kann.

Wie kann Kokain als kleines chemisches Molekül so gravierend auf die dopaminergen Neuronen wirken, dass sich beim Konsumenten ein derart komplexer Gemütszustand wie ein Glücksgefühl einstellt? Dopamin ist, etwas vereinfacht dargestellt, der Neurotransmitter, der für Gefühle und Belohnungen zuständig ist. Dopamin wird, wie alle Neurotransmitter, in den Bläschen (Vesikeln) der Endknöpfe der Synapsen gespeichert und bei Bedarf in den synaptischen Spalt freigesetzt. Es bindet dann an entsprechende Rezeptoren in der postsynaptischen Membran und löst an diesem Neuron ein Aktionspotenzial aus. Die Droge Kokain steigert die Freisetzung des Neurotransmitters und blockiert die Pumpen, die die Wiederaufnahme von Dopamin in die Synapse und damit seine Entfernung aus dem synaptischen Spalt bewirken. So verlängert und steigert Kokain die natürliche Wirkung des Dopamins.

## Literatur


Amendt, G. (2004): No drugs. No future. Drogen im Zeitalter der Globalisierung. Europa Verlag, Hamburg

Bopp, A./Herbst, V. (2000): Handbuch Medikamente. Über 5.000 Arzneimittel für Sie bewertet. Stiftung Warentest, Berlin

Cousto, H. (2003): Drogen-Mischkonsum. Das Wichtigste zu den gängigen Partydrogen. Nachtschatten, Solothurn

Feuerlein, W. (2005): Alkoholismus. Warnsignale, Vorbeugung, Therapie. 5. Aufl. C. H. Beck, München

Julien, R. M. (1997): Drogen und Psychopharmaka. Spektrum Akad. Verlag, Heidelberg

Kemmesies, U. E./Werse, B. (2004): Zwischen Rausch und Realität. Drogenkonsum im bürgerlichen Milieu. VS-Verlag, Wiesbaden

Lohse, J. (2006): Die Kokainindustrie. Entwicklung, globale Konsequenzen, Lösungsansätze. VDM, AT-Verlag, Saarbrücken

Rätsch, C. (2004): Enzyklopädie der psychoaktiven Pflanzen. Baden, Schweiz

Ridder, M. de (2000): Heroin. Vom Arzneimittel zur Droge. Campus, Frankfurt

Schneider, R. (2001): Die Suchtfibel. 13. Aufl. Schneider, Hohengehren

Schwoon, D. R. (2004): Umgang mit alkoholabhängigen Patienten. Psychiatrie Verlag, Bonn

Schmidbauer, W./Scheidt, J. von (2004): Handbuch der Rauschdrogen. Fischer, Frankfurt a. M.

# Der freie Wille

In der psychologischen Definition des Begriffs „Freier Wille“ geht man davon aus, dass er sich grundsätzlich nur auf bewusste Entscheidungsprozesse bezieht. Demnach ist ein Tun nur dann gewollt, wenn

- zwei oder mehr zur Auswahl stehende Handlungsalternativen von einem Menschen in Betracht gezogen werden,
- wenn eine davon aus für ihn wichtigen Gründen oder Motiven ausgewählt wird und er sich entschließt, sich auf diese festzulegen
- und diese zu einem bestimmten Zeitpunkt auf ebenfalls von ihm festgelegte Weise in die Tat umgesetzt wird.

Die Definition des Wollens wird mit den Begriffen Entscheidungsfreiheit und Handlungsfreiheit benannt (Abb. 16.1). Das Ausmaß der Freiheit wird mit Wörtern wie Handlungsspielraum, Bewegungsfreiheit, Vertragsfreiheit, Meinungsfreiheit, Gedankenfreiheit, Religionsfreiheit und Pressefreiheit genauer bezeichnet oder auch eingeschränkt. Eine unfreiwillige Handlung, d.h. ein Verhalten, das auf Drohung oder Druck zustande gekommen ist, existiert nicht, denn jede Handlung, wie immer sie zustande gekommen ist, ist gewollt. Nur reflexartige Handlungen kommen ohne eigenen Willen zustande. Bei anstehenden Entscheidungen stehen oft unterschiedliche Wünsche gegeneinander, die der Mensch bewertet und abwägt. Aus der Bewertung der Alternativen bildet sich dann der Wille, nur eine der möglichen Handlungsoptionen auszuführen.

Im Alltag erlebt der Mensch seinen Willen als frei. Er betrachtet sein Selbst und nicht eine kausale Verbindung zwischen den eigenen Motiven und der Entscheidung als Erstauslöser seines Willens.

Bewusst gewollte Handlungen stehen mit einem Entschluss oder Vorsatz, Zwecken oder Zielen und den damit verbundenen Wünschen, Absichten oder Motiven in Zusammenhang.

Reflexartige Reaktionen kommen aufgrund von außen wahrgenommenen Reizen verschiedendster Art – innerer Impuls, Begierde oder Drang – zustande.

Vom griechischen Altertum an über die Aufklärung bis hin zur Jetztzeit ist das Thema „Willensfreiheit“ immer kontrovers diskutiert worden. Ein Grund für die leidenschaftlichen Auseinandersetzungen ist sicher die Unschärfe des Begriffs Willensfreiheit. Die bedingte Willensfreiheit sieht den Willen als frei, wenn eine Person ihren Willen nach persönlichen Motiven und Neigungen gebildet hat, tun kann, was sie will (Handlungsfreiheit), und auch hätte anders handeln können, wenn sie es nur gewollt hätte. Welcher unserer miteinander konkurrierenden Wünsche sich als Wille herausbildet, hängt von äußeren Faktoren (Genetik, Sozialisation, Umwelteinflüssen) in Verbindung mit unserem Gehirn ab. In einer konkreten Situation mag es für die Person nur eine Entscheidungsmöglichkeit geben. In solchen Situationen kann man fragen, ob der Begriff Willensfreiheit auch dann noch angebracht ist, wenn es nur eine Möglichkeit der Entscheidung gibt.

Ein Konzept, das diese Beschränkung überwindet, liegt in der unbedingten Willensfreiheit. Gedacht werden kann eine solche Freiheit nur dann, wenn das Wollen von absolut nichts abhängt oder bedingt ist. Es unterliegt also dem reinen Zufall, welcher unserer Wünsche sich zum Willen herausbildet. Eine Verantwortlichkeit existiert dann nicht mehr, denn wie kann man für etwas verantwortlich sein, das rein zufällig geschieht?

Dem Determinismus dagegen liegt die Annahme zugrunde, dass alle Ereignisse, die geschehen, eine zwangsläufige und eindeutige Folge aus vorausgegangenen Ereignissen sind. Für unser Universum bedeutet das, dass

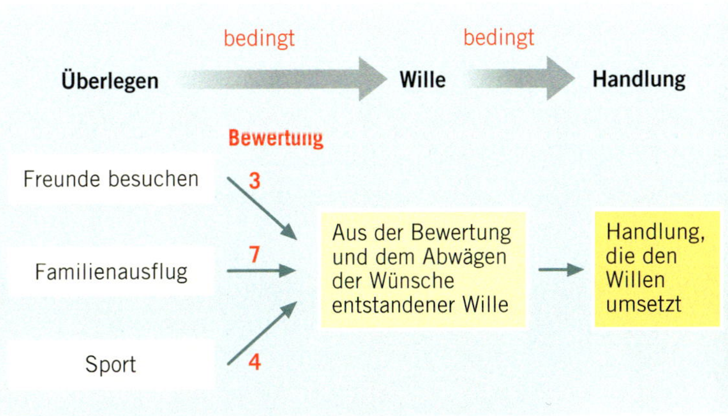


16.1 Ein Schema, das mögliche Abwägungen darstellt, die zu einer Entscheidung führen können und so die Willensfreiheit belegen. Quelle: Wikipedia: Freier Wille

alle dem Urknall folgenden Ereignisse bis heute zwangsläufige Wirkungen von vorausgegangenen Ereignissen sind und dass es zu dem Verlauf, den das Universum genommen hat, nie eine Alternative gab, ebenso wenig wie für die Lebensläufe aller darin lebenden Individuen. Ereignisse, die auf echten Zufällen basieren, die sich als „creatio ex nihilo" aus dem Nichts erschaffen, stehen im Gegensatz zum Determinismus. Das „creatio ex nihilo" mag aber auch nur bedeuten, dass es keine Möglichkeit der Voraussage für eine Eintrittswahrscheinlichkeit gibt.

Für Kompatibilisten wie Thomas Hobbes spielt es keine Rolle, ob eine Handlung deterministisch bereits festgelegt ist, da der freie Wille auch eine determinierte Zukunft nicht kennt. Für einen Kompatibilisten bedeutet die Freiheit des Willens, nach Gründen zu handeln, die dem Akteur nicht bewusst sind.

In der Diskussion um den freien Willen wird manchmal auf Fälle verwiesen, in denen eindeutig kein freier Wille vorliegt, wie bei Gewaltverbrechen und körperlichen Behinderungen. Der freie Wille ist aber hierbei nur in dem Maße eingeschränkt, wie die Handlungsfreiheit der Person eingeschränkt ist.

Arthur Schopenhauer sah in der Verletzung des Kausalitätsprinzips, einer Grundfeste des menschlichen Denkens, ein Gegenargument gegen die Willensfreiheit. Der freie Wille sei eine Illusion, in Wahrheit sei der Wille durch chaotische, d.h. äußerst komplexe, Einflüsse außerhalb des Subjekts gesteuert.

In der juristischen Sichtweise setzt der Gesetzgeber den freien Willen des erwachsenen Menschen voraus: „Die freie Willensbestimmung kann nur im Zustand der Bewusstlosigkeit oder krankhafter Störung der Geistestätigkeit dauerhaft oder vorübergehend unmöglich sein."

Auch im Strafrecht gilt das Postulat des freien Willens: Nur „ wer bei Begehung der Tat wegen einer krankhaften seelischen Störung, wegen einer tief greifenden Bewusstseinsstörung oder wegen Schwachsinns oder einer anderen schweren seelischen Abartigkeit unfähig ist, das Unrecht der Tat einzusehen oder nach dieser Einsicht zu handeln", handelt nicht vorwerfbar (§ 20 StGB).

Die naturwissenschaftliche Bewertung des freien Willens wurde anfangs von den Physikern bestimmt. Sie waren der Auffassung, dass bei entsprechend genauer Information die Zukunft beliebig genau vorhergesagt werden könne. Neuerdings geht man aber davon aus, dass Naturgeschehen nicht vollständig determiniert sind, sondern auch partiell dem Zufall unterliegen.

Auch Biologen, Soziologen und Neurowissenschaftler versuchen, mit Beobachtungen und Experimenten einen Beitrag zur Existenz der Willensfreiheit zu leisten. Besonders hitzig wird zurzeit das Thema „ererbt oder erworben" diskutiert.

Als der Neurochirurg Wilder Penfield um 1940 in Kanada einen Epilepsie-Patienten bei vollem Bewusstsein operierte, um Teile des Gehirns zu entfernen, berührte er mit einer Mikrosonde zufällig ein Areal des Gehirns. Als

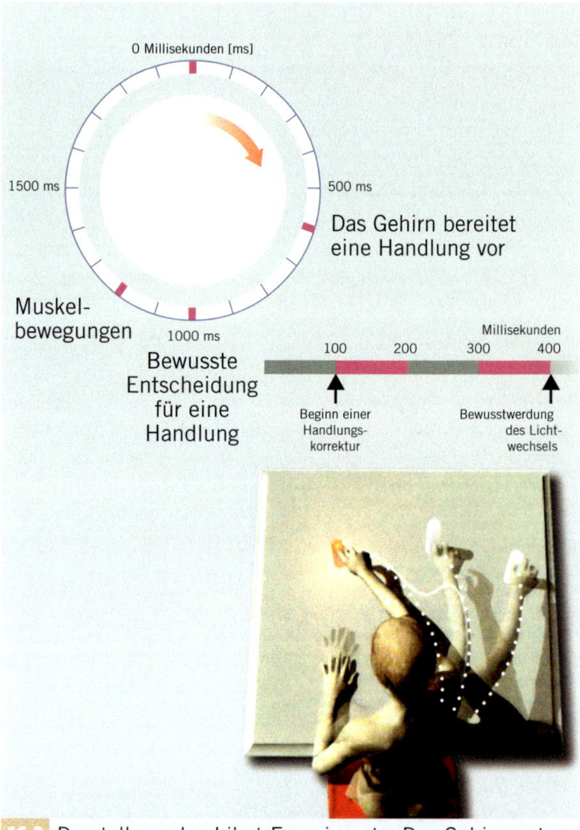


16.2 Darstellung des Libet-Experiments. Das Gehirn entscheidet sich für die Durchführung einer Handlung, bevor die Person sich der Entscheidung bewusst wird.

Folge hob der Patient den Arm. Auf die Frage des Arztes nach dem „Warum" erklärte der Patient, er habe den Arm heben wollen. Eine mechanische Reizung einer Gehirnlokalität führte zu einer motorischen Handlung, die das Gehirn eigenmächtig durchführte, die dem Patienten aber als bewusste Handlung erschien. Benjamin Libet und wenig später Pascual Leone entwickelten Versuchsanordnungen, um den Zusammenhang von Wille und Handlung des Gehirns zu testen.

Der Neurophysiologe Libet machte 1970, als er an der Universität von Kalifornien in San Diego arbeitete, ein bahnbrechendes Experiment (Abb. 16.2). Er bat Versuchspersonen zu einem von ihnen gewählten Zeitpunkt den Arm zu heben und genau zu notieren, wann sie sich dazu entschieden hatten. Gleichzeitig registrierte Libet die Gehirnaktivität seiner Probanden. Das Ergebnis war mehr als erstaunlich. Etwa eine halbe Sekunde vor dem Entschluss, den Arm zu bewegen, zeigte sich bereits eine Erregung im motorischen Hirnbereich, der die Armbewegung steuert. Somit hatte das Gehirn bereits über die Durchführung der Handlung entschieden und teilte dem Körper das Resultat seiner Entscheidung mit leichter Verzögerung mit. Die Daten von Libet wurden dergestalt interpretiert, dass der sogenannte freie Wille eine nachgeschaltete Instanz sei, die uns vorgaukelt, dass wir tun, was wir wollen. In Wirklichkeit aber wollen wir, was wir tun. Einige Neurophysiologen sind der Meinung, dass ein freier Wille nicht existiert, sondern dass das Gehirn die Regeln festlegt, wie Entscheidungen zu treffen sind.

Es ist interessant, wie Benjamin Libet seine Experimente zur Willensfreiheit heute interpretiert:

*„Meine experimentelle Arbeit hat gezeigt, dass das Gehirn eine ungehinderte freiwillige Handlung unbewusst auslöst. Der Prozess im Gehirn setzt 0,5 Sekunden vor dem Zeitpunkt ein, an dem man sich über seine Handlungsabsicht bewusst wird.*

*Nach dieser Verzögerung kann der freie Wille die Ausführung der Handlung jedoch mit einem bewussten Einspruch kontrollieren. Das erlaubt es uns, nicht wie Automaten zu agieren. Es bewahrt unsere Fähigkeit zu verantwortlichem ethischen Verhalten. Roger Sperry, bekannt durch seine Split-Brain-Forschung, hatte angeregt, dass der bewusste Verstand sich in die Aktionen der Gehirn-Nervenzellen ‚zwischenschalten' könnte, was in gewisser Weise nicht dem Determinismus der physikalischen Gesetze widersprach.*

*In seinen letzten Lebensjahren erkannte Sperry jedoch, dass der Determinismus nicht den freien Willen erklären kann. Er musste zugeben, dass bewusste Handlungen jenseits der Grenzen des Determinismus unter bekannten physikalischen Gesetzen stattfinden konnten.“*

*(Grußwort Libets zu der Austellung „Der freie Wille“ Berlin, Juli 2006)*

Der Neurophysiologe Alvaro Pascual-Leone, der an der Harvard Medical School forscht, führte viele Jahre später ein ähnliches Experiment durch. Er forderte seine Probanden auf, zufällig die rechte oder die linke Hand zu heben, und fand heraus, dass er durch Stimulation der verschiedenen Hirnhälften mittels magnetischer Felder die Wahl der rechten oder linken Hand seiner Versuchspersonen beeinflussen konnte. Normalerweise wählen Rechtshänder zu 60 % die rechte Hand. Wurde jedoch die rechte Hirnhälfte mit magnetischen Feldern stimuliert, so wurde in 80 % der Fälle die linke Hand gewählt. Trotz des bewiesenen Einflusses der Magnetfelder beharrten die Probanden darauf, die Wahl aus freiem Willen getroffen zu haben.

Obwohl bekannte deutsche Neurophysiologen wie Gerhard Roth, Wolfgang Prinz und Wolf Singer darauf bestehen, dass der freie Wille eine Illusion sei, lässt sich aus den Experimenten von Libet und Pascual-Leone nicht ableiten, dass es für komplexe Handlungen, die aus einem vielstufigen Abwägungsprozess entstehen, keine Willens- oder Handlungsfreiheit gibt.

Gerhard Roth geht davon aus, dass die Entscheidungen für unser Handeln aus dem Unterbewussten kommen. Weil aber dieser Gehirnbereich quasi per Definition unserer Wahrnehmung nicht zugänglich ist, ist das Unbewusste „der Chef im Ring“.

„In seiner Verblendung schreibt das bewusste Ich, nicht ganz frei von Größenwahn, alles sich selbst zu.“ Ähnlich argumentiert auch Wolf Singer vom Frankfurter Max-Planck-Institut für Hirnforschung. Singer hält die überkommene Vorstellung vom freien Willen für ein soziales Konstrukt, mit dem wir schon unseren Kindern suggerieren, dass sie sich auch hätten anders entscheiden können.

Abschließend sei ein Text zitiert, den der Neurowissenschaftler Jörg Daumann für die Berliner Ausstellung „Der freie Wille“ im Juli 2006 verfasst hat:

*„Obschon wir auf derartige neurotheologische Erkenntnisse wohl eher verzichten können, ist sicherlich nicht von der Hand zu weisen, dass die Neurowissenschaften unser Menschenbild nachhaltig verändert haben und dies auch weiterhin tun werden. Klassische Metaphern wie Seele, Bewusstsein, Persönlichkeit oder eben auch der freie Wille werden umgeschrieben beziehungsweise adaptiert.*

*Wenn wir uns ernsthaft mit der Psyche des Menschen befassen wollen, tun wir gut daran, uns auch mit seiner entscheidenden materiellen Basis, nämlich dem Gehirn, zu beschäftigen. Die mangelnde Gelassenheit, die diese Perspektive zuweilen heraufbeschwört, mag auf ein humanistisches Ideal zurückzuführen sein, demzufolge sich das Konstrukt der Dialektik von Körper und Geist hartnäckig in den Köpfen hält. Hier liegt vielleicht die Basis für das kollektive Missverständnis, dem die Diskussion um den freien Willen zu Grunde liegt.*

*Die Auflösung besteht darin, zu akzeptieren, dass uns unser Hirn vermittelt, beseelt zu sein. Wir wissen nicht, wie es das anstellt, und wahrscheinlich werden wir es auch so bald nicht wissen und schon gar nicht verstehen. Die Komplexität des Zusammenspiels der rund hundert Milliarden Nervenzellen erzeugt eine Qualität, die es sinnvoll macht, uns weiterhin mit Hilfe immaterieller Metaphern zu verstehen. Der freie Wille: Illusion und Wirklichkeit zugleich.“*

*(Jörg Daumann: Der freie Wille: Illusion und Wirklichkeit zugleich)*

Daumann schließt sich damit einer Aussage an, die der Neurophysiologe Emil Heinrich du Bois-Reymond bereits im Zusammenhang mit einem Vortrag bei der Tagung der Deutschen Naturforscher und Ärzte 1887 gemacht hatte: „Ignorabimus – wir werden es nie wissen.“

## Literatur


Fischer, J. M. (1994): The Metaphysics of Free Will. Blackwell, Oxford

Geyer, C. (Hrsg.) (2004): Hirnforschung und Willensfreiheit. Zur Deutung der neuesten Experimente. Suhrkamp, Frankfurt a. M.

Hermann, A. (Hrsg.) (1990): Max Planck. Vom Wesen der Willensfreiheit und andere Vorträge. Fischer TB, Frankfurt a. M.

Jonas, H. (1987): Macht oder Ohnmacht der Subjektivität? Das Leib-Seele-Problem im Vorfeld des Prinzips Verantwortung. Suhrkamp, Frankfurt a. M.

Könneker, C. (2006): Wer erklärt den Menschen? Hirnforscher, Psychologen und Philosophen im Dialog. Fischer TB, Frankfurt a. M.

Marcus, S. (2002): Neuroethics. Mapping of the field. Dana Press, New York

Mentzinger, T. (2000): Neural Correlates of Consciousness. MIT Press, Cambridge, USA

Mentzinger, T. (2003): Being No One. The Self – Model of Subjectivity. MIT Press, Cambridge, USA

Pauen, M. (2004): Illusion Freiheit. Mögliche und unmögliche Konsequenzen der Hirnforschung. Fischer, Frankfurt a. M.

Popper, K. R./Eccles, J. C. (1998): Das Ich und sein Gehirn. Piper, München

Roth, G. (2001): Fühlen, Denken, Handeln. Wie das Gehirn unser Verhalten steuert. Suhrkamp, Frankfurt a. M.

17

# Gibt es in allen Gesellschaften akzeptierte Kardinaltugenden?

Am 10. Dezember 1948 verabschiedeten die Vereinigten Nationen auf ihrer Generalversammlung die „Allgemeine Erklärung der Menschenrechte". Nach dem Vorwort, der den Wunsch- und Ist-Zustand der Welt nach dem großen Krieg 1939 bis 1945 beschreibt, legen die ersten Artikel die unveränderlichen Menschenrechte fest.

Artikel 1 lautet: „Alle Menschen sind frei und gleich an Würde und Rechten geboren. Sie sind mit Vernunft und Gewissen begabt und sollen einander im Geist der Brüderlichkeit begegnen." Artikel 2 führt an, für wen diese Rechte gelten: „Jeder hat Anspruch auf die in dieser Erklärung verkündeten Rechte und Freiheiten ohne irgendeinen Unterschied, etwa nach Rasse, Hautfarbe, Geschlecht, Sprache, Religion, politischer oder sonstiger Überzeugung, nationaler oder sozialer Herkunft, Vermögen, Geburt oder sonstigem Stand." Die Formulierungen in Artikel 1 und 2 entsprechen weitgehend dem Artikel 1, dem Unveränderlichkeitsparagraphen des Deutschen Grundgesetzes.

Die Formulierung von allgemeinen Grundrechten begann in der westlichen Welt im 6. Jh. v. Chr. mit der sogenannten Priesterschrift, eine vermutlich in Babylon verfasste Grundlagenschrift des Pentateuch, welche die Gottebenbildlichkeit des Menschen formuliert, wie wir sie aus der Genesis in der Bibel kennen. In zwei Phasen, während des ausgehenden Mittelalters und im Zuge der Aufklärung, wurden Prinzipien der Menschenrechte in vielen westlichen Staaten als verbindliche Gesetzestexte formuliert, so dass man davon ausgehen kann, dass die Erlangung und Einhaltung der Menschenrechte dem Wollen der meisten Menschen entspricht. Falls dem so ist, müssten auch in unseren Gehirnen ohne Berücksichtigung kultureller Unterschiede solche altruistischen Prinzipien niedergelegt sein.

Die Gehirne fast aller Menschen, lässt man einmal anatomische und physiologische Besonderheiten außer Acht, sind sehr ähnlich aufgebaut. Seit dem Erscheinen des Homo sapiens und bestimmt seit zehntausend Jahren hat sich die humane Gehirnanatomie nicht mehr verändert. Menschen unterscheiden sich allerdings in ihrem Körperbau, ihrer Hautfarbe sowie ihren Sitten und Gebräuchen. Kinder lernen unterschiedliche Wertinhalte, ihr Verhalten als Erwachsene unterscheidet sich.

Falls das menschliche Gehirn die in der frühen Kindheit erworbenen Fakten zu einem eigenen Verhaltenscodex verarbeitet, in dessen Mittelpunkt der persönliche Funktionserhalt und das höchstmögliche Maß an Glück steht, und wir Anatomie und Physiologie als zumindest ähnlich bewerten, müsste es überall auf der Erde ein Mindestmaß an übereinstimmenden Tugenden geben. Ein solches Gebot könnte lauten: „Du sollst dem Menschen, dem du deine Existenz verdankst, nichts Schlimmes antun oder ihn gar töten."

Platon und Aristoteles haben im antiken Griechenland die sogenannten Kardinaltugenden formuliert: Klugheit, Gerechtigkeit, Tapferkeit und Mäßigung. Der Apostel Paulus erweiterte sie durch die christlichen Grundtugenden Glaube, Hoffnung und Liebe. Zusammengefasst ergeben sich sieben Tugenden, denen sieben schlechte Charaktereigenschaften, die sogenannten Laster gegenüberstehen (Tab. 17.1 u. 17.2). Sünden entstehen nach der klassischen Theologie aus diesen schlechten Charaktereigenschaften. In einem ganz anderen Kulturraum, nämlich in China, lauten die fünf konfuzianischen Kardinaltugenden sehr ähnlich: Menschlichkeit, Gerechtigkeit, Sitte, Wissen und Wahrhaftigkeit. Der Nachfolger von Konfuzius, Mengzi, erweiterte den Katalog der Tugenden um Innigkeit, Rechtes Handeln, Trennung, Reihenfolge und Wahrhaftigkeit zwischen Freund und Feind (Tab. 17.3). Auch im Hinduismus kennt man die Betonung von besonderen Charaktereigenschaften wie Gewaltlosigkeit, Wahrhaftigkeit, Keuschheit und das Studi-

| | | |
|---|---|---|
| 1 | *Superbia:* | Hochmut (Übermut, Hoffart, Eitelkeit, Stolz) |
| 2 | *Avaritia:* | Geiz (Habgier, Habsucht) |
| 3 | *Gula:* | Völlerei (Gefräßigkeit, Unmäßigkeit, Maßlosigkeit, Selbstsucht) |
| 4 | *Ira:* | Zorn (Wut, Vergeltung, Rachsucht) |
| 5 | *Luxuria:* | Wollust (Unkeuschheit) |
| 6 | *Invidia:* | Neid (Missgunst, Eifersucht) |
| 7 | *Acedia:* | Trägheit des Herzens/ des Geistes (Überdruss) |

**Tab. 17.1** Sünden entstehen nach der klassischen Theologie aus sieben schlechten Charaktereigenschaften.
Quelle: Wikipedia: Kardinaltugenden

- Klugheit (Weisheit) (lat. sapientia) (gr. σοφία)
- Gerechtigkeit (lat. iustitia) (gr. δικαιοσύνη)
- Tapferkeit (lat. fortitudo) (gr. ανδρεία)
- Mäßigung (lat. temperantia) (gr. σωφροσύνη)
- Glaube (lat. fides)
- Hoffnung (lat. spes)
- Liebe (lat. caritas)

**Tab. 17.2** Die vier plus drei Kardinaltugenden. Quelle. Wikipedia

um der Schriften. So ergibt sich der vielleicht erstaunliche Befund, dass Menschen aus den unterschiedlichsten Kulturkreisen sich ähnlichen Tugenden verpflichtet fühlen.

Zu den so genannten Sekundärtugenden gehören Sauberkeit, Fleiß, Disziplin, Pflichtbewusstsein, Pünktlichkeit und Höflichkeit (Tab. 17.4). Sie sind ethisch gesehen den Kardinaltugenden untergeordnet, tragen aber zum Gelingen einer Gesellschaft bei. Ihre Wertstellung ist von der jeweiligen Gesellschaft abhängig, so werden beispielsweise Pflichterfüllung und Gewissenhaftigkeit als typisch deutsche Sekundärtugenden angesehen.

Bei einer von der Zahl der Mitglieder her überschaubaren Gemeinschaft konnte die Einhaltung der Spielregeln leicht kontrolliert werden und Verstöße wurden unmittelbar bestraft. Erst in Stadt- oder Staatsgemeinschaften wurden die von einer Minorität – Priesterschaft oder Machthaber – aufgestellten Regeln nicht mehr von allen akzeptiert und mussten, je nach Sachlage, auch mit Sanktionen durchgesetzt werden. In der Sippe hat das Gehirn zweifellos gelernt, dass es ohne Einhalten von Spielregeln kein Überleben gibt.

- Menschlichkeit (仁 rén)
- Gerechtigkeit oder Rechtes Handeln (義 yì)
- Sitte (禮 lǐ)
- Wissen (智 zhì)
- Wahrhaftigkeit (信 xìn)
- Innigkeit (親 qīn) zwischen Vater und Sohn
- Rechtes Handeln (義 yì) zwischen Fürst und Untertan
- Trennung (別 bié) zwischen Gatte und Gemahlin
- Reihenfolge (序 xù) zwischen Alt und Jung
- Wahrhaftigkeit (信 xìn) zwischen Freund und Freund

**Tab. 17.3** Kardinaltugenden nach Konfuzius und nach Mengzi. Quelle: Wikipedia

- Aufrichtigkeit, Geradlinigkeit
- Bescheidenheit und Zurückhaltung („Mehr sein als scheinen")
- Fleiß und Sparsamkeit
- Gerechtigkeitssinn („Suum cuique" = Jedem das Seine)
- Gottesfurcht bei religiöser Toleranz
- Ordnungssinn und Zuverlässigkeit
- Mut und Tapferkeit ohne Wehleidigkeit („Lerne leiden ohne zu klagen")
- Pflichtbewusstsein und Unterordnung (jedoch nicht ohne Freimut)
- Redlichkeit und Unbestechlichkeit
- Treue
- Härte gegen sich, mehr noch als gegen andere

**Tab. 17.4** Auflistung deutscher (preußischer) Sekundärtugenden. Quelle. Wikipedia

Moralisches Handeln im Sinne der Einhaltung der Kardinaltugenden entwickelte sich vermutlich erst in heterogenen Gemeinschaften, wie in Städten und Staaten. Das evolutionär herausgebildete Naturprinzip musste durch die Regeln des sozialen Miteinanders oder gar der Menschenliebe ersetzt werden. Falls diese Sitten bereits in der Keimzelle des Staates, der Familie, praktiziert wurden, konnte das Gehirn sie aus seinem Nachahmungstrieb heraus von Geburt an als vorteilhaft für sein eigenes Wohlbefinden übernehmen. Allerdings galt das Einhalten von Regeln, wie „du sollst nicht töten", immer nur für den eigenen Umkreis, sei es die Sippe, das Volk oder die Religionsgemeinschaft. Feinde aus anderen Kulturkreisen zu erschlagen, galt dagegen als ehrenhaft. Auch solche Regeln hat das Gehirn verinnerlicht.

Sieht man einmal von kindlichen Traumata ab, die als unbewusste Erfahrungen im Gehirn des Erwachsenen noch vorhanden sind, so muss es auch beim Jugendlichen und beim Erwachsenen Eindrücke geben, die sein Verhalten grundlegend prägen. Derartig späte Prägungen scheinen zumeist emotionaler Natur zu sein, wie Beispiele religiöser Erfahrungen, politischer Indoktrinationen und enttäuschter Liebe und Hingabe zeigen. So würde bei diesen Menschen das spätere Gefühlserlebnis die frühkindlich gelernte Rationalität, etwa die Einsicht in die Kardinaltugenden, überspielen. Abhilfe wäre damit auch nicht durch Argumente zu erreichen, sondern nur durch ein tiefgreifendes zweites emotionales Erlebnis, wie etwa der unerwartete Tod eines geliebten Menschen.

### Literatur


Blech, J./Bredow, R. von (2007): Die Grammatik des Guten. Der Spiegel, Hamburg 31/2007

Dunker, C. (1998): Dimensionen des Wertewandels in Deutschland. Eine Analyse anhand ausgewählter Zeitreihen. Lang, Frankfurt

Fest, J. C./Siedler, W. J./Meyer, F. A. (2005): Der lange Abschied vom Bürgertum. wjs Verlag, Berlin

Foot, P. (1997): Die Wirklichkeit des Guten. Fischer, Frankfurt a. M.

Martine, C. (1997): Die Tugenden. Grundlagen christlicher Existenz. Neue Stadt, München

Rapp, C. (2004): Aristoteles zur Einführung. Junus, Hamburg

Reitz, T. (2003): Bürgerlichkeit als Haltung. Wilhelm Fink, München

Rippe, K.P./Schabe, P. (Hrsg.) (1998): Tugendethik. Reclam, Stuttgart

Welsch, W. (2002): Unsere postmoderne Moderne. 6. Aufl. Akademie, Berlin

Wolf, U. (2002): Nikomachische Ethik. WBG, Darmstadt

# 18 Oft gestellte Fragen zum Thema Gehirn

## Was ist Intelligenz?

Intelligenz ist ein in der Umgangssprache alltäglich gebrauchtes Wort und zugleich einer jener Begriffe, unter denen sich ein jeder etwas anderes vorstellt. Die Einordnung in die Gruppe „intelligenter Mensch" erfolgt oft aus dem Gesichtsausdruck sowie der Gestik und Mimik eines Gegenübers. Zumeist aber benutzen wir die Sprachgewandtheit im Sinne von Wortwahl, Grammatik und Prosodie, um die Intelligenz eines uns ansonsten unbekannten Menschen einzuschätzen. Bei Bekannten ist es die Ausbildung und die Art der Tätigkeit, die uns zur Einordnung „intelligenter Mensch" kommen lässt. Intelligenz umfasst aber auch Begriffe wie gutes Gedächtnis, schnelle Auffassungsgabe und Kreativität. Sehr oft wird mangelnde Kommunikationsfähigkeit als Zeichen von Dummheit gewertet. Man sollte jedoch bedenken, dass Hören und Sprechen als Grundlage jeder Kommunikation sowohl krankhaft verändert sein können als auch von der jeweiligen psychischen Stimmungslage abhängig sind. Ein schweigsamer und in sich gekehrter Mensch kann ein hervorragender Schachspieler oder ein mathematisches Ass sein.

Die Intelligenz als Bezeichnung für die Gesamtheit aller Gebildeten wurde zuerst 1844 von Karol Libelt gebraucht, später von Karl Marx übernommen, um eine soziale Schicht zu kennzeichnen. In der DDR verstand man unter Intelligenz, auch Geistesschaffende oder Geistesarbeiter genannt, die Gesamtheit aller Personen mit einem Hochschul- oder Fachschulabschluss. Im deutschen Sprachgebrauch konkurriert Intelligenz mit dem älteren Begriff Intellektueller oder auch Akademiker.

Robert Anton Wilson grenzt Intelligenz wie folgt gegen die Dummheit ab: „Intelligenz ist die Fähigkeit, Informationen zu empfangen, sie zu entschlüsseln und brauchbar weiterzuvermitteln. Dummheit bedeutet, diesen Prozess an einer beliebigen Stelle zu unterbrechen."

Victor Asimov, der Verfasser vieler Science-Fiction-Romane, definiert Intelligenz so: „Das menschliche Gehirn ist unvergleichlich komplexer als etwa ein Stern; darum wissen wir auch so viel mehr über Sterne als über das menschliche Gehirn. Und der komplexeste Aspekt des menschlichen Gehirns ist seine Intelligenz." Die lapidarste Aussage zu dem Begriff Intelligenz stammt von Edwin G. Boring: „Intelligenz ist das, was ein Intelligenztest misst."

Das deutsche Wort Intelligenz ist abgeleitet aus dem lateinischen Wort „intelligentia" und bedeutet so viel wie Einsicht oder Erkenntnisvermögen. Im heutigen Sprachgebrauch bezeichnet es die Fähigkeit zum Erkennen von Zusammenhängen und zum Finden optimaler Lösungen. Im alltäglichen Sprachgebrauch werden Begriffe wie Denkvermögen, Auffassungsgabe, Rationalität, Logik, Urteilsvermögen und Kreativität verwendet, um die intellektuellen Fähigkeiten des Menschen zu kennzeichnen. Es lassen sich auch verschiedene Arten von Intelligenz unterscheiden: räumliches Vorstellungsvermögen, Rechenfähigkeit, Sprachverständnis, Wortflüssigkeit, Gedächtnis, Wahrnehmungsgeschwindigkeit und logisches Denken. In der Psychologie ist Intelligenz ein Sammelbegriff für die kognitiven Fähigkeiten des Menschen, zu verstehen, zu abstrahieren, Probleme zu lösen, Wissen anzuwenden und Sprache zu nutzen.

Bei der Diagnose von Intelligenz bemüht man sich, quantitative Unterschiede in der Intelligenz zwischen verschiedenen Personen festzustellen.

Zu Beginn des 20. Jahrhunderts erhielten Alfred Binet und Théophile Simon von der französischen Regierung den Auftrag, ein Testverfahren zur Einstufung und Auswahl behinderter Vorschulkinder zu entwickeln. Dies war die Geburtsstunde des Intelligenzquotienten (IQ). Die beiden Wissenschaftler entwarfen den sogenannten Staffeltest, in dem Aufgaben verwendet werden, die nur von Kindern bestimmter Altersklassen, nicht jedoch von jüngeren gelöst werden können. Die Binet-Skala diente als Grundlage spezifischer Förderung von Schulkindern, deren biologisches Alter nicht mit dem Intelligenzalter übereinstimmte. William Stern modifizierte später das Verfahren zur Bestimmung des Intelligenzquotienten, indem er das Intelligenzalter zum Lebensalter in Beziehung setzte. Bei dem jetzt gültigen Intelligenzkonzept wird die Leistung des Einzelnen auf den Mittelwert der entsprechenden Altersklasse bezogen. Kriterien für Intelligenz sind dabei die Anzahl der gelösten Aufgaben und die Bearbeitungsgeschwindigkeit. Der mittlere IQ liegt nach dieser Definition bei 100. 68% der Bevölkerung haben einen IQ zwischen 85 und 115, nur 2,2% der Bevölkerung haben einen IQ über 130, dem Grenzwert für

Hochbegabung, oder unter 70, was als Grenze zur geistigen Behinderung gilt.

Die Problematik der IQ-Tests liegt darin, dass vorwiegend die Geschwindigkeit bei dem Lösen relativ leichter Tests gemessen wird. Aktuelle Tests sind in der Regel adaptiv und passen sich dem Vermögen des Probanden an. Jeder, der die Testaufgaben trainiert, kann seinen messbaren IQ deutlich steigern. Fehlt die Motivation, sich mit den Testaufgaben zu befassen, so sinkt der IQ deutlich ab. In der Realität ist die Bewertung jener Intelligenz interessant, die sich mit der Lösung nicht trivialer Probleme ohne Zeitbeschränkung befasst. Leider lässt sich gerade diese Intelligenz nicht mit den üblichen IQ-Tests erfassen.

Die Neuropsychologie befasst sich mit den cerebralen Grundlagen, sowohl mit Bezug auf die Anatomie wie Physiologie der Intelligenz. Dabei geht es um die Speicherung von Informationen und die Verarbeitung von Signalen. Topographisch gesehen sind die Vorgänge in der Hirnrinde für die Intelligenz besonders wichtig, wobei die inneren Teile des Gehirns und das Kleinhirn bezüglich der Intelligenz noch „terra incognita" sind.

Wird Intelligenz auf die Nachkommen vererbt? Bis vor kurzem hätte man die Frage mit einem klaren Nein beantwortet. Da Nachkommen von intelligenten Eltern öfter als andere Kinder in einer behüteten Umgebung und einer anregenden Atmosphäre aufwachsen, sind ihre schulischen Leistungen oft besser. Intelligenz im Sinne von Genialität, wie etwa bei Newton, Kant, Mozart und Einstein, ist aber nur zum Teil angeboren, das meiste dürfte erworben sein. Niemand wird als Genie geboren, sondern die Umgebung und das Zeitfenster erlauben es begabten Menschen, zum Genie zu werden

Zurzeit entwickelt sich in der molekularen Genetik ein neues Forschungsgebiet, die Epigenetik. Das Erbgut, die DNA, wird während der Embryonalentwicklung und nach der Geburt durch eine chemische Reaktion so verändert, dass Gene ab- oder angeschaltet werden. Mit der Epigenetik kann man erklären, dass auch die Folgen spezieller Lebenssituationen wie beispielsweise Hungerperioden oder Zeiten der Völlerei auf die nachfolgenden Generationen übertragen werden.

Mit der gleichen chemischen Reaktion will man auch die Informationsspeicherung im Gehirn erklären. Sollte sich diese kühne Theorie bewahrheiten, so dient die DNA nicht nur zur Vererbung von Eigenschaften, sondern auch als Speichermolekül für die während eines Lebens aufgenommenen Erfahrungen.

## Wie unterscheiden sich männliche und weibliche Gehirne?

Fragt man einem Pathologen, ob ein auf dem Seziertisch liegendes Gehirn von einer Frau oder einem Mann stammt, so kann er die Frage nicht beantworten. Er könnte die Gehirnmasse bestimmen und bei einem Gewicht über 1300 g auf ein männliches Exemplar tippen. Aber sicher wird er sich nicht sein. Selbst wenn er das Gehirn in seine Teile zerlegt, sich etwa den Cortex, den Balken, das Kleinhirn und den Hirnstamm anschaut, wird er keine Aussage zum Geschlecht machen können. Ebenso wenig hilft eine biochemische oder mikroskopische Untersuchung des Gehirngewebes weiter.

Obwohl es aus Sicht der Anatomie und Physiologie keine gesicherten Daten gibt, die eine Zuordnung hinsichtlich weibliches oder männliches Gehirn erlauben, häufen sich zurzeit die Publikationen, die Verhaltensunterschiede zwischen Mann und Frau aus anatomischen und physiologischen Charakteristika des Gehirns ableiten wollen.

Männer sind im Mittel kräftiger gebaut als Frauen und ihr Zeugungstrieb im Sinne der Weitergabe von Erbeigenschaften an Nachkommen ist bei ihnen instinktmäßig veranlagt. Die größere Körperkraft wie die wohl angeborene Aggression haben den Männern über die Evolution hinweg die Rolle des Jägers zugewiesen und den Frauen die Aufzucht der Nachkommen sowie die Pflege von Haus und Herd. Ein solches Verhalten sollte dann auch die evolutionäre Entwicklung des Gehirns bestimmt haben, in männlichen Gehirnen sollte die Handlungsplanung, in weiblichen Gehirnen dagegen das Einfühlungsvermögen perfektioniert worden sein.

Die an sich wertneutrale Frage nach Unterschieden zwischen weiblichen und männlichen Gehirnen wird oft als eine Form der Diskriminierung ausgelegt, da bekannt ist, dass Gehirne von Männern im Durchschnitt 100 g schwerer sind als die von Frauen. Nun haben aber weder die Gehirnmasse noch die Form oder Anzahl der Gehirnwindungen etwas mit Intelligenz, Gedächtnis oder Handlungsbereitschaft zu tun. Die etwas größere Gehirnmasse beim Mann ist vielmehr die Folge des größeren Hirnschädels, d. h., im Kopf des Mannes ist mehr Platz. Weitere anatomische Unterschiede haben sich trotz aller Bemühungen einer weitgehend männlich dominierten Gehirnforschung noch nicht finden lassen.

Es ist aber nicht zu bestreiten, dass sich neben dem Körperbau und der Physiologie Frauen und Männer auch in ihrem Verhalten unterscheiden. Lassen wir Verschiedenheiten während der Menstruation und der Schwangerschaft außer Acht, so gibt es auch im Alltag leicht erkennbare frauen- oder männertypische Verhaltensweisen. Aber sind diese auch im Gehirn niedergelegt oder eher die Folge einer geschlechterspezifischen Erziehung? Frauen sollen beispielsweise pro Tag etwa 20 000 Wörter benutzen, während Männer mit 7000 auskommen. Männer befassen sich im Minutentakt mit Sexualität oder Sex, während dies bei Frauen nur im Zeitrahmen von Tagen geschieht. Beide Feststellungen stammen aus dem Buch von Louanne Brizendine: „The Female Brain", und sind nur stark eingeschränkt gültig. Es gibt Männer die über ein umfangreiches verbales Lexikon (siehe Kap. 12) verfügen und mehr als geschwätzig sind, und umgekehrt sehr schweigsame Frauen. Ähnliches gilt

FAQ

für die Beschäftigung mit dem Thema Sex. Viele geschlechtsspezifische Verhaltensweisen werden vom Hormonspiegel im Blut bestimmt und damit nur indirekt vom Gehirn gesteuert.

Simon Baron-Cohen, der Direktor des Autismus-Forschungszentrums in Cambridge, England, der sich intensiv mit den cerebralen Unterschieden männlich/weiblich befasst, ist der Meinung, dass weibliche Gehirne mehr auf Einfühlungsvermögen programmiert sind, während in männlichen Gehirnen das Verständnis für Handlungsoptionen besser ausgeprägt ist.

Dabei können Männer über weiblich ausgerichtete Gehirne verfügen und umgekehrt. Das Geschlecht an sich kann keine Auskunft darüber geben, ob eine Person über ein stärker weibliches oder männliches Gehirn verfügt. Daher gilt alles Nachfolgende für weibliche oder männliche Gehirne, selbst wenn verkürzend von Frauen und Männern gesprochen wird.

Einfühlungsvermögen (engl. *empathising*) wird als eine Eigenschaft verstanden, die Gedanken und Emotionen eines Gegenübers zu erfassen und sie mit entsprechenden Emotionen zu beantworten (siehe auch Spiegelneurone). Die Feministin Louanne Brizendine hat dafür einen schönen Vergleich gefunden: Wenn es um Emotionen geht, verfügen Frauen über eine achtspurige Autobahn, während Männer sich mit einem Eselspfad begnügen. Weibliche Gehirne erkennen intuitiv, wie eine Person sich fühlt und wie man auf den Anderen mit Sorgfalt und Sensibilität eingeht. Ein auf Handlungsoptionen ausgerichtetes männliches Gehirn dagegen wird ein System zuerst analysieren, um nachfolgend seine Nutzung zu optimieren.

Extremes Fokussieren auf technische oder konstruktive Vorgänge kann in einem männlich orientierten Gehirn zu Autismus oder zum Asperger-Syndrom führen.

Schon einjährige Mädchen reagieren sensibler als Jungen auf Trauer oder Enttäuschungen in ihrer Umgebung; sie nehmen die Inhalte einer melodischen, sanften Sprache besser wahr und lieben Zärtlichkeiten. Spielt man einjährigen Kindern Filme vor, so reagieren Mädchen mehr auf Gesichter, während Jungen mehr von Autos fasziniert sind. Wenn es später um den Zugang zum Spielzeug geht, schubsen die stärkeren Jungen die Mädchen oft aus dem Weg. Nutzen sie ein Spielzeugauto, so ist die Lieblingsbeschäftigung der Jungen das Rammen anderer Fahrzeuge. Mädchen dagegen versuchen, solche Zusammenstöße zu vermeiden, indem sie sich eine ungestörte Fahrtroute suchen.

Aber welche Rolle spielt die Biologie bei der Geschlechterdifferenzierung? Da man auf anatomischer Basis zwischen männlichen und weiblichen Gehirnen nicht unterscheiden kann, versucht man, funktionale Kriterien heranzuziehen.

Wird bei einem chirurgischen Eingriff der linke Schläfenlappen eines Patienten partial oder völlig entfernt, so werden das Sprachvermögen und das Erkennen von Wörtern stark reduziert. Bei Männern kann der rechte Schläfenlappen die Sprachfunktionen, auch nach intensivem Training, nur geringfügig übernehmen. Bei Frauen können sich die Sprachfunktionen nach Verletzungen im linken Schläfenlappen offensichtlich wieder regenerieren. Während sich in männlichen Gehirnen die geistigen Fähigkeiten mehr in der linken, sprachdominanten Hemisphäre konzentrieren, scheinen sie in weiblichen Gehirnen gleichmäßiger über beide Hirnhälften verteilt zu sein. Es könnte aber auch sein, dass bei Frauen das Corpus callosum die Informationen effizienter zwischen den beiden Hemisphären hin- und herleitet. Allerdings ist der Balken bei Frauen nicht stärker ausgebildet als bei Männern.

Im menschlichen Gehirn weist die ca. 5 mm starke Hirnrinde eine ungewöhnlich hohe Dichte an Nervenzellen auf. Die meisten Neurone sind dabei in sogenannten Minisäulen organisiert. Man glaubt, dass diese Dichte an Nervenzellen der Grund für die geistige Überlegenheit des Menschen im Vergleich zu anderen Primaten ist.

Um zu sehen, ob es zwischen weiblichen und männlichen Gehirnen Unterschiede in der Dicke der Hirnrinde gibt, hat die Neuroanatomin Marian Diamond dieses Areal bei weiblichen und männlichen Ratten auf Dickenunterschiede hin untersucht. Während sich bei weiblichen Ratten kein Unterschied zwischen beiden Hemisphären fand, war bei männlichen Ratten die Rinde in der rechten Hemisphäre deutlich stärker ausgebildet. Dieser Befund unterstützt die These, dass weibliche Gehirne symmetrischer aufgebaut sind und sich Verletzungen in einer Hemisphäre daher weniger bemerkbar machen.

Während man in der Gehirnanatomie keine und in der Funktion nur geringe Unterschiede zwischen männlich und weiblich findet, scheint der Hormonspiegel einen erheblichen Einfluss auf geschlechterspezifisches Verhalten zu haben. Als man Frauen noch zur Vermeidung von Fehlgeburten das synthetische Hormon Diethylstilbestrol verschrieb (aufgrund seiner kanzerogenen Wirkung wird das Präparat nicht mehr eingesetzt), zeigten die männlichen Nachkommen ein mehr weibliches Verhalten, sie spielten gerne mit Puppen und verfügten über ein besseres Einfühlungsvermögen. Behandelt man neugeborene weibliche Ratten mit Testosteron, so finden sich diese Tiere im Vergleich zu Kontrollen besser in einem Irrgarten zurecht (dem sog. Maze-Test). Diese Daten lassen sich auch bei Kindern bestätigen, die aufgrund einer fehlerhaften Erbanlage an einem angeborenen Hormonmangel leiden. Testosteronmangel bei Jungen führt zu mehr Empathie, aber weniger technischem Verständnis, während ein Überschuss an männlichen Hormonen bei Mädchen zu einem Mehr an planerischem Verhalten führt. Da die Hormonausschüttung vom Gehirn kontrolliert wird, steuert das Gehirn letztlich auch auf diese Weise männliches und weibliches Verhalten.

Weder aus der Sprachdominanz des linken Stirnlappens noch aus einem geänderten Hormonspiegel lassen sich stereotype Aussagen über männliches oder weibliches Verhalten ableiten, dazu wird es von zu vielen biologischen und sozialen Parametern bestimmt. Die neu entflammte Diskussion über männliche und weibliche Gehirne sollte jedoch Verständnis dafür wecken, dass sich Personen anders verhalten, als es die Gesellschaft aufgrund ihres Geschlechts von ihnen erwartet.

## Gibt es Supergehirne?

Leistet unser Gehirn mehr in Bezug auf Informationsspeicherung oder Faktenverknüpfung als das Gehirn eines Steinzeitmenschen? Bestimmt werden die Gehirne des modernen Menschen hinsichtlich intelligenter Leistungen besser trainiert und mehr beansprucht als die unserer Vorfahren. Dafür waren deren Sinne wie Hören, Riechen und Sehen effizienter als bei einem Zeitgenossen, der in einer Industriegesellschaft lebt. Vielleicht genügt die Aussage, dass unser Gehirn sich anderen Herausforderungen stellen muss.

Wenn es um Begriffe wie Supergehirne, Gehirnjogging oder Gehirnakrobatik geht, so meinen wir nicht kognitive Fähigkeiten, sondern ausschließlich Gedächtnisleistungen (Tab. 18.1). Nicht weil wir die eine Fähigkeit höher bewerten als die andere, sondern weil wir nur Gedächtnisleistungen bewerten können. Ein Gedächtnisweltmeister kann sich in einer Stunde etwa 200 Zahlen merken oder in einer Minute die Abfolge von Spielkarten aus einem Kartendeck. Um das Gehirn auf das Behalten von Fakten zu trainieren, bedient man sich der sogenannten Mnemotechnik (aus dem Griechischen: *mneme* für Erinnerung und *techne* für Kunst). Schüler bezeichnen diese Verfahren weniger respektvoll als „Eselsbrücken“. Schon die Redner im antiken Griechenland oder später in Rom bedienten sich der Mnemotechnik. Der römische Philosoph Cicero schrieb z. B. ein Rhetoriklehrbuch: „de Oratore“, in dem er Rednern ein System zum Merken von Fakten vermittelte.

Ein Beispiel für eine einfache Merkhilfe, nämlich für das Merken der Reihenfolge der Planeten von der Sonne aus, ist der Satz: „**M**ein **V**ater **er**klärt **m**ir **j**eden **S**amstag **u**nsere **n**eun **P**laneten.“ Dabei steht jeder der Anfangsbuchstaben für einen Planeten mit dem gleichen Anfangsbuchstaben: das **M** in **Mein** für **Merkur** (sonnennächster Planet), das **V** in **Vater** für **Venus** (zweitnächster Planet von der Sonne aus), und so weiter für **Er**de, **M**ars, **J**upiter, **S**aturn, **U**ranus, **N**eptun, **P**luto (dem kürzlich der Planetenstatus aberkannt wurde). Diese Merkhilfe vermittelt nur die Reihenfolge und setzt die Kenntnis der Planetennamen voraus sowie die Kenntnis der Tatsache, dass Merkur der erste Planet ist oder dass der Mars hinter der Erde folgt.

Vergleichbar dem Trainieren der Beinmuskulatur bei einem Hochspringer kann man auch die Gedächtnisleistung des Gehirns verbessern. Wie beim Sport ergänzen sich auch hier die Veranlagung zur Datenspeicherung mit der Effizienz und der Dauer des Trainings. Beginnt man schon bei sehr kleinen Kindern mit mnemotechnischen Übungen, so kann sich die Gehirnstruktur im Sinne einer besonderen Gedächtnisleistung optimieren.

| | Mnemotechnische Mentalfaktoren |
|---|---|
| 1. | **Fantasie**<br>Das unwillkürliche Vorstellen von Dingen. Ein eher kreativer und ausschweifender Akt. |
| 2. | **Visualisation**<br>Das bewusste Vorstellen eines bestimmten Prozesses. |
| 3. | **Logik**<br>Das Erkennen von Systemen,<br>Sinn in einem bestimmten Komplex erkennen. |
| 4. | **Emotion**<br>Der wohl wichtigste Gedächtnisfaktor, dem man auch nichts weiter hinzuzufügen braucht. |
| 5. | **Transformation**<br>Das „Übersetzen“ von abstrakten Informationen in Bilder. |
| 6. | **Lokalisation**<br>Ganz speziell: Das Verwenden der Loci-Methode. |
| 7. | **Assoziation**<br>Das freie Assoziieren. Die Fähigkeit, Dinge miteinander zu verknüpfen. |

**Tab. 18.1** Mnemotechnische Mentalfaktoren.
Quelle: Wikipedia: Mnemotechnik

Das Gehirn scheint Fakten, die mit drastischen Erlebnissen verbunden sind, besonders gut zu behalten. So können sich viele Menschen genau an den Ort erinnern, an dem sie von dem Terroranschlag auf auf das World Trade Center hörten. Auch ein Zusammenspiel verschiedener Sinne, z. B. wenn ein visuelles Ereignis von einem intensiven Geruch begleitet wurde, prägt sich intensiv ein.

Besonders bei älteren Menschen und Personen, die in einer anregungsarmen Umgebung leben, kann das Gedächtnis per se schlecht sein oder sich mit dem Alter verschlechtern. Dabei muss man zwischen den Fähigkeiten unterscheiden, Fakten zu speichern und sie zu einem bestimmten Zeitpunkt abzurufen. Oft fällt uns in einem Gespräch der Namen einer Person nicht ein, aber wenig später ist er wie von selbst wieder da. Auch das Abrufen von gespeicherten Informationen kann man trainieren. Erinnert man sich an den Vornamen einer Person, so fällt einem auch der Familienname leichter wieder ein.

Zu Recht kann man die Frage stellen, ob wir heute noch ein Faktengedächtnis benötigen. Kinder lernen in der Schule keine Balladen mehr auswendig mit der Begründung, man müsse nur wissen, wo man den Text nachlesen könne. Dieses Argument galt auch schon zu jenen Zeiten, als man wichtige Informationen in Stein zu meißeln begann. Trotzdem sind die Zeiten kaum vergleichbar. Heute stehen wir vor der Situation, dass alles Wissen, das sich die Menschheit über kulturelle Zeiträu-

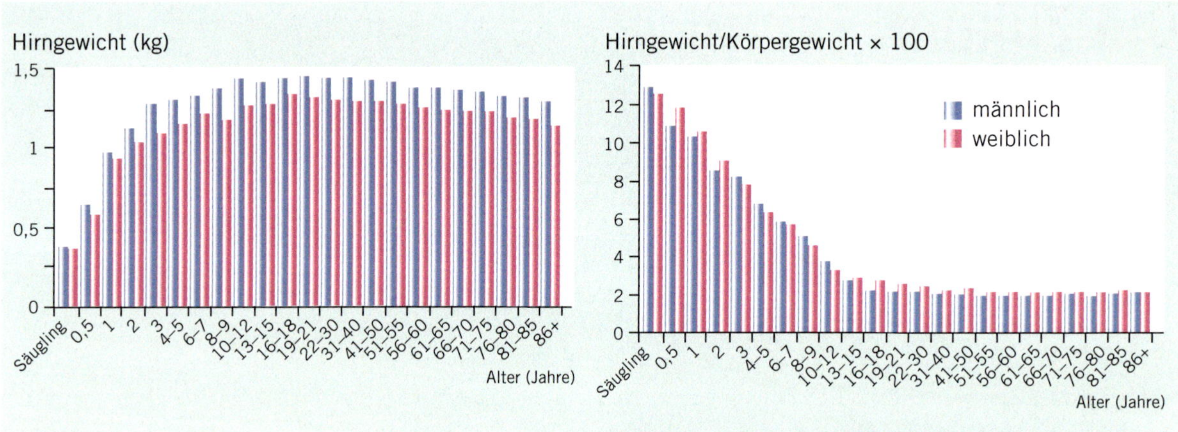


**18.1** Verhältnis von Gehirnmasse zum Alter bei Frauen und Männern. Beim reinen Gewicht schneiden Männer besser ab, bezieht man jedoch das Gehirngewicht auf die Körpermasse, dann nivelliert sich der Unterschied.

me hinweg erarbeitet hat, in wenigen Jahren im Internet zur Verfügung steht. Dann wird Faktenwissen an Bedeutung verlieren und durch die Fähigkeit ersetzt, richtige Fragen zu stellen.

## Werden wir im Alter wieder dümmer?

Im Alter schrumpft unser Gehirn, wir verlieren pro Tag ca. 40 000 Hirnzellen und die Blutgefäße, die das Gehirn mit Nährstoffen versorgen, werden eng und steif. Die Alten können sich nicht mehr an Namen erinnern, bei der zeitlichen Abfolge von Ereignissen machen sie Fehler und für Entscheidungen brauchen sie viel Zeit.

Lassen wir einmal die kranken Menschen und die Über-100-Jährigen außer Acht, so stimmt die Korrelation „alt gleich dement" nicht. Selbst wenn der Mensch von Beginn seiner Geburt an ca. 40 000 Hirnzellen verliert, dann verfügt der 90-Jährige noch über mehr als 80 % des Bestandes, mit dem er auf die Welt kam.

Während es bei Neugeborenen kaum einen Unterschied gibt, bleibt die Gewichtsdifferenz mit ca. 100 bis 200 g über die restliche Lebenszeit konstant. Bezieht man jedoch das Gehirngewicht auf das Körpergewicht, so findet man zwischen Männern und Frauen kaum einen Unterschied. Männer sind etwas schwerer als Frauen, sowohl mit Bezug auf das Gesamtgewicht wie auf das Gehirn. Über die Leistungsfähigkeit sagt die Gehirnmasse nichts aus, sonst wären die Blauwale die besten Denker.

### Literatur

Arens-Azevedo, U./Behr-Volzer, C. (2002): Ernährung im Alter. Vincentz, Hannover

Baron-Cohen, S. (2006): Vom ersten Tag anders. Das männliche und das weibliche Gehirn. Heyne, München

Beyer, G. (2007): Das neue Gedächtnistraining. mvg, Heidelberg

Biello, D. (2006): Female Hormon Key to the Male Brain. Scientific American

Brizendine, L. (2007): Das weibliche Gehirn. Warum Frauen anders sind als Männer. Hoffmann und Campe, Hamburg

Drach, T./Schmitt, I. (2003): Forever Clever. mvg, Heidelberg

Enzensberger, H. M. (2007): Im Irrgarten der Intelligenz. Vontobel Stiftung, Zürich. Siehe auch Neue Zürcher Zeitung 11. Nov. 2006

Förstl, H. (Hrsg.) (2003): Lehrbuch der Gerontopsychiatrie und -psychotherapie. Thieme, Stuttgart

Funke, J./Valerrodt-Plünnecke, B. (2004): Was ist Intelligenz? 2. Aufl. C. H. Beck, München

Gose, K./Levi, G. (1991): Wo sind meine Schlüssel? Gedächtnis in der zweiten Lebenshälfte. Rowohlt, Reinbek

Guthke, J. (1980): Ist Intelligenz meßbar? Eine Einführung in die psychologische Intelligenzforschung und Intelligenzdiagnostik. 2. Aufl. Dt. Verlag der Wiss., Berlin

Gutzmann, H./Zank, S. (2005): Dementielle Erkrankungen. Medizinische und psychosoziale Interventionen. Kohlhammer, Stuttgart

Haier, R. J./Jung, R. E. et al. (2005): The Neuroanatomy of General Intelligence. Sex Matters. NeuroImage 25: 320–327

Havas, H./Mundemann, B. M. (2004): Powertraining für den Kopf. Compact, München

Holling, H./Preckel, F./Vock, M. (2004): Intelligenzdiagnostik Kompendium. Bd. 6. Psychologische Diagnostik. Hogrefe, Göttingen

Joos, B. (2000): Aktiv bleiben. Gehirntraining für Senioren. Vless, Ebersberg

Statistisches Bundesamt (2003): Bevölkerung Deutschlands bis 2050. 10. koordinierte Vorausberechnung. Statistisches Bundesamt, Wiesbaden

# Die Zukunft der Hirnforschung oder der Blick in die Schusterkugel

Seit der Antike haben die Versuche zur Entschlüsselung der Gehirnfunktionen Menschen immer wieder fasziniert. Die experimentelle Hirnforschung begann 500 v. Chr. in Griechenland mit den grausamen Vivisektionen und reicht bis zu den Computertomographien der Gegenwart.

Im 21. Jahrhundert ist Hirnforschung quasi ein Massenereignis, ungezählte Personen und Tausende von Labors, Disziplinen von der Philosophie bis zur Robotik befassen sich mit Neurowissenschaft und Neurotechnik. Selbst Gazetten wie *Der Spiegel* bringen die Hirnforschung auf ihre Titelseite und soziale oder religiöse Organisationen warnen vor der Entseelung des Menschen durch die molekulare Hirnforschung. Die Amerikaner proklamierten das Jahrzehnt 1990–2000 zur „Decade of the Brain". Vieles wurde gerade in dieser Zeit mit Akribie beforscht, neue sensationelle Erkenntnisse jedoch blieben aus. Die Deutschen folgten den USA mit der Ankündigung, die Zeitspanne von 2000 bis 2010 zum „Jahrzehnt der Hirnforschung" zu machen. In wenigen Jahren werden wir sehen, wie weit die deutsche Forschung gekommen ist. Methodische Fortschritte, die für die Hirnforschung nutzbar sind, kommen zumeist nicht aus den Neurowissenschaften selbst, sondern aus der Chemie, der Genetik und der Physik. An vorderer Stelle der Methodenvielfalt stehen die Neurogenetik und die bildgebenden Verfahren. Hilfreich sind weiterhin die Mikrosystemtechnik, die Chiptechnologie und die drastisch erhöhte Nachweisgrenze bei der Messung elektrischer Signale. Mit Anwendung dieser Methoden wurde unser Detailwissen über Struktur-Funktions-Korrelationen neuronaler Abläufe ungemein erweitert und oft so weit spezifiziert, dass nur noch einzelne Neurowissenschaftler den Sinn für das Ganze bewahrt haben. Prinzipiell neue Erkenntnisse, wie sie sich etwa in der Molekulargenetik in den letzten 50 Jahren ereigneten, stehen aber noch aus, beispielsweise die Klärung des Gedächtniscodes oder der chemischen Grundlagen von Bewusstsein.

Das Jahr 2007 lässt sich hinsichtlich der Hirnforschung etwa mit der Genforschung um 1950 vergleichen. Die Fakten häufen sich immer stärker an, es fehlt aber der geniale Entwurf wie er Jim Watson und Francis Crick 1953 mit der DNA-Struktur gelang. Die Zeit für Entdeckungen, etwa wie der Gedächtniscode funktioniert, scheint reif zu sein. Viele Fakten liegen auf dem Tisch, aber noch fehlt der zündende Funke. Gerade der Zwei-Basenpaar-Code der DNA weist darauf hin, auf welche Weise molekulare Informationen in Lebewesen gespeichert und prozessiert werden. Aus evolutionären Vorgängen lässt sich ableiten, dass die Natur nicht neu erfindet, sondern geniale Entwürfe weiterentwickelt. Somit sollte auch der Gedächtniscode auf ein binäres, im Prinzip chemisches System rückführbar sein.

Hirnforschung aber dient nicht dem Erkenntnisgewinn allein. Seit 100 000 Jahren ist das Gehirn ein Hochleistungsorgan und dementsprechend sind seine Anfälligkeiten. Erkrankungen des Gehirns wie Epilepsie und Schizophrenie sind schon immer Plagen der Menschheit gewesen. In der Vergangenheit wurde eine Amputation von Arm oder Bein von der Gesellschaft akzeptiert, Geisteskranke aber hat man in Irrenanstalten weggesperrt.

Dank der Fortschritte in der Neuropharmakologie kann man die Folgen von Geisteskrankheiten mildern, endgültig therapieren kann man sie allerdings noch nicht. Frühere chirurgische Eingriffe wie das Durchtrennen der Verbindungsfasern zwischen den Hemisphären (Split-Brain-Patienten) oder der frontothalamischen Fasern (Leukotomie), die zwar epileptische Anfälle und Schmerzen des Patienten mindern, ihn aber oft apathisch hinterlassen, werden heute nur noch in Extremfällen praktiziert. Große Hoffnungen setzt man zurzeit auf die Neurogenetik. Allerdings dürften erfolgreiche Therapien – gerade aus dem Bereich der Neurogenetik – nicht vor ca. 20 Jahren zu erwarten sein. Ähnliches gilt auch für die Substitution von neuronalem Gewebe, besonders bei der Parkinson-Erkrankung. Obwohl es vereinzelte Berichte über Erfolge bei der Gewebetransplatation gibt, kann diese Behandlung in der Gehirnchirurgie noch nicht als allgemein etablierte Methode gelten. Auch den Hoffnungsträger „embryonale und adulte Stammzellen" sollte man vorsichtig bewerten. Zwar kann man aus Stammzellen neuronales Gewebe in der Petrischale züchten, ob sich das Gewebe jedoch in den Gewebsverband des Gehirns integriert und entsprechende Funktionen übernimmt, bleibt eine kritische Frage.

Durch das gestiegene Lebensalter, dies gilt für die Industrieländer, hat die Zahl dementer Patienten enorm zugenommen. Da beispielsweise Alzheimer-Patienten oft einer 24-Stunden-Pflege bedürfen, aber auch ein hohes Lebensalter erreichen, werden Altersdementien besonders in reichen Ländern mit zerstörter Familienstruktur zu einem finanziellen und sozialen Problem für die Allgemeinheit. Um diese Probleme zumindest langfristig zu mildern, wird die klinische und pharmakologische Hirnforschung gefördert mit dem Ziel, medikamentöse Therapien für cerebrale Erkrankungen zu finden. Die Erfolge sind eher dürftig – viele weltweit operierende Pharmafirmen ziehen sich sogar aus diesem Indikationsgebiet zurück, da die Wahrscheinlichkeit, ein erfolgreiches Medikament – einen „Blockbuster" – zu finden, sehr gering ist. Eine bemerkenswerte Ausnahme ist das gegen Schizophrenie wirkende Medikament Memantine, das von der Firma Merz in Frankfurt entwickelt wurde.

Einen Erkenntnissprung hat die Anwendung bildgebender Verfahren gebracht. Nicht nur sensorische und motorische Steueraktivitäten des Gehirns verbrauchen Zucker und Sauerstoff, sondern auch geistige Leistungen wie etwa ein Informationsabgleich. Da die einfache Botschaft lautet, Denken verbraucht Energie, müssen geistige Leistungen an Stoffwechselaktivitäten des Gehirns gebunden sein, d. h., Denken muss eine materielle Basis haben. Ob jedoch der Denkort und das metabolische Zentrum ortsidentisch sind, wie die schönen tomographischen Bilder vermuten lassen, kann zwar angenommen werden, ist aber zurzeit nicht bewiesen. Alles, was wir sehen, ist ein erhöhter Verbrauch von Sauerstoff und Glukose in scharf abgegrenzten Bezirken des Gehirns.

Menschen sind nicht nur Vernunft-, sondern auch Fantasie-begabte Wesen. Gerade weil wir uns einer Flut kaum interpretierbarer Daten gegenübersehen und Fortschritte auf technischen Gebieten wie der Mikroelektronik, der Genomentschlüsselung und der Robotik uns höchste Bewunderung abverlangen, schießt bei dem Thema „Die Zukunft der Hirntechnik" die Fantasie üppig ins Kraut. Angefacht von zahllosen belletristischen Zukunftsromanen wie 1932 Aldous Huxleys „Schöne neue Welt" oder 1999 Marvin Minskys „Computer übernehmen die Macht" als auch vom unheilvollen Siegeszug der Glückspillen sowie der grausamen und unsinnigen Experimente wie das Verpflanzen von Tierköpfen, kennt die publizierte Fantasie keine Grenzen mehr. Wer hoffnungslos bewundernd sein Handy vor Augen und Ohr hat, kann sich vorstellen, welche Verbesserungsmöglichkeiten uns die Mikroelektronik für künftige Gehirnfunktionen anbieten könnte: Der Sprachchip im Hirn, der uns von heute auf morgen perfekt Chinesisch sprechen lässt, ist nur eine milde Form aus dem wuchernden Fantasiegarten. Besonders spannend sind die in Actionfilmen so beliebten Cyborgs, biotechnische Chimären, die uns vorerst noch dienen, aber dann zum Kampf um die letztendliche Macht antreten. Gewebe- und Gentransplantationen ergänzen dann noch das Bild einer traumhaften Zukunft im Sinne eines geklonten Paradieses.

Zumindest für die kommenden 50 Jahre werden die durch Neurotechnik verbesserten Gehirne eine Fiktion bleiben. Trotzdem ist ein „Caveat" angebracht. Entwicklung und weltweiter Einsatz des Herzschrittmachers, der die Funktion des Sinusknotens ersetzt, mag zur Vorsicht dienen. Eine Sonderausgabe der populären Zeitschrift *Scientific American* titelt in einem Sonderheft: „Making better Brains". Wohin es in diesem Jahrhundert hingehen soll, verraten die Überschriften der einzelnen Beiträge.

Der Mensch hat begonnen, die Evolution seiner Spezies in die eigenen Hände zu nehmen. Dass er es nicht akzeptiert, dauerhaft in biologische Zwänge wie Krankheit und Tod eingepasst zu sein, steht außer Frage. Aber was wird Abhilfe bringen, die Ingenieurskunst oder die Biologie?

Norbert Wiener hat bereits 1948 in seinem Manifest über die neue Wissenschaft Kybernetik mit dem Titel „Cybernetics: or Control and Communication in the Animal and the Machine" eine Art Cyborg als Relaisstation entworfen. Der menschliche Körper wird bei Wiener zu einem Kommunikationsnetzwerk, dessen erfolgreiches Operieren auf seiner akkuraten Signalreproduktion beruht.

Der Computerpionier Ray Kurzweil hat dieses Thema wieder aufgegriffen und in einem Interview mit der *Neuen Zürcher Zeitung* dazu einige faszinierende Thesen aufgestellt. Computer werden drei Stärken ausspielen, die wir Menschen nicht haben: Sie können sich Informationen aus Datenbanken holen, sie sind ungeheuer schnell, und Maschinen können ihr Wissen miteinander teilen.

So könnten implantierte Computerchips das Speicher- und Kombinationsvermögen des Humangehirns bedeutend erweitern, und das Gedankenlesen könnte durch einen Zugriff auf einen externen Computer schnell Realität werden. Das aus Neurobiologie und künstlicher Intelligenz zusammengesetzte Kombigehirn unserer Nachfahren wird dann die heutigen Wunderkinder in die Kategorie „minderbegabt" einordnen. Umgekehrt stellt sich die Frage, wann es so weit sein wird, dass wir die in unserem Gehirn konventionell gespeicherten Informationen auf eine Festplatte herunterladen und von dort auf einen anderen Träger übertragen. So würde ein elektronisches Wesen entstehen, das über meine Erinnerungen verfügt und mein eigenes Ich, oder zumindest mein Gedächtnis, repräsentiert.

Beim biologischen Klonen kopiert man nur das Genom, also die Erbanlagen eines Menschen, was nicht bedeutet, dass seine Persönlichkeit kopiert wird. Das Genom repräsentiert nur einen winzigen Bruchteil der Informationen und Handlungsoptionen, über die ein erwachsener Mensch verfügt. Eine Armee von Klonmenschen ist im Prinzip zwar biologisch zu realisieren, aber neben der Biologie müsste auch das Staatswesen so verkommen sein, dass die Einheitsmenschen nicht nur produziert werden, sondern auch auf einen Zweck hin erzogen oder gedrillt werden. Bei eineiigen Zwillingen erkennt man am Aussehen, dem Phänotyp, den starken Einfluss des Genoms. Aber auch eineiige Zwillinge sind

19.1 Das Bild eines Cyborgs, wie man ihn aus Action-Filmen kennt.
Quelle: http://goftman.com/forums/showthread.php?t=29432

Menschen mit unterschiedlichen Handlungsweisen, da sich Gedächtnis und Willensfreiheit erst nach der Geburt entwickeln. Das mentale Klonen, also das Kopieren aller neuronalen Informationen, wäre dagegen viel folgenreicher, denn es führte zu einem „Wesen", das in den geistigen Leistungen mit seinem Spender identisch wäre.

Blicken wir zurück auf 3000 Jahre Hirnforschung, so kann man den Optimismus und die bedingungslose Fortschrittsgläubigkeit der Forscher im Bereich „Künstliche Intelligenz" nicht teilen. Philosophen weisen uns zu Recht darauf hin, dass sich ein System nicht selbst entschlüsseln kann, d.h., die Grundlagen von Bewusstsein und Verantwortung können von uns weder verstanden noch verbessert werden. Wer wird recht behalten, die KI-Forscher oder die Philosophen?

Die Cyborgs als „performance"-optimierte Mensch-Maschine-Kombination könnten in einer Zeit, die von Menschen ständig Höchstleistungen fordert, schneller als gedacht zur Realitat werden. Sport, Weltraum, Tiefsee und vor allem das Militär fordern zunehmend Leistungen, die der biologische Mensch nicht erbringen kann. Sinnvoll wäre ein Verzicht, die Erfahrung lehrt uns aber, dass diese Forderung noch utopischer ist als unfehlbare und unsterbliche Cyborgs (Abb. 19.1).

Von Hippokrates bis heute ist das Funktionieren des humanen Gehirns zum einen eine „Black Box" geblieben, zum anderen der Literaten liebstes Spekulationsobjekt. Wenn es um das Gehirn geht, sind unseren Fantasien keine Grenzen gesetzt.

Die Neurowissenschaft wird auch heute noch trotz aller antizipierten Nützlichkeiten hauptsächlich von der Neugierde getrieben, die heraufdämmernde Neurotech-

19.2 Titelbild einer „Spiegel"-Ausgabe. Die Furcht vor klonierten, willenlosen und einer verfremdenden Macht dienenden Menschen ist in der Bevölkerung sehr verbreitet. Quelle: DER SPIEGEL 10/1997

nik dagegen wird vom Kommerz dominiert. Zwar dient als wohlfeile Begründung immer das Credo des wissenschaftlichen Fortschritts, nämlich die Leiden der Mitmenschen zu mindern, aber die Frage nach dem „Cui bono" bleibt.

Fast 30 Jahre haben wir über Segen und Fluch der Gentechnik und der Reproduktionsmedizin gestritten, ohne eine von der Mehrheit der Verantwortlichen getragene Übereinkunft zu erreichen (Abb. 19.2). Weder eine vorausschauende Planung in der Politik noch eine allgemein akzeptierte Ethik haben den Weg der Gentechnik bestimmt, sondern Kommerz, Heilsversprechen und eine erhöhte Lebensqualität. Verglichen mit der Gentechnik ist die anstehende Neurotechnik ein Tiger, der von den Erfahrungen einer Maus lernen soll.

Aufgrund der zahlreichen und gut verständlichen Informationen zu Grundlagen und Perspektiven der Hirnforschung hat praktisch ein Jeder die Gelegenheit, sich zu informieren. Somit steht es auch in der Verantwortung eines Jeden, sich zu diesem Thema zu äußern und politische Entscheidungen zu beeinflussen.

## Literatur

Ackerman, S. J. (2006): Hard Science, Hard Choices. Ethics and Politics Guiding in Brain Science Today. Dana Foundation, Washington
Bloch, E. (1985): Das Prinzip Hoffnung. 3 Bde. Suhrkamp, Frankfurt a. M.
Brooks, R. (2002): Menschmaschinen. Wie uns Zukunftstechnologien neu erschaffen. Campus, Frankfurt a. M.
Dawkins, R. (2007): Der Gotteswahn. Ullstein, Berlin
Fukuyama, F. (2002): Das Ende des Menschen. WBG, Darmstadt
Gassen, H. G./Minol, S. (2006): Die Menschen Macher. Sehnsucht nach Unsterblichkeit. Wiley-VCH, Weinheim
Glannon, W. (2007): Defining Wright and Wrong in Brain Research. Dana Foundation, Washington
Gray, C. H. (1995): The Cyborg Handbook. Routledge, New York
Gray, C. H. (2002); The Cyborg Citizen. Politik in posthumanen Gesellschaften. Turia und Kant, Wien
Hayles, N. K. (1999): How we Became a Posthuman. Univ. of Chicago Press
Huxley, A. (1989): Schöne neue Welt. Fischer, Frankfurt a. M.
Jamison, K. R. (2007): Cerebrum. Emerging Ideas in Brain Science. Dana Foundation, Washington
Kakus, M. (1998): Zukunftsvisionen: Wie die Wissenschaft des 21. Jahrhunderts unser Leben revolutionieren wird. Lichtenberg, München
Kersten, J. (2004): Das Klonen von Menschen. Eine verfassungs-, europa- und völkerrechtliche Kritik. Mohr Siebeck, Tübingen
Kurzweil, R. (1999): Homo sapiens. Leben im 21. Jahrhundert. Kiepenheuer, Köln
Löser, P./Wobus, A. M. (2007): Aktuelle Entwicklungen in der Forschung mit humanen embryonalen Stammzellen. Naturw. Rundschau 60: 229–237
Markl, H. (2001): Schöner neuer Mensch. Piper, München
Moravec, H. (1999): Computer übernehmen die Macht. Hoffmann und Campe, Hamburg
Moreno, J. (2006): Mind Wars: Brain Research and the National Defense. Dana Foundation. Washington
Popper, K. R. (1996): Alles im Leben ist Problem. Piper, München
Rojas, P. (1996): Theorie der neuronalen Netze. Springer, Berlin

# Register

## A



## B



## C



## D

## E



## F



## G



## H

# Danksagung

Bebilderte Bücher, die zeitgerecht fertig werden sollen, erarbeitet man am besten im Team. Meistens steht aber nur ein Autor als Verfasser auf dem Buchtitel. Somit ist „Dankeschön“ zu sagen nicht nur Pflicht, sondern auch eine Herzenssache.

Das hier vorgelegte Buch hat einen Vorläufer. Gemeinsam mit Christian Kirk vom Media Team, Gesellschaft für Kommunikation in Darmstadt, haben Frau Dr. Sabine Minol und der Autor 2004 einen Bildatlas mit dem Titel „Unbekanntes Wesen Gehirn“ publiziert. Dieser Band ist ein Lernbuch, das anhand schöner Bilder besonders Schüler in die Anatomie und Physiologie des Gehirns einführen soll. Autor und Verlag sind Herrn Kirk und seinen Mitarbeitern deshalb zu großem Dank verpflichtet, weil sie dem Verlag die Bilddateien zur Verfügung gestellt haben. Auch Textpassagen, die Frau Dr. Minol verfasst hat, tauchen in veränderter Form in der jetzigen Buchfassung wieder auf.

Mit der Erstbearbeitung der Texte wurde meine Frau Marianne Rieß-Gassen konfrontiert. Sie hat mich nicht nur in die Geheimnisse der neuen Rechtschreibung eingeweiht, sondern auch immer wieder hinterfragt, ob eine Textpassage auch von einem Nichtspezialisten verstanden wird, und mir bei den berühmten letzten zehn Prozent des Textes immer wieder Mut gemacht.

Mein besonderer Dank gilt dem Lektor des Verlags Wolfram Schwieder. Er hat mich sacht seine Straße geführt; ich verstehe zwar mehr vom Gehirn als er, aber er weiß besser als ich, wie man aus einem Manuskript ein Buch macht.

Katharina Gerwens hat aus einem von einem Naturwissenschaftler geschriebenen Text etwas „Lesbares“ gestaltet und mit geschickten Korrekturen den Umfang des Manuskriptes um 20 Prozent reduziert.

Peter Tschierschke hat dafür gesorgt, dass verbliebene Rechtschreib- und Sachfehler auf ein Minimum reduziert wurden.

Bei der Beschaffung von informativem Bildmaterial ist man auf die Unterstützung von Kollegen, Lehrbuchverlagen und Bildagenturen angewiesen. Mein Dank gilt allen Hilfsbereiten, aber besonders den Kollegen, die mir ihr Bildmaterial kostenlos zur Verfügung gestellt haben.

Den Graphikern Elke Göpfert und Joachim Schreiber ist es zu verdanken, dass aus schlecht lesbaren Vorlagen gute Bilder und Tabellen wurden.

Bei ihnen allen möchte ich mich für das gelungene Buch bedanken.

Reinheim, im Dezember 2007
Hans Günter Gassen